Lecture Notes in Physics

289

N. Straumann

Klassische Mechanik

Grundkurs über Systeme endlich vieler Freiheitsgrade

Springer-Verlag
Berlin Heidelberg New York London Paris Tokyo

Autor

Norbert Straumann
Institut für Theoretische Physik der Universität Zürich
Schönberggasse 9, CH-8001 Zürich

ISBN 3-540-18527-5 Springer-Verlag Berlin Heidelberg New York
ISBN 0-387-18527-5 Springer-Verlag New York Berlin Heidelberg

CIP-Kurztitelaufnahme der Deutschen Bibliothek. Straumann, Norbert: Klassische Mechanik: Grundkurs über Systeme endl. vieler Freiheitsgrade / N. Straumann. – Berlin ; Heidelberg; New York; London; Paris; Tokyo: Springer, 1987.
(Lecture notes in physics; Vol. 289)
ISBN 3-540-18527-5 (Berlin ...)
ISBN 0-387-18527-5 (New York ...)
NE: GT

Printed in Germany

Printing: Druckhaus Beltz, Hemsbach/Bergstr.;
Bookbinding: J. Schäffer GmbH & Co. KG., Grünstadt
2153/3140-543210

„Die Mechanik ist das Rückgrat
der mathematischen Physik“

A. Sommerfeld

INHALTSVERZEICHNIS

TEIL III: DIE HAMILTONSCHE FORMULIERUNG DER MECHANIK

MATHEMATISCHE ANHAENGE

V O R W O R T

Der vorliegende Band enthält die fast unveränderten Notizen, die ich den Studierenden in meinem Mechanik Kurs verteilt habe, um ihnen das Mitschreiben zu ersparen. Ich danke Jürgen Ehlers, dass er das Manuskript in die Lecture Notes aufgenommen hat.

Im Vergleich zu bewährten älteren Darstellungen habe ich mich bemüht, etwas von den modernen Entwicklungen in der Theorie der dynamischen Systeme in meine Mechanik Vorlesungen einfliessen zu lassen. Deshalb spielen allgemeine qualitative und geometrische Aspekte eine wichtige Rolle. Da beim heutigen Curriculum im 4. Semester die Differentialgeometrie noch nicht zur Verfügung steht, sah ich mich allerdings zu mancherlei Kompromissen genötigt. Dank des wunderschönen, weiterführenden Buches von V.I. Arnold, auf welches ich natürlich immer wieder verwiesen habe, empfand ich diese aber nicht so schmerzlich. Ueberdies können wir in Zürich die Studierenden zur Vertiefung immer in die Vorlesungen von J. Moser an der ETH schicken. Wenn es mir gelungen sein sollte, etwas zur Belebung des Mechanikunterrichts beizutragen und zu weiterführender Lektüre anzuregen, wäre ich mehr als zufrieden.

Meinen Mitarbeitern Ruth Durrer und Markus Heusler bin ich für die Suche nach Fehlern und die Anfertigung eines Sachwortverzeichnisses zu Dank verpflichtet. Danken möchte ich auch Frau D. Oeschger für ihre Mühe beim Tippen des Manuskripts.

Zürich, August 1987

Einleitung

Die klassische Mechanik (KM) steht nicht nur historisch, sondern auch inhaltlich am Anfang der theoretischen Physik. Am Beispiel der KM werden wir in diesen Vorlesungen die Prinzipien und Methoden theoretisch-physikalischer Naturbeschreibung kennenlernen. Grundlegende Begriffe, wie Observable, Zustände, Zeitevolution, Symmetrien und Erhaltungssätze, etc., werden in allen anderen Gebieten der theoretischen Physik, wenn auch in gewandelter Form, wieder auftreten. Ohne tiefere Einblicke in die KM ist insbesondere ein wirkliches Verständnis der Quantenmechanik nicht möglich.

Die klassische Mechanik wird, wie jede andere erfolgreiche Theorie, nie veralten. Als physikalische Theorie beschreibt sie in mathematischer Sprache ideale Gebilde, welche als Modelle für wirkliche Objekte und Prozesse dienen. Ihre "Richtigkeit" besteht darin, dass sie einen grossen Bereich von Erscheinungen (Himmelsmechanik, technische Mechanik, etc.) sehr gut beschreibt. Für diesen Zuständigkeitsbereich wird sie immer gültig bleiben.

Die Tatsache, dass der menschliche Geist imstande ist, tragende Theorien (wie die klassische Mechanik, die Elektrodynamik, die Relativitätstheorie oder die Quantentheorie) zu schaffen, welche riesige Erfahrungsbereiche adäquat abbilden, gehört zum Wunderbaren.

Worin besteht nun das eigentliche Ziel der theoretischen Physik ? Dazu sagt Einstein treffend:

> "Vornehmstes Ziel aller Theorie ist es, ein möglichst einfaches Bild für einen möglichst grossen physikalischen Bereich zu schaffen. Die irreduziblen Grundelemente der Theorie sollten so wenig zahlreich als möglich sein."

Seine eigenen grossartigen Erfolge auf diesem Weg haben ihn zu folgender Aussage ermutigt:

> "Nach unseren bisherigen Erfahrungen sind wir zum Vertrauen berechtigt, dass die Natur die Realisierung des mathematisch denkbar Einfachsten ist. Durch rein mathematische Konstruktion vermögen wir nach meiner Ueberzeugung diejenigen Begriffe und diejenige gesetzliche Verknüpfung zwischen ihnen zu finden, die den Schlüssel für das Verstehen der Naturerscheinungen liefern."

* * *

(ii) Der physikalische Bereich ist nicht scharf definiert. Dies geht z.B. daraus hervor, dass ein Längenunterschied von 10^{-100} cm physikalisch bedeutungslos ist.

(iii) Daraus ergibt sich, dass die Abbildungsvorschriften immer ungenau sind. Das mathematische Bild ist kein isomorphes Bild der Wirklichkeit. Man muss immer idealisieren !

Kurz können wir sagen: Eine physikalische Theorie ist ein mathematisches Bild eines Ausschnittes der Wirklichkeit. Dieser Ausschnitt nimmt zwar mit der Entwicklung der Wissenschaft zu (er hat sich z.B. durch die Quantentheorie beträchtlich erweitert), aber die Methode der theoretischen Physik wird sich wohl immer auf Ausschnitte beschränken müssen. Die Weltformel ist eine Utopie !

Die Schöpfung dieses Bildes ist das Werk unserer Vernunft. Das Bild der Wirklichkeit ist eine freie Erfindung des menschlichen Geistes. Theorien können nicht durch logische Schlüsse aus Protokollbüchern abgeleitet werden. Mit den Worten von W. Pauli:

> "Theorien kommen zustande durch ein vom empirischen Material inspiriertes Verstehen, welches am besten im Anschluss an Plato als Zur-Deckung-Kommen von inneren Bildern mit äusseren Objekten und ihrem Verhalten zu deuten ist."

Diese Einsicht hat sich erst in unserem Jahrhundert langsam durchgesetzt, vor allem deshalb, weil " der gedankliche Abstand zwischen den grundlegenden Begriffen und Grundgesetzen einerseits und den mit unseren Erfahrungen in Beziehung zu setzenden Konsequenzen andererseits immer mehr zunimmt" (A. Einstein).

Was ist eine physikalische Theorie ?

Da die KM für die meisten die erste Vorlesung in theoretischer Physik ist, will ich versuchen, eine kurze Antwort auf diese Frage zu geben.

Zu einer physikalischen Theorie gehören drei wesentliche Teile:

1) Eine mathematische Theorie, d.h. ein Bereich von mathematischen Objekten mit abstrakt definierten Relationen und Strukturen (im Sinne von Bourbaki). [Man denke beispielsweise an die Grundgleichungen der Elektrodynamik, ohne die physikalische Bedeutung der auftretenden Grössen.]

2) Ein Bereich von feststellbaren Tatsachen. Dieser Wirklichkeitsbereich gehört insbesondere für die modernen Gebiete der Physik kaum mehr der Alltagserfahrung an. [Man sehe sich nur einmal ein Experiment im CERN an.]

3) Ein System von Abbildungs- oder Anwendungsvorschriften zwischen mathematischen Objekten und physikalischen Tatsaachen, d.h. experimentell gewonnenen Ergebnissen. Schematisch:

MATHEMATISCHE THEORIE —— Abb.Vorschriften ——> PHYSIKALISCHER BEREICH

Dazu ist folgendes anzumerken:

(i) Das mathematische System ist exakt und wohl definiert (mindestens in einer voll entwickelten Theorie), aber "inhaltsleer"; seinen "Inhalt" erhält es erst durch die Abbildungsvorschriften.

Die KM (allgemeiner die "Theorie der dynamischen Systeme") ist immer noch ein sehr lebendiges Forschungsgebiet. Wie schon in der Vergangenheit, haben sich auch in den letzten Jahrzehnten bedeutende Mathematiker mit Problemen der klassischen Mechanik befasst.

In der klassischen Mechanik kommen eine Reihe von mathematischen Disziplinen zur Anwendung. Dazu gehören: Differentialgleichungen, differenzierbare Mannigfaltigkeiten und differenzierbare Abbildungen, symplektische Geometrie, Liesche Gruppen, Ergodentheorie, Variationsrechnung, etc.

Ich werde mich in diesen Vorlesungen bemühen, nur mathematische Hilfsmittel vorauszusetzen, welche in den drei ersten Semestern im Mathematikunterricht geboten werden. Dies zieht es nach sich, dass ich auf die elegantere differentialgeometrische Formulierung der kanonischen Mechanik verzichten muss. Ferner bin ich gezwungen, den Phasenraum immer als Teilmenge des $\mathbb{R}^n$ zu betrachten, obschon dies schon bei einfachen Systemen nicht immer der Fall ist (d.h. wir arbeiten immer in einer Karte).

Neben der Durchrechnung von wichtigen "integrablen" Problemen werden in dieser Vorlesung auch allgemeine qualitative, geometrische Aspekte eine wichtige Rolle spielen. Das Ausrechnen von Zahlen können wir dem Computer überlassen.

Ein wunderbares Mechanikbuch, welches über diese Vorlesung hinausführt, ist

V.I. Arnold, Mathematical Methods of Classical Mechanics, Graduate Texts in Mathematics, Bd.60, 1978.

TEIL I

NEWTONSCHE MECHANIK

"Newton verzeih' mir; du fandest den einzigen Weg, der zu deiner Zeit für einen Menschen von höchster Denk- und Gestaltungskraft eben noch möglich war. Die Begriffe, die du schufst, sind auch jetzt noch führend in unserem physikalischen Denken, obwohl wir nun wissen, dass sie durch andere, der Sphäre der unmittelbaren Erfahrung ferner stehende ersetzt werden müssen, wenn wir ein tieferes Begreifen der Zusammenhänge anstreben."

A. Einstein

In diesem ersten Teil besprechen wir die Grundlagen der klassischen Mechanik. Im Zentrum stehen natürlich die Newtonschen Bewegungsgleichungen. Diese setzen eine gewisse Struktur von Raum und Zeit voraus. Umgekehrt zeigt eine Analyse der Newtonschen Bewegungsgleichungen, dass das Raum-Zeit Kontinuum nicht nur kausale und metrische Eigenschaften hat, sondern als 4-dimensionale Mannigfaltigkeit auch eine affine Struktur besitzt, deren zugehörige zeitartige Geraden freie Bewegungen darstellen. Dies wird im ersten Kapitel ausgeführt. Im zweiten Kapitel beginnen wir mit der Untersuchung der Bewegungsgleichungen.

Kapitel 1. Raum, Zeit und Bewegungsgleichungen

"Die Geometrie hat demnach ihre Basis in der praktischen Mechanik und sie ist derjenige Teil der allgemeinen Mechanik, welcher die Kunst, genau zu messen, aufstellt und beweist."

J. Newton (in "Principia")

Raum und Zeit gehören zu den grundlegensten Begriffen der Physik. Jede physikalische Theorie setzt zur Formulierung ihrer Gesetze und deren Interpretation eine gewisse Raum-Zeit Struktur voraus, und umgekehrt schränkt die Geometrie von Raum und Zeit die Form dieser Gesetze in erheblichem Masse ein.

Für den Physiker ist es nicht zulässig, die Geometrie von Raum und Zeit von den übrigen physikalischen Gesetzen isoliert zu betrachten. Die Struktur von Raum und Zeit wird durch das Verhalten von Uhren und Massstäben festgelegt, deren Eigenschaften aber anderseits durch physikalische Gesetze bestimmt sind. Deshalb sind nur beide zusammen empirisch verifizierbar. Dies wurde z.B. von H. Weyl sehr betont. In seiner"Philosophie der Mathematik und Naturwissenschaft" schreibt er (S. 171):

"Gegen das Argument, dass in eine versuchte experimentelle Prüfung der Geometrie immer auch eigentlich physikalische Aussagen über das Verhalten von starren Körpern und Lichtstrahlen hineinspielen, ist zu sagen, dass die physikalischen Gesetze so wenig wie die geometrischen, jedes für sich, eine Prüfung in der Erfahrung zulassen, sondern die "Wahrheit" einer konstruktiven Theorie nur im Ganzen geprüft werden kann."

Dasselbe hat wohl auch Newton im einleitenden Zitat gemeint.

1.1 Die Struktur von Raum und Zeit

Die Zeit beschreiben wir durch das Kontinuum der reellen Zahlen $\mathbb{R}$, als topologischen Raum aufgefasst. Die übliche Ordnung $\leq$ entspricht "früher - später". Eine operative Definition der "metrischen" (nicht bloss "topologischen") Zeit wird später gegeben.

Der Raum wird als 3-dimensionaler Euklidischer Raum idealisiert.

Es ist vielleicht nicht ganz überflüssig, an die Definition eines Euklidischen Raumes zu erinnern. (Dies gibt mir auch Gelegenheit, gewisse Notationen einzuführen.) Zunächst benötigen wir den Begriff des affinen Raumes. Dieser wird auch später in § 1.6 wichtig sein.

Definition 1.1: Ein affiner Raum ist ein Trippel $(M,E,+)$. Darin ist M eine Menge, E ein (endlichdimensionaler) Vektorraum und + bezeichnet eine freie transitive Operation von E , als Abelsche Gruppe aufgefasst, auf M . Dies bedeutet: es gibt eine Abbildung von $E \times M$ nach M , welche einem Paar $(v,p) \in E \times M$ einen Punkt $v+p \in M$ so zuordnet, dass die folgenden Eigenschaften erfüllt sind:

(i) $(v_1+v_2) + p = v_1 + (v_2 + p)$, $v_1, v_2 \in E$, $p \in M$;

(ii) $v + p = p \Longleftrightarrow v = 0$, $v \in E$, $p \in M$;

(iii) Zu $p,q \in M$ existiert ein $v \in E$ mit $v + p = q$.

<u>Notation:</u> Den nach (ii) eindeutigen Vektor in (iii) bezeichnen wir mit $\overrightarrow{pq}$, oder auch mit $q - p$.

Wir benötigen auch die folgende

<u>Definition 1.2:</u> Ein <u>affines Koordinatensystem</u> $(O; e_1,\ldots,e_n)$ besteht aus einem festen Punkt $O \in M$ und einer Basis $(e_1,\ldots,e_n)$ von E. Jeder Punkt $p \in M$ bestimmt n Zahlen $x^1,\ldots,x^n$ durch

$$\overrightarrow{Op} = \sum_{i=1}^{n} x^i e_i .$$

Die $(x^1,\ldots,x^n)$ sind die <u>affinen Koordinaten</u> von p relativ zum affinen Koordinatensystem $(O; e_1\ldots,e_n)$.

Es seien $(x'^1,\ldots,x'^n)$ die affinen Koordinaten von p bezüglich eines anderen affinen Koordinatensystems $(O';e'_1,\ldots,e'_n)$, dann bestehen zwischen den x'^i und den x^i Beziehungen der Form

$$x'^i = \sum_j \lambda^i{}_j\, x^j + a^i$$

(= homogene Transf. + Translation).

Es sei $\underline{x}=(x^1,\ldots,x^n) \in \mathbb{R}^n$ und $\underline{x}' = (x'^1,\ldots,x'^n)$; dann gilt in Matrixschreibweise

$$\underline{x}' = \Lambda\, \underline{x} + \underline{a} \quad , \qquad \Lambda = (\lambda^i{}_j),\ \underline{a} = (a^1,\ldots a^n) . \tag{1.1}$$

Die Komponenten $\underline{v} := (v^1,\ldots,v^n)$ eines Vektors $v \in E$ transformieren sich dagegen homogen:

$$\underline{v}' = \Lambda\, \underline{v} . \tag{1.2}$$

Ein Euklidischer Raum ist ein spezieller affiner Raum.

<u>Definition 1.3:</u> Ist auf dem "Differenzraum" E eines affinen Raumes $(M,E,+)$ ein inneres Produkt $(.,.)$ definiert, so ist M ein <u>Euklidischer Raum</u> und E ist ein <u>Euklidischer Vektorraum.</u>

Der Abstand zwischen zwei Punkten $p,q \in M$ ist definiert durch

$$d(p,q) := |\overrightarrow{pq}| \quad , \qquad |v| = \sqrt{(v,v)} \quad \text{für} \quad v \in E \,. \tag{1.3}$$

<u>Definition 1.4:</u> Ein <u>Cartesisches (Euklidisches) Koordinatensystem</u> ist ein affines Koordinatensystem $(0;\, e_1,\dots,e_n)$ mit der zusätzlichen Eigenschaft

$$(e_i, e_j) = \delta_{ij} \,.$$

Bezüglich eines solchen Systems seien x^i und y^i die Koordinaten von p bzw. q. Dann gilt

$$d(p,q) = |\overrightarrow{0p} - \overrightarrow{0q}| = |\sum (x^i - y^i) e_i| = \sqrt{\sum_i (x^i - y^i)^2} \,. \tag{1.4}$$

Die Beziehung zwischen den Koordinaten eines Punktes bezüglich zwei Cartesischen Koordinatensystemen lautet

$$\underline{x}' = R\underline{x} + \underline{a} \,, \tag{1.5}$$

mit

$$R \in O(n) \,, \text{ d.h. } R^T R = R R^T = 1 \,. \tag{1.6}$$

Daraus folgt insbesondere $\operatorname{Det} R = \pm 1$. Die Transformation (1.5) ist bestimmt durch das Paar $(\underline{a}, R)$. Alle diese Transformationen bilden in natürlicher Weise eine Gruppe, die sog. <u>Euklidische Bewegungsgruppe</u>. Um das Multiplikationsgesetz zu definieren, betrachten wir die Zusammensetzung von zwei Transformationen: Sei

$$\underline{x}' = R\underline{x} + \underline{a} \,, \qquad \underline{x}'' = R'\underline{x}' + \underline{a}' \,,$$

so gilt

$$\underline{x}'' = R'(R\underline{x} + \underline{a}) + \underline{a}' = R'R\underline{x} + (R'\underline{a} + \underline{a}') \,.$$

Der Zusammensetzung der beiden Transformationen entspricht deshalb das Multiplikationsgesetz

$$(\underline{a}',R')\,(\underline{a},R) \;=\; (\underline{a}' + R'\underline{a},\; R'R)\;. \qquad (1.7)$$

Verifiziere die Gruppenaxiome (Einselement, Existenz eines Inversen, Assoziativgesetz).

Wir sagten: der Raum wird als dreidimensionaler Euklidischer Raum idealsiert. Damit ist folgendes gemeint. Wir denken uns ein Bezugssystem gegeben, welches durch einen geeigneten starren Körper (etwa die Wände eines Laboratoriums) repräsentiert wird. In einem solchen werden Längen mit Hilfe von Massstäben gemessen (als Längeneinheit können wir z.B. die Wellenlänge der roten Cd-Linie verwenden). Mit Hilfe von starren Körpern und Massstäben können wir ein rechtwinkliges Koordinatensystem aufbauen. Ob die mit Hilfe der Massstäbe gemessenen Abstände die Formel (1.4) erfüllen, ist damit auch eine empirische Frage (siehe auch die Uebungen). Einstein drückte dies so aus:

> "Insofern die Geometrie als die Lehre von den Gesetzmässigkeiten der gegenseitigen Lagerung praktisch starrer Körper aufgefasst wird, ist sie als der älteste Zweig der Physik anzusehen."

Die Erfahrung zeigt, dass der dreidimensionale Euklidische Raum ein sehr gutes Modell für den physikalischen Raum ist. Die erste (?) empirische Ueberprüfung der Euklidischen Geometrie wurde von Gauss durchgeführt. Erst die Allgemeine Relativitätstheorie ersetzt dieses Modell durch ein besseres.

1.2 Inertialsysteme, absolute Zeit, Galilei Transformationen

Das Trägheitsgesetz von Galilei zeichnet eine Klasse von Bezugssystemen aus.

Definition 1.5: Jedes Bezugssystem, gegen welches die Bahnen von drei vom gleichen Punkt nach verschiedenen (nicht in einer Ebene liegenden) Richtungen fortgeschleuderten, dann aber sich selbst überlassenen Massenpunkten geradlinig sind, heisst Inertialsystem.

Aus Erfahrung wissen wir: (i) Es gibt solche Bezugssysteme. (ii) Gegen ein Inertialsystem ist auch die Bahn jedes anderen, sich selbst überlassenen Massenpunktes geradlinig. In diesen Erfahrungen drückt sich ein Teil des Trägheitsgesetzes aus.

Relativ zu einem Inertialsystem benutzen wir eine Inertialzeitskala im Sinne folgender

Definition 1.6: Inertialzeitskala heisst jede Zeitskala, nach der ein sich selbst überlassener, bewegter Massenpunkt in einer Inertialbahn gleiche Strecken in gleichen Zeiten zurücklegt.

Aus Erfahrung wissen wir: Nach einer Inertialzeitskala legt auch jeder andere, sich selbst überlassene Massenpunkt (immer vorausgesetzt, dass sich seine inneren Eigenschaften zeitlich nicht ändern) gleiche Strecken in gleichen Zeiten zurück.

Die im Anschluss an die beiden letzten Definitionen ausgesprochenen Erfahrungen drücken das Trägheitsgesetz aus: In einem Inertialsystem bewegt sich ein unbeeinflusster Massenpunkt relativ zu einer Inertialzeitskala gleichförmig und geradlinig.

Eine Atomuhr legt in beliebig guter Näherung eine Inertialzeitskala fest. Damit wird die Zeit zu einem 1-dimensionalen Euklidischen Raum, dessen natürliche Koordinate (bestimmt bis auf eine lineare Transformation $t \to at + b$) die Inertialzeit angibt. Das von Kopernikus in die Astronomie eingeführte, gegen den Schwerpunkt des Planetensystems ruhende, nach den Fixsternen orientierte räumliche Bezugssystem ist mit grosser Genauigkeit ein Inertialsystem. (Mit den heutigen astronomischen Kenntnissen kann man noch bessere Systeme konstruieren.)

Absolute Zeit

In der "vor-relativistischen" Mechanik wird angenommen, dass die Zeit absolut ist, d.h., dass es einen objektiven Sinn hat, von zwei räumlich distanten Ereignissen zu sagen sie seien gleichzeitig. Diese Idealisierung ist sinnvoll, solange man die Lichtgeschwindigkeit als praktisch unendlich ansehen kann. Dann hat man die Möglichkeit, distante Uhren zu synchronisieren. Die Spezielle Relativitätstheorie wurzelt in der Einsicht, dass der absolute Zeitbegriff für elektromagnetische Vorgänge und für die Mechanik hoher Geschwindigkeiten eine unstatthafte Idealisierung ist.

In dieser Vorlesung wollen wir am absoluten Zeitbegriff festhalten. Die Zerlegung der Mannigfaltigkeit M der Ereignisse in Schichten gleicher Zeit kann als kausale Struktur von M interpretiert werden. Die "Hyperebene" $\{t(e) = \text{const}\}$ durch ein Ereignis e separiert die kausale Zukunft (oder den Einflussbereich von e) von seiner kausalen Vergangenheit. Die

Schichtung in Gleichzeitigkeit ermöglicht die Darstellung der ontologischen Idee, dass sich die äussere Welt in der Zeit entwickelt: der gegenwärtige Zustand der Welt besteht in der Verteilung der Materie in der Hyperebene jetzt und die Sequenz der Verteilungen in diesen Hyperebenen beschreibt in einem objektiven Sinn (unabhängig vom speziellen Beobachter) die Geschichte des materiellen Universums.

Newton stellte sich vor, dass auch der Raum absolut ist, dass es also einen objektiven Sinn hat, von zwei Ereignissen zu verschiedenen Zeiten zu sagen sie fänden am gleichen Ort statt. Bis zu Einstein hat aus begreiflichen Gründen niemand die objektive Bedeutung der Gleichzeitigkeit in Frage gestellt. Aber schon früh wurde auf der Basis der Relativität der Bewegungen die absolute Bedeutung der Ruhe und des nichtrotierenden Zustandes angefochten. Hier sind vor allem Berkley, Huyghens und Leibniz zu erwähnen. Newtons berühmte Diskussion des Eimerversuchs kann die Amnahme rechtfertigen, dass Rotation dynamisch eine absolute Bedeutung hat. Für den absoluten Raum von Newton gibt es aber keine mechanischen Gründe, denn die Gesetze der Mechanik erlauben es nicht (siehe Abschnitt 1.5), Ruhe von gleichförmiger Bewegung zu unterscheiden.

Galilei Transformationen

Wir untersuchen nun den Uebergang von einem Inertialsystem K auf ein zweites Inertialsystem K'. In beiden Bezugssystemen sei je ein Cartesisches Koordinatensystem gewählt. Wir betrachten zunächst eine spezielle Situation (vgl. Fig.), bei der sich K' in der x-Richtung von K mit konstanter Geschwindigkeit v bewegt und die Cartesischen Achsen von K' bei der Bewegung parallel zu denjenigen von K bleiben. Ferner mögen die beiden Systeme für t = t' = 0 zusammenfallen. (Wie bereits abgemacht, sollen in beiden Systemen dieselben Raum- und Zeit-Massstäbe benutzt werden.)

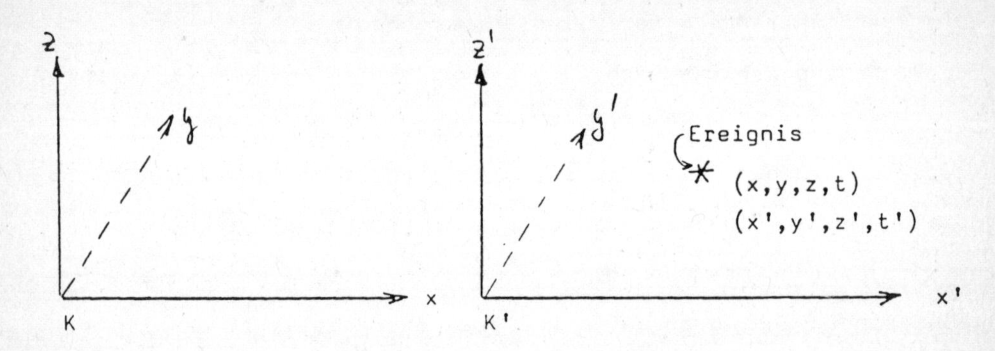

Ein Ereignis, wie das Aufleuchten einer Lampe, habe die Raum-Zeit Koordinaten (x,y,z,t) bezüglich K und (x',y',z',t') bezüglich K'. Die klassichen ("common sense") Beziehungen zwischen den beiden Koordinatensätzen sind durch die <u>spezielle Galileitransformation</u>

$$x' = x - vt\ ,\quad y' = y\ ,\quad z' = z\ ,$$

$$t' = t \tag{1.8}$$

gegeben. Die letzte Zeile drückt den absoluten Charakter der Zeit aus.

Wir betrachten nun noch allgemeinere Galileitransformationen, bei denen die Achsen von K' gegenüber denjenigen von K gedreht sind, die konstante Translationsgeschwindigkeit eine allgemeine Richtung hat und der Koordinaten- sowie der Zeit-Ursprung verschoben sind. An Stelle von (1.8) haben wir das Transformationsgesetz

$$\underline{x}' = R\underline{x} + \underline{v}t + \underline{a}$$
$$t' = t + b . \tag{1.9}$$

Dabei ist R eine Drehung: $R^T R = 1$. Die Galileitransformation (1.9) ist charakterisiert durch $g = (R, \underline{v}, \underline{a}, b)$. Die Menge dieser Transformationen bildet eine Gruppe mit der Identität $(1, \underline{0}, \underline{0}, 0)$, dem Multiplikationsgesetz (Zusammensetzung von zwei Galileitransformationen)

$$g_1 g_2 = (R_1 R_2 , R_1 \underline{v}_2 + \underline{v}_1, R_1 \underline{a}_2 + \underline{v}_1 b_2 + \underline{a}_1 , b_1 + b_2)$$

und dem Inversen

$$g^{-1} = (R^{-1}, - R^{-1}\underline{v}, -R^{-1}\underline{a} + R^{-1}\underline{v}b, -b) .$$

Verifiziere, dass alle Gruppenaxiome erfüllt sind.

Diese Gruppe ist isomorph zur Gruppe aller reellen 5x5 Matrizen der Form (vgl. Uebungen) :

$$\begin{pmatrix} R & \underline{v} & \underline{a} \\ 0 & 1 & b \\ 0 & 0 & 1 \end{pmatrix} . \tag{1.10}$$

Falls $R \in SO(3) = \{ R \mid R^T R = 1 , \det R = 1 \}$ wird diese Gruppe die eigentliche orthochrone Galileigruppe $G_+^\uparrow$ genannt. Die volle Galileigruppe G wird durch $G_+^\uparrow$, sowie die Raum- und Zeitspiegelungen,

$$P: \quad (\underline{x}, t) \longrightarrow (-\underline{x}, t) ,$$
$$T: \quad (\underline{x}, t) \longrightarrow (\underline{x}, -t) ,$$

erzeugt. Die Galileigruppe hat, unter anderen, die folgenden Untergruppen:

(a) Die Euklidische Bewegungsgruppe, bestehend aus den Elementen $(R,0,\underline{a},0)$.

(b) Die Menge der speziellen Galileitransformationen (3-parametrige Abelsche Untergruppe)

$$g(\underline{v}) = (1,\underline{v},0,0) .$$

Das Additionsgesetz der Geschwindigkeiten drückt sich folgendermassen aus

$$g(\underline{v}_1)g(\underline{v}_2) = g(\underline{v}_1 + \underline{v}_2) .$$

Die Galileigruppe wird in dieser Vorlesung eine wichtige Rolle spielen.

1.3 Bewegungsgleichungen eines Systems von Massenpunkten

Wir betrachten einen Massenpunkt, der sich in der Zeit durch den Raum bewegt. Relativ zu einem Bezugssystem mit Cartesischen Achsen sei die Bahn $t \mapsto \underline{x}(t)$. Die Geschwindigkeit des Massenpunktes ist

$$\underline{v}(t) = \dot{\underline{x}}(t) := \frac{d\underline{x}}{dt} = \left(\frac{dx_1}{dt}, \frac{dx_2}{dt}, \frac{dx_3}{dt}\right) .$$

Die Beschleunigung ist

$$\underline{b}(t) = \dot{\underline{v}}(t) = \ddot{\underline{x}}(t) .$$

Die Bewegung eines Massenpunktes (allgemeiner eines Systems von Massenpunkten) ist im folgenden Sinne deterministisch: Die gesamte Bewegung ist eindeutig festgelegt, wenn zu irgendeinem Zeitpunkt t_0 die Position $\underline{x}(t_0)$ und die Geschwindigkeit $\dot{\underline{x}}(t_0)$ des Teilchens gegeben ist. Diese Grössen bestimmen insbesondere die Beschleunigung. Es gibt also eine Funktion $\underline{f} : U \subset \mathbb{R}^3 \times \mathbb{R}^3 \times \mathbb{R} \longrightarrow \mathbb{R}^3$, so dass

$$\ddot{\underline{x}}(t) = \underline{f}(\underline{x}(t), \dot{\underline{x}}(t), t) . \tag{1.11}$$

Umgekehrt folgt aus dem Existenz- und Eindeutigkeitssatz für gewöhnliche Differentialgleichungen, dass die Funktion $\underline{f}$ und die Anfangsdaten $\underline{x}(t_0)$, $\dot{\underline{x}}(t_0)$ die Bewegung eindeutig bestimmen.

Die Beschreibung von Bewegungsgleichungen durch differentielle Gesetze (Differentialgleichungen) geht auf Newton zurück und hat sich als eine der tragfähigsten Ideen der theoretischen Physik erwiesen. Man kann sich heute kaum noch vorstellen, wie schwierig damals die Konzeption von Differentialgesetzen war. Es war ja nicht nur die Idee dafür nötig, sondern auch die Entwicklung eines mathematischen Kalküls, der vorher höchstens in Rudimenten vorlag. Alle bis anhin bekannten Gesetze (z.B. die Keplergesetze) waren in unserer heutigen Sprechweise Integralgesetze, die also die Bahn als Ganzes betreffen.

Die folgende Bemerkung erscheint mir sehr wesentlich. Differentialgesetze beschreiben nicht die Wirklichkeit, da die Anfangsbedingungen als zufällig erachtet werden. Sie betten die Wirklichkeit vielmehr in ein Reich der Möglichkeiten ein. So kann die Newtonsche Theorie keine Erklärung für die Titius-Bodesche Regel geben, welche viele Planetenabstände von der Sonne erstaunlich gut wiedergibt.

Etwa am Beispiel der elastischen Feder sieht man, dass die rechte Seite von (1.11) nur dann von der Natur des Massenpunktes unabhängig ist, wenn die linke Seite mit einem Faktor multipliziert wird, der von den inneren Eigenschaften des Probekörpers, aber nicht von der Stärke der Feder abhängt. [Dies gilt nur, wenn wir die Bewegung auf ein Inertialsystem beziehen, was im folgenden vorausgesetzt sei. Beschleunigte Bezugssysteme werden in Abschnitt 2.4 besprochen.] Diese innere Eigenschaft nennt man die <u>träge Masse</u> $m > 0$ des Körpers. [Eine genauere Definition der trägen Masse folgt weiter unten.]

Damit erhält man das Newtonsche Bewegungsgesetz für einen Massenpunkt:

$$\boxed{m\ddot{\underline{x}}(t) = \underline{F}(\underline{x}(t),\dot{\underline{x}}(t),t).} \tag{1.12}$$

Die rechte Seite ist die <u>Kraft</u> und beschreibt die Wechselwirkung des Massenpunktes mit der Aussenwelt.

Das Problem der Mechanik besteht in folgendem: Entweder kennt man die Bewegung und sucht die Funktion $\underline{F}$ im Bewegungsgesetz, oder man kennt die Kräfte und sucht die Bewegung. Im letzteren Fall handelt es sich darum, ein System von gewöhnlichen Differentialgleichungen zu lösen. Diese mathematische Aufgabe ist i.a. unlösbar schwierig. Die Reichhaltigkeit der Lösungsmannigfaltigkeit, auch von einfachen nichtlinearen Differentiagleichungen, versetzt uns immer wieder neu in Erstaunen und wird noch viele Generationen faszinieren (und beschäftigen).

Beispiel: Die Bewegungsgleichung für einen Planeten

Als Beispiel für die erste Aufgabe leiten wir das Newtonsche Gravitationsgesetz aus den Keplerschen Gesetzen ab. (Dies wird in den Lehrbüchern kaum durchgeführt.)

Es ist bekannt, dass Kepler 1609 aus den umfangreichen und sehr genauen Beobachtungen von Tycho Brahe die beiden folgenden Gesetze abstrahiert hat:

1. Keplersches Gesetz: Die Bahn eines jeden Planeten ist eben, und zwar eine Ellipse, in deren einem Brennpunkt die Sonne steht.

2. Keplersches Gesetz: Der Radiusvektor $\underline{x}(t)$ von der Sonne zum Planeten überstreicht in gleichen Zeiten gleiche Flächen ("Flächensatz").

Für die Trajektorie in der Bahnebene führen wir die folgenden Bezeichnungen ein (vergl. Fig. 1.1)

$a := |\overrightarrow{OQ}|$: grosse Halbachse, $e := |\overrightarrow{OS}|$;

$\varepsilon = e/a$: Exzentrizität $(\varepsilon < 1)$.

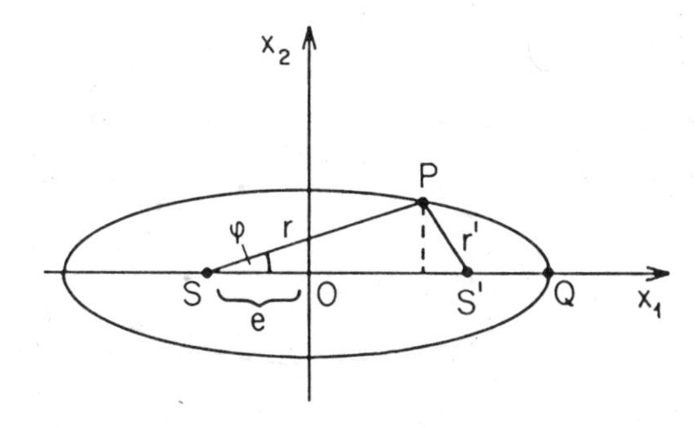

Fig. 1.1. Kepler-Ellipse

In Polarkoordinaten $(x_1 = r\cos\varphi,\ x_2 = r\sin\varphi)$ gilt

$$r' = [(r\sin\varphi)^2 + (2e - r\cos\varphi)^2]^{\frac{1}{2}}. \tag{1.13}$$

Die Ellipsengleichung lautet: $r + r' = 2a$. Durch Elimination von r' folgt die Parameterdarstellung der Bahnkurve:

$$r = \frac{p}{1-\varepsilon\cos\varphi}\ , \qquad p = a(1-\varepsilon^2)\ . \tag{1.14}$$

Aus dem 1. Keplerschen Gesetz entnehmen wir, dass die Richtung des Drehimpulses

$$\underline{L}(t) = m\,\underline{x}(t)\wedge\dot{\underline{x}}(t)$$

konstant bleibt, nämlich senkrecht zur Bahnebene. Aus dem 2. Keplerschen Gesetz folgt anderseits die Konstanz von $|\underline{L}|$. Es ist nämlich

$$\underline{x} = (r\cos\varphi\ ,\ r\sin\varphi\ ,\ 0)\ ,$$

$$\dot{\underline{x}} = (\dot{r}\cos\varphi - r\dot{\varphi}\sin\varphi\ ,\ \dot{r}\sin\varphi + r\dot{\varphi}\cos\varphi,\ 0)\ ,$$

$$|\underline{x}\wedge\dot{\underline{x}}| = r\cos\varphi\,(\dot{r}\sin\varphi + r\dot{\varphi}\cos\varphi) - r\sin\varphi\,(\dot{r}\cos\varphi - r\dot{\varphi}\sin\varphi)$$

$$= r^2\dot{\varphi}\ ;$$

d.h.

$$|\underline{L}| = m\,r^2\dot{\varphi}\ . \tag{1.15}$$

Die Flächengeschwindigkeit ist anderseits

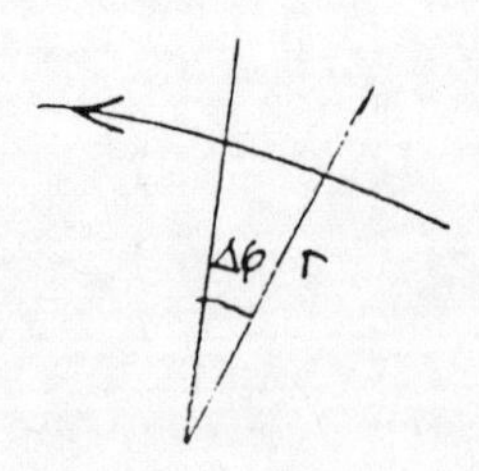

$$\frac{df}{dt} = \tfrac{1}{2}\,r^2\dot{\varphi} =: C = \text{const.}$$

Deshalb gilt

$$|\underline{L}| = 2m\,\frac{df}{dt} = 2m\,C\ . \tag{1.16}$$

Wir zeigen nun die Gültigkeit des folgenden Satzes.

Satz 1.1: Die beiden ersten Keplerschen Gesetze implizieren für jede Planetenbahn $\underline{x}(t)$ die Gleichung

$$\ddot{\underline{x}}(t) = -\frac{4C^2}{p}\,\frac{\underline{x}(t)}{|x(t)|^3}\,. \tag{1.17}$$

Bemerkung: Obschon nach (1.16) $4C^2 = |\underline{x} \wedge \dot{\underline{x}}|^2$ gilt, ist (1.17) nur vom Typ (1.12), wenn man zeigen kann, dass p eine Funktion von $\underline{x}, \dot{\underline{x}}$ und t ist. Dies wird sich aber erst als Folge des 3. Keplerschen Gesetzes erweisen.

Beweis von Satz 1.1: Es sei $\underline{e} = \underline{x}/|\underline{x}|$. Dann folgt aus $(\underline{e},\underline{e}) = 1$:

$$(\underline{e},\dot{\underline{e}}) = 0 \implies (\underline{e},\ddot{\underline{e}}) + (\dot{\underline{e}},\dot{\underline{e}}) = 0\,. \tag{1.18}$$

Ferner ergibt sich aus der Konstanz von $\underline{L}$:

$$0 = \dot{\underline{L}} = m\,\underline{x} \wedge \ddot{\underline{x}} \implies \ddot{\underline{x}} = (\ddot{\underline{x}},\underline{e})\,\underline{e}\,. \tag{1.19}$$

Durch Differentiation von $\underline{x} = r\underline{e}$ erhält man

$$\ddot{\underline{x}} = \ddot{r}\,\underline{e} + 2\dot{r}\,\dot{\underline{e}} + r\,\ddot{\underline{e}}\,. \tag{1.20}$$

Aus (1.18) und (1.20) folgt $(\ddot{\underline{x}},\underline{e}) = \ddot{r} - r(\dot{\underline{e}},\dot{\underline{e}})$. Ferner ist $\underline{e} = (\cos\varphi, \sin\varphi)$, also $\dot{\underline{e}} = (-\dot{\varphi}\sin\varphi, \dot{\varphi}\cos\varphi)$ und daher nach dem Flächensatz (1.16)

$$(\ddot{\underline{x}},\underline{e}) = \ddot{r} - r\,\dot{\varphi}^2 = \ddot{r} - 4C^2/r^3\,. \tag{1.21}$$

Aus (1.14) erhalten wir mit (1.16)

$$\begin{aligned} \dot{r} &= -p\,\frac{\varepsilon\,\dot{\varphi}\,\sin\varphi}{(1-\varepsilon\cos\varphi)^2} = -2\,\frac{\varepsilon\,C\,\sin\varphi}{p}\,, \\ \ddot{r} &= -\frac{2\varepsilon\,C\,\dot{\varphi}\,\cos\varphi}{p} = -\frac{4\varepsilon\,C^2\cos\varphi}{p\,r^2}\,. \end{aligned} \tag{1.22}$$

Aus (1.19) und (1.21) folgt

$$\ddot{\underline{x}} = (\ddot{\underline{x}},\underline{e})\,\underline{e} = (\ddot{r} - 4C^2/r^3)\,\underline{e}\,.$$

Mit (1.22) und(1.14) kommt nun

$$\ddot{\underline{x}} = \frac{4C^2}{r^2} \left(- \frac{\varepsilon \cos\varphi}{p} - \frac{1}{r}\right) \underline{e} = - \frac{4C^2}{p} \underline{x}/r^3 \,. \quad \square \tag{1.23}$$

Um zu einer Differentialgleichung zu kommen, benötigen wir eine Beziehung zwischen den Parametern der Bahnen verschiedener Planeten. Eine solche hat Kepler nach langem Suchen 1619 gefunden:

3. Keplersches Gesetz: Für alle Planeten (des Sonnensystems) verhalten sich die Quadrate der Umlaufszeiten T wie die Kuben der grossen Halbachsen a :

$$T^2/a^3 =: D = \text{Konstante des Sonnensystems.} \tag{1.24}$$

Aus (1.16) folgt CT = Fläche der Ellipse $= \pi a^2 \sqrt{1-\varepsilon^2}$ $= \pi a^{3/2} p^{\frac{1}{2}}$ [vgl. (1.14)], also

$$T^2/a^3 = \frac{\pi^2 a^3 p/C^2}{a^3} = \frac{\pi^2 p}{C^2} = D \,. \tag{1.25}$$

Das letzte Gleichheitszeichen gibt mit (1.17) den

Satz 1.2: Als Folge der drei Keplergesetze gilt für die Planetenbahnen um die Sonne die Differentialgleichung

$$\ddot{\underline{x}} = - \frac{4\pi^2}{D} \frac{\underline{x}(t)}{|\underline{x}(t)|^3} \,. \tag{1.26}$$

Umgekehrt werden wir später die Keplerschen Gesetze aus der Differentialgleichung (1.26) gewinnen. Neben den Kepler-Ellipsen hat aber die Differentialgleichung (1.26), wie wir in Abschnitt 2.3 sehen werden, noch andere Lösungen (Parabeln und Hyperbeln). Wir betrachten seit Newton das Differentialgesetz (1.26) als das fundamentale Gesetz und die Keplerschen

Gesetze als zugehörige Integralgesetze. Dann liegt es nahe, auch die anderen Lösungen von (1.26) als physikalisch realisierbare Bewegungen zuzulassen. Diese Vorhersage hat sich in der Astronomie bekanntlich glänzend bestätigt.

Newton ging aber noch wesentlich weiter und entwickelte die kühne Vorstellung der <u>universellen</u> Gravitation. Unter Benutzung des Prinzips <u>Actio= Reactio</u> postulierte er:

Es gibt eine Konstante $G > 0$ (Newtonsche Gravitationskonstante), so dass alle N-Teilchensysteme mit Massen m_i und Bahnen $\underline{x}_i(t)$ $(i = 1,2,\ldots N,\ N \geq 2)$ bei rein gravitativer Wechselwirkung Lösungen des folgenden Differentialgleichungssystems der Himmelsmechanik sind:

$$\boxed{m_i \ddot{\underline{x}}_i = -G \sum_{j \neq i} m_i m_j \frac{\underline{x}_i - \underline{x}_j}{|\underline{x}_i - \underline{x}_j|^3}\,.} \qquad (1.26')$$

Für $N = 2$ erhält man (1.26), falls $\underline{x}_\odot = 0$ gesetzt wird. [Konsequenterweise ergibt sich (1.26) aus (1.26') für die Relativbewegung; vgl. § 2.3.]

Mit der mathematischen Formulierung des Gravitationsgesetzes konnte Newton die wichtigsten damals bekannten Erscheinungen der Planetenbewegung beschreiben und zeigen, dass die Physik der Bewegungsabläufe auf der Erde und die Physik der Planetenbewegung ein und dasselbe ist. Diese Einsicht hatte er in den ersten Monaten des Jahres 1685 im Alter von zweiundvierzig Jahren.

* * *

Allgemeiner betrachten wir im folgenden Bewegungsgleichungen der Form

$$m_i \underline{\ddot{x}}_i = \underline{F}_i(\underline{x}_1,\ldots,\underline{x}_N,\ \underline{\dot{x}}_1,\ldots,\underline{\dot{x}}_N,t) \qquad (1.27)$$

$$(i = 1,2,..N)\ .$$

Die $\underline{F}_i$ sind die Kräfte, welche auf die Massenpunkte wirken. Sie hängen i.a. von den Koordinaten, den Geschwindigkeiten und der Zeit ab, nicht aber von höheren Ableitungen der Koordinaten.

Die Gleichungen (1.27) ennt man die Newtonschen Bewegungsgleichungen. Bei bekannten Kräften stellen sie ein System von gewöhnlichen Differentialgleichungen 2. Ordnung dar. Explizite (analytische) Lösungen, ja sogar bloss qualitative Aussagen sind nur in ganz wenigen Fällen möglich. Schon Newton schrieb im Zusammenhang mit dem Bewegungsproblem (1,26'):

> "Es würde, wenn ich mich nicht irre, die Grenzen des menschlichen Erkenntnisvermögens übersteigen, alle diese Ursachen der Bewegung zugleich zu berücksichtigen und diese Bewegungen durch genaue Gesetze zu beschreiben, die praktisch durchführbare Berechnungen erlauben."

Die Erfahrung lehrt, dass in vielen Fällen die Kräfte nur von den Positionen $(\underline{x}_1,\ldots,\underline{x}_N)$, den sog. Konfigurationen, der Massenpunkte abhängen. Dann kann man die Kräfte statisch bestimmen. Die trägen Massen m_i in (1.27) bestimmen deshalb die dynamische Wirkung der Kräfte. Sie bestimmen, wie gross die Beschleunigung ist, die eine statische Kraft an einem Massenpunkt erzeugt.

Ein mechanisches Modell ist durch Funktionen $\underline{F}_i$ bestimmt. Wir betrachten speziell den Fall wo $\underline{F}_i$ sich in folgender Weise zusammensetzt:

$$\underline{F}_i = \underline{F}_i^{(in)} + \underline{F}_i^{(ex)} . \tag{1.28}$$

Die <u>äussere Kraft</u> $\underline{F}_i^{(ex)}$ soll dabei nur von $\underline{x}_i$, $\dot{\underline{x}}_i$ und t abhängen, d.h. sie soll von $\underline{x}_j$ und $\dot{\underline{x}}_j$ mit $j \neq i$ unabhängig sein. Die <u>innere Kraft</u> $F^{(in)}$ soll anderseits nur von der relativen Konfiguration des Systems abhängig sein. Im folgenden betrachten wir überdies für $\underline{F}_i^{(in)}$ meistens Superpositionen von Zweitkörperkräften

$$\underline{F}_i^{(in)}(\underline{x}_1, \dots, \underline{x}_N t) = \sum_{k \neq i} \underline{F}_{ik}(\underline{x}_i - \underline{x}_k, t) , \tag{1.29}$$

wo $\underline{F}_{ik}$ die Kraft bezeichnet, welche der Punkt k auf den Punkt i ausübt. $\underline{F}_{ik}$ soll überdies eine <u>Zentralkraft</u> sein:

$$\underline{F}_{ik}(\underline{x}, t) = f_{ik}(|\underline{x}|, t) \frac{\underline{x}}{|\underline{x}|} ,$$
$$f_{ik} = f_{ki} . \tag{1.30}$$

Es gilt dann das Prinzip: <u>actio = reactio</u>, d.h.

$$\underline{F}_{ik}(\underline{x}_i - \underline{x}_k, t) = - \underline{F}_{ki}(\underline{x}_k - \underline{x}_i, t) . \tag{1.31}$$

Von diesem Typus sind die Gravitationskräfte. In (1,26') ist *)

$$f_{ik}(r,t) = - \frac{Gm_i m_k}{r^2} . \tag{1.32}$$

---

*) Was Newton dazu befähigte, über das Ein-Körper-System hinauszukommen, war die konsequenten Anwendung seines dritten Bewegungsgesetzes: actio = reactio. Dieses Gesetz ist vielleicht das originellste seiner drei Bewegungsgesetze. (Vgl. die Einleitung zum elften Kapitel der Prinzipia.)

Die äusseren Kräfte rühren in der Regel von Massen her, deren Bewegung bekannt ist und die nicht zum System gerechnet werden. [Im Prinzip könnte man diese Massen auch zum System zählen, womit die äusseren Kräfte zu inneren werden.]

Ein System, auf das keine äusseren Kräfte wirken, heisst <u>mechanisch abgeschlossen</u>. Für ein solches lauten die Newtonschen Bewegungsgleichungen (1.27) nach (1.29):

$$m_i \ddot{\underline{x}}_i = \sum_{k \neq i} \underline{F}_{ik}(\underline{x}_i - \underline{x}_k, t) . \tag{1.33}$$

Zentralkräfte besitzen ein Potential:

$$\underline{F}_{ik}(\underline{x}, t) = - \operatorname{grad} V_{ik}(|\underline{x}|, t) ,$$

wobei

$$V_{ik}(r,t) = - \int_{r_0}^{r} f_{ik}(s,t) \, ds = V_{ki}(r,t) . \tag{1.34}$$

Für die Gravitationskräfte lautet das Potential zu (1.32)

$$V_{ik} = - \frac{G m_i m_k}{r} . \tag{1.35}$$

1.4 Erhaltungssätze für abgeschlossene Systeme

Wir ziehen nun einige allgemeine Folgerungen aus den Newtonschen Gleichungen (1.33), wobei wir allgemeiner rechts noch äussere Kräfte addieren:

$$m_i \ddot{\underline{x}}_i = \sum_{k \neq i} \underline{F}_{ik}(\underline{x}_i - \underline{x}_k, t) + \underline{F}_i^{(ex)}(\underline{x}_i, \dot{\underline{x}}_i, t) \equiv \underline{F}_i(\ldots.) . \tag{1.36}$$

A. Impulssatz

Wir definieren zunächst den Impuls des i^{ten} Massenpunktes durch

$$\underline{p}_i = m_i \dot{\underline{x}}_i . \tag{1.37}$$

Dann gilt, da m_i konstant ist, nach (1.36)

$$\dot{\underline{p}}_i = \underline{F}_i .$$

Summieren wir diese Gleichung über i, so erhalten wir mit (1.31) für den Gesamtimpuls,

$$\underline{P} := \sum_{i=1}^{N} \underline{p}_i \tag{1.38}$$

die Gleichung

$$\dot{\underline{P}} = \sum_i \underline{F}_i^{(ex)} . \tag{1.38'}$$

Es gilt also der

Satz 1.3: Die Aenderung des Gesamtimpulses ist gleich der Summe der äusseren Kräfte. Für ein mechanisch abgeschlossenes System bleibt der Impuls konstant.

Wir formulieren diese Aussage wie folgt um: Sei $\underline{X}$ der Schwerpunkt des Systems,

$$\underline{X} := \frac{\sum m_i \underline{x}_i}{M} , \qquad M := \sum m_i \quad (= \text{Gesamtmasse}), \tag{1.39}$$

dann folgt aus (1.37) und (1.38') für ein abgeschlossenes System

$$\ddot{\underline{X}} = 0 \Longrightarrow \dot{\underline{X}} = \frac{\sum m_i \underline{v}_i}{M} = \text{const}, \tag{1.40}$$

d.h.: Der Schwerpunkt bewegt sich für ein abgeschlossenes System geradlinig und gleichförmig (Schwerpunktsatz). Für die Gültigkeit dieses Schwerpunktsatzes ist das Prinzip actio = reactio wesentlich. Aus (1.40) folgt durch Integrieren

$$\underline{X} = \underline{X}_o + t\underline{V} \;, \qquad \underline{V} := \frac{\sum m_i \underline{v}_i}{M} \;; \tag{1.41}$$

$\underline{X}_o$, $\underline{V}$ sind - für ein abgeschlossenes System - Integrale der Bewegung.

Anwendung: Aus der Konstanz von $\underline{V}$ folgt für ein Zweiteilchen-System

$$m_1[\underline{v}_1(t') - \underline{v}_1(t)] + m_2[\underline{v}_2(t') - \underline{v}_2(t)] = 0 \;.$$

Aus dieser Beziehung für beliebige Zeiten t und t' kann man das Verhältnis m_2/m_1 der Massen bestimmen.

B. Energiesatz

Nun multiplizieren wir (1.36) skalar mit $\underline{v}_i = \dot{\underline{x}}_i$ und summieren über i :

$$\sum_i m_i(\underline{v}_i, \dot{\underline{v}}_i) = \sum_{i \neq j} (\dot{\underline{x}}_i, \underline{F}_{ij}) + \sum_i (\dot{\underline{x}}_i, \underline{F}_i^{(ex)})$$

$$= \tfrac{1}{2} \sum_{i \neq j} (\dot{\underline{x}}_i - \dot{\underline{x}}_j, \underline{F}_{ij}) + \sum_i (\dot{\underline{x}}_i, \underline{F}_i^{(ex)}) \;. \tag{1.42}$$

Beim zweiten Gleichheitszeichen wurde actio = reactio benutzt. Für die Form (1.30) der inneren Kräfte folgt nach (1.34)

$$\underline{F}_{ij}(\underline{x}_i - \underline{x}_j, t) = -\operatorname{grad} V_{ij}(|\underline{x}_i - \underline{x}_j|) \;, \qquad V_{ij} = V_{ji} \;, \tag{1.43}$$

wobei wir angenommen haben, dass f_{ij} (und damit V_{ij}) nicht von t abhängt.

$\vec{F}_{ij} = -\vec{F}_{ji}$

Nun gilt

$\frac{1}{2} \sum_{i \neq j}^{N} \vec{x}_i \cdot \vec{F}_{ij} = \sum_{i \neq j}^{N} \vec{x}_i \cdot \vec{F}_{ij} - \sum_{j \neq i}^{N} \vec{x}_j \cdot \vec{F}_{jj}$

$$(\dot{\underline{x}}_i-\dot{\underline{x}}_j,\underline{F}_{ij}) = -\frac{d}{dt} V_{ij}(|\underline{x}_i-\underline{x}_j|) \,. \tag{1.44}$$

Dies sieht man so: Die rechte Seite ist nach der Kettenregel (V'_{ij} bezeichnet die Ableitung von V_{ij})

$$\frac{d}{dt} V_{ij}(|\underline{x}_i-\underline{x}_j|) = V'_{ij}\frac{d}{dt}|\underline{x}_i-\underline{x}_j| = V'_{ij}\frac{(\dot{\underline{x}}_i-\dot{\underline{x}}_j,\underline{x}_i-\underline{x}_j)}{|\underline{x}_i-\underline{x}_j|} \,.$$

Anderseits ist

$$\operatorname{grad} V_{ij}(|\underline{x}|) = V'_{ij}\operatorname{grad}|\underline{x}| = V'_{ij}\frac{\underline{x}}{|\underline{x}|} \,.$$

Deshalb gilt

$$\frac{d}{dt} V_{ij}(|\underline{x}_i-\underline{x}_j|) = (\operatorname{grad} V_{ij}(|\underline{x}_i-\underline{x}_j|),\ \dot{\underline{x}}_i-\dot{\underline{x}}_j) \,.$$

Mit (1.43 folgt daraus die Behauptung (1.44). Benutzen wir (1.44) in (1.42), sowie $(\underline{v}_i,\dot{\underline{v}}_i) = \frac{1}{2}\frac{d}{dt}\underline{v}_i^2$, so erhalten wir

$$\frac{d}{dt}\left[\frac{1}{2}\sum_i m_i\underline{v}_i^2 + \frac{1}{2}\sum_{i\neq j} V_{ij}\right] = \sum_i (\dot{\underline{x}}_i,\underline{F}_i^{ex}) \,. \tag{1.45}$$

In dieser Gleichung ist $\frac{1}{2}\sum m_i\underline{v}_i^2$ die kinetische Energie des Systems, welche wir oft mit T bezeichnen werden,

$$T := \frac{1}{2}\sum_{i=1}^{N} m_i\,\underline{v}_i^2 \,.$$

(T ist die Summe der kinetischen Energien der einzelnen Massenpunkte.) Die Grösse

$$V := \frac{1}{2}\sum_{i\neq j} V_{ij} = \sum_{i<j} V_{ij}$$

ist die potentielle Energie der Wechselwirkung. Schliesslich ist der Ausdruck in der eckigen Klammer die innere Energie des

Systems. In Worten besagt die Gleichung (1.45):

Satz 1.4: Die zeitliche Aenderung der inneren Energie ist gleich der Arbeitsleistung der äusseren Kräfte. Für ein mechanisch abgeschlossenes System ist die innere Energie konstant.

Aus (1.45) ergibt sich, dass Kräfte, welche senkrecht zur Geschwindigkeit sind, keine Arbeit leisten (ein Beispiel ist die Lorentzkraft). Man nennt sie deshalb "wattlos". Die anderen äusseren Kräfte nennt man treibende Kräfte. Falls letztere unabhängig von der Geschwindigkeit sind und sich überdies aus einem Potential herleiten lassen,

$$\underline{F}_i^{(ex)} = - \operatorname{grad} U_i \tag{1.46}$$

so ist die Arbeit unabhängig vom äusseren Weg *) :

$$\int_{\underline{x}_1}^{\underline{x}_2} (\underline{F}, d\underline{x}) = U(\underline{x}_1) - U(\underline{x}_2). \tag{1.47}$$

Besitzen die äusseren treibenden Kräfte im hier erklärtem Sinne ein Potential so kann (1.45) wie folgt geschrieben werden

$$T + V + \sum_i U_i =: E = \text{const}. \tag{1.49}$$

E ist die Gesamtenergie des Systems und ist ein weiteres Integral.

Die Systeme, für die wir (1.49) hergeleitet haben, nennt man konservativ. Natürlich ist die Energie nur bis auf eine willkürliche additive Konstante definiert.

Es ist oft nützlich, die innere Energie in die kinetische Energie der Schwerpunktsbewegung und die Energie relativ zum Schwerpunkt zu zerlegen. Dazu führen wir die Relativkoordinaten ein,

---

*) Für ein einfach zusammenhängendes Gebiet ist dies gleichbedeutend mit

$$\operatorname{rot} \underline{F} = 0 . \tag{1.48}$$

$$\underline{\xi}_i := \underline{x}_i - \underline{X}$$

und schreiben (beachte $\sum m_i \underline{\xi}_i = 0$) :

$$\tfrac{1}{2}\Big(\sum_i m_i \dot{\underline{x}}_i^2 + \sum_{i \neq j} V_{ij}(|\underline{x}_i - \underline{x}_j|)\Big) = \tfrac{1}{2}\Big(M\dot{\underline{X}}^2 + \sum m_i \dot{\underline{\xi}}_i^2$$

$$+ \sum_{i \neq j} V_{ij}(|\underline{\xi}_i - \underline{\xi}_j|)\Big) \equiv T_{trans} + T_{rel} + V .$$

Es gilt also

$$T = T_{trans} + T_{rel} , \tag{1.50}$$

mit

$$T_{trans} = \tfrac{1}{2} M\dot{\underline{X}}^2 , \quad T_{rel} = \tfrac{1}{2} \sum_i m_i \dot{\underline{\xi}}_i^2 .$$

C. Drehimpulssatz

Schliesslich multiplizieren wir (1.36) vektoriell mit $\underline{x}_i$ und summieren über i :

$$\sum_i m_i \underline{x}_i \wedge \ddot{\underline{x}}_i = \sum_i \underline{x}_i \wedge \underline{F}_i = \sum_i \underline{x}_i \wedge \underline{F}_i^{(ex)} + \sum_{i \neq j} \underline{x}_i \wedge \underline{F}_{ij} . \tag{1.51}$$

Die linke Seite ist

$$\sum_i m_i \underline{x}_i \wedge \ddot{\underline{x}}_i = \frac{d}{dt} \sum_i m_i \underline{x}_i \wedge \dot{\underline{x}}_i .$$

Der letzte Term in (1.51) verschwindet, denn durch Vertauschung der Summationsindizes erhält man mit actio = reactio

$$\sum_{i \neq j} \underline{x}_i \wedge \underline{F}_{ij} = \tfrac{1}{2} \sum_{i \neq j} (\underline{x}_i \wedge \underline{F}_{ij} + \underline{x}_j \wedge \underline{F}_{ji})$$

$$= \tfrac{1}{2} \sum_{i \neq j} (\underline{x}_i - \underline{x}_j) \wedge \underline{F}_{ij} = 0 ,$$

da $\underline{F}_{ij}$ die Richtung von $\underline{x}_i - \underline{x}_j$ hat. Wir erhalten damit aus (1.51) und (1.52)

$$\frac{d}{dt}\left(\sum_i m_i \underline{x}_i \wedge \dot{\underline{x}}_i\right) = \sum_i \underline{x}_i \wedge \underline{F}_i^{(ex)} . \tag{1.53}$$

Man nennt

$$\underline{L} := \sum_i m_i \underline{x}_i \wedge \dot{\underline{x}}_i \tag{1.54}$$

den Drehimpuls des Systems um den Ursprung des Koordinatensystems. Weiter heisst

$$\underline{D} := \sum_i \underline{x}_i \wedge \underline{F}_i^{(ex)} \tag{1.55}$$

das Drehmoment der äusseren Kräfte. Mit diesen Definitionen lautet (1.53)

$$\boxed{\dot{\underline{L}} = \underline{D} .} \tag{1.56}$$

$\underline{D}$ verschwindet für ein abgeschlossenes System. Es gilt also der

Satz 1.5: Für ein abgeschlossenes System ist der Drehimpuls zeitlich konstant (Drehimpulssatz).

Man kann auch $\underline{L}$ und $\underline{D}$ relativ zum Massenschwerpunkt einführen. Dazu multiplizieren wir jetzt (1.36) vektoriell mit $\underline{\xi}_i = \underline{x}_i - \underline{X}$ und summieren über i :

$$\sum_i m_i \underline{\xi}_i \wedge \ddot{\underline{x}}_i = \sum_i \underline{\xi}_i \wedge \underline{F}_i . \tag{1.57}$$

Nach Definition ist $\sum m_i \underline{\xi}_i = 0$, so dass man (1.57) auch in der Form

$$\sum_i m_i \underline{\xi}_i \wedge \ddot{\underline{\xi}}_i = \sum_i \underline{\xi}_i \wedge \underline{F}_i$$

schreiben kann. Genau wie oben folgt dann mit

$$\underline{L}_{rel} := \sum m_i \underline{\underline{\varrho}}_i \wedge \dot{\underline{\underline{\varrho}}}_i \tag{1.58}$$

$$\underline{D}_{rel} := \sum m_i \underline{\underline{\varrho}}_i \wedge \underline{F}_i^{(ex)} \tag{1.59}$$

die Gleichung

$$\boxed{\dot{\underline{L}}_{rel} = \underline{D}_{rel} \,.} \tag{1.60}$$

Diese Gleichung ist z.B. für die Theorie des starren Körpers wichtig.

Ist $\underline{D}_{rel} = 0$, z.B. wenn alle $\underline{F}_i^{(ex)}$ verschwinden, so gilt also auch der Drehimpulssatz um den Massenmittelpunkt

$$\dot{\underline{L}}_{rel} = 0 \,. \tag{1.61}$$

$\underline{L}_{rel}$ nennt man auch den <u>inneren Drehimpuls</u>.

Damit haben wir die sog. <u>zehn klassischen Integrale</u> für ein abgeschlossenes System hergeleitet. Diese Erhaltungssätze vereinfachen oft die Integration der Bewegungsgleichung.

1.5. Das Relativitätsprinzip der Newtonschen Mechanik

Die folgende Tatsache gehört zu den Alltagserfahrungen: Es ist unmöglich, durch mechanische Experimente innerhalb eines abgeschlossenen Kastens zu entscheiden, ob sich der Kasten in "Ruhe" oder in gleichförmig geradliniger Bewegung befindet. Dies wollen wir an einem Beispiel nachrechnen.

Dazu betrachten wir ein abgeschlossenes System von N Massenpunkten, zwischen denen Zentralkräfte (aber keine äusseren Kräfte) wirken. Die Bewegungsgleichungen lauten dann

$$m_k \ddot{\underline{x}}_k = \sum_{\ell \neq k} \underline{F}_{k\ell} \quad , \quad (\ell, k: 1,2....N) \; , \tag{1.62}$$

wobei

$$\underline{F}_{k\ell} = \underline{x}_{k\ell} \, f_{k\ell}(|\underline{x}_{k\ell}|) \quad , \quad \underline{x}_{k\ell} := \underline{x}_k - \underline{x}_\ell \; . \tag{1.63}$$

Nun behaupte ich: Ist $\underline{x}_k(t)$, $k = 1,...,N$, eine Lösung von (1.62), so ist auch die Galileitransformierte Bahn $\hat{\underline{x}}_k(t)$, definiert durch

$$\hat{\underline{x}}_k(\pm t + b) = \pm R \, \underline{x}_k(t) + \underline{v}t + \underline{a} \; , \tag{1.64}$$

eine Lösung. In der Tat ist offensichtlich

$$\frac{d^2}{dt^2} \hat{\underline{x}}_k(t) = \pm R(\frac{d^2}{dt^2} \underline{x}_k) (\pm t - b)$$

und

$$\underline{F}_{k\ell}(\hat{\underline{x}}_{k\ell}(t)) = \pm R \, \underline{F}_{k\ell}(\underline{x}_{k\ell}(\pm t - b)) .$$

Aus (1.62) folgt damit die Behauptung.

Die Galileigruppe ist also die <u>Invarianzgruppe</u> der Bewegungsgleichungen (1.62) [An Stelle von (1.62) werden wir später allgemeinere Galileiinvariante Systeme betrachten.]

Die Galileiinvarianz können wir in verschiedener Weise interpretieren:

<u>Passive Interpretation:</u> Wir fassen (1.64) als Transformationsgesetz auf, welches sich daraus ergibt, dass wir ein und dieselbe Bahn relativ zu zwei verschiedenen Inertialsystemen beschreiben.

<u>Aktive Interpretation:</u> Relativ zu einem beliebigen, aber festen Inertialsystem beschreiben $\{\underline{x}_k(t)\}$ und $\{\hat{\underline{x}}_k(t)\}$ zwei verschiedene Bahnen, welche durch eine Galileitransformation auseinander hervorgehen.

Der Inhalt des Gesagten lässt sich folgendermassen zusammenfassen:

Galileisches Relativitätsprinzip: Alle Inertialsysteme sind für die Mechanik gleichberechtigt. Die Gesetze der Mechanik abgeschlossener Systeme sind invariant unter der Galileigruppe.

1.6. Die Struktur der Raum-Zeit Mannigfaltigkeit in der Newtonschen Mechanik

> "Gegenstand unserer Wahrnehmung sind immer nur Orte und Zeiten verbunden. Es hat niemand einen Ort anders bemerkt als zu einer Zeit, eine Zeit anders als an einem Ort."
>
> H. Minkowski

Das primäre Medium, in dem sich die physikalischen Prozesse abspielen, ist die Mannigfaltigkeit der (elementaren) Ereignisse. Wir wollen uns nun der Struktur dieser Raum-Zeit Mannigfaltigkeit in der Newtonschen Mechanik zuwenden.

Die absolute Bedeutung der gleichförmigen Bewegung beinhaltet unter anderem, dass die Raum-Zeit Mannigfaltigkeit ein affiner Raum ist (vgl. Def. 1.1). Das Postulat der affinen Struktur ist eine präzise Formulierung des Trägheitsgesetzes und betont dessen intrinsische, Koordinaten-unabhängige Bedeutung. Das Trägheitsgesetz ist gerade deshalb so wichtig, weil es die affine Struktur der Raum-Zeit festlegt. Alle weiteren dynamischen Gesetze setzen diese Struktur voraus, führen aber keine Bereicherung der Raum-Zeit Geometrie ein. In diesem Sinne soll man das Trägheitsgesetz nicht einfach als triviale Konsequenz des 2. Newtonschen Gesetzes auffassen.

Die Struktur der Raum-Zeit Mannigfaltigkeit in der Newtonschen Mechanik wird durch die Galileigruppe festgelegt, genau so wie die Euklidische Bewegungsgruppe die Struktur des Euklidischen Raumes festlegt. Invariant ausgedrückt ist die Raum-Zeit ein vierdimensionaler affiner Raum, welcher in Schichten gleicher Zeit zerfällt, die ihrerseits dreidimensionale Euklidische Räume sind. Die präzise Definition lautet:

Definition 1.7: Eine Galilei Raum-Zeit ist ein vierdimensionaler affiner Raum $(M, E, +)$ mit folgenden Eigenschaften:

(i) Auf dem Differenzenraum E existiert eine ausgezeichnete Linearform τ. [Interpretation: Zu zwei Ereignissen p,q M ist $\tau(\overrightarrow{pq})$ der objektive Zeitunterschied.]

(ii) Auf dem Unterraum $E_0 := \{ v \in E : \tau(v) = 0 \}$ ist eine positiv definite Bilinearform $(.,.)$ gegeben, die E_0 zu einem Euklidischen Vektorraum macht.

Wir betrachten die Aequivalenzrelation auf M :

$$p \sim q \iff \tau(\overrightarrow{pq}) = 0 \quad (\text{d.h. } \overrightarrow{pq} \in E_0) .$$

Die Aequivalenzklassen bilden die Schichten gleicher Zeit und sind zunächst affine Unterräume *) mit Differenzenraum E_0 .

*) Ein affiner Unterraum von $(M,E,+)$ ist eine Teilmenge $N \subset M$ mit der Eigenschaft, dass die Vektoren $\overrightarrow{pq}$ $(p,q \in N)$ einen Unterraum F von E bilden.

Da aber E_0 ein Euklidischer Vektorraum ist, sind die Schichten konstanter Zeit sogar Euklidische Räume (siehe Fig. 1.2).

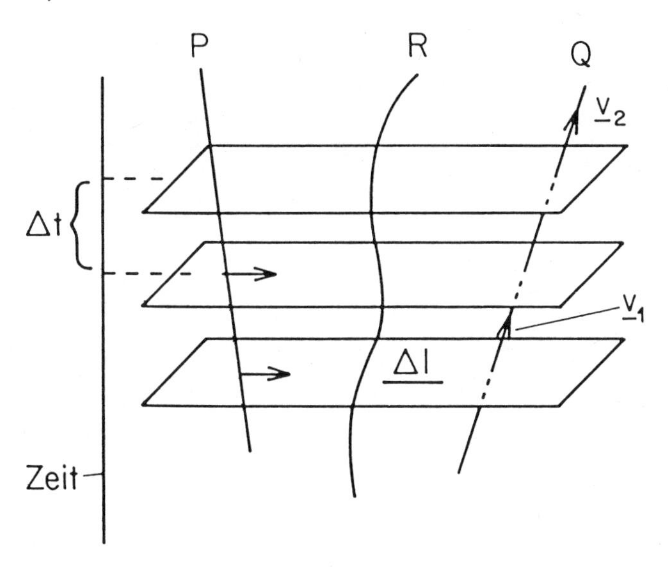

Fig. 1.2. Galilei Raum-Zeit. Absolute Bedeutung haben: gleichförmige Bewegung (P,Q), Faserung in Schichten gleicher Zeit; absolute Ruhe ist aber nicht definiert. Parallelität von 4er-Vektoren ist bedeutungsvoll.

Man kann zeigen, dass die <u>Automorphismengruppe</u> einer Galilei Raum-Zeit isomorph zur Galileigruppe ist (vgl. das Skriptum über spezielle Relativitätstheorie).

Inertialsysteme entsprechen affinen Koordinatensystemen, welche der Struktur der Galilei Raum-Zeit besonders angepasst sind. Diese sog. Galilei-Systeme sind wie folgt definiert:

Definition 1.8: Ein affines Koordinatensystem $(O;e_o,e_1,e_2,e_3)$ eines Galilei-Raumes $(M,E,+,\tau(.,.))$ ist ein Galilei-System, falls die Basisvektoren e_μ $(\mu = 0,1,2,3)$ die folgenden Bedingungen erfüllen:

(i) $\tau(e_i) = 0$, $i = 1,2,3$ (d.h. $e_i \in E_o$) ;

(ii) $(e_i,e_j) = \delta_{ij}$, $1 \leq i,j \leq 3$;

(iii) $\tau(e_o) = \pm 1$.

Wir werden später sehen, dass die in § 1.4 besprochenen zehn Erhaltungssätze aufs engste mit der Galileiinvarianz der KM zusammenhängen.

* * *

KAPITEL 2. Untersuchung der Bewegungsgleichungen

"---- cette étude qualitative (des équations différentielles) aura par elle-même un intérêt de premier ordre----"

H. Poincaré, 1881

Die Zeitevolution eines mechanischen Systems ist durch gewöhnliche Differentialgleichungen - die Newtonschen Bewegungsgleichungen - bestimmt. Diese legen für einen gegebenen Zustand, charakterisiert durch die Orte und Geschwindigkeiten der Teilchen, die weitere Entwicklung des Systems fest.

Es gibt nur wenige Beispiele von Bewegungsproblemen, die exakt (explizit) integriert werden können. Natürlich ist heute der Computer ein sehr hilfsreiches Werkzeug (z.B. in der Astronautik). Daneben gilt es aber auch Methoden zu entwickeln, die qualitative Einsichten in die "nichtintegrablen" Probleme liefern. Auf diesem Gebiete sind gerade in neuerer Zeit beachtliche Entwicklungen zu verzeichnen. Es bleibt aber noch viel zu tun !

2.1 Allgemeines über Differentialgleichungen

In diesem Abschnitt besprechen wir einige Grundbegriffe und Fakten aus der Theorie der gewöhnlichen Differentialgleichungen. Für ein vertieftes Studium verweise ich auf [4] - [7] des Literaturverzeichnisses.

Die Newtonschen Gleichungen für N Teilchen haben die Form (die Cartesischen Koordinaten bezeichnen wir jetzt mit $\underline{q}_i$):

$$m_i \, \ddot{\underline{q}}_i = \underline{F}_i \, (\underline{q}_1,\ldots,\underline{q}_N,\dot{\underline{q}}_1,\ldots\dot{\underline{q}}_N, \, t) \; . \qquad (2.1)$$

Diese sind von 2. Ordnung. Ein dazu äquivalentes System 1. Ordnung ist

$$\dot{\underline{q}}_i = \underline{p}_i/m_i \,,$$
$$\dot{\underline{p}}_i = \underline{F}_i(\underline{q}_1,\dots,\underline{q}_N,\ \underline{p}_1/m_1\dots,\underline{p}_N/m_N,t)\ . \tag{2.2}$$

Steht $x \in \mathbb{R}^{6N}$ abkürzend für $(\underline{q}_1\dots,\underline{q}_N,\ \underline{p}_1,\dots,\ \underline{p}_N)$, so ist (2.2) von der allgemeinen Form

$$\boxed{\dot{x} = X(x,t)\ .} \tag{2.3}$$

Hier ist X ein zeitabhängiges <u>Vektorfeld</u>,

$$X\colon M\times\mathbb{R}\subset\mathbb{R}^n\times\mathbb{R}\longrightarrow\mathbb{R}^n.$$

(In unserem Fall ist $n = 6N$.) Die Koordinaten x des mechanischen Systems durchlaufen den <u>Phasenraum</u> (oder Zustandsraum) M = offene Teilmenge des $\mathbb{R}^n$. Falls Nebenbedingungen vorliegen (z.B. Teilchen an einer masselosen festaufgehängten Schnur) ist $\dim M = 2f$, $f < 3N$, wobei f die <u>Zahl der Freiheitsgrade</u> des Systems ist.

Wir fassen den Phasenraum M immer als Teilmenge des $\mathbb{R}^{2f}$ auf, obschon der Zustandsraum schon für einfache Systeme eine allgemeinere differenzierbare Mannigfaltigkeit ist. (Wir arbeiten immer in einer Karte.)

Die Vorgabe eines Vektorfeldes definiert ein <u>dynamisches System</u>. Unter einer Lösung der Differentialgleichung (2.3) versteht man eine Abbildung $\gamma\colon I\longrightarrow\mathbb{R}^n$ von der Klasse C^1, wobei $I\subset\mathbb{R}$ ein Intervall ist, die folgende Bedingungen erfüllt:

(i) Die Punkte $(\gamma(t),t)$ liegen für alle $t\in I$ im Definitionsbereich von X ;

(ii) $\dot{\gamma}(t) = X(\gamma(t),t)$ für alle $t \in I$.

Häufig nennen wir $t \longmapsto \gamma(t)$ auch eine <u>Integralkurve</u> des Vektorfeldes X .

In Komponenten schreibt sich die Gleichung (2.3)

$$\dot{x}_i = X_i(x_1,\ldots,x_n,t) , \qquad i = 1,\ldots,n , \tag{2.4}$$

wo X_i die Komponentenfunktionen des Vektorfeldes X bezeichnen.

<u>Bemerkung:</u> Wir denken uns in jedem Punkt $x \in M$ den Vektor $X(x)$ "angeheftet". Dies bedeutet, dass wir X mit der Abbildung $\tilde{X}: M \longrightarrow TM := M \times \mathbb{R}^n$, $x \longmapsto (x, X(x))$ identifizieren. Eine Lösung ist also ein Weg, der in jedem Punkt $x \in M$ den Tangentialvektor $\tilde{X}(x) \in T_xM := \{(x, \mathbb{R}^n)\}$ hat. (X nennt man auch den <u>Hauptteil</u> von $\tilde{X}$.)

<u>Beispiele:</u>

1) <u>Lineare</u> Differentialgleichungen: $\dot{x} = A(t)x + a(t)$; $A(t)$ $(t \in I)$ ist eine $n \times n$ Matrixfunktion mit stetiger t-Abhängigkeit und $a(t)$ ist eine zeitabhängige Translation.

2) <u>Kanonische</u> Differentialgleichungen:

Hier ist das Vektorfeld X von der speziellen Form *)

$$X_H = \left(\frac{\partial H}{\partial x_{f+1}} ,\ldots, \frac{\partial H}{\partial x_{2f}}, -\frac{\partial H}{\partial x_1} , \ldots, -\frac{\partial H}{\partial x_f}\right) , \tag{2.5}$$

wobei H eine differenzierbare Funktion ist, $H: U \in \mathbb{R}^{2f} \times \mathbb{R} \longrightarrow \mathbb{R}$.

---

*) Wir notieren die Vektoren aus "typographischen" Gründen meistens als Zeilen. Im Matrizenkalkül sind diese aber als Spaltentupel zu denken.

Kanonische Differentialgleichungen treten in der Mechanik sehr häufig auf, wenn keine Dissipation vorhanden ist, z.B. in der Himmelsmechanik. Diese Systeme werden wir später sehr ausführlich besprechen. Eine wichtige Klasse von Beispielen erhalten wir aus (2.2), wenn sich die Kräfte $\underline{F}_i$ aus einem Potential ableiten,

$$\underline{F}_i = - \frac{\partial U}{\partial \underline{q}_i} (\underline{q}_1, \ldots, \underline{q}_N) .$$

Setzen wir $x = (q,p)$, $q = (\underline{q}_1, \ldots, \underline{q}_N)$, $p = (\underline{p}_1, \ldots, \underline{p}_N)$, so ist das Gleichungssystem von der Form (2.4), mit einem <u>Hamiltonschen Vektorfeld</u> vom Typ (2.5) zur <u>Hamiltonschen Funktion</u>

$$H(q,p) = \sum_{i=1}^{n} \frac{\underline{p}_i^{\,2}}{2m_i} + U(q) .$$

Hamiltonsche (kanonische) Systeme lassen sich in die Quantenmechanik übersetzen und sind auch deshalb sehr wichtig. Sie haben eine Reihe von speziellen Eigenschaften. Vom Standpunkt der allgemeinen Theorie dynamischer Systeme sind sie deshalb nicht typisch. Anderseits sind in der Technik die meisten Systeme dissipativ und deshalb nicht durch kanonische Gleichungen (oder höchstens approximativ) zu beschreiben.

Falls das Vektorfeld X zeitunabhängig ist, nennen wir die Diffgl. (2.3) <u>autonom</u>, und sonst <u>nichtautonom</u>.

Das direkte Produkt $M \times \mathbb{R}$ (Definitionsbereich von X) ist der <u>erweiterte Phasenraum</u>.

Ist $\gamma : I \longrightarrow M$ eine Integralkurve von X, so nennen wir die Punktmenge $\{\gamma(t) : t \in I\} \subset M$ eine <u>Phasenbahn</u>

(= Projektion des Graphen von γ auf den Phasenraum; vgl. Fig. 2.1).

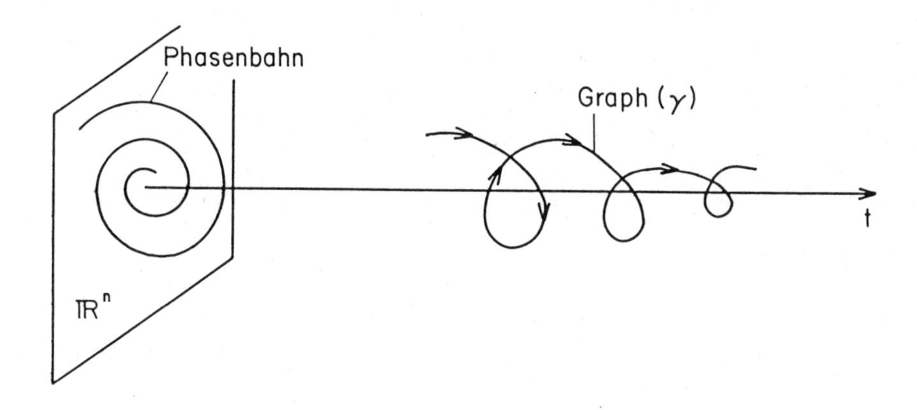

Fig. 2.1

Die qualitative Struktur aller Phasenbahnen, das Phasenportrait eines Vektorfeldes, lässt sich manchmal, vor allem in niederen Dimensionen, ohne grosse Rechnung finden. Beispiele werden wir kennenlernen. Etwa im zweidimensionalen autonomen Fall macht man zweckmässig eine Skizze des Vektorfeldes, aus der sich die Phasenbahnen ablesen lassen (vgl. die Uebungen).

An dieser Stelle bemerken wir noch, dass sich ein nichtautonomes System immer trivialerweise im erweiterten Phasenraum als autonomes System auffassen lässt:

$$\dot{x} = X(x,t)$$
$$\dot{t} = 1 .$$

Dies ist für gewisse Beweise manchmal nützlich.

Transformation eines Vektorfeldes unter einem Diffeomorphismus

Oft ist es nützlich, ein dynamisches System auf neue Koordinaten zu transformieren. Wir betrachten zunächst den autonomen Fall. Sei also

$$\psi : U \subset \mathbb{R}^n \longrightarrow V \subset \mathbb{R}^n$$

ein Diffeomorphismus von U auf V. (Ohne weitere Präzisierungen bedeutet differenzierbar im folgenden, der Einfachheit halber, immer C^∞.) Wir definieren das transformierte Vektorfeld $\psi_* X$ derart, dass eine Integralkurve $\alpha(t)$ von X unter ψ immer in eine Integralkurve von $\psi_* X$ übergeht, d.h. aus $\dot{\alpha}(t) = X(\alpha(t))$ soll folgen (vgl. Fig. 2.2)

$$\frac{d}{dt}\psi(\alpha(t)) = (\psi_* X)(\psi(\alpha(t))) .$$

Nun ist nach der Kettenregel *)

$$\frac{d}{dt}\Psi(\alpha(t)) = D\psi(\alpha(t))\cdot\dot{\alpha}(t) = D\psi(\alpha(t))\cdot X(\alpha(t)) .$$

Deshalb definieren wir

$$(\psi_* X)(\psi(x)) := D\psi(x)\cdot X(x) . \qquad (2.6)$$

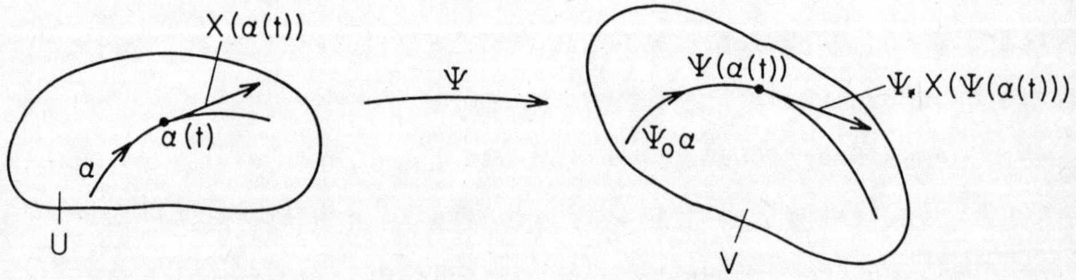

Fig. 2.2

*) Wichtige Begriffe, Sätze und Notationen aus der Analysis werden im Anhang I zusammengestellt.

Im nichtautonomen Fall betrachten wir zeitabhängige Diffeomorphismen, d.h. diffb. Abbildungen $\psi: U\times I \subset \mathbb{R}^n\times\mathbb{R} \longrightarrow V \subset \mathbb{R}^n$, derart, dass für jedes $t \in I$ (I ein offenes Intervall) $\psi_t := \psi(\cdot, t)$ ein Diffeomorphismus von U nach V ist. Die Verallgemeinerung ist nun, damit Integralkurven durch die Transformation ψ wieder in Integralkurven übergehen, folgendermassen zu wählen:

$$(\psi_* X)(\psi(x,t),t) = D\psi_t(x)\cdot X(x,t) + \frac{\partial\psi}{\partial t}(x,t). \qquad (2.7)$$

Das Transformationsgesetz (2.7) kann man auch wie folgt interpretieren. Wir betrachten das Vektorfeld $\overline{X} = (X,1)$ der autonomen Erweiterung im erweiterten Phasenraum. Ferner sei $\overline{\Psi}(x,t) = (\psi(x,t),t)$ der zu ψ gehörige Diffeomorphismus im erweiterten Phasenraum. Dann hat das Vektorfeld $\overline{Y}$, definiert durch (vgl. (2.6))

$$\overline{Y}(\psi(x,t)) := D\overline{\Psi}(x,t)\, \overline{X}(x,t),$$

die Form $(\psi_* X, 1)$ und ist also die autonome Erweiterung von $\psi_* X$.

Der folgende Satz ist zentral in der Theorie der gewöhnlichen Differentiagleichungen. Er zeigt, dass in der Nähe eines nichtsingulären Punktes x_0 ($X(x_0) \neq 0$) die durch X beschriebene Strömung qualitativ sehr einfach ist.

<u>Satz 2.1:</u> Ein autonomes, differenzierbares Vektorfeld X ist in einer Umgebung jedes nichtsingulären Punktes diffeomorph zum konstanten Feld $e_1 = (1,0,\ldots,0)$, d.h. es existiert ein lokaler Diffeomorphismus ψ mit $\psi_* X = e_1$.

Bemerkungen:

1) Dieser Glättungssatz zeigt, dass qualitativ (d.h. bis auf diffeomorphe Abbildungen) die Strömung lokal dieselbe ist wie für das Gleichungssystem:

$$\dot{y}_1 = 1 \ , \ \dot{y}_2 = \dot{y}_3 = \ldots = \dot{y}_n = 0 . \tag{2.8}$$

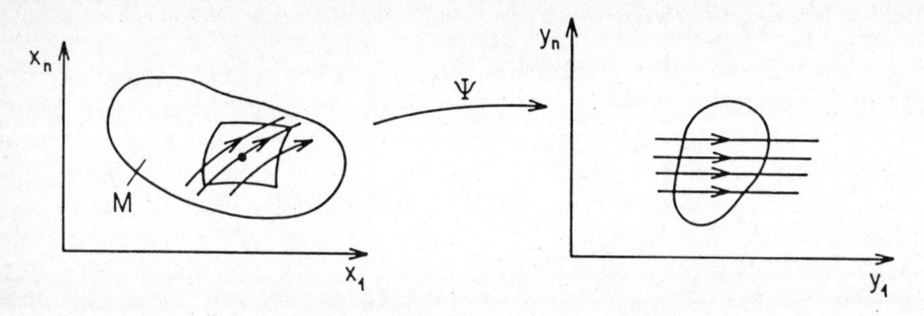

Fig. 2.3. Lokale Glättung eines Vektorfeldes

Die einzigen interessanten Fragen in der qualitativen Theorie der dynamischen Systeme (2.3) betreffen deshalb das Verhalten der Strömung in der Nähe eines Gleichgewichtspunktes (oder singulären Punktes) x_0 , $X(x_0) = 0$, oder das globale langzeitige Verhalten. Gerade über letzteres kann der Computer keine sichere Auskunft geben. Auf diesem Gebiet gibt es in neuerer Zeit interessante Entwicklungen. Die Gesamtheit der möglichen Bewegungen eines mechanischen Systems ist aber im allgemeinen ungeheuer kompliziert, und selbst in einfachen Fällen ist man weit davon entfernt, eine vollständige Beschreibung geben zu können.

2) Der Glättungssatz 2.1 ist eigentlich der Hauptsatz der lokalen Theorie der Differentialgleichungen. Aus ihm werden

wir insbesondere Existenz- und Eindeutigkeitsaussagen in trivialer Weise erhalten, da man über das System (2.8) natürlich alles weiss. Es ist dies der einzige Satz, den wir in diesem Kapitel nicht beweisen. Für einen Beweis siehe [4], §32, oder [6], S. 277.

Wir ziehen jetzt einige Folgerungen aus dem Glättungssatz 2.1. Zunächst erhalten wir sofort die Existenz von Lösungen von (2.3) zu gegebenen Anfangswerten.

Korollar 1 : Zu $x_0 \in M$ gibt es eine Lösung $\alpha(t)$ von $\dot{x} = X(x)$, mit der Anfangsbedingung $\alpha(t_0) = x_0$.

Beweis: Falls $X(x_0) = 0$, ist $\alpha(t) \equiv x_0$ eine Lösung. Ist $X(x_0) \neq 0$, so ist das Gleichungssystem (2.8) in einer Umgebung von x_0 äquivalent zur gegebenen Gleichung bezüglich einem Diffeomorphismus ψ . Das System (2.8) hat aber trivialerweise eine Lösung $\beta(t)$ mit $\beta(t_0) = y_0 := \psi(x_0)$. Deshalb ist $\alpha := \psi^{-1} \circ \beta$ eine Lösung von (2.3) mit der gewünschten Anfangsbedingung. □

Korollar 2: Sind $\gamma_1 : I_1 \longrightarrow M$, $\gamma_2 : I_2 \longrightarrow M$ zwei Lösungen von $\dot{x} = X(x)$ mit den Anfangsbedingungen

$$\gamma_1(t_0) = \gamma_2(t_0) = x_0 , \qquad X(x_0) \neq 0 .$$

Dann gibt es ein Intervall I_3 mit $t_0 \in I_3$, auf welchem $\gamma_1 \equiv \gamma_2$ ist.

Beweis: Dies ist trivialerweise wahr für das System (2.8), also auch für die lokal äquivalente Gleichung $\dot{x} = X(x)$.

Bemerkung: Es wird sich zeigen, dass man die Einschränkung $X(x_0) \neq 0$ fallen lassen kann.

Lokale Flüsse

Wir kommen nun zu einem sehr wichtigen Begriff. Es sei X ein autonomes Vektorfeld auf $M \subset \mathbb{R}^n$ und $x_0 \in M$.

Definition: Unter einem lokalen Fluss, bestimmt durch das Vektorfeld X, in der Umgebung von x_0 verstehen wir ein Trippel (I, V_0, ϕ), bestehend aus einem Intervall $I = \{t \in \mathbb{R}: |t| < \varepsilon\}$ auf der t-Achse, einer Umgebung V_0 von x_0 und einer Abbildung $\phi: I \times V_0 \longrightarrow M$, welche folgende Bedingungen erfüllt:

(i) Für festes $t \in I$ ist die Abbildung $\phi_t: V_0 \longrightarrow M$, definiert durch $\phi_t(x) := \phi(x,t)$, ein Diffeomorphismus.

(ii) Für festes $x \in V_0$ ist die Abbildung $\alpha: I \longrightarrow M$, definiert durch $\alpha(t) = \phi(x,t)$, eine Lösung von $\dot{x} = X(x)$ mit der Anfangsbedingung $\alpha(0) = x$.

(iii) Es gilt (lokal)

$$\phi_s(\phi_t(x)) = \phi_{s+t}(x) ,$$

falls beide Seiten definiert sind. [ϕ_t nennt man auch eine lokale, 1-parametrige Gruppe von Diffeomorphismen.]

Korollar 3: Das Vektorfeld X bestimmt einen lokalen Fluss in einer Umgebung jedes nichtsingulären Punktes.

Beweis: Dies gilt offensichtlich für (2.8), also nach Satz 2.1 auch für X.

Bemerkung: Es wird sich zeigen, dass die Einschränkung $X(x_0) \neq 0$ nicht nötig ist.

Nichtautonomer Fall

Wir betrachten jetzt den nichtautonomen Fall

$$\dot{x} = X(x,t) , \tag{2.9}$$

wobei das Vektorfeld auf $U \subset \mathbb{R}^n \times \mathbb{R} = \mathbb{R}^{n+1}$ definiert sei.

Korollar 4 (Rektifizierung für nichtautonome Systeme):
Zu jedem Punkt $(x_0, t_0) \in U$ existiert eine Umgebung V und ein Diffeomorphismus $\overline{\varphi} : V \longrightarrow W \subset \mathbb{R}^{n+1}$, welcher die Zeit nicht ändert, d.h. $\overline{\varphi}(x,t) = (\varphi(x,t),t)$, und unter welchem X in das Nullfeld transformiert wird:

$$\varphi_* X = 0 .$$

Dies zeigt, dass (2.9) äquivalent zum System

$$\dot{y} = 0 \tag{2.10}$$

in W ist.

Beweis: Wir betrachten das erweiterte autonome System

$$\dot{x} = X(x,t)$$
$$\dot{t} = 1 .$$

Satz 2.1 impliziert, dass ein Diffeomorphismus $\overline{\Phi} : V \subset \mathbb{R}^{n+1} \longrightarrow \mathbb{R}^{n+1}$ existiert mit

$$D\overline{\Phi} \cdot \overline{X} = (0,1) , \qquad \overline{X} := (X,1) .$$

[Beachte, dass $\overline{X}$ keine kritischen Punkte hat.]

Setzen wir

$$\overline{\Phi}(x,t) = (\psi(x,t), f(x,t)) ,$$

so gilt insbesondere (für die n ersten Komponenten)

$$D_1\psi \cdot X + \frac{\partial \psi}{\partial t} = 0 .$$

Sei jetzt $\overline{\varphi}(x,t) := (\psi(x,t),t)$, dann ist $\varphi_* X = 0$ und $\overline{\varphi}$ erfüllt die gewünschten Eigenschaften. □

Uebung: Leite aus Korollar 4 den Satz 2.1 ab.

Korollar 5: Für genügend kleine $|t - t_o|$ existiert eine Lösung $\alpha(t)$ von (2.9), welche die Anfangsbedingung $\alpha(t_o) = x_o \in U$ erfüllt.

Korollar 6: Zwei Lösungen von (2.9), welche dieselben Anfangsbedingungen erfüllen, stimmen auf dem Durchschnitt der Definitionsbereiche überein.

Beweise: trivial !

Bemerkung: Das Korollar 6 zeigt, dass wir im Korollar 2 die Einschränkung $X(x_o) \neq 0$ weglassen können.

Nun verallgemeinern wir den Begriff des lokalen Flusses auf den nichtautonomen Fall (s.Fig. 2.4).

Definition: Unter einer lokalen zweiparametrigen Familie von Transformationen, bestimmt durch das Vektorfeld $X(x,t)$, in einer Umgebung eines Punktes (x_o,t_o) verstehen wir ein Trippel (I,V_o,ϕ), bestehend aus einem Intervall I der reellen Achse, welches t_o enthält, einer Umgebung V_o von x_o im Phasenraum und einer Abbildung

$$\phi : V_o \times I \times I \longrightarrow U \text{ (= Definitionsbereich von } X\text{)}$$

mit folgenden Eigenschaften:

(i) Für feste $t_1, t_2 \in I$ ist die Abbildung ϕ_{t_2,t_1} : $V_o \times \{t_1\} \longrightarrow U$, definiert durch $\phi_{t_2,t_1}(x) = \phi(x,t_2,t_1)$, ein Diffeomorphismus mit Bild in der Ebene $t = t_2$.

(ii) Für feste $x \in V_o$, $t_1 \in I$ ist $t \longmapsto \gamma(t)$, definiert durch $t \longmapsto \phi(x,t,t_1) =: (\gamma(t),t)$, eine Lösung von (2.9) mit Anfangsbedingung $\gamma(t_1) = x$.

(iii) Lokal gilt

$$\phi_{t_3,t_2} \circ \phi_{t_2,t_1} = \phi_{t_3,t_1} .$$

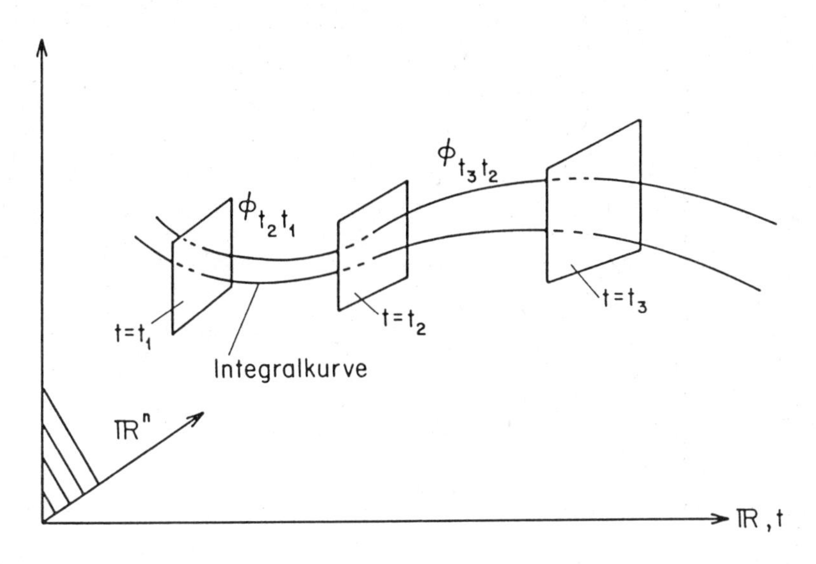

Fig. 2.4

Korollar 7: Das Vektorfeld $X(x,t)$ bestimmt in einer Umgebung jedes Punktes (x_o,t_o) eine lokale zweiparametrige Familie von Transformationen.

Beweis: Triviale Folge von Korollar 4.

Bemerkungen: 1) Falls wir jede Ebene t = const. im erweiterten Phasenraum mit dem Phasenraum identifizieren, können wir $\Phi_{t,s}$ als lokalen Diffeomorphismus des Phasenraumes auffassen. Ist speziell X autonom, so hängt $\Phi_{t,s}$ nur von der Differenz $t - s$ ab und $\Phi_{t,s} = \Phi_{t-s} =$ = lokaler Fluss zu X. [Dies folgt aus dem Eindeutigkeitssatz und der Tatsache, dass für eine Lösung $\alpha(t)$ der autonomen Gleichung auch $\alpha(t+c)$ eine Lösung ist.]

2) Korollar 7 enthält Korollar 3 als Spezialfall, aber ohne die Einschränkung $X(x) \neq 0$.

Erste Integrale

Wir betrachten zuerst wieder den autonomen Fall:

$X: M \subset \mathbb{R}^n \longrightarrow \mathbb{R}^n$.

Definition: Eine Funktion $f: M \longrightarrow \mathbb{R}$ ist ein (erstes) Integral der Diffgl.

$$\dot{x} = X(x) ,$$

falls für jede Lösung $\gamma : I \longrightarrow M$ die Funktion $f \circ \gamma$: $I \longrightarrow \mathbb{R}$ konstant ist.

Dies ist äquivalent zu

$$D_X f = 0 ,$$

wo D_X die Richtuntsableitung bezeichnet, denn

$$0 = \frac{d}{dt}(f \circ \gamma)(t) = Df(\gamma(t)) \cdot \dot{\gamma}(t) = Df(\gamma(t)) \cdot X(\gamma(t)) = D_X f .$$

Beispiele:

1) Die 10 Erhaltungssätze in §1.4 für ein abgeschlossenes N-Körperproblem.

2) Sei X_H ein Hamiltonsches Vektorfeld zu einer zeitunabhängigen Funktion H (Hamiltonfunktion). Dann ist H ein erstes Integral von $\dot{x} = X_H(x)$, denn (sei $x = (q,p)$)

$$D_{X_H} H = \sum_{i=1}^{f} \left(\frac{\partial H}{\partial p_i} \frac{\partial H}{\partial q_i} - \frac{\partial H}{\partial q_i} \frac{\partial H}{\partial p_i}\right) = 0 .$$

Korollar 8: In einer geeigneten Umgebung jedes Punktes $x \in M$, mit $X(x) \neq 0$, hat die Gleichung $\dot{x} = X(x)$ $n-1$ funktional unabhängige *) Integrale $f_1, .., f_{n-1}$. Ueberdies ist jedes andere

---

*) Funktionen $f_1, ..., f_m: U \longrightarrow \mathbb{R}$ sind funktional unabhängig in einer Umgebung von $x \in U$, falls der Rang der Matrix Df gleich m ist, wobei $f: U \longrightarrow \mathbb{R}^m$ durch $x \longmapsto (f_1(x), ..., f_m(x))$ definiert ist.

Integral (lokal) eine Funktion von $f_1,\dots,f_{n-1}$.

<u>Beweis:</u> Der Satz ist trivial für die Standard Gleichung

$$\dot{y}_1 = 1 \ , \ \dot{y}_2 = \text{---} = \dot{y}_n = 0 \ .$$

Hier sind die ersten Integrale beliebige differenzierbare Funktionen von $y_2,\dots,y_n$ und die Koordinatenfunktionen $y_2,\dots, y_n$ sind $n-1$ funktional unabhängige erste Integrale. Nach Satz 2.1 folgt die Richtigkeit von Korollar 8 unmittelbar. □

Nun betrachten wir den nichtautonomen Fall:

$$\dot{x} = X(x,t) \ , \ t \in \mathbb{R} \ , \quad x \in M \subset \mathbb{R}^n . \tag{2.11}$$

$f\colon \mathbb{R}^{n+1} \longrightarrow \mathbb{R}$ ist ein erstes Integral, falls für jede Lösung $t \longmapsto \gamma(t)$ von (2.11) die Funktion $t \longmapsto f(\gamma(t),t)$ zeitunabhängig ist; dies ist gleichbedeutend damit, dass die Funktion $f\circ\alpha : \mathbb{R} \longrightarrow \mathbb{R}$, $\alpha(t)=(\gamma(t),t)$, zeitunabhängig ist. Dies wiederum ist gleichbedeutend damit, dass f ein erstes Integral des erweiterten <u>autonomen</u> Systems

$$\dot{\overline{x}} = \overline{X}(\overline{x}) \ , \ \overline{x} = (x,t) \ , \ \overline{X} = (X,1) \tag{2.12}$$

ist. Anschaulich bedeutet dies, dass jede Integralkurve in einer Niveaufläche von f verläuft (s.Fig. 2.5).

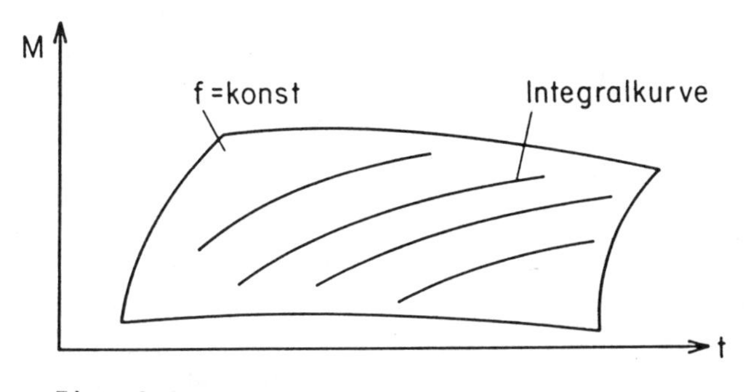

<u>Fig. 2.5</u>

Korollar 9: Die Gleichung (2.11) hat n funktional unabhängige erste Integrale.

Beweis: $\overline{X}(\overline{x}) \neq 0$ für jedes $\overline{x}$. Also folgt das Korollar aus Korollar 8.

2.2. Autonome kanonische Systeme mit einem Freiheitsgrad

Wir schicken folgende Bemerkung voraus. Für $n = 1$ lässt sich im autonomen Fall die Differentialgleichung

$$\dot{x} = X(x) \tag{2.13}$$

durch Trennung der Variablen immer lösen. Die Lösung $\gamma(t)$ von (2.13) mit der Anfangsbedingung

$$\gamma(t_o) = x_o \tag{2.14}$$

ist

$$\gamma(t) = x_o \text{ , falls } X(x_o) = 0 \text{ .} \tag{2.15}$$

Falls $X(x_o) \neq 0$, existiert zu $\gamma(t)$ (wegen $\dot{\gamma}(t_o) = X(x_o) \neq 0$) die Umkehrfunktion $t(x)$ in einer genügend kleinen Umgebung von x_o und erfüllt $dt/dx = 1/X(x)$. Also ist

$$t(x) - t(x_o) = \int_{x_o}^{x} \frac{dy}{X(y)} \text{ .} \tag{2.15'}$$

Damit ist das Problem auf eine Quadratur und die Umkehrung einer Funktion zurückgeführt.

Nun betrachten wir die Newtonsche Bewegungsgleichung in einer Dimension

$$m\ddot{q} = F(q) \text{ ,} \tag{2.16}$$

wobei $F: I \subset \mathbb{R} \longrightarrow \mathbb{R}$ als zeitunabhängig angenommen wird. Ein zu (2.16) äquivalentes System von Differentialgleichungen 1. Ordnung ist

$$\begin{aligned} \dot{q} &= p/m \\ \dot{p} &= F(q) \,. \end{aligned} \tag{2.17}$$

Sei $F(q) = - U'(q)$ (U = Potential zu F) und

$$H(q,p) = p^2/2 \cdot m + U(q) \,, \tag{2.18}$$

so können wir (2.17) in folgender Form schreiben:

$$\dot{q} = \frac{\partial H}{\partial p} \,, \quad \dot{p} = -\frac{\partial H}{\partial q} \,. \tag{2.19}$$

Die Newtonsche Gleichung (2.16) ist also äquivalent zu einem kanonischen System mit einem Freiheitsgrad mit der Hamiltonfunktion (2.18). Das System (2.19) ist ein spezielles dynamisches System mit dem Hamiltonschen Vektorfeld (siehe 2.5)):

$$X_H(q,p) = \left(\frac{\partial H}{\partial p} \,, -\frac{\partial H}{\partial q}\right) \,.$$

Falls $x = (q,p)$, dann lautet (2.19)

$$\dot{x} = X_H(x) \,. \tag{2.19'}$$

Systeme der Art (2.19) (kanonische Systeme) mit einem Freiheitsgrad und zeitunabhängiger Hamiltonfunktion (autonomer Fall) sind im gleichen Sinne integrabel wie die eindimensionalen autonomen Systeme (2.13). Dies beruht auf dem Energiesatz, den wir schon in § 2.1 abgeleitet haben (s. Seite 48):

$$D_{X_H} H = 0 \Longrightarrow H \text{ konstant längs jeder Integralkurve.} \tag{2.20}$$

Die Punktmenge $\{(q,p) \in \mathbb{R}^2 : H(q,p) = E\}$ nennen wir die <u>Niveaukurve zur Energie E.</u>

Die Gleichgewichtspunkte des Vektorfeldes X_H fallen mit den <u>kritischen Punkten von H</u> zusammen (x_0 kritischer Punkt von H, falls grad $H(x_0) = 0$.) [Letztere kann man als Maxima, Minima, oder Sattelpunkte der Fläche in $\mathbb{R}^3$, definiert durch $z = H(q,p)$, auffassen.]

In der Umgebung jedes nichtkritischen Punktes ist nach dem impliziten Funktionentheorem die Energieniveau-Kurve eine glatte Kurve. Lokal können wir dann $H(q,p) = E$ nach p auflösen, $p = p(q,E)$, und damit in die erste Gleichung von (2.19) eingehen

$$\dot{q} = \frac{\partial H}{\partial p}(q,p(q,E)) . \tag{2.21}$$

In dieser Weise ist das Problem auf den integrablen Fall (2.13) zurückgeführt.

Der Definitionsbereich $M \subset \mathbb{R}^2$ von H ist der Phasenraum des Hamiltonschen Systems. Für eine Lösung $(q(t), p(t))$ von (2.19) mit der Anfangsbedingung (q_0,p_0) zur Zeit $t = 0$, liegen die Punkte für alle Zeiten in der Zusammenhangskomponente der Energieniveau-Kurve zu $H(q_0,p_0)$, zu welcher (q_0,p_0) gehört. <u>Die Phasenbahnen fallen also mit den Zusammenhangskomponenten der Energieniveaukurven zusammen.</u>

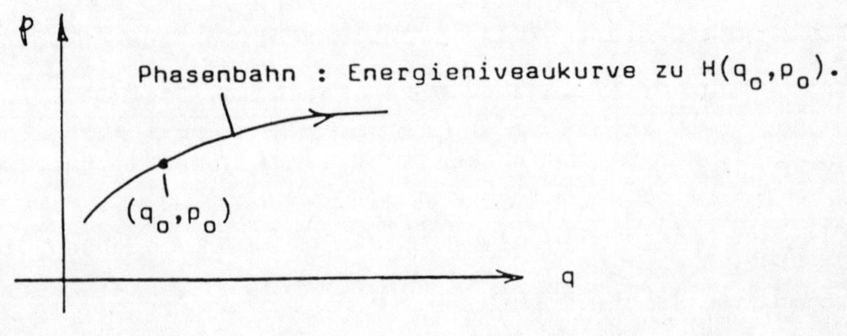

<u>Fig. 2.6</u>

Wenn wir von pathologischen Fällen absehen, gibt es für letztere die folgenden Möglichkeiten (s.Fig. 2.7):

(A) Die Niveaukurve fällt mit einem kritischen Punkt zusammen.

Andernfalls ist die Niveaukurve eine glatte Kurve, welche

(B) geschlossen ist, ohne durch einen kritischen Punkt zu laufen;

(C) beidseitig ins Unendliche läuft, ohne einen kritischen Punkt zu treffen;

(D) einseitig ins Unendliche läuft und im Endlichen in einem kritischen Punkt endet;

(E) beidseitig in einem (nicht notwendig demselben) kritischen Punkt endet.

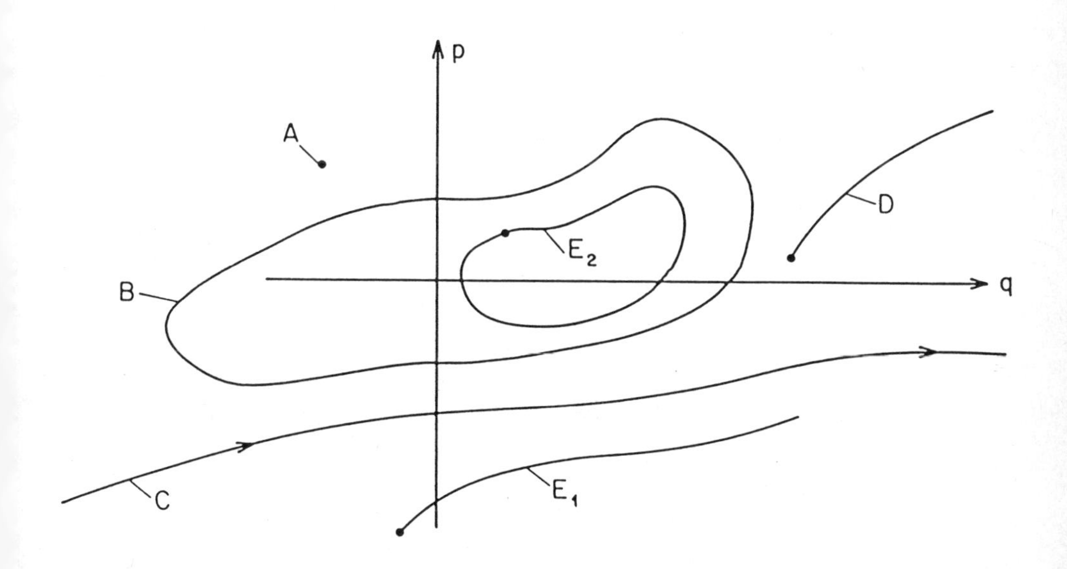

Fig. 2.7

Bemerkungen:

Der Fall A entspricht einer Gleichgewichtslage. Im Fall B verschwindet $(\dot{q},\dot{p})$ nirgends und es gibt eine minimale endliche Zeit $T > 0$ mit $x(t+T) = x(t)$ für alle t, d.h. die Lösung ist periodisch. Im Falle C liegt eine Streubahn vor, wobei nicht ausgeschlossen ist, dass das Teilchen in endlicher Zeit ins Unendliche läuft. Im Falle D handelt es sich entweder um eine Einfangbahn oder eine Fluchtbahn. Dabei wird das Teilchen nicht in endlicher Zeit im kritischen Punkt eingefangen (sonst müsste es sich auf Grund der Eindeutigkeit immer dort befinden). Schliesslich führt im Falle E das Teilchen in unendlich langer Zeit eine endliche Bewegung zwischen zwei (E_1) oder einem (E_2) kritischen Punkt durch.

Als Beispiel betrachten wir die Hamiltonfunktion (2.18). Qualitativ sei der Graph von $U(q)$ wie in der folgenden Fig. 2.8. Darunter sind die Niveaukurven von $H(q,p)$ skizziert. Diese sind gegeben durch die Formel

$$p(q,E) = \pm \sqrt{2m\,(E - U(q))} \tag{2.22}$$

(symmetrisch bezüglich der Achse $p = 0$!).

Die kritischen Punkte von H sind bestimmt durch

$$\operatorname{grad} H = \left(\frac{\partial H}{\partial q}, \frac{\partial H}{\partial p}\right) = (U', p/m) = 0 ,$$

d.h.
$$p = 0 , \quad U'(q) = 0 . \tag{2.23}$$

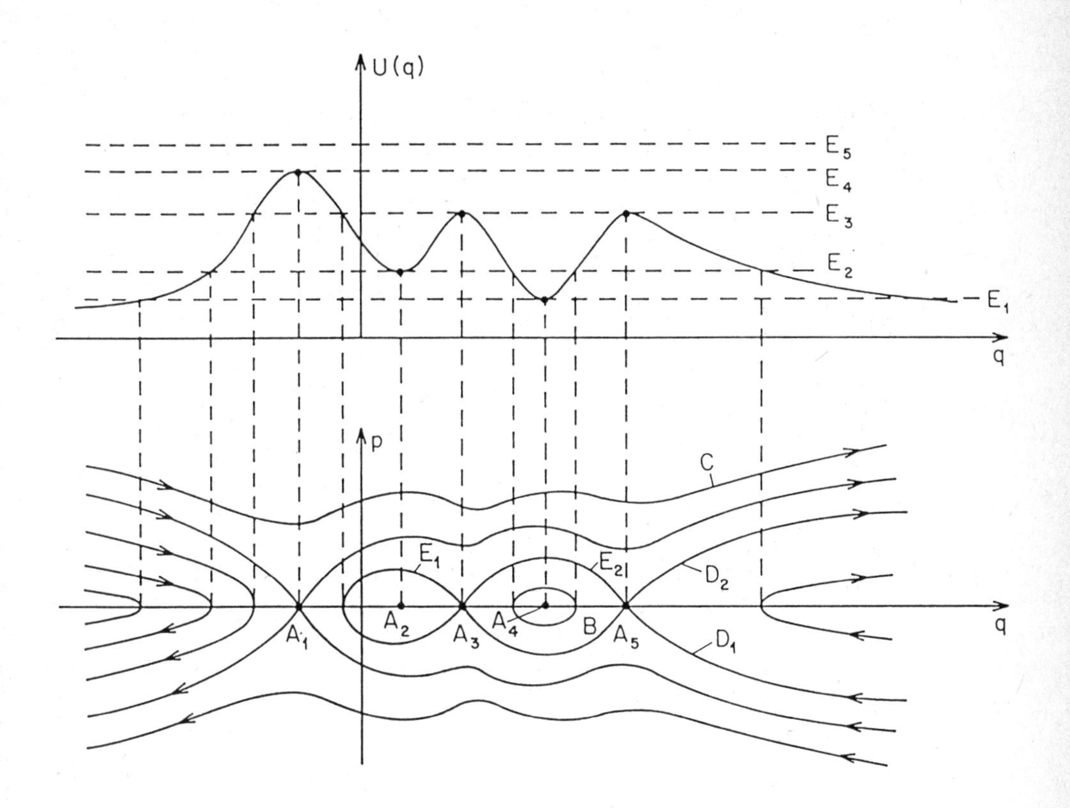

Fig. 2.8 Phasenportrait für $H = p^2/2m + U(q)$.

Wir finden in diesem Beispiel alle oben aufgeführten Fälle A - E . Versuche die einzelnen Phasenbahnen anschaulich zu verstehen (rollende Kugel im Potentialgebirge).

Verhalten in der Nähe der kritischen Punkte

In der Nähe einer kritischen Stelle $U'(q_o) = 0$ können wir das Potential entwickeln: $U(q) = U(q_o) + \frac{1}{2} U''(q_o)(q-q_o)^2 + \cdots$ Wir betrachten deshalb zunächst Potentiale der Form

$$U(q) = \tfrac{1}{2} k q^2 \quad , \qquad k = \pm m \omega^2 .$$

Die Niveaukurven sind dann gegeben durch

$$p^2/2m \pm \tfrac{1}{2} m\omega^2 q^2 = E .$$

Im attraktiven Fall gilt das + Zeichen und der kritische Punkt ist ein Minimum der potentiellen Energie. Die Phasenbahnen sind dann Ellipsen mit $(q,p) = 0$ als Mittelpunkt (s. Fig. 2.9).

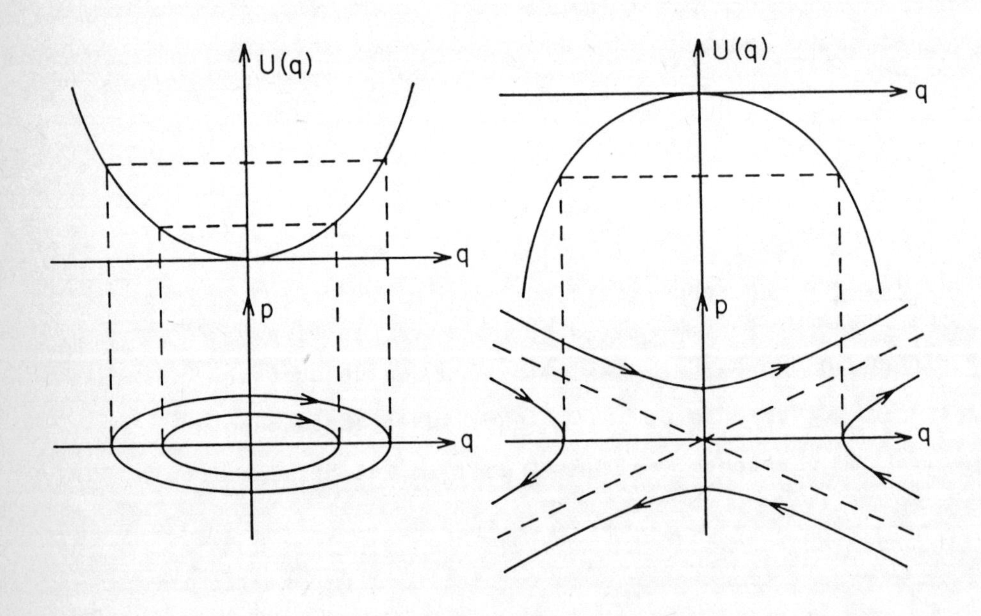

Fig. 2.9

Im abstossenden Fall gilt das - Zeichen und der kritische Punkt ist ein Maximum der Energie. Die Niveaukurven sind dann Hyperbeln (s.Fig. 2.9).

Es ist geometrisch klar, dass diese Linearisierung der Bewegungsgleichungen qualitativ das Verhalten im nichtlinearen Fall in der Nähe der kritischen Punkte richtig beschreibt. Dies wollen wir aber auch analytisch zeigen. Die q-Achse sei so gewählt, dass $q = 0$ ein kritischer Punkt sei. Da eine additive Konstante für U irrelevant ist, dürfen wir $U(0) = U'(0) = 0$ wählen. Ferner betrachten wir den nichtentarteten Fall $U''(0) \neq 0$.

Nun gilt folgendes

<u>Lemma 1:</u> In einer Umgebung eines nichtentarteten kritischen Punktes können Koordinaten so eingeführt werden, dass

$$U(y) = c\, y^2 \quad , \qquad c = \operatorname{sgn} U''(0) \ .$$

↑ (neue Funktion !)

Bevor wir dieses Lemma beweisen, folgern wir, dass in der Nähe eines nichtentarteten kritischen Punktes die Niveaukurven unter einem geeigneten lokalen Diffeomorphismus entweder in Ellipsen (für $U''(0) > 0$) oder in Hyperbeln (für $U''(0) < 0$) übergehen. Dies zeigt, dass <u>die linearisierten Gleichungen qualitativ das richtige Verhalten in der Nähe eines Gleichgewichtspunktes geben.</u> Es stellt sich natürlich die interessante (und schwierige) Frage, wie verallgemeinerungsfähig diese Aussage ist. Für Hamiltonsche Systeme wurden in dieser Beziehung erst in neuerer Zeit Fortschritte erzielt (Arnold, Moser).

Zum Beweis von Lemma 1 stellen wir zunächst folgendes fest:

Lemma 2: Sei f eine differenzierbare Funktion (der Klasse C^r) mit der Eigenschaft, dass f bei $x = 0$ verschwindet. Dann lässt sich f darstellen als $f(x) = xg(x)$, wo g eine differenzierbare Funktion (der Classe C^{r-1}) in einer Umgebung von $x = 0$ ist.

Bemerkung: Die beiden Lemmata lassen sich auf mehrere Variablen verallgemeinern (Morse, Hadamard).

Beweis von Lemma 2: Dieses folgt aus

$$f(x) = \int_0^1 \frac{d}{dt} f(tx)\, dt = \int_0^1 f'(tx)\, x dt = x \int_0^1 f'(tx) dt$$

und der Tatsache, dass

$$g(x) := \int_0^1 f'(tx)\, dt$$

eine Funktion der Klasse C^{r-1} ist. □

Beweis von Lemma 1: Wir wenden das Lemma 2 zweimal auf die Funktion U in Lemma 1 an und finden $U(q) = q^2 \varphi(q)$, wobei $2\varphi(0) = U''(0) \neq 0$. Nun sei $y = q \sqrt{|\varphi(q)|}$, dann ist $U(q) = \operatorname{sgn} \varphi(0)\, y^2 = \operatorname{sgn} U''(0)\, y^2$. Da die Funktion $\sqrt{|\varphi(q)|}$ in einer Umgebung von $q = 0$ $(r-2)$ mal differenzierbar ist, falls U von der Klasse C^r ist, folgt die Behauptung von Lemma 1. □

Zeitlicher Verlauf der Bewegung

Nach dem Energiesatz ist

$$\tfrac{1}{2} m \dot{q}^2 + U(q) = E\,,$$

also

$$\dot{q}(t) = \sqrt{\frac{2}{m}\,[E - U(q(t))]}\ . \tag{2.24}$$

Diese Gleichung ist von der Form (2.13) und hat die "Lösung"

$$t(q) - t(q_o) = \int_{q_o}^{q} dx \, \frac{1}{\sqrt{(2/m)\cdot(E-U(x))}}\ , \tag{2.25}$$

falls $E \neq U(q_o)$. Die <u>Umkehrpunkte</u> q_i sind definiert durch $U(q_i) = E$ (s.Fig. 2.10). In der Umgebung eines Umkehrpunktes q_1 kann der zeitliche Verlauf der Bahn aus der Taylor-Entwicklung

$$U(q) = U(q_1) + (q-q_1)\, U'(q_1) + \mathcal{O}((q-q_1)^2) \tag{2.26}$$

abgelesen werden. Im generischen Fall ist $U'(q_1) \neq 0$ und folglich, für q_o nahe bei q_1

$$t(q_1) \simeq t(q_o) + \int_{q_o}^{q_1} \frac{dq}{\sqrt{(2/m)U'(q_1)(q_1-q)}}\ .$$

Das Integral ist endlich und das Teilchen erreicht den Umkehrpunkt in endlicher Zeit. Dort ändert das Vorzeichen der Geschwindigkeit

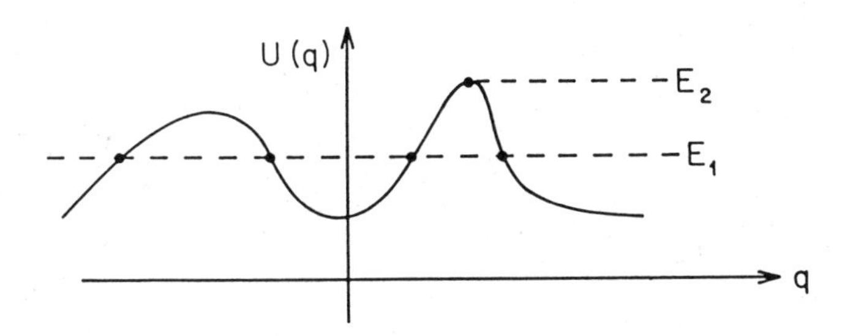

<u>Fig. 2.10.</u> Umkehrpunkte zu gegebener Energie.

Falls der Umkehrpunkt gleichzeitig ein kritischer Punkt ist, so <u>divergiert</u> $t(q)$ für $q \longrightarrow q_1$ (Kriechbahn).

Wir betrachten noch eine periodische Bahn zwischen den Umkehrpunkten q_1 und q_2. Die Periode zur Energie E ist

$$T(E) = 2 \cdot \int_{q_1}^{q_2} [\tfrac{2}{m} (E-U(x))]^{-\frac{1}{2}} dx . \tag{2.27}$$

2.3 Das Zweikörperproblem mit Zentralkräften

Im letzten Abschnitt ermöglichte es der Energiesatz, ein autonomes Hamiltonsches System mit zweidimensionalem Phasenraum auf ein 1-dimensionales dynamisches System der Form (2.13) zurückzuführen. In diesem Abschnitt betrachten wir ein abgeschlossenes Zweikörperproblem mit Zentralkräften. Wie in § 1.4 gezeigt wurde, gelten für dieses System 10 Erhaltungssätze. Dies wird es ermöglichen, das Problem (mit 12-dimensionalem Phasenraum) wieder durch Quadraturen zu lösen. [Eine allgemeine Diskussion der "integrablen" Probleme werden wir in Kap.10 durchführen.]

Die Bewegungsgleichungen lauten (siehe § 1.3)

$$m_1 \ddot{\underline{q}}_1 = \underline{F}_{12} , \quad m_2 \ddot{\underline{q}}_2 = \underline{F}_{21} \tag{2.28}$$

mit

$$\underline{F}_{12} = - \underline{F}_{21} = - \frac{\partial}{\partial \underline{q}_1} V(|\underline{q}_1 - \underline{q}_2|) \; . \tag{2.29}$$

Das Gleichungssystem (2.28) ist äquivalent zum Hamiltonschen System, welches zur Hamiltonfunktion

$$H(\underline{q}_1,\underline{q}_2,\underline{p}_1,\underline{p}_2) = \frac{1}{2m_1} \underline{p}_1^2 + \frac{1}{2m_2} \underline{p}_2^2 + V(|\underline{q}_1 - \underline{q}_2|) \tag{2.30}$$

gehört. Da $\nabla V(|\underline{x}|) = V'\underline{x}/|\underline{x}|$, muss man für $V'(0) \neq 0$ die Punkte $\{(q,p) : \underline{q}_1 = \underline{q}_2\}$ aus dem Phasenraum ausschliessen, da dort die Zweiteilchenkraft nicht C^1 ist (also auch nicht das Hamiltonsche Feld X_H).

Nun führen wir Schwerpunkts- und Relativkoordinaten ein (lineare Transformation):

$$\begin{aligned} \underline{Q} &= \frac{m\underline{q}_1 + m_2\underline{q}_2}{m_1+m_2} \; , \qquad \underline{P} = \underline{p}_1 + \underline{p}_2 \; , \\ \underline{q} &= \underline{q}_1 - \underline{q}_2 \; , \qquad \underline{p} = \frac{m_2\underline{p}_1 - m_1\underline{p}_2}{m_1+m_2} \; . \end{aligned} \tag{2.31}$$

Die Umkehr abbildung lautet

$$\begin{aligned} \underline{p}_1 &= (1+ m_2/m_1)^{-1} \left(\underline{P} + \frac{m_1+m_2}{m_1} \underline{p}\right) \\ \underline{p}_2 &= (1+ m_1/m_2)^{-1} \left(\underline{P} - \frac{m_1+m_2}{m_2} \underline{p}\right) \\ \underline{q}_1 &= (1+ m_1/m_2)^{-1} \left(\underline{q} + \frac{m_1+m_2}{m_2} \underline{Q}\right) \\ \underline{q}_2 &= (1+m_2/m_1)^{-1} \left(-\underline{q} + \frac{m_1+m_2}{m_1} \underline{Q}\right) \; . \end{aligned} \tag{2.32}$$

Diese Transformation wird später auf ein N-Teilchensystem verallgemeinert und wir werden sehen, dass sie in einem noch zu definierenden Sinne kanonisch ist.

Die Hamiltonfunktion in den neuen Variablen bezeichnen wir mit K. Man findet leicht

$$K(\underline{q}, \underline{Q}, \underline{p}, \underline{P}) = \underline{P}^2/2M + H_{rel}(\underline{q},\underline{p}) , \tag{2.33}$$

mit $M = m_1 + m_2$ und

$$H_{rel} = \underline{p}^2/2m + V(|\underline{q}|) , \qquad m := \frac{m_1 m_2}{m_1+m_2} : \text{reduzierte Masse.} \tag{2.34}$$

Weiter erfüllen $\underline{q}, \underline{Q}, \underline{p}, \underline{P}$ die kanonischen Gleichungen zu K. Dies ergibt sich wie folgt: Die kanonischen Gleichungen zu H lauten

$$\dot{\underline{q}}_i = \underline{p}_i/m_i \quad , \quad \dot{\underline{p}}_i = -\frac{\partial V}{\partial \underline{q}_i} \quad , \quad (i = 1,2) .$$

Daraus folgt z.B.

$$\dot{\underline{p}} = \frac{m_2\dot{\underline{p}}_1 - m_1\dot{\underline{p}}_2}{m_1+m_2} = -\frac{m_2}{m_1+m_2}\frac{\partial V}{\partial \underline{q}_1} + \frac{m_1}{m_1+m_2}\frac{\partial V}{\partial \underline{q}_2}$$

$$= -\frac{\partial \underline{q}_1}{\partial \underline{q}}\frac{\partial V}{\partial \underline{q}_1} - \frac{\partial \underline{q}_2}{\partial \underline{q}}\frac{\partial V}{\partial \underline{q}_2} = -\frac{\partial V}{\partial \underline{q}} ,$$

d.h.

$$\dot{\underline{p}} = -\frac{\partial K}{\partial \underline{q}} .$$

Aehnlich deduziert man die anderen kanonischen Gleichungen zu K und ebenso zeigt man die Umkehrung. Im übrigen werden wir aus der allgemeinen Theorie später sehen, dass man sich solche Rechnungen ersparen kann.

Die kanonischen Gleichungen zu K lauten

$$\dot{\underline{Q}} = \underline{P}/M \quad , \quad \dot{\underline{P}} = 0 , \tag{2.35}$$

$$\dot{\underline{q}} = \frac{\partial H_{rel}}{\partial \underline{p}} = \underline{p}/m , \quad \dot{\underline{p}} = -\frac{\partial H_{rel}}{\partial \underline{q}} = -\frac{\partial V}{\partial \underline{q}} . \tag{2.36}$$

In (2.35) haben wir einmal mehr den Schwerpunktssatz und den Impulssatz gefunden. Die relative Bewegung ist durch das kanonische System (2.36) zur Hamiltonfunktion (2.34) gegeben. Schwerpunkts- und Relativbewegung sind entkoppelt. Damit ist die Dimension des Phasenraumes bereits auf die Hälfte reduziert.

Das System (2.36) hat aber noch vier weitere Integrale, nämlich die Energie der Relativbewegung $H_{rel}(\underline{q},\underline{p})$ und den relativen Drehimpuls

$$\underline{L}_{rel} = \underline{q} \wedge \underline{p} \, . \qquad (2.37)$$

Der erste dieser Erhaltungssätze wurde allgemein in § 2.1 für autonome Hamiltonsche Systeme bewiesen. Den Drehimpulssatz erhält man z.B. durch direkte Rechnung:

$$\frac{d}{dt} \underline{L}_{rel} = \dot{\underline{q}} \wedge \underline{p} + \underline{q} \wedge \dot{\underline{p}} = m^{-1} \underline{p} \wedge \underline{p} - \underline{q} \wedge \frac{\partial}{\partial \underline{q}} V(|\underline{q}|) = 0 ,$$

da $\frac{\partial}{\partial \underline{q}} V(|\underline{q}|)$ parallel zu $\underline{q}$ ist. Der Drehimpulssatz $\underline{L}_{rel} = 0$ ist aber auch äquivalent zur Drehinvarianz des Potentials $V(|\underline{q}|)$, bzw. der Hamiltonfunktion H_{rel}, wie aus der allgemeinen Diskussion in § 4.5 hervorgehen wird. Aus der Drehinvarianz folgt auch: Mit einer Lösung $(\underline{q}(t),\underline{p}(t))$ ist auch die rotierte Integralkurve $(R\underline{q}(t), R\underline{p}(t))$, $R \in O(3)$, eine Lösung.

Falls für die Anfangsbedingung $\underline{L}_{rel} = 0$ ist, so ist $\underline{q}$ parallel zu $\underline{p}$. In diesem Falle hat man zu unterscheiden: (a) Ist $\underline{q} = \underline{p} = 0$, so ist man nur im Phasenraum für $V'(0) = 0$ und dann liegt eine Gleichgewichtslage vor. (b) Andernfalls wählen wir eine Rotation, die die $\underline{p}$- oder die $\underline{q}$-Achse in die 1-Richtung transformiert und lösen (2.36) in der 1-Richtung mit verschwindenden 2- und 3-Komponenten.

Falls $\underline{L}_{rel} \neq 0$ ist, so wählen wir ein Bezugssystem, für welches $\underline{L}_{rel}$ in die 3-Richtung zeigt: $\underline{L}_{rel} = (0,0,L)$ und lösen (2.36) als ebenes Problem. Der Phasenraum ist jetzt noch 4-dimensional.

Wir führen Polarkoordinaten ein

$$q_1 = r \cos \varphi \quad , \qquad q_2 = r \sin \varphi \; . \tag{2.38}$$

Eine einfache Rechnung zeigt

$$L = mr^2 \dot{\varphi} \quad , \qquad \dot{\underline{q}}^2 = \dot{r}^2 + r^2 \dot{\varphi}^2 \; . \tag{2.39}$$

Mit dem Energiesatz

$$\tfrac{1}{2} m \dot{\underline{q}}^2 + V(|\underline{q}|) = E \; (= \text{const.})$$

folgt

$$\tfrac{1}{2} m \dot{r}^2 + (V + \frac{L^2}{2mr^2}) = E \; . \tag{2.40}$$

Durch Differentiation erhalten wir *)

$$m \ddot{r} = - U'(r) \; , \tag{2.41}$$

mit dem effektiven Potential

$$U(r) := V(r) + \frac{L^2}{2mr^2} \; . \tag{2.42}$$

---

*) Dies folgt zunächst nur für $\dot{r} \neq 0$. Durch Umrechnen der Newtonschen Gleichungen auf Polarkoordinaten findet man aber, dass (2.41) immer gilt. Mit Hilfe des Lagrange-Formalismus (siehe Kap. 3) kann man aber solche "mühsamen" Rechnungen umgehen. Deshalb führen wir sie hier nicht aus.

Die Radialbewegung genügt also einer Newtonschen Gleichung, wobei zum Potential V noch das Zentrifugalpotential $L^2/2mr^2$ hinzukommt. Dieses ist abstossend und dominiert meistens für kleine r (Zentrifugalbarriere). Ein wichtiges Bsp. für $V(r)$ und $U(r)$ ist in der folgenden Fig. 2.11 aufgezeichnet

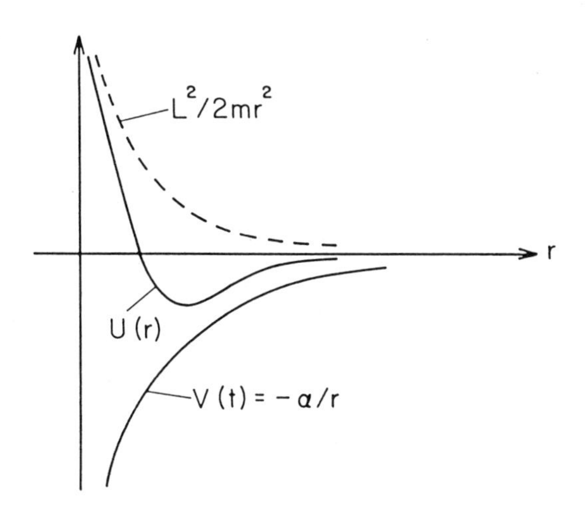

Fig. 2.11

Aus dem Energiesatz (2.40), d.h. aus

$$\tfrac{1}{2}\, m\dot{r}^2 + U(r) = E \;, \tag{2.40'}$$

können wir durch Trennung der Variablen den Zeitverlauf finden

$$t(r) - t(r_o) = \sqrt{\frac{m}{2}} \int_{r_o}^{r} \frac{ds}{\sqrt{E - U(s)}} \;. \tag{2.43}$$

Interessieren wir uns nur für die Bahnkurve $r(\varphi)$, so folgt diese mit (2.39) aus

$$\frac{d\varphi}{dr} = \frac{\dot{\varphi}}{\dot{r}} = \frac{L}{mr^2\dot{r}} = \frac{L}{mr^2}\,\frac{1}{[\frac{2}{m}(E-U(r))]^{\frac{1}{2}}} \,,$$

oder

$$\varphi(r) - (r_o) = \frac{L}{\sqrt{2m}} \int_{r_o}^{r} \frac{ds}{s^2\sqrt{E-U(s)}} . \tag{2.44}$$

Die Umkehrpunkte ergeben sich aus

$$U(r_i) = E = V(r_i) + \frac{L^2}{2mr_i^2} .$$

Bei diesen ist $\dot{r} = 0$, aber $\dot{\varphi} \neq 0$ für $L \neq 0$. Seien $r_1 < r_2$ zwei Umkehrpunkte für gegebenes E und L (s.Fig. 2.12). Dann ändert sich φ bei der Bewegung von r_1 nach

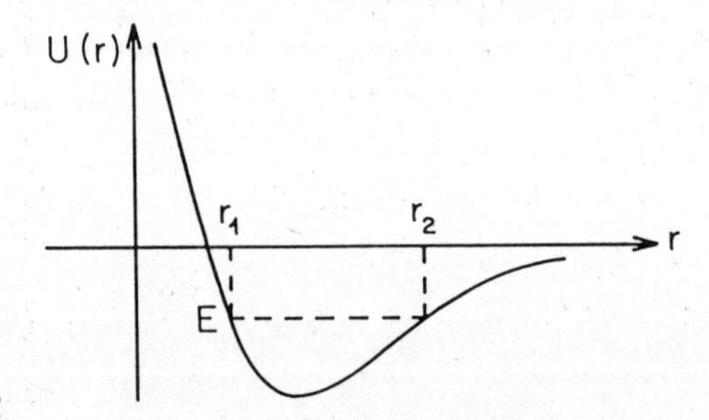

Fig. 2.12

r_2 und wieder zurück um (siehe 2.44)):

$$\Delta\varphi = L\sqrt{2/m} \int_{r_1}^{r_2} \frac{ds}{s^2\sqrt{E-U(s)}} . \tag{2.45}$$

Die Bahn ist in diesem Fall eine "Rosettenbahn" (siehe Fig. 2.13, sowie die Uebungen). Was passiert, wenn die Bahn nur einen Umkehrpunkt hat ?

Nach einem Satz von Bertrand sind $V(r) = -\alpha/r,\ \alpha > 0$ und $V(r) = \alpha r^2$, $\alpha > 0$, die einzigen Potentiale, für die alle beschränkten Bahnen periodisch sind.

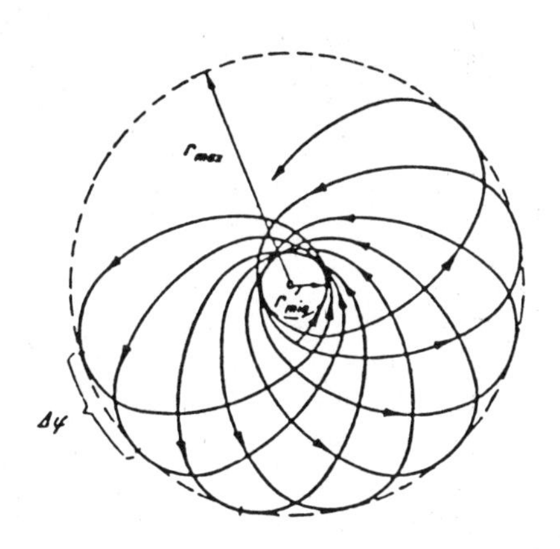

Fig. 2.13

Das Keplerproblem

Wir spezialisieren jetzt das Zweiteilchenpotential auf das Newtonsche Gravitationspotential

$$V(r) = -\frac{Gm_1m_2}{r} . \tag{2.46}$$

Das effektive Potential $U(r)$ haben wir in Fig. 2.11 skizziert. Die Umkehrpunkte (für gegebene Energie E) sind Lösungen von $E = -\alpha/r + L^2/2mr^2$, $\alpha := Gm_1m_2 > 0$, d.h.

$$r_1 = \frac{L^2}{2m\alpha} \ , \quad \text{für} \quad E = 0 \ ,$$

$$r_1 = -\frac{\alpha}{2E} + \sqrt{\frac{\alpha^2}{4E^2} + \frac{L^2}{2mE}} \ , \qquad \text{für} \quad E > 0 \ , \tag{2.47}$$

$$r_{1,2} = -\frac{\alpha}{2E} \pm \sqrt{\frac{\alpha^2}{4E^2} + \frac{L^2}{2mE}} \ , \quad 0 > E \geqslant U_{min} = -\frac{\alpha^2 m}{2L^2} \ .$$

$E = U_{min}$ ist der einzige kritische Energiewert (siehe Graph von U). Für $E > 0$ sind alle Bahnen Streubahnen, und für $0 > E > U_{min}$ liegen beschränkte Bahnen vor mit periodischer r-Abhängigkeit, während für $E = U_{min}$ eine Kreisbahn vorliegt.

Die Gleichung (2.44) kann man analytisch lösen. Man erhält für das Integral

$$\varphi = \arccos \frac{r^{-1} - \alpha m/L^2}{(\alpha^2 m^2/L^4 + 2mE/L^2)^{\frac{1}{2}}} \ , \tag{2.48}$$

oder

$$r = \frac{p}{1 + \varepsilon \cos \varphi} \ , \tag{2.49}$$

mit

$$\varepsilon = (1 + 2\,EL^2/m\alpha^2)^{\frac{1}{2}}$$

$$p = L^2/m\alpha \equiv a(1 - \varepsilon^2) \ . \tag{2.50}$$

Dies ist ein Kegelschnitt. Um dies zu sehen, stellen wir die Bahn in Cartesischen Koordinaten (x_1, x_2) dar. Für $E = 0$ ist $\varepsilon = 1$ und

$$x_2^2 + 2px_1 - p^2 = 0 \ .$$

Dies ist eine Parabel:

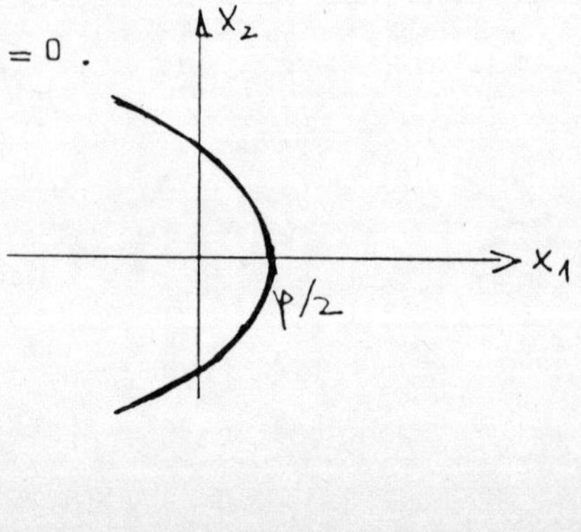

x_2

x_1

$p/2$

Fig. 2.14

Für $E < 0$ ist

$$0 \leq \varepsilon = \left(1-2\,\frac{|E|L^2}{m\alpha^2}\right)^{\frac{1}{2}} < 1$$

und

$$\frac{(x_1+\varepsilon a)^2}{a^2} + \frac{x_2^{\,2}}{(1-\varepsilon^2)a^2} = 1 , \qquad (2.51)$$

d.h. die Bahn ist eine Ellipse mit der grossen Halbachse $a = \alpha/2|E|$, unabhängig von L . Die Exzentrizität ist aber L-abhängig. Ferner ist der Schwerpunkt $(x_1,x_2) = 0$ in einem Brennpunkt.

$$r_{min} = a(1-\varepsilon)$$
$$r_{max} = a(1+\varepsilon).$$

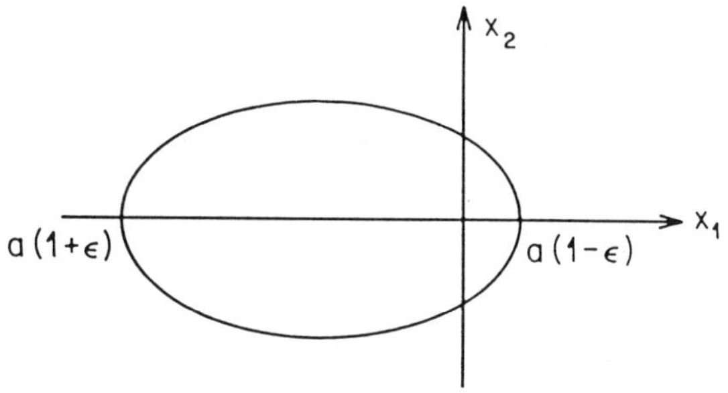

Fig. 2.15

Im Spezialfall $E = U_{min}$ ist $\varepsilon = 0$, wie wir schon wissen. Auch das 3. Keplergesetz folgt sehr einfach: Die Flächengeschwindigkeit ist $\frac{1}{2}\,r^2\dot{\varphi} = L/2m$, also ist die Umlaufszeit

$$T = \text{Fläche der Ellipse}/\,\frac{L}{2m} = \pi a^2(1-\varepsilon^2)^{\frac{1}{2}}\,\frac{2m}{L} = 2\pi\,\sqrt{\frac{m}{\alpha}}\;a^{3/2} . \qquad (2.52)$$

Beachte:

$$\frac{\alpha}{m} = Gm_1m_2\,\frac{m_1+m_2}{m_1\cdot m_2} \simeq G\,m_{\odot} , \quad \text{für das Sonnensystem.}$$

$E > 0$: Hier ist $\varepsilon > 1$, $a = \frac{\alpha}{2E} = \frac{p}{\varepsilon^2-1}$ und mit

$b := \sqrt{\varepsilon^2 - 1}\, a$ erhält man

$$\frac{(x_1 - \varepsilon a)^2}{a^2} - \frac{x_2^2}{b^2} = 1 \quad , \tag{2.53}$$

und dies ist die Gleichung einer Hyperbel (s.Fig. 2.16). Der Winkel χ in der Fig. 2.16 ist ein Mass für die Ablenkung des Teilchens und ist gegeben durch

$$\operatorname{tg} \chi = \frac{b}{a} = \sqrt{\varepsilon^2 - 1} \quad . \tag{2.54}$$

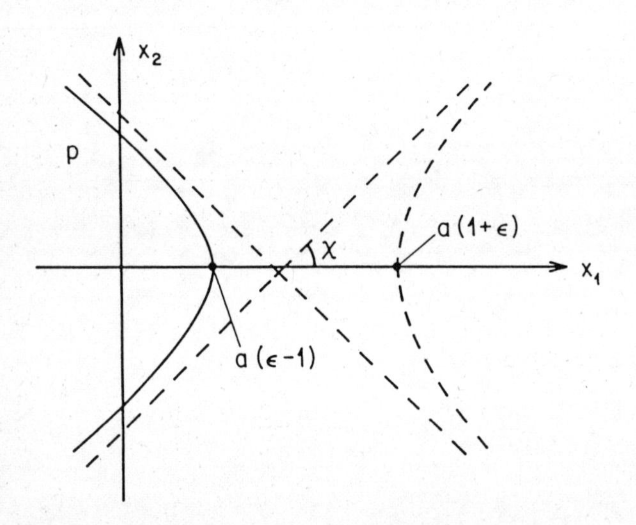

Fig. 2.16

Algebraische Lösungsmethode des Keplerproblems

In der ersten Uebungsserie wurde gezeigt, dass der Lenzsche Vektor

$$\underline{A} := \underline{p} \wedge \underline{L} - \alpha m\, \underline{x} / |\underline{x}|$$

ein Integral der Bewegung ist. Da sieben autonome Integrale $H, \underline{L}, \underline{A}$ konstant sind auf jeder (1-dimensionalen) Trajektorie im 6-dimensionalen Phasenraum, so sollte es mindestens zwei Relationen zwischen diesen geben. Nun findet man leicht

$$\underline{L}\cdot\underline{A} = 0 , \tag{2.55}$$

$$\begin{aligned}\underline{A}^2 &= \alpha^2 m^2 - \frac{2\alpha m}{|\underline{x}|}(\underline{p}\wedge\underline{L})\cdot\underline{x} + (\underline{p}\wedge\underline{L})^2 \\ &= \alpha^2 m^2 + 2m\,H\,\underline{L}^2 .\end{aligned} \tag{2.56}$$

Wir betrachten den Fall $L \neq 0$. Für $\alpha < 0$ ist $H > 0$ und $\underline{A}^2 > 0$. Für $\alpha > 0$ ist $\underline{A}^2 = 0$ nur für $H = U_{min} = -m\alpha^2/2L^2$, in welchem Fall nur eine Kreisbahn möglich ist. Im interessanten (generischen) Fall $\underline{A} \neq 0$, $\underline{L} \neq 0$ definiert $\underline{A}$ in der (1,2)-Ebene senkrecht zu $\underline{L}$ die 1-Achse und den Polarwinkel φ :

$$\begin{aligned}\underline{x}\cdot\underline{A} &= r\,|\underline{A}|\cos\varphi \equiv r\,A\cos\varphi = \underline{x}\cdot(\underline{p}\wedge\underline{L}) - m\alpha r = \\ &= L^2 - m\alpha r .\end{aligned}$$

Mit $p := L^2/m|\alpha|$, $\varepsilon = A/m|\alpha|$ ist

$$r = \operatorname{sgn}\alpha \,\frac{p}{1-\varepsilon\cos\varphi} \tag{2.57}$$

und wir erhalten wieder das frühere Resultat.

Bemerkungen:

1) Wir bestimmen die Trajektorie von $\underline{p}(t)$, unter Beachtung von

$$\underline{L}\wedge\underline{A} = L^2\underline{p} - \alpha\,m\,\underline{L}\wedge\underline{x}/|\underline{x}|$$

was folgendes ergibt

$$|\underline{p} - L^{-2}(\underline{L}\wedge\underline{A})|^2 = \alpha^2 m^2/L^2 \tag{2.58}$$

d.h. $\underline{p}(t)$ beschreibt einen Kreis.

2) Vor der Wellenmechanik hat W. Pauli in einer berühmten Arbeit das quantenmechanische Keplerproblem mit H, $\underline{L}$, $\underline{A}$ rein algebraisch lösen können. (Z.Physik, 36, 336 (1926)).

2.4 Beschleunigte Bezugssysteme

Als Vorbereitung, sowie im Hinblick auf spätere Bedürfnisse, besprechen wir zuerst die Drehgruppe.

A. Exkurs über die Drehgruppe

Für ein Element $R \in SO(n, \mathbb{R})$ studieren wir zunächst die Eigenwertgleichung

$$Rx = \lambda x \,, \quad x \in \mathbb{R}^n \,. \tag{2.59}$$

Auf Grund der Orthogonalität von R folgt aus (2.59)

$$(Rx, Rx) = (x,x) = \lambda^2 (x,x) \,.$$

Für $x \neq 0$ ist also $\lambda = \pm 1$. Nun betrachten wir das charakteristische Polynom

$$\chi(\lambda) = \mathrm{Det}\left(R - \lambda 1\right) = (-1^n \lambda^n + \ldots + \mathrm{Det}\, R\, \lambda^0 \,. \tag{2.60}$$

Für ungerades n gilt

$$\lim_{\lambda \to -\infty} \chi(\lambda) = +\infty \,, \quad \lim_{\lambda \to +\infty} \chi(\lambda) = -\infty \,.$$

Da $\chi(0) = \mathrm{Det}\, R = 1 > 0$, existiert deshalb ein $\lambda_0 > 0$, mit $\chi(\lambda_0) = 0$. Dieses λ_0 ist ein Eigenwert von R und deshalb notwendigerweise gleich $+1$. Damit haben wir gezeigt: <u>In ungerader Dimension hat jede Rotation einen invarianten Vektor.</u>

Von jetzt an beschränken wir uns auf $SO(3, \mathbb{R})$. Für $R \neq 1$ kann es nicht zwei linear unabhängige invariante Vektoren geben. Denn wäre $Ra = a$, $Rb = b$, a, b linear unabhängig, so wäre die Gerade $\{a,b\}^\perp$ invariant unter R. Für $c \in \{a,b\}^\perp$ würde also gelten: $Rc = \lambda c$, $\lambda = \pm 1$. Aus $\mathrm{Det}\, R = 1$

folgt aber $\lambda = +1$, d.h. $R = 1$, im Widerspruch zur Voraussetzung. <u>Die invarianten Vektoren bilden also einen 1-dimensionalen Unterraum</u> (Rotationsachse).

Wie lässt sich die Rotationsachse aus R finden ? Um diese Frage zu beantworten, betrachten wir $\Omega := \frac{1}{2}(R-R^T)$. Die Matrix Ω ist antisymmetrisch und hat deshalb die Form

$$\Omega = \begin{pmatrix} 0 & -\omega_3 & \omega_2 \\ \omega_3 & 0 & -\omega_1 \\ -\omega_2 & \omega_1 & 0 \end{pmatrix} . \tag{2.61}$$

Für $\underline{x} \in \mathbb{R}^3$ gilt

$$\Omega \underline{x} = \underline{\omega} \wedge \underline{x} . \tag{2.62}$$

Für einen unter R invarianten Vektor $\underline{a}$ ist

$$\Omega \underline{a} = \frac{1}{2}(R-R^T)\,\underline{a} = \frac{1}{2}(R\underline{a} - R^{-1}\underline{a}) = 0 .$$

Also ist $\underline{\omega} = \lambda \underline{a}$, d.h. $\underline{\omega}$ liegt in der Rotationsachse.
Nun zerlegen wir $\mathbb{R}^3 = \{\lambda \underline{\omega}\} \oplus E_2$, wobei E_2 senkrecht auf $\underline{\omega}$ steht. Adaptieren wir eine orientierte, orthonormierte Basis an diese Zerlegung: $E_2 = \{\underline{e}_1, \underline{e}_2\}$, $\underline{e}_3 = \lambda\,\underline{\omega}$, $\lambda > 0$, dann hat R in dieser, auf Grund der Orthogonalität, die Form

$$R = \begin{pmatrix} \cos\varphi & -\sin\varphi & 0 \\ \sin\varphi & \cos\varphi & 0 \\ 0 & 0 & 1 \end{pmatrix} \tag{2.63}$$

Dies stellt eine Rotation um die $\underline{\omega}$-Achse um den Winkel φ im Gegenuhrzeigersinn dar.
Beachte

$$\mathrm{Sp}\, R = 1 + 2\cos\varphi . \tag{2.64}$$

Wir wollen nun (2.63) in der kanonischen Basis von $\mathbb{R}^3$ darstellen. Dazu notieren wir:

$$R\underline{e}_1 = \cos\varphi\, \underline{e}_1 + \sin\varphi\, \underline{e}_2 = \cos\varphi\, \underline{e}_1 + \sin\varphi\, \underline{e}_3 \wedge \underline{e}_1$$

$$R\underline{e}_2 = -\sin\varphi\, \underline{e}_1 + \cos\varphi\, \underline{e}_2 = \cos\varphi\, \underline{e}_2 + \sin\varphi\, \underline{e}_3 \wedge \underline{e}_2 ,$$

da $\underline{e}_2 = \underline{e}_3 \wedge \underline{e}_1$, $\underline{e}_3 \wedge \underline{e}_2 = -\underline{e}_1$. Für einen Vektor $\underline{z}$ in der Ebene E_2 gilt also

$$R\underline{z} = \cos\varphi\, \underline{z} + \sin\varphi\, \underline{e}_3 \wedge \underline{z} .$$

Einen allgemeinen Vektor $\underline{x}$ zerlegen wir gemäss

$$\underline{x} = \underbrace{(\underline{e}_3, \underline{x})\, \underline{e}_3}_{\perp E_2} + \underbrace{[\underline{x} - (\underline{e}_3, \underline{x})\, \underline{e}_3]}_{\in E_2} .$$

Offensichtlich gilt (wenn $\underline{e} := e_3 = \hat{\underline{\omega}}$) :

$$R\underline{x} = (\underline{e},\underline{x})\, \underline{e} + \cos\varphi\, [\underline{x} - (\underline{e},\underline{x})\underline{e}] + \sin\varphi\, \underline{e} \wedge \underline{x} ,$$

oder

$$R\underline{x} = \cos\varphi\, \underline{x} + (1-\cos\varphi)(\underline{e},\underline{x})\underline{e} + \sin\varphi\, \underline{e} \wedge \underline{x} . \tag{2.65}$$

Umgekehrt stellt die rechte Seite von (2.65) eine Drehung $R(\underline{e},\varphi)$ um $\underline{e}(|\underline{e}| = 1)$ mit dem Drehwinkel $0 \leq \varphi < 2\pi$ dar (Uebungsaufgabe).

Für festes $\underline{e}$ bilden die $R(\underline{e},\varphi)$ eine 1-parametrige Untergruppe von $SO(3,\mathbb{R})$:

$$R(\underline{e},\varphi_1)\, R(\underline{e},\varphi_2) = R(\underline{e},\varphi_1 + \varphi_2) . \tag{2.66}$$

Dies folgt aus der geometrischen Bedeutung von $R(\underline{e},\varphi)$ oder rechnerisch aus (2.63).

Nun zeigen wir, dass (2.65) auch folgendermassen geschrieben werden kann

$$R(\underline{e},\varphi) = \exp(\varphi\, \underline{I}\cdot\underline{e}) , \tag{2.67}$$

wobei

$$I_1 = \begin{pmatrix} 0 & 0 & 0 \\ 0 & 0 & -1 \\ 0 & 1 & 0 \end{pmatrix}, \quad I_2 = \begin{pmatrix} 0 & 0 & 1 \\ 0 & 0 & 0 \\ -1 & 0 & 0 \end{pmatrix}, \quad I_3 = \begin{pmatrix} 0 & -1 & 0 \\ 1 & 0 & 0 \\ 0 & 0 & 0 \end{pmatrix}. \tag{2.68}$$

Dies beweist man am besten so: Nach (2.66) erfüllt $R(\underline{e},\varphi)$ die Differentialgleichung

$$\frac{d}{d\varphi} R(\underline{e},\varphi) = \Omega R(\underline{e},\varphi), \tag{2.69}$$

wobei

$$\Omega := \frac{d}{d\varphi} R(\underline{e},\varphi)\Big|_{\varphi=0} .$$

Aus (2.65) erhält man sofort

$$\Omega \underline{x} = \underline{e} \wedge \underline{x} ,$$

d.h.

$$\Omega = \begin{pmatrix} 0 & -e_3 & e_2 \\ e_3 & 0 & -e_1 \\ -e_2 & e_1 & 0 \end{pmatrix} = \underline{I}.\underline{e}. \tag{2.70}$$

Dieselbe Differentialgleichung (2.69) erfüllt aber die rechte Seite von (2.67). Da sich (2.65) und (2.67) für $\varphi = 0$ auf die Identität reduzieren, folgt die Behauptung aus dem Eindeutigkeitssatz für gewöhnliche Differentiagleichungen. Die I_i, i=1,2,3, bilden eine Basis der Liealgebra von $SO(3,\mathbb{R})$ (vgl. den Anhang II). Die Vertauschungsrelationen lauten:

$$[I_i, I_j] = \sum_k \varepsilon_{ijk} I_k . \tag{2.71}$$

B. Transformation der Bewegungsgleichungen auf beschleunigte Bezugssysteme

Es sei K ein Inertialsystem und K' ein starres Bezugssystem, welches gegen K eine beschleunigte Bewegung (Translation und Rotation) ausführt. Die Bahn eines Massenpunktes habe die Cartesischen Komponenten $\underline{x}(t)$ und $\underline{x}'(t)$ bezüglich K, resp. K'. Zwischen diesen Koordinaten bestehen die Beziehungen

$$\underline{x}(t) = R(t)\,\underline{x}'(t) + \underline{a}(t)\,, \quad R(t) \in SO(3,\mathbb{R})\,. \tag{2.72}$$

Für die Komponenten $\underline{u}$ und $\underline{u}'$ eines Vektors gilt hingegen

$$\underline{u}(t) = R(t)\,\underline{u}'(t)\,. \tag{2.73}$$

Wir berechnen zunächst die zeitliche Aenderung von $\underline{u}(t)$:

$$\dot{\underline{u}} = \dot{R}\underline{u}' + R\dot{\underline{u}}' = \dot{R}R^{-1}\,\underline{u} + R\dot{\underline{u}}'\,. \tag{2.74}$$

Wegen $RR^T = R^TR = 1$, gilt

$$0 = \dot{R}R^{-1} + R\dot{R}^T = \dot{R}R^{-1} + (\dot{R}R^{-1})^T\,.$$

Daher ist $\Omega := \dot{R}R^{-1}$ schief und hat also die Form (2.61), d.h.

$$\Omega = -\Omega^T = \begin{pmatrix} 0 & -\omega_3 & \omega_2 \\ \omega_3 & 0 & -\omega_1 \\ -\omega_2 & \omega_1 & 0 \end{pmatrix}. \tag{2.75}$$

Für $\underline{a} \in \mathbb{R}^3$ gilt

$$\Omega\,\underline{a} = \underline{\omega} \wedge \underline{a}\,. \tag{2.76}$$

Nun sei

$$\Omega =: R\,\Omega'\,R^{-1}\,. \tag{2.77}$$

Dann ist

$$\Omega' = R^{-1}\dot{R} = \begin{pmatrix} 0 & -\omega'_3 & \omega'_2 \\ \omega'_3 & 0 & -\omega'_1 \\ -\omega'_2 & \omega'_1 & 0 \end{pmatrix} \tag{2.78}$$

und $\underline{\omega} = R\underline{\omega}'$.

Aus (2.74) folgt

$$\dot{\underline{u}} = \Omega\underline{u} + R\underline{u}' = \underline{\omega}\wedge\underline{u} + R\,\dot{\underline{u}}'. \tag{2.79}$$

Für einen Massenpunkt, welcher im beschleunigten System K' ruht, ist $\underline{u}' = 0$ und also $\dot{\underline{u}} = \underline{\omega}\wedge\underline{u}$; deshalb ist nach (2.62) $\underline{\omega}$ die Winkelgeschwindigkeit bezüglich K und $\underline{\omega}'$ ist die Winkelgeschwindigkeit bezüglich K'. Aus (2.79) entnehmen wir die wichtige Beziehung

$$\boxed{\dot{\underline{u}} = R(\dot{\underline{u}}' + \underline{\omega}'\wedge\underline{u}')\ .} \tag{2.80}$$

Aus (2.72) folgt analog

$$\boxed{\dot{\underline{x}} = \dot{\underline{a}} + R(\dot{\underline{x}}' + \underline{\omega}'\wedge\underline{x}')\ .} \tag{2.81}$$

Entsprechend git für die Beschleunigung

$$\ddot{\underline{x}} = \ddot{\underline{a}} + \underbrace{\dot{R}\,\dot{\underline{x}}'}_{\underline{\omega}\wedge R\dot{\underline{x}}'} + R\,\ddot{\underline{x}}' + \dot{\underline{\omega}}\wedge R\underline{x}' + \underline{\omega}\wedge\underbrace{\dot{R}\underline{x}'}_{\underline{\omega}\wedge R\underline{x}'} + \underline{\omega}\wedge R\dot{\underline{x}}'$$

$$= \ddot{\underline{a}} + 2\,\underline{\omega}\wedge R\dot{\underline{x}}' + R\ddot{\underline{x}}' + \dot{\underline{\omega}}\wedge R\underline{x}' + \underline{\omega}\wedge(\underline{\omega}\wedge R\underline{x}')\ .$$

Darin benutzen wir noch

$$\dot{\underline{\omega}} = (R\underline{\omega}')^{\bullet} = R\dot{\underline{\omega}}' + \underbrace{\dot{R}\underline{\omega}'}_{\dot{R}R^{-1}R\underline{\omega}' = \Omega\,\underline{\omega}\,=\,\underline{\omega}\wedge\underline{\omega}\,=\,0} = R\dot{\underline{\omega}}'$$

und erhalten

$$\ddot{\underline{x}} = \ddot{\underline{a}} + R\,[\ddot{\underline{x}}' + 2\underline{\omega}'\wedge\dot{\underline{x}}' + \underline{\omega}'\wedge(\underline{\omega}'\wedge\underline{x}') + \dot{\underline{\omega}}'\wedge\underline{x}']\ . \tag{2.82}$$

(Coriolisbeschleunigung) (Zentrifugalbeschleunigung)

Nun können wir die Bewegungsgleichungen bezüglich K' aufstellen. Im Inertialsystem K gilt $m\ddot{\underline{x}} = \underline{F}$. Aus (2.82) erhalten wir mit $\underline{F} = R\underline{F}'$:

$$m\ddot{\underline{x}}' = \underline{F}' - m\underline{\omega}'\wedge(\underline{\omega}'\wedge \underline{x}') - 2m\underline{\omega}'\wedge\dot{\underline{x}}' - m\dot{\underline{\omega}}'\wedge\underline{x}' - mR^T\ddot{\underline{a}} \,. \qquad (2.83)$$

Auf der rechten Seite von (2.83) treten als Scheinkräfte u.a. die Zentrifugal- und die Corioliskraft auf.

Die Scheinkräfte hängen in sehr spezieller Weise von $\underline{x}'$ und $\dot{\underline{x}}'$ ab. Werden derartige Kräfte beobachtet, so kann man dies als Anzeichen dafür ansehen, dass man die Bewegung nicht auf ein Inertialsystem bezogen hat. Durch eine geeignete Transformation der Form (2.72) kann man sie wegtransformieren.

An diese Stelle gehören die folgenden Bemerkungen, welche in der Allgemeinen Relativitätstheorie wichtig werden. Betrachtet man nur die Schwerkraft, so stellt sich die Frage, ob auch diese eine Scheinkraft ist. Für ein homogenes Schwerefeld lautet ja die Bewegungsgleichung

$$m\ddot{\underline{x}} = m\,\underline{g} \quad , \qquad \underline{g} = \text{const.}$$

Führen wir die Transformation

$$\underline{x}(t) = \underline{x}'(t) + \tfrac{1}{2}\,\underline{g}\,t^2$$

aus $[\underline{a}(t) = \frac{1}{2}\,\underline{g}\,t^2$ und $R = 1$ in (2.72)], so ergibt sich aus (2.83)

$$m\,\ddot{\underline{x}}' = m\,\underline{g} - m\,\ddot{\underline{a}} = 0 \,.$$

Damit ist die Wirkung der Schwerkraft wegtransformiert. Dies bedeutet: Kann im Inneren eines freifallenden Systems das Gravitationsfeld als homogen angesehen werden, so übt die Schwerkraft keine Wirkung aus. Diese kann "lokal" wegtransformiert werden. Strikte ist das für inhomogene Gravitationsfelder nur "infinitesimal"möglich. [Die "Gezeitenkräfte" lassen sich nicht wegtransformieren.] Diese besondere Eigenschaft der Gravitation beruht natürlich wesentlich auf der strengen Proportionalität von träger und schwerer Masse. Ueber dieses Naturgesetz hat sich schon Newton gewundert. In neuerer Zeit wurde es experimentell bis zu unglaublicher Genauigkeit (~ 1 in 10^{12}) bestätigt. Die Gleichheit von träger und schwerer Masse findet in der Newtonschen Theorie keine Erklärung. Sie bildet aber eine wichtige Grundlage der Allgemeinen Relativitätstheorie. In dieser wird das Gravitationsfeld "geometrisch" beschrieben. Man hat es dabei nicht nötig, die träge und die schwere Masse separat einzuführen, bloss um sie später wieder zu identifizieren.

C. Freier Fall auf der rotierenden Erde

Wir vernachlässigen in diesem Problem in (2.83) den Term $-m\,\dot{\underline{\omega}}'\wedge\underline{x}'$ (Polschwankungen) und ebenso $-m\,R^T\,\ddot{\underline{a}}$ (Umlauf der Erde um die Sonne).

Die statisch (!) bestimmte Erdanziehungskraft $m\,\underline{g}'$ ist die Summe von Zentrifugal- und Gravitationskraft. Damit lauten die Newtonschen Gleichungen bezüglich des mit der Erde festverankerten Systems:

$$\ddot{\underline{x}}' = \underline{g}' - 2\,\underline{\omega}'\wedge\dot{\underline{x}}' . \tag{2.84}$$

Das erdfeste System wählen wir gemäss Fig. 2.17:

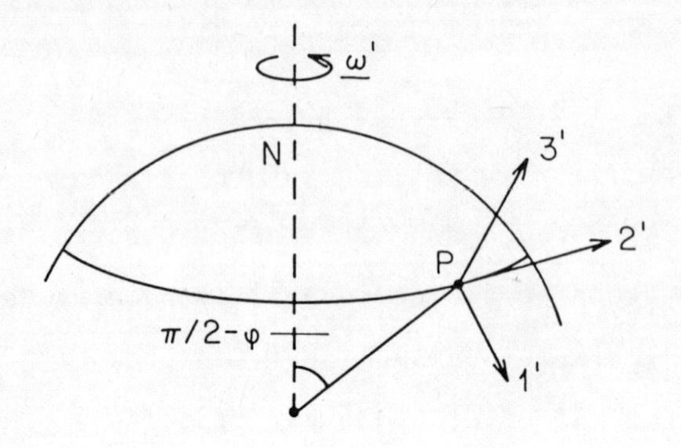

Fig. 2.17

Die geographische Breite bezeichnen wir mit φ . Ferner sei:

1': Nord-Süd-Richtung auf der Erde;

2': West-Ost " " " "

3': Normale zum Geoid.

Beachte, dass die Abplattung der Erdoberfläche durch die Resultierende $\underline{g}'$ bestimmt wird, nämlich so, dass das Geoid auf ihr überall senkrecht steht. Deshalb ist $\underline{g}' = (0,0,-g)$. Ferner ist $\underline{\omega}' = (-\omega \cos\varphi\ ,\ 0,\ \omega \sin\varphi)$. Mit den Bezeichnungen $\underline{x}' = (\xi, \eta, \zeta)$ lautet deshalb (2.84) ausgeschrieben

$$\begin{aligned} \ddot{\xi} &= 2\,\omega \sin\varphi\ \dot{\eta} \\ \ddot{\eta} &= -\,2\omega \sin\varphi\, \dot{\xi} - 2\,\omega \cos\varphi\ \dot{\zeta} \\ \ddot{\zeta} &= \ = -\,g + 2\,\omega \cos\varphi\ \dot{\eta}\ . \end{aligned} \tag{2.85}$$

Die Corioliskraft ist wattlos. Deshalb gilt der Energiesatz

$$\frac{d}{dt}\,(\dot{\xi}^2 + \dot{\eta}^2 + \dot{\zeta}^2 + 2g\,\zeta\,) = 0\ . \tag{2.86}$$

Wir integrieren (2.85) für die Anfangsbedingungen

$$\xi = \eta = \dot{\xi} = \dot{\eta} = \dot{\zeta} = 0\ , \quad \zeta = h > 0\ , \text{ für } \quad t = 0\ . \tag{2.87}$$

Aus der ersten und dritten Gleichung in (2.85) ergibt sich durch Integration

$$\dot{\xi} = 2\omega \sin\varphi\, \eta , \qquad \dot{\zeta} = -gt + 2\omega \cos\varphi\, \eta . \tag{2.88}$$

Einsetzen in die 2. Gleichung von (2.85) gibt

$$\ddot{\eta} + 4\omega^2 \eta = 2gt\, \omega \cos\varphi . \tag{2.89}$$

Die Integration dieser linearen (!) Gleichung geschieht nach der allgemeinen Regel: "Partikuläres Integral der inhomogenen + allgemeines Integral der homogenen Gleichung". Dies führt zum Ansatz:

$$\eta = \frac{g \cos\varphi}{2\omega} t + A \sin 2\omega t + B \cos 2\omega t .$$

Aus den Anfangsbedingungen (2.87) folgt

$$B = 0 , \qquad 2\omega A = -\frac{g \cos\varphi}{2\omega} ,$$

d.h.

$$\eta = \frac{g \cos\varphi}{2\omega} \left(t - \frac{1}{2\omega} \sin 2\omega t\right) . \tag{2.90}$$

Dies ist die <u>Ostablenkung</u> (vgl. Fig. 2.17). ξ ist die <u>Südablenkung</u>. Sie berechnet sich nach (2.88) und (2.90) aus

$$\dot{\xi} = g \cos\varphi \sin\varphi \left(t - \frac{1}{2\omega} \sin 2\omega t\right)$$

und wird mit Rücksicht auf die Anfangsbedingungen (2.87)

$$\xi = g \cos\varphi \sin\varphi \left(\frac{t^2}{2} - \frac{1-\cos 2\omega t}{(2\omega)^2}\right) . \tag{2.91}$$

Schliesslich erhält man ζ aus (2.88), (2.90) und $\zeta = h$ für $t = 0$:

$$\zeta = h - \frac{gt^2}{2} + g \cos^2\varphi \left(\frac{t^2}{2} - \frac{1-\cos 2\omega t}{(2\omega)^2}\right) . \tag{2.92}$$

Nun ist ωt eine sehr kleine Zahl, von der Grössenordnung Fallzeit/Tag. Deshalb entwickeln wir nach Potenzen von ωt und erhalten

$$\eta = \frac{gt^2}{3}\cos\varphi\,\omega t\ , \qquad \xi = \frac{gt^2}{6}\sin\varphi\cos\varphi\,(\omega t)^2$$

$$\zeta = h - (gt^2/2)(1 - \tfrac{1}{3}\cos^2\varphi\,(\omega t)^2)\ . \tag{2.93}$$

Die Ostablenkung ist hiernach von der ersten, die Südablenkung von der zweiten Ordnung in ωt . Auch die durch die Erdrotation hervorgerufene Abweichung in der Vertikalen ist nur von zweiter Ordnung. Die Ostablenkung ist schon früh beobachtet und in Uebereinstimmung mit der Theorie befunden worden. Für einen tiefen Bergwerksschacht beträgt sie einige Zentimeter.

D. Das Foucault'sche Pendel

Nun betrachten wir ein "sphärisches Pendel", d.h. einen Massenpunkt, der unter der Wirkung der Schwerkraft sich auf einer Kugeloberfläche bewegen muss, weil er mit einem masselosen Faden gehalten wird. Dieser sei im Koordinatenursprung $\xi = \eta = \zeta = 0$ festgemacht. Der Faden übt auf den Massenpunkt eine Zwangskraft aus (siehe auch Kap. 4), welche zum Aufhängepunkt gerichtet ist. Zu (2.84) müssen wir also einen Term $-\lambda\underline{x}'$, mit einer noch unbekannten Konstanten λ , hinzufügen. An Stelle von (2.85) erhalten wir deshalb die folgenden Bewegungsgleichungen:

$$\begin{aligned}\ddot{\xi} &= 2\omega\sin\varphi\,\dot{\eta} - \lambda\xi\\ \ddot{\eta} &= -\,2\omega\sin\varphi\,\dot{\xi} - 2\omega\cos\varphi\,\dot{\zeta} - \lambda\eta\\ \ddot{\zeta} &= -\,g + 2\omega\cos\varphi\,\dot{\eta} - \lambda\zeta\ .\end{aligned} \tag{2.94}$$

Daneben gilt die Zwangsbedingung

$$\xi^2 + \eta^2 + \zeta^2 = \ell^2\ , \tag{2.95}$$

wenn ℓ die Länge des Fadens ist.

Wir betrachten nur kleine Pendelschwingungen: ξ/ℓ, $\eta/\ell \ll 1$. Dann folgt aus (2.95), dass ζ^2/ℓ^2 gleich 1 ist, bis auf kleine Grössen 2. Ordnung. In einer Umgebung der Ruhelage ist also $\zeta = -\ell(1+O_2)$, O_2: Grösse 2. Ordnung. Aus der 3. Gleichung von (2.94) ergibt sich deshalb in führender Ordnung

$$\lambda = g/\ell . \qquad (2.96)$$

Wir schreiben jetzt die beiden ersten Gleichungen von (2.94) nochmals hin, unter Vernachlässigung des Gliedes mit $\dot{\zeta}$, weil dieses von 2. Ordnung ist:

$$\begin{aligned} \ddot{\xi} &= 2\omega \sin\varphi\, \dot{\eta} - (g/\ell)\,\xi \\ \ddot{\eta} &= -2\omega \sin\varphi\, \dot{\xi} - (g/\ell)\,\eta . \end{aligned} \qquad (2.97)$$

Die beiden Gleichungen können wir komplex zusammenfassen. Ist $\rho := \xi + i\eta$, dann erhalten wir die homogene lineare Gleichung

$$\ddot{\rho} + 2i\omega \sin\varphi\, \dot{\rho} + \frac{g}{\ell}\rho = 0 . \qquad (2.98)$$

Ansatz:

$$\rho = a_1 e^{i\alpha_1 t} + a_2 e^{i\alpha_2 t} . \qquad (2.99)$$

Eingesetzt gibt

$$\alpha_{1,2} = -\omega \sin\varphi \pm \sqrt{\omega^2 \sin^2\varphi + g/\ell} . \qquad (2.100)$$

Für $t = 0$ sei $\xi = a$, $\dot{\xi} = \dot{\eta} = \eta = 0$. Wir denken uns also das Pendel aus der lotrechten Lage in Richtung der positiven ξ-Achse (vgl. Fig. 2.17) im Meridian nach Süden um die Strecke a herausgehoben und ohne Anstoss freigelassen. Dann gilt für $t = 0$: $\rho = a$, $\dot{\rho} = 0$. Daher ist nach (2.99)

$$a_1 + a_2 = a , \qquad a_1\alpha_1 + a_2\alpha_2 = 0 ,$$

also

$$a_{1,2} = \frac{a}{2} \pm \frac{a\omega \sin \varphi}{\sqrt{\omega^2 \sin^2 \varphi + g/\ell}} . \tag{2.101}$$

Wir interessieren uns für $\dot{\varrho}$:

$$\dot{\varrho} = - a \frac{g/\ell}{\sqrt{\omega^2 \sin^2 \varphi + g/\ell}} e^{-i\omega t \sin \varphi} \sin \left(t \sqrt{\omega^2 \sin^2 \varphi + g/\ell}\right) . \tag{2.102}$$

Daraus können wir folgendes schliessen. Immer wenn der letzte Faktor in (2.102) verschwindet, d.h. für

$$t = \frac{n}{2} T , \quad T = \frac{2\pi}{\sqrt{\omega^2 \sin^2 \varphi + g/\ell}} , \quad n = 0,1,2,\ldots , \tag{2.103}$$

ist $\dot{\varrho} = 0$, d.h. $\dot{\xi} = \dot{\eta} = 0$. Dies bedeutet das Auftreten einer Spitze in der Bahnkurve des Pendels (vgl. Fig. 2.18) . Eine solche hatten wir nach den Anfangsbedingungen erstmals für $t = 0$. Die nächsten Spitzen treten für $\frac{T}{2}$, T, $\frac{3T}{2}$,... auf. T ist die Zeitdauer eines Hin- und Rückganges. Sie stimmen für $\omega = 0$ mit der Schwingungsdauer des mathematischen Pendels ohne Erdrotation überein.

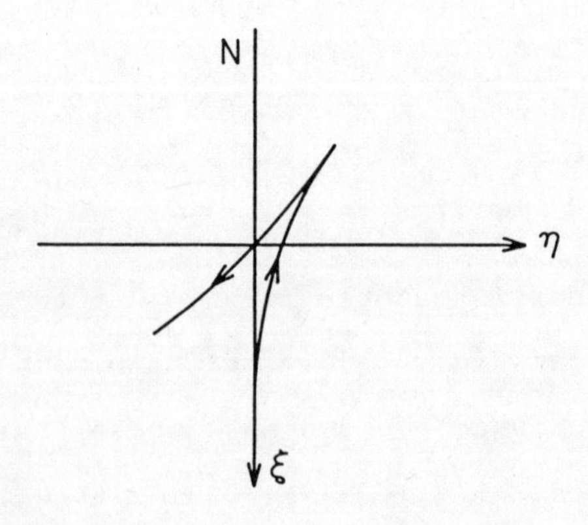

Fig. 2.18

Wo ist der Pendelkörper zur Zeit T ? Nach (2.99) ist

$$\wp(T) = a_1 e^{-i\omega T \sin\varphi + 2\pi i} + a_2\, e^{-i\omega T \sin\varphi - 2\pi i}$$

$$= (a_1 + a_2)\, e^{-i\omega T \sin\varphi} = a\, e^{-i\omega T \sin\varphi} \quad .$$

Der Pendelkörper hat also den Abstand a von der Ruhelage, wie zu Anfang, aber sein Azimut liegt nicht im Meridian nach Süden, wie am Anfang des Versuchs, sondern ist dahinter zurückgeblieben um den Winkel

$$\omega T \sin\varphi = \frac{2\pi\, \omega \sin\varphi}{\sqrt{\omega^2 \sin^2\varphi + g/\ell}} \simeq 2\pi \sqrt{\frac{\ell}{g}}\, \omega \sin\varphi \,, \qquad (2.104)$$

und zwar nach Westen (vgl. Fig. 2.18) .

Foucaults Versuch von 1851 und die seiner zahllosen Nachfolger gaben nur qualitative Resultate; eine quantitative Untersuchung aller Fehlerquellen führte H. Kamerlingh Onnes (der spätere Meister tiefer Temperaturen und Entdecker der Supraleitung) in seiner Groninger Dissertation von 1879 durch.

* * *

TEIL II

LAGRANGE-MECHANIK

"Beim Prinzip der kleinsten Wirkung aber ist die Meinung, dass die Natur ihr Ziel auf dem direktesten Wege, also mit dem kleinsten Aufwand an Mitteln, erreicht. Man sollte daher besser sagen: Prinzip des kleinsten Aufwandes bei grösster Wirkung. Doch scheint es aussichtslos, nachdem das Wort 'Wirkung' durch Helmholtz und Planck sanktioniert ist, es durch ein anderes zu ersetzen."

A. Sommerfeld

Für viele mechanischen Probleme ist es zweckmässig, die Newtonschen Bewegungsgleichungen nach Lagrange in eine neue Form umzuschreiben. Dies ist z.B. dann der Fall, wenn das System Zwangsbedingungen unterworfen ist, oder wenn es günstiger ist, krummlinige Koordinaten einzuführen. Die Lagrangeschen Bewegungsgleichungen haben ein einfaches Transformationsverhalten und beliebigen differenzierbaren Koordinatentransformationen. Ferner lässt sich in der Lagrangeschen Formulierung der Mechanik die Beziehung zwischen Symmetrien und Erhaltungssätzen elegant diskutieren. Wichtig ist auch, dass sie auf andere physikalische Theorien, insbesondere die Feldtheorie, verallgemeinert werden kann.

KAPITEL 3. LAGRANGESCHE BEWEGUNGSGLEICHUNGEN UND HAMILTONSCHES VARIATIONSPRINZIP

3.1. Die Lagrangeschen Bewegungsgleichungen 2. Art

Wir betrachten zunächst wieder die Newtonschen Bewegungsgleichungen für einen Massenpunkt (die Verallgemeinerung auf N Massenpunkte ist trivial):

$$m\,\underline{\ddot{x}} = \underline{F}\,(\underline{x},\underline{\dot{x}},t)\ . \tag{3.1}$$

Mit Hilfe der kinetischen Energie

$$T(\underline{\dot{x}}) = \tfrac{1}{2}\,m\,\underline{\dot{x}}^2 \tag{3.2}$$

lässt sich die linke Seite von (3.1) folgendermassen schreiben

$$m\,\underline{\ddot{x}} = \frac{d}{dt}\,m\,\underline{\dot{x}} = \frac{d}{dt}\,\frac{\partial T}{\partial \underline{\dot{x}}}\ . \tag{3.3}$$

Falls sich die Kraft in (3.1) aus einem Potential $V(\underline{x},\underline{\dot{x}},t)$ wie folgt ableiten lässt

$$\underline{F} = -\frac{\partial V}{\partial \underline{x}} + \frac{d}{dt}\,\frac{\partial V}{\partial \underline{\dot{x}}}\ , \tag{3.4}$$

so können wir mit Hilfe der Funktion

$$L(\underline{x},\underline{\dot{x}},t) := T(\underline{\dot{x}}) - V(\underline{x},\underline{\dot{x}},t) \tag{3.5}$$

die Bewegungsgleichung (3.1) so schreiben:

$$\boxed{\frac{\partial L}{\partial \underline{x}} - \frac{d}{dt}\,\frac{\partial L}{\partial \underline{\dot{x}}} = 0\ .} \tag{3.6}$$

Umgekehrt folgt aus (3.6) mit (3.5) die Gleichung (3.1).

Die Gleichungen (3.6) sind die <u>Lagrangeschen Gleichungen 2. Art.</u> Die Funktion L ist die <u>Lagrange Funktion</u>. Die linke Seite von (3.6) nennt man die <u>Euler Ableitung</u>.

Wir schreiben dafür abkürzend oft

$$[L]_{\underline{x}} := \frac{\partial L}{\partial \underline{x}} - \frac{d}{dt}\frac{\partial L}{\partial \dot{\underline{x}}} . \tag{3.7}$$

Das System (3.6) ist ein (implizites) Differentialgleichungssystem 2. Ordnung.

Im Anschluss an (3.7) und (3.4) seien die folgenden, etwas pedantischen Erläuterungen angefügt. Liegt eine Funktion $F: \mathbb{R}^n \times \mathbb{R}^n \times \mathbb{R} \longrightarrow \mathbb{R}$ vor, deren Argumente wir mit $(x, \dot{x}, t)$ bezeichnen ($\dot{x}$ ist eine unabhängige Variable und keine Zeitableitung), so definieren wir die <u>formale totale Zeitableitung</u> $\frac{dF}{dt}: \mathbb{R}^{3n} \times \mathbb{R} \longrightarrow \mathbb{R}$ durch

$$\frac{dF}{dt}(x, \dot{x}, \ddot{x}, t) := \frac{\partial F}{\partial x} \cdot \dot{x} + \frac{\partial F}{\partial \dot{x}} \cdot \ddot{x} + \frac{\partial F}{\partial t} . \tag{3.8}$$

Diese Ableitung wird zur aktuellen, wenn wir x als Funktion von t vorgeben und der Punkt die Zeitableitung bedeutet. Die formale totale Zeitableitung kann mit dem Differential $dF \in L(\mathbb{R}^n \times \mathbb{R}^n \times \mathbb{R})$ auch folgendermassen geschrieben werden:

$$\frac{dF}{dt} = dF \bullet (\dot{x}, \ddot{x}, 1) . \tag{3.8'}$$

In der Definition (3.7) (und in (3.4)) soll man $\frac{d}{dt}$ als formale Ableitung und $[L]_{\underline{x}}$ als Funktion der <u>unabhängigen</u> Variablen $(\underline{x}, \dot{\underline{x}}, \ddot{\underline{x}}, t)$ auffassen.

Im folgenden betrachten wir allgemeiner mechanische Systeme, deren <u>Zustände</u> durch Punkte im $\mathbb{R}^{2f}$ dargestellt sind, und deren Bewegungsgleichungen sich aus einer Lagrangefunktion $L : \mathbb{R}^{2f} \times \mathbb{R} \longrightarrow \mathbb{R}$, $(q, \dot{q}, t) \longmapsto L(q, \dot{q}, t)$ herleiten lassen, wobei wir abkürzend $q, \dot{q}$ für $(q_1, \ldots, q_f)$ bzw. $(\dot{q}_1, \ldots, \dot{q}_f)$ schreiben. Solche Systeme nennen wir

Lagrangesche Systeme. Es sei betont, dass nicht jedes mechanische System durch eine Lagrangefunktion beschrieben werden kann. Im allgemeinen ist dies nicht möglich, wenn Reibungskräfte wirksam sind.

Bevor wir einige Beispiele von Lagrangefunktionen diskutieren, wollen wir untersuchen, wann zwei Lagrangefunktionen die gleichen Euler-Ableitungen haben, und damit zu den gleichen Lagrangeschen Gleichungen führen. Die Antwort gibt der folgende

Satz 3.1: Zwei Lagrangefunktionen L und L' haben genau dann dieselben Eulerschen Ableitungen, wenn sie sich um eine formale totale Ableitung einer Funktion $M(q,t)$ unterscheiden.

Beweis: $[L]_q - [L']_q$ verschwindet, wenn für $G := L - L'$ folgendes gilt:

$$\frac{\partial G}{\partial q_k} - \left\{ \sum_\ell \left[\frac{\partial^2 G}{\partial \dot{q}_k \partial q_\ell} \dot{q}_\ell + \frac{\partial^2 G}{\partial \dot{q}_k \partial \dot{q}_\ell} \ddot{q}_\ell \right] + \frac{\partial^2 G}{\partial \dot{q}_k \partial t} \right\} = 0 \,. \quad (3.9)$$

Damit der Koeffizient von $\ddot{q}_\ell$ verschwindet, muss G linear in $\dot{q}$ sein:

$$G(q,\dot{q},t) = \sum_k F_k(q,t)\dot{q}_k + H(q,t) \,. \quad (3.10)$$

Setzen wir dies in (3.9) ein, so folgt

$$\frac{\partial H}{\partial q_k} = \frac{\partial F_k}{\partial t} \,, \qquad \frac{\partial F_\ell}{\partial q_k} = \frac{\partial F_k}{\partial q_\ell} \,. \quad (3.11)$$

Dies sind aber gerade die Integrabilitätsbedingungen (Verschwinden der Rotation) für die Existenz einer Funktion $M(q,t)$ mit

$$F_k = \frac{\partial M}{\partial q_k} \,, \qquad H = \frac{\partial M}{\partial t}$$

(vgl. den Anhang I). Dies bedeutet nach (3.10), dass $G = \frac{dM}{dt}$ ist. Umgekehrt ist es trivial zu verifizieren, dass die Eulerableitung einer totalen Ableitung einer Funktion $M(q,t)$ verschwindet. □

<u>Beispiel:</u> Lagrangefunktion für ein geladenes Teilchen in einen elektromagnetischen Feld.

Die Kraft lautet

$$\underline{F}(\underline{x},\dot{\underline{x}},t) = e\,[\underline{E}(\underline{x},t) + \frac{1}{c}\,\dot{\underline{x}}\wedge\underline{B}(\underline{x},t)\,]\,, \tag{3.12}$$

wobei $\underline{E}$ das elektrische und $\underline{B}$ das magnetische Feld ist, in denen sich das Teilchen bewegt. In der Elektrodynamik wird gezeigt, dass sich diese Felder - als Folge der homogenen Maxwell Gleichungen - aus Potentialen φ und $\underline{A}$ wie folgt herleiten lassen:

$$\underline{B} = \underline{\nabla}\wedge\,\underline{A}\ (= \mathrm{rot}\,\underline{A})\,, \qquad \underline{E} = -\,\underline{\nabla}\varphi - \frac{1}{c}\frac{\partial\underline{A}}{\partial t}\,. \tag{3.13}$$

Nun zeigen wir, dass (3.4) für das folgende geschwindigkeitsabhängige Potential erfüllt ist

$$V(\underline{x},\dot{\underline{x}},t) = e\,[\varphi(\underline{x},t) - \frac{1}{c}\,(\dot{\underline{x}},\underline{A}(\underline{x},t))] \tag{3.14}$$

(vgl. dazu auch die Uebungen). Wir rechnen in Komponenten (über doppelt vorkommende Indizes wird summiert):

$$\frac{\partial V}{\partial x_i} = e\,[\frac{\partial\varphi}{\partial x_i} - \frac{1}{c}\,\dot{x}_k\,\frac{\partial A_k}{\partial x_i}]\,,$$

$$\frac{d}{dt}\frac{\partial V}{\partial\dot{x}_i} = -\,\frac{e}{c}\frac{dA_i}{dt} = -\,\frac{e}{c}\,(\frac{\partial A_i}{\partial t} + \frac{\partial A_i}{\partial x_k}\,\dot{x}_k)\,,$$

$$-\,\frac{\partial V}{\partial x_i} + \frac{d}{dt}\frac{\partial V}{\partial\dot{x}_i} = e\,(\,-\,\frac{\partial\varphi}{\partial x_i} - \frac{1}{c}\frac{\partial A_i}{\partial t}) + \frac{e}{c}\,(\frac{\partial A_k}{\partial x_i} - \frac{\partial A_i}{\partial x_k})\,\dot{x}_k$$

$$= e\,E_i + \frac{e}{c}\,(\dot{\underline{x}}\wedge\underline{B})_i\,.$$

Beim letzten Gleichzeitszeichen wurde (3.13) benutzt (verifiziere das Resultat im Detail).

Für die Kraft (3.12) gilt also die Darstellung (3.4) mit dem Potential (3.14). Deshalb ist die Lagrangefunktion

$$L(\underline{x},\dot{\underline{x}},t) = \frac{m}{2}\dot{\underline{x}}^2 - e\varphi(\underline{x},t) + \frac{e}{c}\dot{\underline{x}}\cdot\underline{A}(\underline{x},t) \ . \tag{3.15}$$

<u>Eichinvarianz:</u> Die Felder $\underline{E}$ und $\underline{B}$ ändern sich nicht, wenn man in (3.13) für die Potentiale die folgenden Ersetzungen ausführt:

$$\underline{A} \longmapsto \underline{A} + \underline{\nabla}\chi \ , \quad \varphi \longmapsto \varphi - \frac{1}{c}\frac{\partial\chi}{\partial t} \ , \tag{3.16}$$

wo χ eine diffb. Funktion ist (verifiziere dies). Erwartungsgemäss ändert sich dabei die Lagrangefunktion (3.15) um ein (formales) totales Differential:

$$L \longrightarrow L + \frac{e}{c}\left(\dot{\underline{x}}\cdot\underline{\nabla}\chi + \frac{\partial\chi}{\partial t}\right) = L + \frac{d}{dt}\left(\frac{e}{c}\chi\right) .$$

<u>Energiesatz:</u> Wenn L nicht explizite von der Zeit abhängt, so ist

$$E(q,\dot{q}) := \sum_k \frac{\partial L}{\partial \dot{q}_k}\dot{q}_k - L \tag{3.17}$$

ein Integral der Bewegung, denn

$$\frac{dE}{dt} = \sum_k \left[\frac{d}{dt}\left(\frac{\partial L}{\partial \dot{q}_k}\right)\dot{q}_k + \frac{\partial L}{\partial \dot{q}_k}\ddot{q}_k - \frac{\partial L}{\partial q_k}\dot{q}_k - \frac{\partial L}{\partial \dot{q}_k}\ddot{q}_k\right] = 0 \ ,$$

auf Grund der Lagrangeschen Bewegungsgleichungen.

Falls $L = T - V$, wobei T ein quadratischer Ausdruck in den $\dot{q}$ ist,

$$T = \tfrac{1}{2}\, g_{ik}(q)\, \dot{q}_i\, \dot{q}_k \ ,$$

und V nur eine Funktion der q ist, gilt

$$E = T + V \ , \tag{3.17'}$$

d.h. E ist die Energie. Deshalb nennen wir allgemein die Funktion (3.1) die <u>Energie</u> des Lagrangeschen Systems.

3.2 Kovarianz der Eulerschen Ableitung

Die Lagrangesche Form der Mechanik ist besonders auch deshalb nützlich, weil die Eulerschen Gleichungen unter beliebigen differenzierbaren Koordinatentransformationen invariant bleiben.

Es sei $\varphi: \mathbb{R}^f \times \mathbb{R} \longrightarrow \mathbb{R}^f$ eine zeitabhängige Transformation, d.h. für jedes feste t sei $\varphi_t(x) := \varphi(x,t)$ ein (lokaler) Diffeomorphismus. Zu diesem definieren wir die Tangentialabbildung

$$T\varphi : (q,\dot{q},t) \longmapsto (Q,\dot{Q},t) \tag{3.18}$$

durch

$$\begin{aligned} Q &= \varphi(q,t) \\ \dot{Q} &= D\varphi_t(q)\,\dot{q} + \frac{\partial \varphi}{\partial t}(q,t)\,. \end{aligned} \tag{3.19}$$

Nun gilt der folgende

Satz 3.2: Es sei L eine Lagrangefunktion und $\bar{L} = L \circ T\varphi$ die transformierte Lagrangefunktion unter der zeitabhängigen Transformation φ, dann gilt für die Eulerschen Ableitungen von L und $\bar{L}$ die Beziehung

$$\frac{\partial \bar{L}}{\partial q_k} - \frac{d}{dt}\frac{\partial \bar{L}}{\partial \dot{q}_k} = \sum_{\ell=1}^{f} \frac{\partial Q_\ell}{\partial q_k}\left(\frac{\partial L}{\partial Q_\ell} - \frac{d}{dt}\frac{\partial L}{\partial \dot{Q}_\ell}\right). \tag{3.20}$$

Beweis: Nach Definition ist:

$$\bar{L}(q,\dot{q},t) = L(\varphi(q,t),\, D\varphi_t(q)\cdot\dot{q} + \frac{\partial \varphi}{\partial t}(q,t),t)\,.$$

Nach der Kettenregel gilt:

$$\frac{\partial \bar{L}}{\partial q_k} = \sum_\ell \left[\frac{\partial L}{\partial Q_\ell}\frac{\partial Q_\ell}{\partial q_k} + \frac{\partial L}{\partial \dot{Q}_\ell}\frac{\partial \dot{Q}_\ell}{\partial q_k}\right],$$

$$\frac{d}{dt}\frac{\partial \bar{L}}{\partial \dot{q}_k} = \sum_\ell \frac{d}{dt}\left(\frac{\partial L}{\partial \dot{Q}_\ell}\frac{\partial Q_\ell}{\partial q_k}\right) = \sum_\ell \left[\frac{\partial L}{\partial \dot{Q}_\ell}\frac{\partial \dot{Q}_\ell}{\partial q_k} + \frac{\partial Q_\ell}{\partial q_k}\frac{d}{dt}\frac{\partial L}{\partial \dot{Q}_\ell}\right].$$

Durch Subtraktion folgt die Behauptung (3.20).

Folgerung: Ist $Q(t)$ eine Lösung der Lagrangeschen Gleichungen zur Lagrangefunktion L, so ist $q(t)$, definiert durch $Q(t) =: \varphi_t(q(t))$ eine Lösung zur Lagrangefunktion $L \circ T\varphi$ und umgekehrt (Invarianz der Lagrangeschen Gleichungen 2. Art unter differenzierbaren Koordinatentransformationen).

Diese Folgerung erlaubt es in einfacher Weise, die Bewegungsgleichungen auf andere Koordinaten zu transformieren. Dazu ein

Beispiel: Das zentralsymmetrische Problem zum Potential $V(r)$. Die kinetische Energie ist in Polarkoordinaten (r, ϑ, φ) für $\vartheta \equiv \pi/2$

$$T = \tfrac{1}{2} m \dot{\underline{x}}^2 = \frac{m}{2} (\dot{r}^2 + r^2\dot{\varphi}^2) . \tag{3.21}$$

Also lautet die Lagrangefunktion in Polarkoordinaten :

$$L(r,\varphi,\dot{r},\dot{\varphi}) = \frac{m}{2} (\dot{r}^2 + r^2\dot{\varphi}^2) - V(r) . \tag{3.22}$$

Da L nicht explizite von φ abhängt, ist $\frac{\partial L}{\partial \dot{\varphi}} = mr^2\dot{\varphi} = \text{const.}$ Dies ist die Drehimpulserhaltung, $L_z = mr^2\dot{\varphi} = \text{const.}$ Für die r-Gleichung erhalten wir aus

$$\frac{\partial L}{\partial r} = mr\dot{\varphi}^2 - V' = \frac{|\underline{L}|^2}{mr^3} - V' = - U'; \quad U := V + \frac{|\underline{L}|^2}{2mr^2} ;$$

$$\frac{d}{dt} \frac{\partial L}{\partial \dot{r}} = \frac{d}{dt} m\dot{r} = m\ddot{r} ,$$

die uns schon bekannte Gl.

$$m\ddot{r} = - U'(r) . \tag{3.23}$$

3.3 Das Hamiltonsche Variationsprinzip

Wir betrachten eine Lagrangefunktion L der Klasse C^2, $L: U \subset \mathbb{R}^{2f} \times \mathbb{R} \longrightarrow \mathbb{R}$. Zu einer C^2 Bahn $\alpha : [t_1, t_2] \longrightarrow \mathbb{R}^f$, mit $(\alpha(t), \dot{\alpha}(t), t) \in U$ für alle $t \in [t_1, t_2]$, bilden wir das Integral

$$I(\alpha) = \int_{t_1}^{t_z} L(\alpha(t), \dot{\alpha}(t), t)\, dt . \tag{3.24}$$

Dieses ist ein Funktional auf der Menge der betrachteten Bahnen α. Nun lassen wir zur Konkurrenz alle Bahnen zu, welche in t_1 und t_2 vorgegebene feste Werte annehmen, $\alpha(t_1) = a$, $\alpha(t_2) = b$, und fragen, unter welchen Bedingungen das Integral (3.24) <u>extremal</u> wird. Wir interessieren uns hier nur für die folgende <u>notwendige</u> Bedingung.

<u>Satz 3.3:</u> Die Lagrangeschen Gleichungen für $q(t)$ sind notwendig dafür, dass $I(\alpha)$ für $\alpha(t) \equiv q(t)$ extremal wird.

<u>Beweis:</u> Wir betten die Bahnkurve $q(t)$ in eine einparametrige Schar glatter Vergleichskurven $q(t, \varepsilon)$ ein:

$$q(t, \varepsilon) = q(t) + \varepsilon\, h(t) , \quad -1 \leq \varepsilon \leq 1 ,$$

mit

$$h(t_1) = h(t_2) = 0 . \tag{3.25}$$

[Wir müssen natürlich $h(t)$ so wählen, dass für alle $t \in [t_1, t_2]$ $(q(t,\varepsilon), \dot{q}(t,\varepsilon), t) \in U$ ist.]

Damit nun

$$F(\varepsilon) := \int_{t_1}^{t_2} L(q(t,\varepsilon), \dot{q}(t,\varepsilon), t)\, dt$$

für $\varepsilon = 0$ extremal wird, muss die Ableitung $F'(0) = 0$ sein. Nun ist

$$F'(\varepsilon) = \int_{t_1}^{t_2} \sum_{i=1}^{f} \left[\frac{\partial L}{\partial q_i} q'_i + \frac{\partial L}{\partial \dot{q}_i} \dot{q}'_i\right] dt .$$

[Ein Strich bedeutet immer Ableitung nach ε.] Für den 2. Term in der eckigen Klammer schreiben wir

$$\frac{\partial L}{\partial \dot{q}_i} \dot{q}'_i = \frac{d}{dt}\left(\frac{\partial L}{\partial \dot{q}_i} q'_i\right) - \frac{d}{dt}\left(\frac{\partial L}{\partial \dot{q}_i}\right) q'_i .$$

Den ersten Term rechts können wir trivial über t integrieren, wobei wir wegen (3.25) einen verschwindenden Beitrag bekommen. Damit erhalten wir

$$F'(0) = \int_{t_1}^{t_2} \sum_{i=1}^{f} [L]_{q_i} \, h_i(t) \, dt .$$

Die $[L]_{q_i}$ sind stetig und die $h_i(t)$ sind beliebige glatte Funktionen, welche nur durch (3.25) eingeschränkt sind. Deshalb gilt *) $[L]_{q_i} = 0$. □

Für die Interpretation von $F'(0)$ als Richtungsableitung des Funktionals $I(\alpha)$ in Richtung h siehe z.B. [6], p.16-.

Der obige Beweis zeigt, dass das Funktional $I(\alpha)$ für $\alpha(t) \equiv q(t)$ genau dann stationär ist, wenn $q(t)$ die Lagrangeschen Gleichungen erfüllt. Dafür schreibt man auch:

$$\delta \int_{t_1}^{t_2} L(q(t), \dot{q}(t), t) \, dt = 0 \ , \quad q(t_1) = a, \ q(t_2) = b.$$

---

*) Dieser sehr plausible Schluss ist das sog. Fundamentallemma der Variationsrechnung und wird z.B. in [6], p. 22 streng bewiesen.

Dieses Hamiltonsche Variationsprinzip zeigt ebenfalls, dass die Lagrangeschen Gl. 2. Art invariant sind unter differenzierbaren Koordinatentransformationen.

3.4 Symmetrien und Erhaltungssätze

Der Zusammenhang zwischen Symmetrien und Erhaltungssätzen lässt sich in der Lagrangeschen Formulierung der Mechanik elegant diskutieren. Wir werden dieses Thema in der kanonischen Mechanik (Teil III) wieder aufnehmen.

Wir betrachten ein Lagrangesches System mit Lagrangefunktion

$$L: \ TU \times \mathbb{R} \longrightarrow \mathbb{R} \quad , \quad U \subset \mathbb{R}^f \ , \ TU = U \times \mathbb{R}^f . \tag{3.26}$$

Zu einem zeitabhängigen Diffeomorphismus $\varphi: U \times \mathbb{R} \longrightarrow V \subset \mathbb{R}^f$, sei $T\varphi$ die zugehörige Tangentialabbildung (3.19). Wir stellen die folgende Frage: Für welche φ geht jede Lösung der Eulerschen Gleichungen zu L wieder in eine Lösung über ?

Nun wissen wir (vgl. Folgerung zu Satz 3.2): Ist $q(t)$ eine Lösung der Eulerschen Gleichungen zu L, so ist $\varphi_t(q(t))$ eine Lösung der Eulerschen Gleichungen zu $L \circ T\varphi^{-1}$ $[\varphi^{-1}(q,t) := (\varphi_t^{-1}(q),t)]$. Mit dem Satz 3.1 können wir deshalb folgendes schliessen:

<u>Satz 3.3:</u> Jede Lösung der Eulerschen Gleichungen zur Lagrangefunktion L geht unter einem (zeitabhängigen) Diffeomorphismus φ wieder in eine Lösung über, falls

$$L \circ T\varphi = L + \frac{dM}{dt} \tag{3.27}$$

wo dM/dt die (formale) totale Zeitableitung einer Funktion $M(q,t)$ ist.

Falls φ die Gl. (3.27) erfüllt, nennen wir φ_t eine Symmetrietransformation von L. Mit φ_t ist auch φ_t^{-1} eine Symmetrietransformation (verifiziere dies).

Nun betrachten wir eine 1-parametrige Schar φ^ε von Symmetrietransformationen mit $\varphi_t^{\varepsilon=0} = \mathrm{Id}$. Die Funktion M in (3.27) wird dann im allgemeinen von ε abhängen. Wir differenzieren die Gleichung

$$L \circ T\varphi^\varepsilon = L + \frac{dM_\varepsilon}{dt}$$

nach ε an der Stelle $\varepsilon = 0$ und erhalten

$$\left.\frac{d}{d\varepsilon}\right|_{\varepsilon=0} L \circ T\varphi^\varepsilon = \frac{dG}{dt}, \tag{3.28}$$

mit

$$G = \left.\frac{dM_\varepsilon}{d\varepsilon}\right|_{\varepsilon=0}. \tag{3.29}$$

Nun setzen wir in (3.28) eine Lösung $q(t)$ der Eulerschen Gleichungen zu L ein. Es sei

$$\delta q(t) = \left.\frac{\partial}{\partial\varepsilon}\varphi^\varepsilon(q(t),t)\right|_{\varepsilon=0}. \tag{3.30}$$

Ist $Q(t,\varepsilon) := \varphi^\varepsilon(q(t),t)$, so lautet die linke Seite von (3.28)

$$\left.\frac{\partial}{\partial\varepsilon} L(Q(t,\varepsilon), \dot{Q}(t,\varepsilon), t)\right|_{\varepsilon=0} = \sum_k \left[\frac{\partial L}{\partial q_k}\delta q_k + \frac{\partial L}{\partial \dot{q}_k}\delta\dot{q}_k\right]$$

(beachte $Q(t, \varepsilon = 0) = q(t)$). Da die Ableitungen nach t und ε vertauschen, ist der 2. Term rechts

$$\sum_k \frac{\partial L}{\partial \dot{q}_k}\delta\dot{q}_k = \frac{d}{dt}\left[\sum_k \frac{\partial L}{\partial \dot{q}_k}\delta q_k\right] - \sum_k \frac{d}{dt}\left(\frac{\partial L}{\partial \dot{q}_k}\right)\delta q_k .$$

Benutzen wir noch die Eulerschen Gleichungen für $q(t)$, so

ergibt sich aus (3.28)

$$\frac{d}{dt}\left[\sum_k \frac{\partial L}{\partial \dot{q}_k}\delta q_k - G\right] = 0 . \tag{3.31}$$

Wir formulieren dieses wichtige Resultat als

Satz 3.4: Es sei φ^{ε} eine 1-parametrige Schar (ε-Schar) von Symmetrietransformationen mit

$$L \circ T\varphi^{\varepsilon} = L + \frac{dM_{\varepsilon}}{dt} , \tag{3.32}$$

wo $\frac{dM_{\varepsilon}}{dt}$ die formale totale Ableitung einer Funktion $M_{\varepsilon}(q,t)$ ist. Ferner sei $\varphi_t^{\varepsilon=0} = \mathrm{Id}$. Definieren wir

$$\delta q(q,t) = \frac{\partial}{\partial \varepsilon} \varphi^{\varepsilon}(q,t)\Big|_{\varepsilon=0} \tag{3.33}$$

und

$$G = \frac{\partial M_{\varepsilon}}{\partial \varepsilon}\Big|_{\varepsilon=0} , \tag{3.34}$$

so ist

$$\boxed{\sum_k \frac{\partial L}{\partial \dot{q}_k}\delta q_k - G} \tag{3.35}$$

ein erstes Integral der Bewegung.

Beispiele: Die zehn klassischen Erhaltungssätze

a) Translationsinvarianz und Impulserhaltung

Wir betrachten ein N-Teilchensystem mit der Lagrangefunktion $L(\underline{q}_1,\ldots,\underline{q}_N, \dot{\underline{q}}_1,\ldots,\dot{\underline{q}}_N,t)$. Zur räumlichen Translation

$$\varphi : \underline{q}_i \longmapsto \underline{q}_i + \underline{a} \quad , \qquad i = 1,\ldots,N , \tag{3.36}$$

gehört die Tangentialabbildung

$$T\varphi : (\underline{q}_i,\dot{\underline{q}}_i) \longmapsto (\underline{q}_i + \underline{a}, \dot{\underline{q}}_i). \tag{3.36'}$$

L ist <u>translationsinvariant</u>, falls

$$L \circ T\varphi = L .$$

Dies ist z.B. der Fall für

$$L = \frac{1}{2}\sum_i m_i \dot{\underline{q}}_i^2 - \sum_{i<j} V_{ij}\,(|\underline{q}_i - \underline{q}_j|). \tag{3.37}$$

Für eine ε-Schar von Translationen $\varepsilon\,\underline{a}$ ist für ein translationsinvariantes L die Funktion M_ε gleich Null und

$$\delta\underline{q}_i = \frac{\partial}{\partial\varepsilon}\,(\underline{q}_i + \varepsilon\,\underline{a})\Big|_{\varepsilon=0} = \underline{a}\,.$$

Das Integral der Bewegung (3.35) ist damit $\underline{P}\cdot\underline{a}$, wobei

$$\boxed{\underline{P} = \sum_{i=1}^{N} \frac{\partial L}{\partial \dot{\underline{q}}_i}}\,. \tag{3.38}$$

Dies stellt den Impulssatz dar. Für das Beispiel (3.37) ist
$\underline{P} = \sum m_i\,\dot{\underline{q}}_i$.

b) <u>Rotationsinvarianz und Drehimpulserhaltung</u>

Nun betrachten wir Rotationen der $\underline{q}_i$,

$$\begin{aligned} \varphi &: \underline{q}_i \longmapsto R\underline{q}_i\,, \quad R \in SO(3)\,, \qquad i = 1,\dots,N\,, \\ T\varphi &: (\underline{q}_i, \dot{\underline{q}}_i) \longmapsto (R\underline{q}_i, R\dot{\underline{q}}_i)\,. \end{aligned} \tag{3.39}$$

L ist *rotationsinvariant*, falls $L \circ T\varphi = L$ ist. Dies ist z.B. für (3.37) der Fall.

Für eine 1-parametrige Schar $R(\varepsilon)$ mit $R(0) = 1$ ist wieder $G = 0$ und

$$\delta\underline{q}_i = \Omega\,\underline{q}_i\,,$$

mit

$$\Omega = \frac{dR(\varepsilon)}{d\varepsilon}\Big|_{\varepsilon=0}\,.$$

Aus $R(\varepsilon)^T R(\varepsilon) = 1$ folgt $\Omega + \Omega^T = 0$, d.h. Ω hat die Form

$$\Omega = \begin{pmatrix} 0 & -\omega_3 & \omega_2 \\ \omega_3 & 0 & -\omega_1 \\ -\omega_3 & \omega_1 & 0 \end{pmatrix}$$

und also gilt

$$\delta \underline{q}_i = \underline{\omega} \wedge \underline{q}_i . \tag{3.40}$$

Das Bewegungsintegral (3.35) ist jetzt gleich

$$\sum_i (\underline{\omega} \wedge \underline{q}_i) \frac{\partial L}{\partial \dot{\underline{q}}_i} = \underline{\omega} \cdot \sum_i \underline{q}_i \wedge \frac{\partial L}{\partial \dot{\underline{q}}_i} .$$

Da $\underline{\omega}$ beliebig ist, sind

$$\boxed{\underline{L} = \sum_i \underline{q}_i \wedge \frac{\partial L}{\partial \dot{\underline{q}}_i}} \tag{3.41}$$

drei Bewegungsintegrale. Dies ist der Drehimpulssatz. Für das Beispiel (3.37) ist $\underline{L} = \sum_i \underline{q}_i \wedge m_i \dot{\underline{q}}_i$.

c) Zeitliche Translationsinvarianz und Energieerhaltung

Aus der zeitlichen Translationsinvarianz von L folgt $\partial L/\partial t = 0$. Dann gilt nach der Rechnung im Anschluss an (3.17) der Energiesatz

$$E = \sum_i \frac{\partial L}{\partial \dot{\underline{q}}_i} \dot{\underline{q}}_i - L = \text{1. Integral} . \tag{3.42}$$

d) Galilei-Invarianz und Schwerpunktsatz

Schliesslich betrachten wir eine ε -Schar von Galilei-Transformationen mit den Geschwindigkeiten $\varepsilon \underline{v}$:

$$\begin{aligned} \varphi^{\varepsilon}(\underline{q},t) &= \underline{q} + \varepsilon \underline{v} t \\ T\varphi^{\varepsilon} &: (\underline{q},\dot{\underline{q}}) \longmapsto (\underline{q} + \varepsilon \underline{v} t, \dot{\underline{q}} + \varepsilon \underline{v}), \end{aligned} \tag{3.43}$$

Dafür ist

$$\delta \underline{q} = \underline{v} t . \tag{3.44}$$

Wir zeigen, dass dies Symmetrietransformationen für das Beispiel (3.37) sind. Es ist

$$L \circ T\varphi^{\varepsilon} - L = \sum_i \frac{1}{2} m_i (\dot{\underline{q}}_i + \varepsilon \underline{v})^2 - \sum_i \frac{1}{2} m_i \dot{\underline{q}}_i^2$$

$$= \frac{dM_{\varepsilon}}{dt}, \quad M_{\varepsilon} = + \varepsilon \sum m_i \underline{q}_i \cdot \underline{v} + \varepsilon^2 t \sum \frac{m_i}{2} \underline{v}^2 .$$

Das zugehörige G in (3.34) ist

$$G(\underline{q}_i, t) = \sum_i m_i \underline{q}_i \cdot \underline{v} . \tag{3.45}$$

Das 1. Integral (3.35) ist deshalb nach (3.44) und (3.45) gleich $-\underline{v} \cdot \underline{A}$, mit

$$\underline{A} = \sum_i m_i \underline{q}_i - t \underline{P} , \tag{3.46}$$

wobei wir (3.38) benutzt haben. Die Erhaltung der $\underline{A}$ ist äquivalent zum Schwerpunktssatz.

Bemerkungen:

1) Da schon die kinetische Energie unter (3.43) nicht invariant ist, muss man für jedes L die Funktion G zuerst bestimmen, um den Erhaltungssatz (3.35) angeben zu können.

2) Der Satz 3.4 und die obigen Beispiele zeigen folgendes: Operiert eine Liesche Gruppe G (vgl. Anhang II) durch Symmetrietransformationen auf dem q-Raum: $g \in G \longmapsto \varphi^g_t$, mit $\varphi_t^{g_1} \circ \varphi_t^{g_2} = \varphi_t^{g_1 g_2}$, so erhalten wir ebensoviele Bewegungsintegrale wie die Dimension der Liegruppe beträgt (denn diese hat ebensoviele unabhängige 1-parametrige Untergruppen). Dies ist der Inhalt des Noether Theorems.

Die Galileigruppe ist zehndimensional, was Anlass zu den 10 klassischen Bewegungsintegralen gibt.

KAPITEL 4. SYSTEME MIT ZWANGSBEDINGUNGEN

Es kommt häufig vor, dass die Bewegung eines mechanischen Systems durch Nebenbedingungen eingeschränkt wird. Beispiele dafür sind:

(i) Die Bewegung eines Massenpunktes verläuft auf einer vorgegebenen Fläche (Bsp. sphärisches Pendel).

(ii) Ein Gas ist in einem festen Volumen eingeschlossen.

(iii) Die Abstände der Massenpunkte sind konstant (z.B. fester Körper).

Bedingungen dieser Art nennt man Zwangsbedingungen. Natürlich sind die Ursachen dieser Zwangsbedingungen in inneren oder äusseren Kräften zu suchen, die man Zwangskräfte nennt.

4.1 Holonome und nichtholonome Zwangsbedingungen

Wir stellen uns vor, dass wir die Konfigurationen eines Systems mit Zwangsbedingungen durch verallgemeinerte Koordinaten $q_1,\ldots,q_n$ beschreiben können. Diese brauchen nicht unabhängig zu sein. Sind sie es, so sagt man, die Zahl der Freiheitsgrade f des Systems sei n. Wenn sie abhängig sind, so bestehen zwischen ihnen eine Anzahl Zwangsbedingungen.

Wir betrachten zunächst sog. holonome Bedingungen, welche durch Gleichungen

$$f_\mu\,(q_1,\ldots,q_n,t) = \text{const} \quad , \qquad \mu = 1,2,\ldots,r, \tag{4.1}$$

mit r Funktionen f_μ ausgedrückt werden können.

<u>Beispiel:</u> Ein Massenpunkt, mit Cartesischen Koordinaten $\underline{x}$, bewege sich auf einer 2-dim. Fläche, welche durch

$$f(\underline{x},t) = 0 \tag{4.2}$$

dargestellt werden kann. (Diese kann i.a. von der Zeit abhängen.)

Wir nehmen an, dass die Gleichungen (4.1) unabhängig sind:

$$\text{Rang}\left(\frac{\partial f_\mu}{\partial q_k}\right) = r \quad , \quad \text{für alle} \quad (q,t) \; . \tag{4.3}$$

Nach dem Satz über implizite Funktionen können wir dann r der n verallgemeinerten Koordinaten (lokal) durch $n-r$ unabhängige Koordinaten ausdrücken. Die Zahl der Freiheitsgrade ist in diesem Fall $f = n - r$.

Aus (4.1) ergeben sich die differentiellen Bedingungen

$$df_\mu = 0 \; , \qquad \mu = 1,\ldots,r \; . \tag{4.4}$$

Dies ist ein <u>integrables Pfaffsches System</u>.

<u>Nichtholonome Bedingungen</u> werden durch Pfaffsche Systeme

$$\omega^\mu = 0 \; , \qquad \mu = 1,\ldots,r \tag{4.5}$$

definiert, welche nicht integrabel sind. Dies bedeutet, dass die Unterräume

$$\mathcal{D}_q = \left\{ v \in \mathbb{R}^n \;\middle|\; \langle \omega^\mu(q), v \rangle = 0 \; , \; \mu = 1,\ldots,r \right\} \tag{4.6}$$

nicht identisch sind mit den entsprechend definierten eines Systems der Form (4.4).

Die Bedeutung von (4.5) ist die folgende. Die möglichen (virtuellen) Bewegungen des Systems $\lambda \longmapsto \gamma(\lambda)$ sind durch

$$\gamma^* \omega^\mu = 0 \; , \text{ d.h. } \langle \omega^\mu, \gamma' \rangle = 0 \; \left(\gamma' := \frac{d\gamma}{d\lambda}\right) \; , \tag{4.7}$$

eingeschränkt $\left(\gamma'(\lambda) \in \mathcal{D}_{\gamma(\lambda)} \right)$.

Haben die ω^μ die Darstellungen

$$\omega^{\mu} = \sum_{i=1}^{n} \omega_i^{\mu}\, dq_i \,, \qquad \mu = 1,\dots,r, \tag{4.8}$$

so lautet (4.7) explizit, wenn $\delta q_i := \frac{dq_i}{d\lambda}$ ist,

$$\sum_i \omega_i^{\mu} \cdot \delta q_i = 0 \,. \tag{4.9}$$

Die δq_i sind sog. virtuelle Verrückungen.

Es ist wichtig, ein handliches Kriterium zu haben, welches zu entscheiden gestattet, ob das System (4.5) äquivalent zu einem System der Form (4.4) ist, d.h. integrabel ist. Nach einem Satz von Frobenius ist dies lokal genau dann der Fall, wenn

$$d\omega^{\mu} \wedge \omega^1 \wedge \dots \wedge \omega^r = 0 \tag{4.10}$$

ist. (Für einen Beweis siehe [3], p.373.) Um dieses Theorem zu illustrieren, betrachten wir den Fall $r = 1$, d.h. $\omega = 0$. Nun sind $\omega = 0$ und $df = 0$ äquivalent, wenn ω einen integrierenden Nenner hat, d.h. wenn $\omega = g\,df$ ist. Dann gilt aber $d\omega = dg \wedge df$, und folglich

$$d\omega \wedge \omega = dg \wedge df \wedge g\,df = 0 \,.$$

Umgekehrt folgt aus dem Satz von Frobenius, dass durch $d\omega \wedge \omega = 0$ die Existenz eines integrierenden Nenners für ω gesichert ist.

Setzen wir

$$\omega = \sum_i \omega_i \, dq_i \,,$$

so findet man leicht

$$d\omega \wedge \omega = 0 \Longleftrightarrow \sum_{\text{zyklisch}} \left(\frac{\partial \omega_i}{\partial q_j} - \frac{\partial \omega_j}{\partial q_i}\right) \omega_k = 0 \,. \tag{4.11}$$

Beispiel einer nichtholonomen Bedingung

Wir betrachten eine Scheibe vom Radius a, die ohne Schlupf auf der horizontalen (x,y)-Ebene rollt. Die Ebene der Scheibe sei stets vertikal. (Dies ist z.B. der Fall, wenn sie eines von zwei Rädern ist, die an einer gemeinsamen Achse angebracht sind.) Zur Beschreibung der Bewegung fixieren wir einen Punkt P auf der Scheibe und nennen ϑ den Winkel zwischen dem Radius bei P und dem Kontaktpunkt Q der Scheibe mit der Ebene (vgl. Fig. 4.1). Es seien (x,y,a) die Koordinaten des Zentrums der Scheibe. Schliesslich sei φ der Winkel zwischen der Tangente an die Scheibe bei Q und der x-Achse. Die Grössen (x,y,ϑ,φ) bestimmen die Position der Scheibe vollständig. Der Konfigurationsraum ist also $\mathbb{R}^2 \times S^1 \times S^1$.

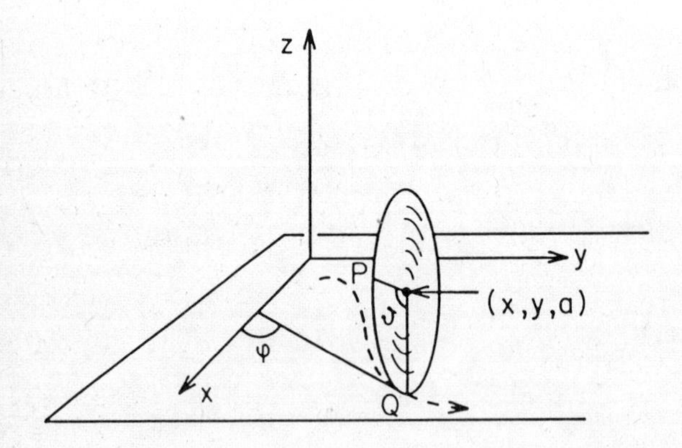

Fig. 4.1

Die Bedingung, dass das Rad ohne Schlupf rollt, bedeutet, dass die Geschwindigkeit bei Q verschwindet. Diese setzt sich zusammen aus der Geschwindigkeit des Zentrums und der Geschwindigkeit auf Grund der Rotation mit der Winkelgeschwindigkeit $\dot{\vartheta}$. Also gilt

$$\dot{x} + a\dot{\vartheta}\cos\varphi = 0\,, \qquad \dot{y} + a\dot{\vartheta}\sin\varphi = 0\,. \tag{4.12}$$

Die Nebenbedingungen lauten also

$$\omega_1 = 0\,, \quad \omega_2 = 0\,,$$

mit

$$\omega_1 = dx + a\cos\varphi\, d\vartheta\,, \quad \omega_2 = dy + a\sin\varphi\, d\vartheta \tag{4.13}$$

Aus

$$d\omega_1 = -a\sin\varphi\, d\varphi\wedge d\vartheta\,, \quad d\omega_2 = a\cos\varphi\, d\varphi\wedge d\vartheta$$

folgt

$$d\omega_1\wedge\omega_1\wedge\omega_2 = -a\sin\varphi\, d\varphi\wedge d\vartheta\wedge dx\wedge dy \neq 0\,,$$

$$d\omega_2\wedge\omega_1\wedge\omega_2 = a\cos\varphi\, d\varphi\wedge d\vartheta\wedge dx\wedge dy \neq 0\,.$$

Dies zeigt, dass das System nichtholonom ist.

4.2. Das D'Alembertsche Prinzip

Wir betrachten zunächst als einfaches Beispiel ein Teilchen, welches sich auf einer Fläche bewegt, die durch (4.2) gegeben ist. Die Bewegungsgleichung des Teilchens lautet

$$m\ddot{\underline{x}} = \underline{F} + \underline{Z}\,,$$

wo $\underline{F}(\underline{x},\dot{\underline{x}},t)$ eine bekannte äussere Kraft (z.B. die Gravitationskraft) ist, und $\underline{Z}$ die unbekannte Zwangskraft bezeichnet, welche die Oberfläche auf das Teilchen ausübt.

Falls die Oberfläche genügend glatt ist, d.h. tangentiale Reibungskräfte vernachlässigbar sind, wirkt die Zwangskraft normal zur Oberfläche und ist also wattlos.

Wir beschränken uns im folgenden auf ideale Systeme, für welche die Arbeit der Zwangskräfte bei virtuellen Bewegungen des Systems (vergl.(4.9)) verschwindet. Kürzer sagen wir: die virtuelle Arbeit der Zwangskräfte ist gleich Null. Dieses Prinzip der virtuellen Arbeit leistet z.B. nützliche Dienste in der Statik. (Für Beispiele siehe etwa das Buch von A. Sommerfeld über Mechanik.)

Nun betrachten wir ein System von N Massenpunkten, das Zwangsbedingungen und treibenden Kräften $\underline{F}_i$ unterworfen ist. Sind $\underline{Z}_i$ die Zwangskräfte, so lauten die Bewegungsgleichungen

$$m_i \ddot{\underline{x}}_i = \underline{F}_i + Z_i \; . \tag{4.14}$$

Die Nebenbedingungen seien von der Form (vgl.(4.9)) :

$$\sum_{i=1}^{N} (\underline{\omega}_i^{\mu}, \delta\underline{x}_i) = 0 \; , \quad \mu = 1,\ldots,r \tag{4.15}$$

und werden nicht notwendigerweise als holonom vorausgesetzt. Nun verallgemeinern wir für "ideale" Systeme das statische Prinzip der virtuellen Arbeit zum folgenden dynamischen Prinzip von d'Alembert: Wenn die virtuellen Verrückungen $\delta\underline{x}_i$ die Nebenbedingungen (4.15) erfüllen, so gilt

$$\boxed{\sum_{i=1}^{N} (m_i\ddot{\underline{x}}_i - \underline{F}_i, \delta\underline{x}_i) = 0 \; .} \tag{4.16}$$

Die $\omega^\mu := (\underline{\omega}_1^\mu, \ldots, \underline{\omega}_N^\mu) \in \mathbb{R}^{3N}$, $\mu = 1, \ldots, r$, definieren in jedem Punkt r Vektoren in $\mathbb{R}^{3N}$. Wir nehmen an, dass die Gleichungen (4.15) in dem Sinne unabhängig sind, dass diese r Vektoren linear unabhängig sind.

Gleichung (4.16) gibt, auf Grund der Einschränkung (4.15), $(3N-r)$ unabhängige Gleichungen für die Bewegung. Weitere r Gleichungen hat man in den Nebenbedingungen

$$\boxed{\sum_{i=1}^{N} (\underline{\omega}_i^\mu, \dot{\underline{x}}_i) = 0 , \quad \mu = 1,2,\ldots,r .} \tag{4.17}$$

4.3 Die Lagrangeschen Gleichungen 1. Art

Eine Methode, die Gleichungen (4.16) und (4.17) zu lösen, führt auf die Lagrangeschen Gleichungen 1. Art. Sei

$$u := (m_1 \ddot{\underline{x}}_1 - \underline{F}_1, \ldots, m_N \ddot{\underline{x}}_N - \underline{F}_N) \in \mathbb{R}^{3N} ,$$

so können wir den Inhalt des d'Alembertschen Prinzips so formulieren: Es ist $(u,v) = 0$ für alle $v \in \mathbb{R}^{3N}$, welche senkrecht auf allen $\omega^\mu \in \mathbb{R}^{3N}$ stehen (mit dem üblichen Skalarprodukt in $\mathbb{R}^{3N}$). Deshalb muss u in der linearen Hülle der ω^μ liegen. Dies bedeutet, es existieren Funktionen $\lambda_\mu(t)$, sog. Lagrangesche Multiplikatoren, so dass

$$u(t) = \sum_{\mu=1}^{r} \lambda_\mu(t)\, \omega^\mu(\underline{x}_1(t), \ldots, \underline{x}_N(t)).$$

Ausgeschrieben bedeutet dies

$$m_i \ddot{\underline{x}}_i = \underline{F}_i(x,\dot{x},t) + \sum_{\mu=1}^{r} \lambda_\mu(t)\, \underline{\omega}_i^\mu(x(t)) \tag{4.18}$$

$(x = (\underline{x}_1 \ldots, \underline{x}_N))$. Der Vergleich mit (4.14) zeigt, dass die Zwangskräfte mit den Lagrangeschen Multiplikatoren wie folgt zusammenhängen

$$\underline{Z}_i = \sum_{\mu=1}^{r} \lambda_\mu(t)\, \underline{\omega}_i^\mu . \tag{4.19}$$

Die Gleichungen (4.18) sind die Lagrangeschen Gleichungen 1. Art. Darin sind die Lagrangeschen Multiplikatoren noch unbekannte Funktionen. Diese sind dadurch bestimmt, dass neben den 3N Gleichungen (4.18) noch die r Nebenbedingungen (4.17) erfüllt sein müssen.

Falls sich die äusseren Kräfte $\underline{F}_i$, wie in § 3.1, aus einem Potential $V(\underline{x}_1,\ldots,\underline{x}_N, \dot{\underline{x}}_1,\ldots,\dot{\underline{x}}_N,t)$ bestimmen lassen,

$$\underline{F}_i = -\frac{\partial V}{\partial \underline{x}_i} + \frac{d}{dt}\frac{\partial V}{\partial \dot{\underline{x}}_i} , \tag{4.20}$$

so folgt wie in § 3.1 für $L := T - V$:

$$\frac{d}{dt}\frac{\partial L}{\partial \dot{\underline{x}}_i} - \frac{\partial L}{\partial \underline{x}_i} = \sum_{\mu=1}^{r} \lambda_\mu\, \underline{\omega}_i^\mu , \quad i = 1,\ldots, N. \tag{4.21}$$

Im holonomen Fall

$$f_\mu \,(\underline{x}_1 \ldots, \underline{x}_N, t) = 0 \quad , \quad \mu = 1,\ldots,r , \tag{4.22}$$

ist $\underline{\omega}_i^\mu = \underline{\nabla}_i f_\mu$. An Stelle von (4.18), (4.19) und (4.21) gelten dann die Gleichungen

$$m_i \ddot{\underline{x}}_i = \underline{F}_i + \sum_{\mu=1}^{r} \lambda_\mu(t)\, \underline{\nabla}_i f_\mu , \tag{4.23}$$

$$\underline{Z}_i = \sum_{\mu} \lambda_{\mu} \, \underline{\nabla}_i \, f_{\mu} \,, \tag{4.24}$$

$$\frac{d}{dt} \frac{\partial L}{\partial \dot{\underline{x}}_i} - \frac{\partial L}{\partial \underline{x}_i} = \sum_{\mu} \lambda_{\mu} \underline{\nabla}_i \, f_{\mu} \,. \tag{4.25}$$

Einfaches Beispiel: Die Bewegung auf der schiefen Ebene. Ein Massenpunkt (Masse m), auf den die Gravitationskraft $F_x = 0$, $F_y = - mg$ wirkt (vgl. Fig.), gleite reibungsfrei auf einer schiefen Ebene mit dem Neigungswinkel α .

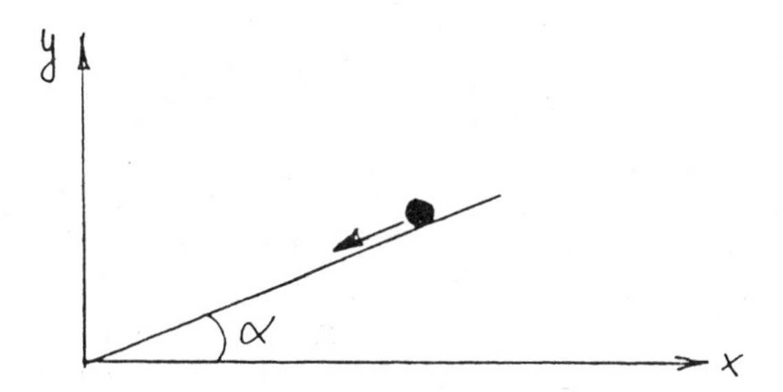

Wir lösen dieses Mittelschul-Problem zur Illustration mit den Lagrangeschen Gleichungen 1. Art. Diese lauten

$$\begin{aligned} m\ddot{x} &= \lambda(t) \frac{\partial f}{\partial x} = - \lambda(t) \operatorname{tg} \alpha \\ m\ddot{y} &= - mg + \lambda(t) \frac{\partial f}{\partial y} = - mg + \lambda(t) \,, \end{aligned} \tag{4.26}$$

mit

$$f(x,y) = y - x \operatorname{tg} \alpha \tag{4.27}$$

[$f = 0$ beschreibt die Zwangsbedingung.] Sei $x(0) = y(0) = \dot{x}(0) = \dot{y}(0) = 0$. Die Lösung von (4.26) ist

$$x(t) = - \operatorname{tg} \alpha \, \frac{1}{m} \, h(t) \,, \qquad y(t) = - \frac{1}{g} \, t^2 + \frac{1}{m} \, h(t) \,,$$

mit

$$h(t) = \int_0^t dt' \int_0^{t'} dt'' \lambda(t'').$$

Setzt man diese Lösung in die Nebenbedingung $f(x,y) = 0$ ein, so kommt

$$-\tfrac{1}{2}\, gt^2 + \frac{1}{m}\, h(t) + \frac{1}{m}\, tg^2\alpha\; h(t) = 0 .$$

Dies gibt

$$h(t) = \tfrac{1}{2}\, gt^2 m/(1 + tg^2\alpha).$$

Nun ist $\lambda(t) = h''(t)$, d.h.

$$\lambda(t) = \frac{gm}{1+tg^2\alpha}\,, \quad \text{unabhängig von } t .$$

Damit lautet die Bahnbewegung

$$\begin{aligned} x(t) &= -\frac{g\,tg\alpha}{1+tg^2\alpha}\,\frac{t^2}{2} = -g \sin\alpha \cos\alpha\,\frac{t^2}{2}\,, \\ y(t) &= -g \sin^2\alpha\,\frac{t^2}{2}\,. \end{aligned} \tag{4.28}$$

Die Zwangskräfte sind nach (4.24)

$$\begin{aligned} Z_x &= \lambda\,\frac{\partial f}{\partial x} = -mg \sin\alpha \cos\alpha \\ Z_y &= \lambda\,\frac{\partial f}{\partial y} = mg \cos^2\alpha\,. \end{aligned} \tag{4.29}$$

Also ist $\underline{Z}$ senkrecht zur schiefen Ebene und $|\underline{Z}| = mg \cos\alpha$.
Für die schiefe Länge $s = \sqrt{x^2 + y^2}$ gilt

$$s(t) = -g \sin\alpha\,\frac{t^2}{2}\,, \tag{4.30}$$

was man schon in der Mittelschule lernt.

4.4 Verallgemeinerte Koordinaten, Lagrangesche Gleichungen 2. Art

Wir betrachten nun ein holonomes System von Massenpunkten, welches den Zwangsbedingungen (4.22) unterworfen ist. Nach dem Satz über implizite Funktionen existiert lokal eine Abbildung $\varphi_t : \mathbb{R}^f \longrightarrow \mathbb{R}^{3N}$, mit $f_\mu(\varphi_t(q_1,\ldots,q_f),t) \equiv 0$ für jedes t, und $\mathrm{Rang}(D\varphi_t) = f$. Die $(q_1,\ldots,q_f)$ bilden ein Koordinatensystem der t-abhängigen Mannigfaltigkeit S_t in $\mathbb{R}^{3N}$, welche durch (4.22) definiert wird *). Der Tangentialraum $T_x(S_t)$ an S_t im Punkte $x \in \mathbb{R}^{3N}$ ist gegeben durch

$$T_x(S_t) = D\varphi_t(q)\cdot \mathbb{R}^f \qquad (x = \varphi_t(q)). \tag{4.31}$$

Das d'Alembertsche Prinzip (4.16) besagt nach (4.15) mit $\underline{\omega}_i^\mu = \underline{\nabla}_i f$), dass $(m\ddot{\underline{x}}_1 - \underline{F}_1,\ldots,m\ddot{\underline{x}}_N - \underline{F}_N) \in \mathbb{R}^{3N}$ senkrecht auf allen Tangentialvektoren der Fläche S_t steht. Nun ist nach (4.31)

$$\left(\frac{\partial \underline{x}_1}{\partial q_k}, \frac{\partial \underline{x}_2}{\partial q_k},\ldots, \frac{\partial \underline{x}_N}{\partial q_k}\right) \quad , \quad k = 1,\ldots,f , \tag{4.32}$$

eine Basis von $T_x(S_t)$. Deshalb gilt

$$m_i\left(\ddot{\underline{x}}_i, \frac{\partial \underline{x}_i}{\partial q_k}\right) = \sum_i \left(\underline{F}_i, \frac{\partial \underline{x}_i}{\partial q_k}\right) . \tag{4.33}$$

Daraus leiten wir nun die Gleichung für die Bahn $q(t)$ des Systems in den Koordinaten q ab.

Die linke Seite formen wir wie folgt um. Zunächst gilt

$$m_i\left(\ddot{\underline{x}}_i, \frac{\partial \underline{x}_i}{\partial q_k}\right) = \frac{d}{dt}\left[m_i \dot{\underline{x}}_i \cdot \frac{\partial \underline{x}_i}{\partial q_k}\right] - m_i \dot{\underline{x}}_i \frac{d}{dt}\frac{\partial \underline{x}_i}{\partial q_k} . \tag{4.34}$$

*) Mannigfaltigkeiten im $\mathbb{R}^n$ werden im Anhang I besprochen.

Nun ist

$$\underline{v}_i = \dot{\underline{x}}_i = \sum_k \frac{\partial \underline{x}_i}{\partial q_k} \dot{q}_k + \frac{\partial \underline{x}_i}{\partial t} \qquad (4.35)$$

und folglich

$$\frac{\partial \underline{v}_i}{\partial \dot{q}_k} = \frac{\partial \underline{x}_i}{\partial q_k} . \qquad (4.36)$$

Weiterhin gilt

$$\frac{d}{dt} \frac{\partial \underline{x}_i}{\partial q_k} = \frac{\partial^2 \underline{x}_i}{\partial q_k \partial q_\ell} \dot{q}_\ell + \frac{\partial}{\partial t}\left(\frac{\partial \underline{x}_i}{\partial q_k}\right) = \frac{\partial}{\partial q_k}\left(\frac{\partial \underline{x}_i}{\partial q_\ell} \dot{q}_\ell + \frac{\partial \underline{x}_i}{\partial t}\right) = \frac{\partial \underline{v}_i}{\partial q_k} . \qquad (4.37)$$

Mit (4.35) - (4.37) können wir (4.34) folgendermassen schreiben:

$$\sum_i m_i \left(\ddot{\underline{x}}_i, \frac{\partial \underline{x}_i}{\partial q_k}\right) = \sum_i \frac{d}{dt} \left[m_i \left(\underline{v}_i, \frac{\partial \underline{v}_i}{\partial \dot{q}_k}\right)\right] - \sum_i m_i \left(\underline{v}_i, \frac{\partial \underline{v}_i}{\partial q_k}\right)$$

$$= \frac{d}{dt} \frac{\partial T}{\partial \dot{q}_k} - \frac{\partial T}{\partial q_k} , \qquad (4.38)$$

wobei

$$T = \frac{1}{2} \sum_i m_i \underline{v}_i^2 = \frac{1}{2} \sum_{i=1}^{N} m_i \left(\sum_{k=1}^{f} \frac{\partial \underline{x}_i}{\partial q_k} \dot{q}_k + \frac{\partial \underline{x}_i}{\partial t}\right)^2 \qquad (4.39)$$

die gesamte kinetische Energie ist.

Die rechte Seite von (4.33) nennen wir die generalisierte Kraft Q_k :

$$Q_k = \sum_{i=1}^{N} \left(\underline{F}_i, \frac{\partial \underline{x}_i}{\partial q_k}\right) . \qquad (4.40)$$

Damit erhalten wir

$$\boxed{\frac{d}{dt} \frac{\partial T}{\partial \dot{q}_k} - \frac{\partial T}{\partial q_k} = Q_k \quad , \quad k = 1,..,f .} \qquad (4.41)$$

Falls die verallgemeinerten Kräfte Q_k ein Potential V besitzen,

$$Q_k = -\frac{\partial V}{\partial q_k} + \frac{d}{dt}\frac{\partial V}{\partial \dot{q}_k} , \tag{4.42}$$

so folgen für $L = T - V$ wieder die Langrangeschen Gleichungen 2. Art:

$$\frac{d}{dt}\frac{\partial L}{\partial \dot{q}_k} - \frac{\partial L}{\partial q_k} = 0 . \tag{4.43}$$

Bemerkungen :

1) Wenn die Kräfte $\underline{F}_i$ ein Potential besitzen, $\underline{F}_i = -\nabla_i U$, so gilt

$$Q_k = \sum_i (\underline{F}_i, \frac{\partial \underline{x}_i}{\partial q_k}) = -\sum_i (\frac{\partial U}{\partial \underline{x}_i}, \frac{\partial \underline{x}_i}{\partial q_k}) = -\frac{\partial V}{\partial q_k} , \tag{4.44}$$

wobei

$$V(q,t) = U(\varphi_t(q),t) \tag{4.45}$$

ist. In diesem Fall haben also die verallgemeinerten Kräfte Q_k sicher ein Potential.

2) Es scheint, dass alle mechanischen abgeschlossenen Systeme, die in der Natur vorkommen, Lagrangesche Systeme sind. Für dissipative Systeme (Reibung) ist aber der Lagrangeformalismus nicht natürlich. Die Lagrangefunktion ist dann i.a., wenn sie überhaupt existiert, sehr kompliziert.

3) Für holonome Systeme ist die in diesem Abschnitt diskutierte Methode meistens die einfachste. Wir illustrieren sie an einigen Beispielen (vgl. auch die Uebungen).

Beispiel 1: Nochmals die schiefe Ebene.

Wir verwenden die gleichen Bezeichnungen wie auf S. 111 und behandeln diesmal das Problem mit der Methode der verallgemeinerten Koordinaten und den Lagrangeschen Gleichungen 2. Art.

Dazu setzen wir

$$x = x(q) = q \cos\alpha \ , \ y = y(q) = q \sin\alpha \ ,$$

womit die Nebenbedingung identisch erfüllt ist. Die kinetische Energie ist

$$T = \frac{m}{2}(\dot{x}^2 + \dot{y}^2) = \frac{m}{2}\dot{q}^2$$

und die generalisierte Kraft lautet nach (4.40)

$$Q = F_x \frac{\partial x}{\partial q} + F_y \frac{\partial y}{\partial q} = - mg \sin\alpha = - \frac{\partial}{\partial q} (q\, mg \sin\alpha)$$

$$= - \frac{\partial V}{\partial q} \ ,$$

mit dem Potential $V = qmg \sin\alpha$. Die Lagrangefunktion ist

$$L = T - V = \frac{m}{2}\dot{q}^2 - q\, mg \sin\alpha .$$

Dies führt zur Lagrangeschen Gl. 2. Art

$$m\ddot{q} + mg \sin\alpha = 0 \ ,$$

mit der Lösung (für $q(0) = \dot{q}(0) = 0$) :

$$q = - g \sin\alpha \frac{t^2}{2} \ ,$$

womit

$$x = \frac{-t^2}{2} g \sin\alpha \cos\alpha$$

$$y = \frac{-t^2}{2} g \sin^2\alpha \ ,$$

was mit (4.28) übereinstimmt.

Beispiel 2: Das sphärische Pendel

Ein "sphärisches Pendel" ist ein Massenpunkt, der unter der Wirkung der Schwerkraft sich auf einer Kugeloberfläche bewegen muss (gehalten mit masselosem Faden). Als holnome Zwangsbedingung haben wir deshalb

$$x_1^2 + x_2^2 + x_3^2 = r^2 . \tag{4.46}$$

Mit den Polarwinkeln (ϑ, φ) ist

$$\dot{\underline{x}}^2 = r^2(\dot{\vartheta}^2 + \sin^2\vartheta\, \dot{\varphi}^2), \tag{4.47}$$

Also lautet die Lagrangefunktion (m = 1):

$$L = \tfrac{1}{2}\, r^2(\dot{\vartheta}^2 + \sin^2\vartheta\, \dot{\varphi}^2) + g\, r \cos\vartheta . \tag{4.48}$$

Die Variable φ ist <u>zyklisch</u>, d.h. $\partial L/\partial \varphi = 0$; also ist

$$p_\varphi := \frac{\partial L}{\partial \dot{\varphi}} = r^2 \sin^2\vartheta\, \dot{\varphi} \tag{4.49}$$

ein Bewegungsintegral (Drehimpuls um die z-Achse).

Da L nicht explizit von t abhängt, haben wir ausserdem das Energieintegral (3.17'):

$$E = T + V = \tfrac{1}{2}\, r^2(\dot{\vartheta}^2 + \sin^2\vartheta\, \dot{\varphi}^2) - gr \cos\vartheta = \text{const.} \tag{4.50}$$

Nun eliminieren wir $\dot{\varphi}$ in (4.50) mit (4.49) und erhalten eine Differentialgleichung für ϑ :

$$\tfrac{1}{2}\dot{\vartheta}^2 + \frac{p_\varphi^2}{2r^4 \sin^2\vartheta} - \frac{g}{r}\cos\vartheta = \frac{E}{r^2} . \tag{4.51}$$

Für $p_\varphi = 0$ $(\dot{\varphi} = 0)$ erhält man das <u>mathematische Pendel</u>.

Die Gleichung (4.51) lässt sich qualitativ analog wie das zentrale Zweikörperproblem diskutieren. Dazu setzen wir

$$u = \cos\vartheta \Longrightarrow \dot{\vartheta} = -\frac{1}{\sqrt{1-u^2}}\,\dot{u} \;, \quad \dot{\varphi} = \frac{p_\varphi}{r^2(1-u^2)} . \tag{4.52}$$

Aus (4.51) wird

$$\dot{u}^2 = -\,U(u) := \frac{2}{r^2}\,(E + gru)(1-u^2) - p_\varphi^2/r . \tag{4.53}$$

Ferner erhalten wir aus (4.52)

$$\frac{d\varphi}{du} = \frac{\dot{\varphi}}{\dot{u}} = \frac{p_\varphi}{r^2(1-u^2)}\;\frac{1}{\sqrt{-U(u)}} . \tag{4.54}$$

U ist eine Funktion 3. Grades von $u = \cos\vartheta$. Physikalische Werte von u liegen in $-1 \leq u \leq +1$. Nur für $U < 0$ ist $\sqrt{-U}$ reell und $d\varphi/du$ definiert. Die Phasenbahnen zu (4.53) sind qualitativ in der Fig. 4.2 gezeigt.

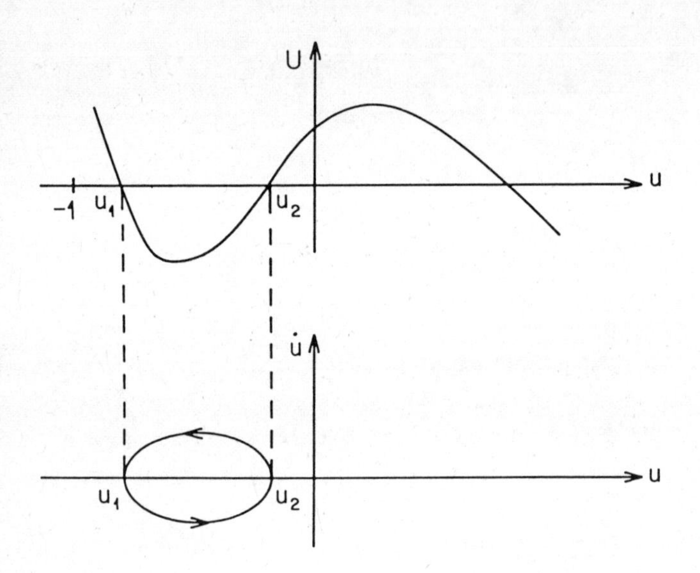

Fig. 4.2

Der Massenpunkt pendelt zwischen zwei Breitenkreisen $u_1 = \cos\vartheta_1$, $u_2 = \cos\vartheta_2$ hin und her. Die Periode T (für Hin- und Hergang) ist nach (4.53)

$$T = 2\int_{u_1}^{u_2} \frac{du}{\sqrt{-U(u)}} . \tag{4.55}$$

Bei einer Periode ändert sich φ nach (4.54) um

$$\varphi = 2\,\frac{p_\varphi}{r^2}\int_{u_1}^{u_2} \frac{du}{(1-u^2)\sqrt{-U(u)}} \tag{4.56}$$

In beiden Fällen liegen elliptische Integrale vor.

* * *

Beispiel 3: Kugel in rotierendem Reifen.

Betrachte einen rotierenden Reifen mit Radius a, welcher an der Decke mit einem Faden befestigt ist und mit der Winkelgeschwindigkeit ω rotiert (Fig. 4.3).

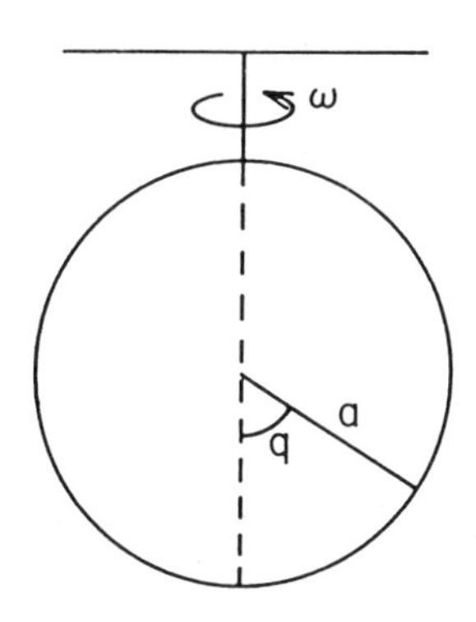

Fig. 4.3

Der Konfigurationsraum der Kugel ist ein Kreis. Es sei q die Winkelkoordinate auf dem Kreis, welche vom tiefsten Punkt gemessen werde (vgl. Fig.). Die kinetische Energie der Kugel erhalten wir aus (4.47) mit $\dot\varphi = \omega$ und $\dot\vartheta = \dot q$ zu

$$T = \frac{m}{2} a^2(\dot q^2 + \omega^2 \sin^2 q) \tag{4.57}$$

und die potentielle Energie ist $V = -mga\,(\cos q - 1)$. Damit lautet die Lagrangefunktion

$$L = \frac{m}{2} a^2\,(\dot q^2 + \omega^2 \sin^2 q) + mga\,(\cos q - 1).$$

Dieselben Bewegungsgleichungen werden durch

$$\tilde L = \tfrac{1}{2}\dot q^2 - U_\omega(q)\,, \quad U_\omega(q) = -\tfrac{1}{2}\,\omega^2 \sin q + \omega_0^2(1-\cos q)\,, \tag{4.58}$$

$$\omega_0^2 := g/a\,,$$

bestimmt. Dies ist die Lagrangefunktion eines 1-dim. autonomen Systems mit potentieller Energie $U_\omega(q)$. Das qualitative Verhalten von U_ω ist für $\omega < \omega_0$ und $\omega > \omega_0$ sehr verschieden. Entsprechend unterscheiden sich die Phasenportraits (vgl. Fig. 4.4).

Für $\omega < \omega_0$ ist der tiefste Punkt $q = 0$ ein stabiler Gleichgewichtspunkt.

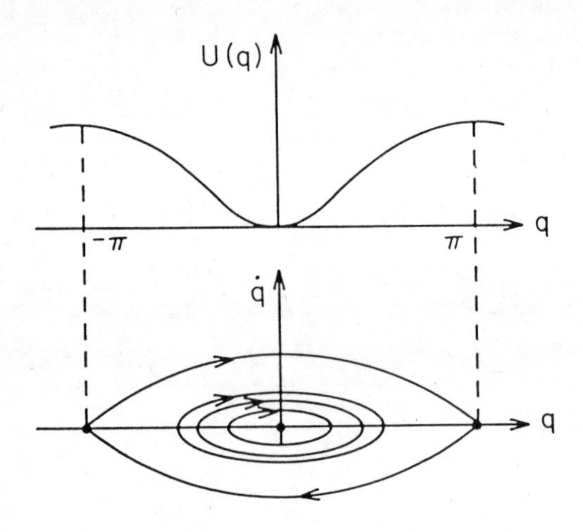

Fig. 4.4 a) $\omega < \omega_0$.

Dieser Gleichgewichtspunkt wird für $\omega > \omega_0$ instabil. Dafür gibt es zwei neue stabile Gleichgewichtspunkte für $\cos q_0 = g/(a\ \omega^2)$.

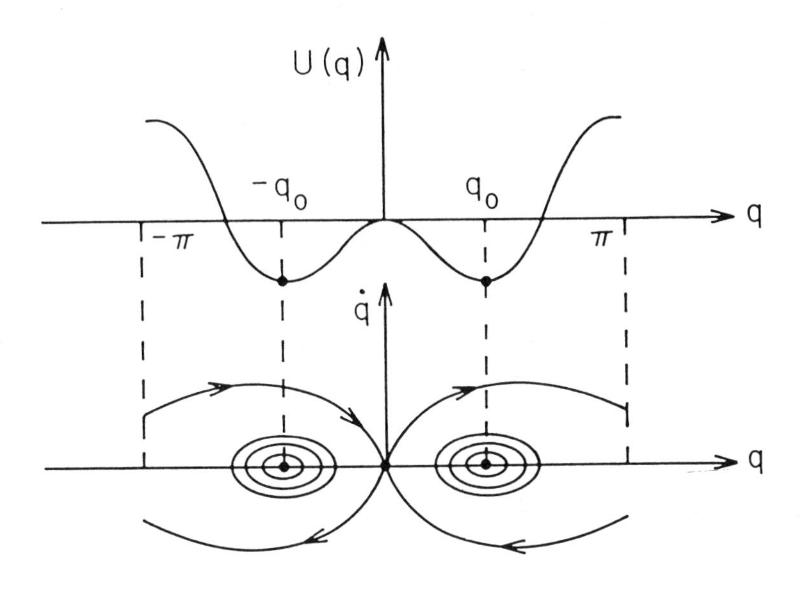

Fig. 4.4 b) $\omega > \omega_0$.

Man sagt, $\omega = \omega_0$ sei ein Verzweigungs- oder Bifurkationspunkt. Bifurkationsprobleme gibt es in vielen Gebieten der Physik (und Mathematik). Für eine Einführung in die Theorie der Verzweigungsprobleme verweise ich auf [6], Kap. VI.

T E I L III

DIE HAMILTONSCHE FORMULIERUNG DER MECHANIK

"It is nevertheless true that historically this purely formal structure played a well known and crucial part in the development of quantum mechanics. This should serve as a warning to all those who declare any kind of purely formal development a priori as 'unphysical'. Things are not that simple !"

R. Jost

In diesem 3. Teil beschreiben wir eine allgemeine Klasse von mechanischen Systemen von f Freiheitsgraden durch $2f$ Gleichungen 1. Ordnung von besonders eleganter Struktur. Diese sog. Hamiltonschen Systeme sind forminvariant bezüglich einer "grossen" Gruppe von Transformationen (Gruppe der kanonischen Transformationen). Dies kann praktisch, etwa in der Störungstheorie, dazu verwendet werden, um die Gleichungen zu vereinfachen.

In der kanonischen Formulierung der Mechanik wird die Beziehung von Symmetriegruppen und Erhaltungssätzen besonders durchsichtig. Der kanonische Formalismus ist für die Quantenmechanik von ausschlaggebender Bedeutung.

Kap. 5. Phasenraum, kanonische Gleichungen und symplektische Transformationen

Hamiltonsche Gleichungen sind uns bisher schon wiederholt begegnet. Wir zeigen im folgenden, dass unter allgemeinen Bedingungen ein Lagrangesches System zu einem Hamiltonschen System äquivalent ist. Zuvor betrachten wir ein Beispiel.

Die Lagrangefunktion sei

$$L = \tfrac{1}{2} \sum_{i=1}^{N} m_i \dot{\underline{q}}_i^{\,2} - V(\underline{q}_1,\ldots,\underline{q}_N) .$$

Dann gilt für die Impulse $\underline{p}_i = m_i \dot{\underline{q}}_i$

$$\underline{p}_i = \frac{\partial L}{\partial \dot{\underline{q}}_i} . \tag{5.1}$$

Diese Gleichungen lassen sich im vorliegenden Beispiel trivialerweise nach $\dot{\underline{q}}_i$ auflösen. Die Hamiltonfunktion ist (vgl. S. 38)

$$H = \sum \frac{\underline{p}_i^{\,2}}{2m_i} + V(\underline{q}_1,\ldots,\underline{q}_N)$$

und hängt infolgedessen mit L wie folgt zusammen

$$H(q,p) = \sum_i (\underline{p}_i,\dot{\underline{q}}_i) - L(q,\dot{q}) , \tag{5.2}$$

wobei rechts für $\dot{\underline{q}}_i$ die Auflösung von (5.1) nach (q,p) eingesetzt werden muss. (Hier ist $\dot{\underline{q}}_i = \underline{p}_i/m_i$.)

In den Gl. (5.1) und (5.2) kommt die konkrete Form von L nicht mehr vor. Wir untersuchen nun, unter welchen Bedingungen durch diese ein, zu den Eulerschen Gleichungen

$$\frac{\partial L}{\partial q} - \frac{d}{dt}\frac{\partial L}{\partial \dot{q}} = 0 , \tag{5.3}$$

äquivalentes kanonisches System

$$\dot{q} = \frac{\partial H}{\partial p} , \dot{p} = - \frac{\partial H}{\partial q} \tag{5.4}$$

definiert wird.

A. Legendre Transformation

Wir führen zunächst eine lokale Diskussion.

Sei $F(x_1,\ldots,x_n, z_1,\ldots z_m)$ eine Funktion, definiert auf einer offenen Menge von $\mathbb{R}^{n+m}$, welche C^2 in den x ist und $\operatorname{Det}(F,_{x_k x_\ell}) \neq 0$ erfüllt. [$F,_{x_k} := \partial F/\partial x_k$.] Nach dem impliziten Funktionentheorem kann man dann die Gleichungen

$$y_k = F,_{x_k}(x_1,\ldots,x_n,z_1,\ldots z_m) \tag{5.5}$$

bei festen $z_1,\ldots,z_m$ lokal (!) eindeutig nach $x_1,\ldots,x_n$ auflösen,

$$x_k = \varphi_k(y,z) . \tag{5.6}$$

Die Legendretransformierte Funktion F^* von F (bezügliche der Variablen x) ist definiert durch

$$F^*(y,z) = \sum_{k=1}^{n} y_k \varphi_k(y,z) - F(\varphi(y,z),z). \tag{5.7}$$

Nach (5.7) und (5.5) gilt

$$F^*,_{y_k} = \varphi_k + \sum_\ell y_\ell \varphi_{\ell},_{y_k} - \sum \underbrace{F,_{x_\ell}}_{y_\ell} \varphi_{\ell},_{y_k} = \varphi_k \tag{5.8}$$

d.h.

$$F^*,_{y_k}(y,z) = x_k . \tag{5.8'}$$

Ferner ist

$$F^*_{,z_k} = \sum_\ell (y_\ell \varphi_{\ell,z_k} - F_{,x_\ell} \varphi_{\ell,z_k}) - F_{,z_k} = - F_{,z_k}$$

d.h.

$$F^*_{,z_k}(y,z) = - F_{,z_k}(\varphi(y,z),z) . \tag{5.9}$$

Aus (5.5) und (5.8') ergibt sich

$$F^*_{,y_i y_\ell} F_{,x_\ell x_j} = \frac{\partial x_i}{\partial y_\ell} \frac{\partial y_\ell}{\partial x_j} = \delta_{ij} .$$

Die Matrizen $(F_{,x_i x_j})$ und $(F^*_{,y_i y_j})$ zueinander invers. Daraus folgt insbesondere

$$\operatorname{Det}(F^*_{,y_i y_j}) \neq 0 \tag{5.10}$$

d.h. F^* erfüllt dieselben Voraussetzungen wie F und wir können die Legendretransformation $(F^*)^*$ von F^* betrachten. Wir zeigen, dass

$$(F^*)^* = F \tag{5.11}$$

ist. Die Legendretransformierte F^{**} von F^* ist wie folgt definiert: $y = \psi(x,z)$ sei die (lokale) Auflösung von

$$x_k = F^*_{,y_k} , \tag{*}$$

dann ist

$$F^{**}(x,z) = \sum x_k \psi_k(x,z) - F^*(\psi(x,z),z) \tag{**}$$

Nun ist nach (5.8) $F^*_{,y_k} = \varphi_k$, also nach (*) $x_k = \varphi_k(y,z)$. Deshalb sind φ und ψ (bei festem z) zueinander invers, $\varphi = \psi^{-1}$, und folglich ist nach (5.7)

$$F^*(\psi(x,z),z) = \sum \psi_k(x,z)\, x_k - F(x,z).$$

Setzen wir dies in (**) ein, so folgt $F^{**}(x,z) = F(x,z)$, was zu beweisen war. □

*   *   *

Nun führen wir eine globale Diskussion durch. Dazu halten wir zunächst die folgende Tatsache aus der Analysis fest.

Lemma 1: Es sei $f \in C^2(U, \mathbb{R})$, wobei U eine offene konvexe Teilmenge von $\mathbb{R}^n$ ist. Dann ist f genau dann konvex, d.h.

$$f(tx_1+(1-t)x_2) \leq tf(x_1) + (1-t)f(x_2), \quad x_1 \neq x_2, \quad t \in (0,1), \tag{5.12}$$

wenn die Matrix $D^2 f = \left(\frac{\partial^2 f}{\partial x_i \partial x_j}\right)$ (d.h. die Hessesche Form) positiv semi-definit ist (für jedes $x \in U$). Ist $D^2 f(x)$ für jedes $x \in U$ positiv definit, so ist f strikt konvex (d.h. in (5.12) gilt das strikte $<$ Zeichen).

Dieses Lemma beweist man sehr einfach mit der Taylorschen Formel [siehe z.B. W. Fleming, Functions of Several Variables, Springer-Verlag 1977, p. 114.]

Eine einfache Bedingung, welche garantiert, dass die Abbildung $\nabla f : \mathbb{R}^n \longrightarrow \mathbb{R}^n$ bijektiv ist, gibt das folgende

Lemma 2: Es sei $f \in C^2(\mathbb{R}^n, \mathbb{R})$, und $D^2 f$ sei gleichmässig positiv definit, d.h. es existiere ein $\alpha > 0$ mit

$$D^2 f(x)(h,h) = \sum_{i,j} \frac{\partial^2 f}{\partial x_i \partial x_j} h_i h_j \geq \alpha |h|^2, \forall x,h \in \mathbb{R}^n. \tag{5.13}$$

Dann ist die Gleichung

$$\nabla f(x) = y \tag{5.14}$$

für jedes y eindeutig lösbar.

Beweis: Da für die Funktion $g(x) := f(x) - (x,y)$ gilt: $\nabla g(x) = \nabla f(x) - y$, $D^2 g = D^2 f$, genügt es, den Fall $y = 0$ zu betrachten.

Nach Lemma 1 ist f strikt konvex, hat also höchstens einen kritischen Punkt (nämlich ein Minimum). Also hat die

Gleichung $\nabla f(x) = 0$ höchstens eine Lösung. Wir zeigen jetzt, dass es anderseits sicher eine Lösung gibt.

Nach der Taylorschen Formel gilt

$$f(x) = f(0) + (\nabla f(0),x) + \tfrac{1}{2} D^2 f(sx)(x,x)$$

mit $s \in (0,1)$. Daraus erhalten wir mit (5.13) die Abschätzung

$$f(x) \geqslant f(0) - |\nabla f(0)|\,|x| + \frac{\alpha}{2}|x|^2 \quad , \; x \in \mathbb{R}^n .$$

Folglich existiert ein $R > 0$ mit $f(x) \geqslant f(0)$ für $|x| \geqslant R$. Also nimmt f höchstens in dem Ball $\{x \mid |x| < R\}$ ein Minimum an. Da die abgeschlossene Kugel $\{x \mid |x| \leq R\}$ kompakt ist, nimmt die Einschränkung von f auf diese das Minimum an, welches nach dem Gesagten ein globales Minimum von f in $\mathbb{R}^n$ ist. Es existiert also ein x mit $\nabla f(x) = 0$. □

Die <u>Legendretransformation</u> lässt sich für beliebige stetige Funktionen definieren:

$$f^*(y) := \sup_{x \in \mathbb{R}^n} [(y,x) - f(x)] . \tag{5.15}$$

(Dies ist z.B. in der Thermodynamik wichtig.) Ist f konvex, so hat $f^*(y)$ die in Fig. 5.1 angedeutete Bedeutung.

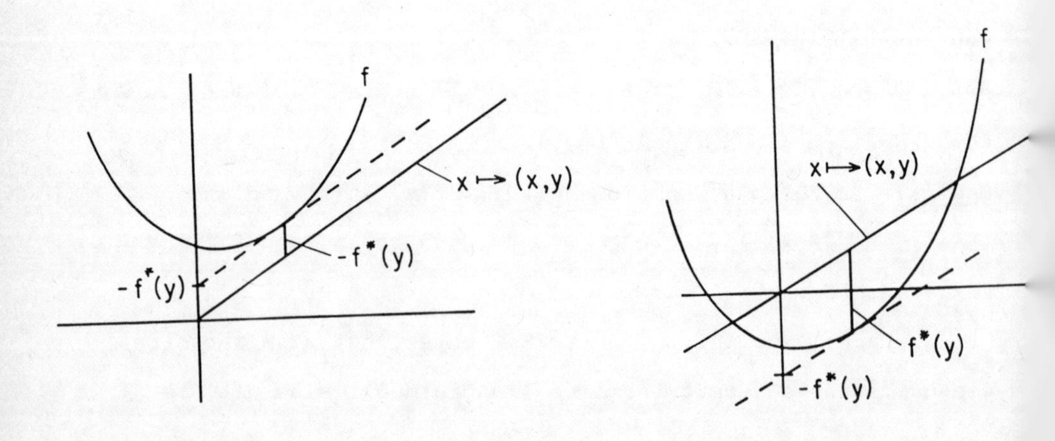

Fig. 5.1. Geometrische Bedeutung der Legendretransformation.

Der folgende Satz wird für uns nützlich sein.

<u>Satz 5.1</u>: Es sei $f \in C^2(\mathbb{R}^n, \mathbb{R})$ und $D^2 f$ sei gleichmässig positiv definit (vgl. (5.13)). Dann gilt:

(i) $f^*(y) = (y, x(y)) - f(x(y)) \quad \forall y \in \mathbb{R}^n$,

wobei $x(y)$ die eindeutige Lösung der Gleichung $\nabla f(x) = y$ ist;

(ii) $f^* \in C^2(\mathbb{R}^n, \mathbb{R})$ ist strikt konvex und $\nabla f^* = (\nabla f)^{-1}$;

(iii) $f(x) + f^*(y) \geqslant (y, x) \quad \forall x, y \in \mathbb{R}^n$

$f(x) + f^*(y) = (y, x) \Longleftrightarrow x = x(y) (= (\nabla f)^{-1}(y))$;

(iv) $f^{**} := (f^*)^* = f$.

<u>Beweis:</u> (i) Die Funktion $g(x) := f(x) - (x, y)$ erfüllt

$$g \in C^2(\mathbb{R}^n, \mathbb{R}), \qquad \nabla g(x) = \nabla f(x) - y, \quad D^2 g = D^2 f .$$

Nach den beiden Lemmata 1 und 2 ist deshalb g strikt konvex und besitzt in $x(y)$ ein eindeutiges globales Minimum. Dann folgt aber (i) aus

$$\min_{x \in \mathbb{R}^n} g(x) = g(x(y)) = - \max_{x \in \mathbb{R}^n} (-g(x)) = - f^*(y) .$$

(ii) Die Umkehrfunktion $x(\cdot)$ ist nach dem Satz über die Umkehrfunktion aus $C^1(\mathbb{R}^n, \mathbb{R}^n)$, da $D^2 f$ positiv definit ist. Aus (i) folgt deshalb $f^* \in C^1(\mathbb{R}^n, \mathbb{R})$. Für das Differential von f^* erhalten wir

$$df^*(y) = d(x(y), y) - d(f(x(y))) = dx_i y_i + x_i dy_i - \underbrace{\frac{\partial f}{\partial x_i}}_{y_i} dx_i$$

$$= x_i(y) dy_i .$$

Das beweist $f^* \in C^2(\mathbb{R}^n, \mathbb{R})$ und ferner $\nabla f^*(y) = x(y) = (\nabla f)^{-1}(y)$. Es verbleibt die strikte Konvexität von f^*. Um diese zu beweisen, seien $y, z \in \mathbb{R}^n$ beliebig und

$$u := \nabla f^*(y) = (\nabla f)^{-1}(y), \quad v := \nabla f^*(z) = (\nabla f)^{-1}(z).$$

Nun wenden wir rechts in

$$(\nabla f^*(y) - \nabla f^*(z),\, y-z) = (u-v, \nabla f(u) - \nabla f(v))$$

den Mittelwertsatz an und benutzen (5.13)

$$(\nabla f^*(y) - \nabla f^*(z),\, y-z) = D^2 f(v+s(u-v))\cdot(u-v,u-v)$$

$$\geq \alpha |u-v|^2 \quad , \quad \forall\, y,z \in \mathbb{R}^n$$

($s \in (0,1)$). Für alle $y,z \in \mathbb{R}^n$, $y \neq z$, ist deshalb

$$(\ f^*(y) - \ f^*(z),\, y-z) > 0\ . \tag{5.17}$$

Daraus schliesst man leicht, dass die Ableitung der Funktion $\varphi(t) := f^*(z+t(y-z))$ strikt wachsend ist. Also ist φ strikt konvex für alle y,z, woraus sich die Konvexität von f^* ergibt.

(iii) ist trivial.

(iv) Dies ergibt sich wie bei der lokalen Diskussion (p.125).

B. Kanonische Gleichungen

Nun können wir die Beziehung zwischen Lagrangeschen und Hamiltonschen Systemen besprechen.

Satz 5.2: Es sei $L: U \times \mathbb{R}^f \times \mathbb{R} \to \mathbb{R}$ ($U \subset \mathbb{R}^f$) eine C^2 Lagrangefunktion und die Matrix $(\partial^2 L/\partial\dot{q}_i \partial\dot{q}_j)$ sei gleichmässig positiv. Dann ist die Eulersche Gleichung

$$\frac{\partial L}{\partial q_i} - \frac{d}{dt}\frac{\partial L}{\partial \dot{q}_i} = 0 \qquad (i=1,\dots,f) \tag{5.18}$$

äquivalent zum Hamiltonschen System

$$\dot{q}_i = \frac{\partial H}{\partial p_i}\,, \quad \dot{p}_i = -\frac{\partial H}{\partial q_i} \quad (i=1,\dots,f)\ , \tag{5.19}$$

wobei die Hamiltonfunktion H die Legendretransformierte von L bzgl. der Variablen $\dot{q}$ ist, d.h.

$$H(q,p,t) \text{ "=" } (p,\dot{q}) - L(q,\dot{q},t) \tag{5.20}$$

mit

$$p_i = \frac{\partial L}{\partial \dot{q}_i} . \tag{5.21}$$

In (5.20) ist rechts die eindeutige Auflöung von $\dot{q}$ nach (q,p,t) einzusetzen (vgl. Lemma 2).

Beweis: "$\Longrightarrow$" Nach (5.9) ist

$$\frac{\partial H}{\partial q_i} = -\frac{\partial L}{\partial q_i} . \tag{5.22}$$

Deshalb folgt aus (5.21) und der Eulerschen Gleichung

$$\dot{p}_i = \frac{d}{dt}\frac{\partial L}{\partial \dot{q}_i} = \frac{\partial L}{\partial q_i} = -\frac{\partial H}{\partial q_i} .$$

Da nach Satz 5.1 die Abbildungen ∇f und ∇f^* zueinander invers sind, folgt aus (5.21)

$$\dot{q}_i = \frac{\partial H}{\partial p_i} .$$

"$\Longleftarrow$" Wegen $f^{**} = f$ in Satz 5.1 gilt

$$L(q,\dot{q},t) = (\dot{q},p) - H(q,p,t), \tag{5.23}$$

mit $\dot{q}_i = \frac{\partial H}{\partial p_i}$. Daraus schliessen wir jetzt umgekehrt auf (5.21) und daraus auf

$$\dot{p}_i = \frac{d}{dt}\frac{\partial L}{\partial \dot{q}_i} = -\frac{\partial H}{\partial q_i} = \frac{\partial L}{\partial q_i} ,$$

wobei wieder (5.22) verwendet wurde. Damit ist auch gezeigt, dass umgekehrt aus den Hamiltonschen Gleichungen die Eulerschen Gleichungen folgen. □

Beispiele:

1. Es sei

$$L(q,\dot q) = T(q,\dot q) - V(q), \tag{5.24}$$

mit

$$T(q,\dot q) = \tfrac{1}{2}\, a_{ik}(q)\, \dot q_i\, \dot q_k\ , \tag{5.25}$$

wo $A(q) := (a_{ik}(q))$ eine gleichmässig positiv definite Matrix ist.

Dann sind die Bedingungen des Satzes 5.2 erfüllt und es ist

$$H(q,p) = (\dot q,p) - L(q,\dot q),$$

mit

$$p = \frac{\partial L}{\partial \dot q} = A(q)\,\dot q \Longrightarrow \dot q = A(q)^{-1}\,p\ .$$

Die Hamiltonfunktion ist

$$H(q,p) = (p,A^{-1}p) - \tfrac{1}{2}\,(A^{-1}p,\ AA^{-1}p) + V$$

d.h.

$$H(q,p) = \tfrac{1}{2}\,(p,A^{-1}p) + V \quad (= E_{kin} + E_{pot})\ . \tag{5.26}$$

2. In § 3.1 wurde gezeigt, dass die Lagrangefunktion für ein Teilchen in einem elektromagnetischen Feld wie folgt aussieht

$$L = \frac{m}{2}\,\dot{\underline{x}}^2 - e\varphi + \frac{e}{c}\,\dot{\underline{x}}\cdot\underline{A}\ . \tag{5.27}$$

Die zugehörige Hamiltonfunktion wird in den Uebungen bestimmt. Das Ergebnis lautet

$$H = \frac{1}{2m}\,(\underline{p} - \frac{e}{c}\,\underline{A})^2 + e\,\varphi\ . \tag{5.28}$$

Gl. (5.28) ist für die Quantenmechanik sehr wichtig. Beachte, dass für ein Teilchen in einem magnetischen Feld der kanonische Impuls nicht mehr der kinematische Impuls $m\dot{\underline{x}}$ ist, denn

$$\underline{p} = m\dot{\underline{x}} + \frac{e}{c}\,\underline{A}\ . \tag{5.29}$$

Aus dieser Gleichung geht auch hervor, dass $\underline{p}$ nicht eichinvariant ist. Eichinvariant ist hingegen die Kombination $\underline{p} - \frac{e}{c}\underline{A}$! (Dieses Faktum sollte man sich fest einprägen.)

Für eine Lösung $(q(t), p(t))$ der Hamiltonschen Gleich. (5.19) gilt

$$\frac{d}{dt} H(q(t),p(t),t) = \frac{\partial H}{\partial t}(q(t),p(t),t), \tag{5.30}$$

denn

$$\frac{dH}{dt} = \sum_k \Big(\frac{\partial H}{\partial q_k}\underset{\displaystyle \frac{\partial H}{\partial p_k}}{\underset{\uparrow}{\dot q_k}} + \frac{\partial H}{\partial p_k}\underset{\displaystyle -\frac{\partial H}{\partial q_k}}{\underset{\uparrow}{\dot p_k}}\Big) + \frac{\partial H}{\partial t} = \frac{\partial H}{\partial t} .$$

Wir notieren ferner, dass

$$\frac{\partial H}{\partial t} = -\frac{\partial L}{\partial t} \tag{5.31}$$

ist, denn aus (5.20) und (5.21) ergibt sich

$$\frac{\partial H}{\partial t} = \sum_k p_k \frac{\partial \dot q_k}{\partial t} - \frac{\partial L}{\partial t} - \sum_k \underbrace{\frac{\partial L}{\partial \dot q_k}}_{p_k} \frac{\partial \dot q_k}{\partial t} = -\frac{\partial L}{\partial t} .$$

Für gewisse Zwecke ist es nützlich zu wissen, dass die kanonischen Gleichungen als Lagrangesche Gleichungen aufgefasst werden können. Wählen wir nämlich als generalisierte Koordinaten $q_1,\dots,q_f,\ p_1,\dots,p_f$ und als Lagrangefunktion

$$L(q,p,\dot q,\dot p,t) = \sum_k p_k \dot q_k - H(q,p,t) , \tag{5.32}$$

dann gilt

$$\frac{d}{dt}\frac{\partial L}{\partial \dot q_k} - \frac{\partial L}{\partial q_k} = \dot p_k + \frac{\partial H}{\partial q_k} ,$$

$$\frac{d}{dt}\frac{\partial L}{\partial \dot p_k} - \frac{\partial L}{\partial p_k} = 0 - \dot q_k + \frac{\partial H}{\partial p_k} .$$

Wir führen nun noch einige zweckmässige Notationen ein.

Es sei $x = (q,p)$, d.h.

$$x_i = q_i \quad \text{und} \quad x_{f+i} = p_i \ , \ \text{für} \ i=1,\ldots,f \tag{5.33}$$

und ferner sei J die folgende $2f \times 2f$ Matrix

$$J = \begin{pmatrix} 0 & 1_f \\ -1_f & 0 \end{pmatrix} . \tag{5.34}$$

Wir nennen sie die <u>symplektische Normalform</u>. Ihre Matrixelemente bezeichnen wir mit $\varepsilon_{k\ell}$, $J = (\varepsilon_{k\ell})$.

Jetzt können wir die kanonischen Gleichungen (5.19) kompakter wie folgt schreiben

$$\dot{x}_k = \sum_\ell \varepsilon_{k\ell} \frac{\partial H}{\partial x_\ell} . \tag{5.35}$$

In der Terminologie von § 2.1 ist (5.35) ein dynamisches System zum Vektorfeld:

$$X_H = J \nabla H = J(D_1 H)^T \tag{5.36}$$

$$= \left(\frac{\partial H}{\partial p_1},\ldots,\frac{\partial H}{\partial p_f}, -\frac{\partial H}{\partial q_1},\ldots, -\frac{\partial H}{\partial q_f}\right) . \tag{5.36'}$$

Ein Vektorfeld dieser Form nennt man ein <u>Hamiltonsches Vektorfeld</u> (zur Hamiltonfunktion H). Die Matrix J hat die folgenden Eigenschaften:

$$J^T J = 1 \ , \ J^T + J = 0 \ , \ J^2 = -1 \ , \ \text{Det}\, J = 1 . \tag{5.37}$$

Die <u>Zustände</u> eines Systems sind in der kanonischen Formulierung der Mechanik durch die Punkte $x = (q,p)$ im Phasenraum $M \subset \mathbb{R}^{2f}$ gegeben. [Es ist allerdings oft nicht möglich, den Phasenraum durch eine (offene) Menge im $\mathbb{R}^{2f}$ darzustellen. Schon für einfache Systeme ist dieser eine differenzierbare Mannigfaltigkeit, welche nicht durch ein einziges Koordinatensystem überdeckt werden kann. Wir ignorieren dies, d.h. wir arbeiten immer in einer Karte.]

Die kanonische Struktur der Gleichungen (5.35) hat zur Folge, dass die Strömung spezielle Eigenschaften hat. So gilt nach (5.30) für autonome Hamiltonsche Systeme der Energiesatz, d.h. H ist längs den Integralkurven an das Hamiltonsche Vektorfeld (5.36) konstant). Wir wenden uns nun einer weiteren wichtigen allgemeinen Eigenschaft zu.

C. Symplektische Transformationen

Zunächst betrachten wir ein lineares Hamiltonsches System mit Hamiltonfunktion

$$H = \tfrac{1}{2}\sum g_{ik}x_i x_k \quad , \qquad g_{ik} = g_{ki} \ . \tag{5.38}$$

Für dieses ist

$$\dot{x}_i = \sum \varepsilon_{ik}\, g_{jk}\, x_j$$

oder, in Matrixschreibweise,

$$\dot{x} = JGx \quad , \qquad G := (g_{ik}) \ . \tag{5.39}$$

Wir zeigen nun, dass der zugehörige Fluss $\phi_t = e^{tA}$, $A := JG$, die folgende Gleichung erfüllt:

$$\phi_t^T\, J\, \phi_t = J \ . \tag{5.40}$$

Bezeichnen wir die linke Seite dieser Gleichung mit $\Gamma(t)$, so gilt

$$\dot{\Gamma} = \phi_t^T J \dot{\phi}_t + \dot{\phi}_t^T J \phi_t = \phi_t^T J A \phi_t + \phi_t^T A^T J \phi_t \ .$$

Da $A^T = (JG)^T = G^T J^T = -GJ$ und $JA = JJG = -G$, folgt

$$\dot{\Gamma} = -\phi_t^T G \phi_t + \phi_t^T G \phi_t = 0 \ .$$

Ferner ist $\Gamma(0) = J$, also folgt (5.40). Eine analoge Aussage werden wir unten für den Fluss von nichtlinearen Hamiltonschen Systemen beweisen.

Es sei

$$Sp(f,\mathbb{R}) = \left\{ 2f \times 2f \text{ Matrizen } M : M^T J M = J \right\}$$

die reelle <u>symplektische lineare Gruppe</u> über $\mathbb{R}^{2f}$. Nach (5.40) ist $\phi_t \in Sp(f,\mathbb{R})$.

Auf dem $\mathbb{R}^{2f}$ definieren wir die folgende schiefe Form

$$\omega(x,y) := \sum_{k,l} \varepsilon_{kl}\, x_k y_l = x^T J y . \qquad (5.42)$$

Diese ist natürlich nicht ausgeartet. $(\mathbb{R}^{2f},\omega)$ ist ein <u>symplektischer Vektorraum</u>. Die Automorphismengruppe dieses Raumes ist gerade die symplektische Gruppe $Sp(f,\mathbb{R})$, denn $\omega(Mx,My), = \omega(x,y)$ bedeutet in Matrixschreibweise:

$$(Mx)^T J(My) = x^T J y \quad \text{für alle } x,y$$

d.h. es gilt

$$M^T J M = J ,$$

und umgekehrt.

Nun betrachten wir die Volumenform

$$\Omega = \frac{(-1)^f}{(2f)!} \underbrace{\omega \wedge \ldots \wedge \omega}_{f \text{ mal}} . \qquad (5.43)$$

Da Ω eine total antisymmetrische Multilinearform ist, gilt

$$\Omega(Mx_1,\ldots, Mx_{2f}) = (\det M) \cdot \Omega(x_1,\ldots,x_f) .$$

Anderseits ist nach (5.43) für $M \in Sp(f,\mathbb{R})$ die Form Ω invariant. Also schliessen wir auf

$$\det M = 1 \quad \text{für} \quad M \in Sp(f,\mathbb{R}) . \qquad (5.44)$$

Nach diesen algebraischen Vorbereitungen betrachten wir jetzt wieder nichtlineare Hamiltonsche Systeme. Zunächst beweisen wir eine zu (5.40) analoge Aussage.

> Satz 5.3: Sei $\Phi_{t,s}$ der (lokale) Fluss zu X_H (vgl. (5.36)).
> Dann gilt für alle x,t und s, für die der Fluss definiert ist
>
> $$D\Phi_{t,s}(x) \in Sp(f,\mathbb{R}) . \tag{5.45}$$
>
> Sei umgekehrt $\Phi_{t,s}$ der Fluss zum Vektorfeld $X(x,t)$ und es gelte lokal (5.45). Dann ist das Vektorfeld lokal Hamiltonsch, d.h. es existiert eine Hamiltonfunktion H mit $X = X_H$.

Beweis: Aus der Definition des Flusses $\Phi_{t,s}$ zu einem (zeitabhängigen Vektorfeld $X(x,t)$ folgt (vgl. §2.1):

$$\frac{d}{dt}\Phi_{t,s}(x) = X(\Phi_{t,s}(x),t) , \tag{5.46}$$

denn

$$\frac{d}{dt}\Phi_{t,s}(x) = \frac{d}{d\tau}\Big|_{\tau=0}\Phi_{t+\tau,s}(x) = \frac{d}{d\tau}\Big|_{\tau=0}\Phi_{t+\tau,t}(\Phi_{t,s}(x))$$
$$= X(\Phi_{t,s}(x),t) .$$

Nach der Kettenregel erhalten wir daraus

$$\frac{\partial}{\partial t} D\Phi_{t,s}(y) = D_1X(x,t)D\Phi_{t,s}(y) \quad , \quad x = \Phi_{t,s}(y). \tag{5.47}$$

Nun betrachten wir, ähnlich wie im linearen Fall, die Zeitableitung von

$$\Gamma(y,t,s) := [D\Phi_{t,s}(y)]^T J\, D\Phi_{t,s}(y) . \tag{5.48}$$

Wir finden, mit (5.47).

$$\frac{\partial}{\partial t}\Gamma(y,t,s) = (D\Phi_{t,s})^T[JD_1X(x,t)+(D_1X(x,t))^TJ]\, D\Phi_{t,s}(y). \tag{5.49}$$

Für $X = J(D_1H)^T$ verschwindet die eckige Klammer von (5.49), da

$$D_1(D_1H)^T = \left(\frac{\partial^2 H}{\partial x_i \partial x_j}\right) \tag{5.50}$$

eine symmetrische Matrix (die Hessesche von H) ist. In diesem

Fall ist also $(\partial/\partial t)\,\Gamma(y,t,s)$: 0 für "alle" y,t,s.
Da aber für $t = s$ $D\phi_{s,s} = 1$, d.h. $\Gamma(y,s,s) = J$ ist, folgt $D\phi_{t,s}(y) \in Sp(f,\mathbb{R})$. Dies beweist den ersten Teil des Satzes.

Sei umgekehrt $\phi_{t,s}$ der Fluss zu einem Vektorfeld für welchen (5.45) erfüllt ist. Dann muss die eckige Klammer von (5.49) verschwinden, d.h. es muss gelten:

$$D_1(JX) - D_1(JX)^T = 0 .$$

Dies bedeutet, dass die Rotation des Vektorfeldes JX (bei festem t) verschwindet. Dies ist lokal notwendig und hinreichend für die Existenz einer Funktion $H(x,t)$ mit

$$JX = -\nabla H \Longrightarrow X = J\nabla H = X_H .$$

(∇H bezeichnet immer den Gradienten von H bei fester Zeit.) □

Eine direkte Folge dieses Satzes ist der Satz von Liouville:

Satz 5.4: Sei $\phi_{t,s}$ der Fluss zur Hamiltonfunktion $H(x,t)$, dann gilt für jede messbare (stetige) Phasenfunktion über dem Phasenraum $M \subset \mathbb{R}^{2f}$:

$$\int_M F\circ\phi_{t,s}\, d^{2f}x = \int_M F\, d^{2f}x \tag{5.51}$$

($d^{2f}x$: Lebesque Mass). Insbesondere gilt für das Lebesquesche Mass $|B|$ jeder Borelmenge B :

$$|\phi_{t,s}(B)| = |B| , \tag{5.52}$$

d.h. das Lebesquesche (Liouvillesche-) Mass ist unter dem Fluss $\phi_{t,s}$ invariant.

Beweis: Wir benutzen die folgende bekannte Transformationsformel für Integrale: Es sei φ eine reguläre Transformation einer offenen Menge $\Delta \subset \mathbb{R}^n$ auf D (d.h. φ ist ein C^1-Diffeomorphismus von Δ auf D). Ferner sei f eine messbare Funktion auf D und B eine Borelsche Teilmenge von D. Dann gilt

$$\int_B f(x)\,d^n x = \int_{\varphi^{-1}(B)} (f\circ\varphi)(x)\,|\det D\varphi(x)|\,d^n x \qquad (5.53)$$

falls eines der beiden Integrale existiert.

Nun ist nach (5.45) und (5.44)

$$\det D\phi_{t,s} = 1 \qquad (5.54)$$

und deshalb gilt (5.51). Wählt man darin die charakteristische Funktion der Menge B, so folgt daraus (5.52).

Ergänzungen: Im Anschluss an den letzten Satz betrachten wir die folgende Verallgemeinerung, welche z.B. in der Hydrodynamik wichtig ist.

Es sei $\phi_{t,s}$ der Fluss zu einem beliebigen Vektorfeld $X(x,t)$, D ein Bereich und $D_{t,s} = \phi_{t,s}(D)$. Für jede differenzierbare Funktion $f(x,t)$ gilt dann:

$$\frac{d}{dt}\int_{D_{t,s}} f\,d^n x = \int_{D_{t,s}} \left[\frac{\partial f}{\partial t} + \operatorname{div}(fX)\right] d^n x\,. \qquad (5.55)$$

Beweis: Der Einfachheit halber betrachten wir den autonomen Fall und überlassen den zeitabhängigen Fall dem Leser als Uebungsaufgabe. Auf Grund der Gruppeneigenschaft von ϕ_t genügt es, die Gleichung

$$\frac{d}{dt} \int_{D_t} f \, d^n x = \int_{D_t} \operatorname{div}(fX) d^n x \tag{5.56}$$

für $t = 0$ zu beweisen. Nun ist nach (5.53) [$\det D\phi_t > 0$ für $t \simeq 0$]

$$\left.\frac{d}{dt}\right|_{t=0} \int_{D_t} f \, d^n x = \left.\frac{d}{dt}\right|_{t=0} \int_D f \circ \phi_t \det D\phi_t \, d^n x$$

$$= \int_D \left\{ \left.\frac{d}{dt}\right|_{t=0} f(\phi_t(x)) + f \left.\frac{d}{dt}\right|_{t=0} \det D\phi_t \right\} d^n x \,. \tag{5.57}$$

Nun ist aber:

$$\left.\frac{d}{dt}\right|_{t=0} f(\phi_t(x)) = D_X f \,, \tag{5.58}$$

wobei D_X die Richtungsableitung bezeichnet. Ausserdem gilt

$$\left.\frac{d}{dt}\right|_{t=0} \det D\phi_t = \operatorname{div} X \,, \tag{5.59}$$

wie wir gleich zeigen werden. Setzen wir die beiden letzten Gleichungen in (5.57) ein, so folgt

$$\left.\frac{d}{dt}\right|_{t=0} \int_{D_t} f \, d^n x = \int_D \underbrace{[D_X f + f \operatorname{div} X]}_{\operatorname{div}(fX)} d^n x = \int_D \operatorname{div}(fX) \, d^n x \,.$$

Es bleibt der Beweis von (5.59). Nun ist

$$D\phi_s = 1 + sDX + \mathcal{O}(s^2) \,.$$

Also

$$\det D\phi_s = 1 + s \operatorname{Sp} DX + \mathcal{O}(s^2)$$

und folglich

$$\left.\frac{d}{ds}\right|_{s=0} \det D\phi_s = \operatorname{Sp} DX = \operatorname{div} X \,. \quad \square$$

Speziell folgt aus (5.55) für $f \equiv 1$

$$\frac{d}{dt} |D_{t,s}| = \int_{D_{t,s}} \operatorname{div} X \, d^n x \,. \tag{5.60}$$

Für ein Hamiltonsches Feld $X = X_H$ ist $\operatorname{div} X_H = 0$ und deshalb folgt aus (5.60) wieder, dass das Liouvillesche Mass unter einem Hamiltonschen Fluss erhalten bleibt.

Als weitere Anwendung von (5.55) betrachten wir eine Funktion $f(x,t)$, für welche die "Substanzmenge"

$$\int_{\Phi_{t,s}(D)} f(x,t)\, d^n x$$

unter der Strömung konstant bleibt. (Dies gilt z.B. für die Massendichte in der Hydrodynamik.) Dann folgt aus (5.55) für jedes Gebiet D die Kontinuitätsgleichung

$$\frac{\partial f}{\partial t} + \operatorname{div}(fX) = 0 . \tag{5.61}$$

Im Hamiltonschen Fall $X = X_H$ ist $\operatorname{div} X_H = 0$ und folglich

$$\frac{\partial f}{\partial t} + D_{X_H} f = 0 , \tag{5.62}$$

oder

$$\frac{\partial f}{\partial t} + \{f, H\} = 0 , \tag{5.63}$$

wenn

$$\{f, H\} = D_{X_H} f = \sum_{i,j} \frac{\partial f}{\partial x_i} \varepsilon_{ij} \frac{\partial H}{\partial x_j} = \sum_{i=1}^{f} \left(\frac{\partial f}{\partial q_i}\frac{\partial H}{\partial p_i} - \frac{\partial H}{\partial q_i}\frac{\partial f}{\partial p_i}\right) \tag{5.64}$$

die Poisson-Klammer bezeichnet.

* * *

(Lokale) Diffeomorphismen $\psi: \mathbb{R}^{2f} \longrightarrow \mathbb{R}^{2f}$ des Phasenraumes, mit der Eigenschaft $D\psi(x) \in Sp(f, \mathbb{R})$, nennen wir symplektisch oder kanonisch. Nach Satz 5.3 ist der Fluss $\Phi_{t,s}$ eines Hamiltonschen Vektorfeldes symplektisch. Symplektische Diffeomorphismen werden im folgenden eine grosse Rolle spielen. Sie lassen die kanonische Struktur (5.19) eines Hamiltonschen Systems invariant. Ist nämlich $x(t)$ Lösung des autonomen

Hamiltonschen Systems

$$\dot{x}(t) = X_H(x(t)) \,, \tag{5.65}$$

so gilt für $y(t) := \psi(x(t))$:

$$\dot{y} = D\psi \cdot \dot{x} = D\psi \cdot X_H(x) = D\psi \cdot J \cdot (DH)^T .$$

Für $K(y) := H(x)$, $y = \psi(x)$, d.h.

$$K = H \circ \psi^{-1} \,,$$

gilt

$$DH = DK\, D\psi \Longrightarrow (DH)^T = (D\psi)^T (DK)^T$$

und folglich

$$\dot{y} = \underbrace{D\psi\, J\, (D\psi)^T}_{J} (DK)^T = J(DK)^T = X_K(y) \,.$$

Dies zeigt

$$\boxed{\psi_* X_H = X_K \,, \quad K = H \circ \psi^{-1}} \,. \tag{5.66}$$

Das Hamiltonsche Vektorfeld X_H wird also in das Hamiltonsche Vektorfeld X_K übergeführt, wobei K die alte Hamiltonfunktion H durch die neuen Variablen ausgedrückt ist. (Den nichtautonomen Fall betrachten wir später.)

D. Formulierung mit Differentialformen

Die (konstante) nicht ausgeartete Differentialform 2-ten Grades (5.42) hat die Darstellung

$$\omega = \frac{1}{2} \sum_{k,l} \varepsilon_{kl}\, dx^k \wedge dx^l \underset{*)}{=} \sum_i dq_i \wedge dp_i \tag{5.67}$$

und ist natürlich geschlossen

$$d\omega = 0 \,. \tag{5.68}$$

---

*) Umgekehrt lässt sich zeigen, dass zu einer nicht ausgearteten geschlossenen 2-Form immer Koordinaten existieren, in denen ω die Form (5.67) hat (Theorem von Darboux).

Das Paar (M,ω) ist eine <u>symplektische Mannigfaltigkeit.</u>

Jedes Vektorfeld X auf dem Phasenraum M definiert auf M eine 1-Form $i_X\omega$, wobei

$$i_X\omega(Y) := \omega(X,Y) \quad \text{für alle Vektorfelder } Y . \tag{5.69}$$

Dadurch wird ein Isomorphismus zwischen dem Vektorraum $\mathfrak{X}(M)$ aller Vektorfelder und dem Vektorraum $\Lambda^1(M)$ aller 1-Formen definiert. Ist also H eine differenzierbare Funktion, so existiert genau ein Vektorfeld $X_H \in \mathfrak{X}(M)$ mit

$$i_{X_H}\omega = dH . \tag{5.70}$$

Wir zeigen jetzt, dass X_H mit (5.36) identisch ist. Bezeichnen X_i die Komponenten von X_H in der kanonischen Basis $\{e_i\}$ des $\mathbb{R}^{2f}$, so gilt, auf Grund der Dualität $dx_i(e_j) = \delta_{ij}$, für alle $Y \in \mathfrak{X}(M)$:

$$i_{X_H}\omega(Y) = \omega(X_H,Y) = \varepsilon_{k\ell}X_kY_\ell = dH(Y) = \frac{\partial H}{\partial x^\ell}Y_\ell .$$

Deshalb ist $\varepsilon_{k\ell}X_k = \partial H/\partial x_\ell$, also $X_H = J(dH)^T = J \operatorname{grad} H$.

Symplektische Transformationen können wir wie folgt charakterisieren.

<u>Satz 5.5:</u> Ein Diffeomorphismus $\psi: M \longrightarrow M$ ist genau dann symplektisch, wenn ω unter ψ invariant ist,

$$\psi^*\omega = \omega \tag{5.71}$$

($\psi^*\omega$ bezeichnet die zurückgezogene Form; s. Anhang I)

<u>Beweis:</u> Es sei $\psi(x) =: (\psi_1(x),\dots,\psi_{2f}(x))$, d.h. $\psi_i = x_i \circ \psi = \psi^*(x_i)$, wobei x_i die Komponentenfunktionen sind, $x_i : x \longmapsto$ i^{te} Komponente von x. Dann gilt nach allgemeinen Regeln

$$\psi^*\omega = \tfrac{1}{2}\varepsilon_{ij}d(\psi^*(x_i)) \wedge d(\psi^*(x_j)) = \tfrac{1}{2}\varepsilon_{ij}d\psi_i \wedge d\psi_j =$$

$$= \tfrac{1}{2}\, \varepsilon_{ij}\, \psi_{i,k} dx_k \wedge \psi_{j,\ell} dx_\ell \quad =: \tfrac{1}{2}\bar{\varepsilon}_{k\ell}\, dx_k \wedge dx_\ell \quad ,$$

wobei

$$(\bar{\varepsilon}_{k\ell}) = (D\psi)^T J\, D\psi \ .$$

Daraus ergibt sich die Behauptung. □

Bezeichnet θ die 1-Form

$$\theta = \sum p_i \, dq_i \tag{5.72}$$

so gilt

$$\omega = - d\theta \ . \tag{5.73}$$

Da $\psi^*\omega - \omega = -d(\psi^*\theta - \theta)$ gilt das

<u>Korollar:</u> Der Diffeomorphismus ψ ist genau dann symplektisch, falls $\psi^*\theta - \theta$ geschlossen ist.

* * *

Nun besprechen wir noch eine nützliche Methode, symplektische Transformationen zu erzeugen.

Es sei $S: U \subset \mathbb{R}^f \times \mathbb{R}^f \to \mathbb{R}$ eine Funktion der Variablen (q,P), für welche

$$\det\left(\frac{\partial^2 S}{\partial q_i \partial P_j}\right) \neq 0 \ . \tag{5.74}$$

Dann lassen sich die Gleichungen

$$p = D_1 S(q,P)^T, \quad Q = D_2 S(q,P)^T \tag{5.75}$$

nach (q,p) auflösen. [Die 2. Gleichung von (5.75) hat nach (5.74) eine eindeutige Auflösung nach q. Setzt man das Resultat $q(Q,P)$ in die erste Gleichung ein, so ergibt sich $p(Q,P)$.]

Satz 5.6: Unter den obigen Voraussetzungen über die Funktion S sei

$$\begin{aligned} q_i &= \varphi_i(Q,P) \\ p_i &= \psi_i(Q,P) \end{aligned} \tag{5.76}$$

eine Auflösung von (5.75), d.h. wir haben eine Abbildung $\varphi: V \subset \mathbb{R}^f \times \mathbb{R}^f \to \mathbb{R}^f$ mit stetigen partiellen Ableitungen (bis zur 2. Ordnung), derart dass

$$(\varphi(Q,P),P) \in U \;, \quad Q = D_2 S(\varphi(Q,P),P)^T, \quad (Q,P) \in V; \tag{5.77}$$

ferner ist

$$\psi(Q,P) = D_1 S(\varphi(Q,P),P)^T, \quad (Q,P) \in V \;. \tag{5.78}$$

Dann stellt die Abbildung

$$\begin{pmatrix} Q \\ P \end{pmatrix} \longmapsto \begin{pmatrix} \varphi(Q,P) \\ \psi(Q,P) \end{pmatrix} \tag{5.79}$$

von V in den $\mathbb{R}^{2f}$ eine symplektische Transformation dar.

Beweis: Nach dem Korollar zu Satz 5.5 haben wir zu zeigen, dass die Differentialform

$$\sum \psi_k d\varphi_k - \sum P_k dQ_k \tag{*}$$

geschlossen ist. Dazu betrachten wir das Differential der in V definierten Funktion

$$(Q,P) \longmapsto S(\varphi(Q,P),P)$$

und bekommen mit Hilfe der Kettenregel und den Gleichungen (5.77) und (5.78)

$$dS(\varphi(Q,P),P) = \frac{\partial S}{\partial q_k} d\varphi_k + \frac{\partial S}{\partial P_k} dP_k = \psi_k d\varphi_k + Q_k dP_k \;.$$

Dies zeigt, dass die Differentialform (*) gleich $d(S(\varphi(Q,P),P) - Q \cdot P)$, also geschlossen ist.

Würde es uns gelingen, eine kanonische Transformation zu finden, dass die Hamiltonfunktion K in den neuen Variablen (vgl.(5.66)) z.B. nur von den neuen Impulskoordinaten $P_1,\dots,P_f$ abhängt, dann ist die Lösung des tranformierten Hamiltonschen Systems

$$\dot{Q}_i = \frac{\partial K}{\partial P_i}, \qquad \dot{P}_i = 0 \tag{5.80}$$

trivial. Dies könnte man z.B. mit Hilfe von Satz 5.6 durch eine <u>erzeugende Funktion</u> S versuchen, welche also

$$H(q, D_1 S(q,P)^T) = K(P) \tag{5.81}$$

erfüllen müsste. Dieser Gedanke wird später in der Hamilton-Jacobi Theorie ausgeführt werden.

*   *   *

Anhang. Wiederkehr-Theorem von Poincaré, statistischer Ergodensatz und quasiperiodische Strömung auf dem Torus

In diesem Anhang besprechen wir einige wenige Resultate, welche das langzeitliche Verhalten einer Strömung betreffen. Dies ist auch für die statistische Mechanik von einem gewissen Interesse.

Poincaréscher Wiederkehrsatz: Es sei Ω eine Teilmenge des Phasenraumes, welche unter dem symplektischen Fluss ϕ_t invariant ist ($\phi_t(\Omega) \subset \Omega$, für alle $t \in R$) und für die $\mu(\Omega) < \infty$ sei, wobei μ das Liouvillesche Mass bezeichnet. Dann kehrt die Bahn fast jedes Punktes (bezüglich μ) von Ω unendlich oft in jede seiner Umgebungen wieder.

Beweis: Es sei $B \subset \Omega$ eine beliebige Borelmenge mit $\mu(B) > 0$ und $\tau \in R_+$ eine Zeiteinheit. Die Menge

$$K_n = \bigcup_{j=n}^{\infty} \phi_{-j\tau}(B) \quad , \qquad j,n \in \mathbb{Z}_+ , \tag{A.1}$$

ist die Menge der Punkte, die zumindest nach n oder mehr Zeiteinheiten nach B kommen. Offensichtlich gilt

$$B \subset K_0 \; , \; K_0 \supset K_1 \supset \ldots K_{n-1} \supset K_n \; . \tag{A.2}$$

Die Menge $B \cap (\bigcap_{n \geq 0} K_n)$ besteht aus denjenigen Punkten von B, welche nach beliebig langer Zeit nochmals zurückkehren. Wir zeigen, dass das Mass dieser Menge gleich $\mu(B)$ ist. Da ϕ_t masserhaltend ist, gilt

$$\mu(K_n) = \mu(\phi_\tau K_n) = \mu(K_{n-1}) \tag{A.3}$$

und wegen der Schachtelung (A.2)

$$\mu(B\cap(\bigcap_{n\geq 0} K_n) = \mu(B\cap K_0) - \sum_{i=1} \mu(B\cap(K_{i-1}\setminus K_i))$$
$$= \mu(B),$$

denn $B\cap K_0 = B$ und $K_{n-1}\supset K_n$, sowie (A.3) implizieren $\mu(K_{n-1}\setminus K_n) = 0$.

Das Mass der beliebigen messbaren Menge B ist somit gleich demjenigen ihrer Punkte, welche unendlich oft nach B zurückkommen. □

Bemerkung: Unter Umständen wird durch die Energieerhaltung im Phasenraum eine zeitinvariante Untermannigfaltigkeit endlichen Volumens bestimmt; für diese trifft dann die Aussage zu.

Schwarzschildscher Einfangsatz: Es sei Ω eine messbare Menge des Phasenraumes mit $\mu(\Omega)<\infty$. Die Bahn fast jeden Punktes von Ω , welche in Zukunft stets in Ω verbleiben wird, war schon in der Vergangenheit in Ω.

Beweis: Es seien $\Omega_+ = \bigcap_{t>0} \Phi_t(\Omega)$, $\Omega_- = \bigcap_{t<0} \Phi_t(\Omega)$

die Mengen der Punkte, welche immer in Ω bleiben werden, bzw. immer schon in Ω waren. Dann gilt:

$$\mu(\Omega_+) = \mu(\Phi_{-s}\Omega_+) = \mu(\bigcap_{t\geq -s} \Phi_t(\Omega)) = \mu(\bigcap_{-\infty<t<\infty} \Phi_t(\Omega))$$
$$= \mu(\Omega_+\cap\Omega_-) = \mu(\Omega_-),$$

oder $\mu(\Omega_+\setminus\Omega_+\cap\Omega_-) = \mu(\Omega_-\setminus\Omega_+\cap\Omega_-) = 0$. □

Bahnen, welche aus dem Unendlichen kommen und dann in Ω eingefangen werden, machen also höchstens eine Nullmenge von Ω aus. Ebenso gilt die zeitumgekehrte Aussage.

Natürlich kann das System auch instabil sein: $\mu(\Omega_+) = 0$.

Der statistische Ergodensatz

Die folgenden Betrachtungen und Resultate sind vor allem im Hinblick auf die statistische Mechanik interessant. Dort möchte man wissen, wie sich ein komplexes System mit sehr vielen Freiheitsgraden im Mittel über "lange" Zeiten durchschnittlich verhält. Dabei sieht man von sehr speziellen Anfangsbedingungen, die zu atypischen Bahnen führen, ab. Leider gibt die Ergodentheorie, obschon sie sich in den letzten Jahrzehnten stark entwickelt hat, dem Physiker auf solche Fragen nur limitierte Antworten. Deshalb hangen die Grundlagen der statistischen Mechanik einigermassen in der Luft.

Als eine erste Einführung in die Ergodentheorie besprechen wir nun den statistischen Ergodensatz. Das Lionville'sche Mass induziert ein Mass auf der Energiefläche Σ_E, formal gegeben durch*)

$$\mu_E(B) = \# \int_B \delta(H(x) - E)\, d^{2f}x \quad (\#\text{: Normierung}). \qquad (A.4)$$

Das Mass μ_E sei normiert, $\mu_E(\Sigma_E) = 1$.

---

*) Streng ist dieses folgenermassen definiert. Es sei Ω die Volumenform (5.43) und $dH \neq 0$ auf Σ_E. Ist σ eine (2f-1)-Form, sodass $dH \wedge \sigma = \Omega$, so ist die Form $\mu_E = i^*\sigma$ (i: Injektion von Σ_E in den Phasenraum M) unabhängig von σ. Per definitionem ist die Distribution $\delta(H-E)$:

$$\langle \delta(H-E), f \rangle := \int_{\Sigma_E} f \cdot \mu_E \qquad (f\text{: Testfunktion}).$$

$d\mu_E$ ist das Mass, welches zur Volumenform μ_E auf Σ_E gehört. (Dieses ist nach dem Riesz'schen Darstellungssatz eindeutig bestimmt.)

Unser Ziel ist es, etwas über den zeitlichen Mittelwert

$$\frac{1}{T}\int_0^T f(\Phi_t(x))\,dt \tag{A.5}$$

zu erfahren. Wir benutzen Hilbertraum-Methoden und definieren im Hilbertraum $L^2(\Sigma_E, d\mu_E)$ die linearen Operatoren U_t: $f \mapsto f \circ \Phi_t$, d.h.

$$(U_t f)(x) = f(\Phi_t(x)). \tag{A.6}$$

Jedes U_t ist ein unitärer Operator, denn die Invarianz des Masses μ_E unter Φ_t impliziert

$$(U_t f, U_t g) = \int_{\Sigma_E} \overline{f(\Phi_t(x))}\, g(\Phi_t(x))\, d\mu_E(x)$$

$$= \int_{\Sigma_E} \overline{f(x)}\, g(x)\, d\mu_E(\Phi_t^{-1}(x)) = \int_{\Sigma_E} \overline{f(x)}\, g(x)\, d\mu_E(x)$$

$$= (f,g).$$

Ferner folgt aus $U_t\, U_{-t} = U_0 = 1$, dass U_t invertierbar ist.

Der zeitliche Mittelwert (A.5) ist gleich

$$\frac{1}{T}\int_0^T (U_t f)(x)\,dt. \tag{A.7}$$

Es ist einfacher, zuerst das diskrete Analogon

$$\frac{1}{N}\sum_{m=0}^{N-1} U^m f$$

für eine unitäre Transformation U zu untersuchen. Dafür gilt der folgende Satz.

<u>Statistischer Ergodensatz für Kaskaden (von Neumann)</u>: Es sei U ein unitärer Operator des Hilbertraumes $\mathfrak{h}$. P bezeichne die Projektion auf den Unterraum $\{\psi \in \mathfrak{h}: U\psi = \psi\}$. Dann gilt für jedes $f \in \mathfrak{h}$:

$$\lim_{N\to\infty} \frac{1}{N}\sum_{n=0}^{N-1} U^n f = Pf. \tag{A.8}$$

Beweis: Wir betrachten die (abgeschlossenen) Unterräume

$$\begin{aligned} \mathcal{M} &= \{\psi \mid \psi \in \mathfrak{H},\ U\psi = \psi\} \\ \mathcal{N} &= \overline{\{\psi - U\psi \mid \psi \in \mathfrak{H}\}} \end{aligned} \qquad (A.9)$$

und notieren:

(i) $\psi \in \mathcal{M} \Leftrightarrow U^*\psi = \psi$ (denn beide Aussagen sind äquivalent zu $U^{-1}\psi = \psi$),

(ii) $\mathcal{N} = \mathcal{M}^{\perp}$. [$\varphi \in \mathcal{N}^{\perp}$ bedeutet $(\psi - U\psi, \varphi) = 0$ für alle ψ, oder $(\psi, \varphi) = (\psi, U^{-1}\varphi)$ für alle ψ; deshalb ist $\varphi = U^{-1}\varphi$, d.h. $\varphi \in \mathcal{M}$, und umgekehrt.]

(iii) $U\mathcal{M} = \mathcal{M}$, $U\mathcal{N} = \mathcal{N}$ (trivial !).

Nun sei zunächst $f = g - Ug$, d.h. $f \in \mathcal{N}$. Dann ist

$$\left\| \frac{1}{N} \sum_{m=0}^{N-1} U^m f \right\| = \left\| \frac{1}{N}(g - U^N g) \right\| \leq 2 \frac{\|g\|}{N} \underset{(N \to \infty)}{\longrightarrow} 0 .$$

Durch ein " $\varepsilon/3$-Argument" folgt also

$$\frac{1}{N} \sum_{m=0}^{N-1} U^m f \longrightarrow 0 \quad \text{für } f \in \mathcal{N}, \text{ d.h. für } Pf = 0 .$$

Sei jetzt $f \in \mathcal{M}$, d.h. $Pf = f$. Dann ist trivialerweise

$$\frac{1}{N} \sum_{m=0}^{N-1} U^m f = f ,$$

d.h. (A.8) gilt für $f \in \mathcal{M}$ und $f \in \mathcal{N}$ und somit auf $\mathcal{M} \oplus \mathcal{N} = \mathcal{M} \oplus \mathcal{M}^{\perp} = \mathfrak{H}$. □

Nun kommen wir zum kontinuierlichen Fall zurück. Zunächst notieren wir, dass die unitäre Gruppe U_t stark stetig ist:

$$\lim_{t \to 0} \|U_t g - g\| = 0$$

(Uebung). Nun setzen wir $U := U_1$ und finden, wenn $[T]$ die Gausssche Klammer bezeichnet ($[T] \in \mathbb{Z}$, $[T] \leq T$, $[T]+1 > T$):

$$\frac{1}{T}\int_0^T U_t f\,dt = \frac{1}{T}\int_0^{[T]} U_t f\,dt + \frac{1}{T}\int_{[T]}^T U_t f\,dt$$

$$= \frac{1}{T}\sum_{m=0}^{[T-1]} U^m \int_0^1 U_t f\,dt + \frac{1}{T}\int_{[T]}^T U_t f\,dt$$

($T>1$ vorausgesetzt). Nach dem statistischen Ergodensatz für Kaskaden konvergiert der erste Term für $T\to\infty$. Der zweite Term konvergiert ebenfalls, nämlich gegen 0. Es gibt also ein $f_0 \in L^2(\Sigma_E, d\mu_E)$ mit

$$L^2\text{-}\lim_{T\to\infty} \frac{1}{T}\int_0^T f \circ \Phi_t\,dt = f_0 . \tag{A.10}$$

Man sieht dabei sehr leicht, dass

$$U_t f_0 = f_0 \quad \text{für alle } t . \tag{A.11}$$

Sei also $\mathcal{M} = \{g \mid U_t g = g \text{ für alle } t\}$ und $\mathcal{N} = \mathcal{M}^\perp$, dann gilt der folgende Satz:

<u>Statistischer Ergodensatz für Strömungen:</u> Sei $\{U_t\}_{t\in\mathbb{R}}$ eine stark stetige unitäre Gruppe. Sei $\mathcal{M}$ wie eben definiert, $\mathcal{N} = \mathcal{M}^\perp$ und P der Projektor auf $\mathcal{M}$. Dann gilt

$$\lim_{T\to\infty} \left\| \frac{1}{T}\int_0^T U_t f\,dt - Pf \right\| = 0 . \tag{A.12}$$

<u>Definition:</u> Der Fluss Φ_t ist <u>ergodisch</u>, falls $\dim \mathcal{M} = 1$, d.h. falls $f(\Phi_t(x)) = f(x)$, fast überall, nur möglich ist, wenn $f = \text{const}$, fast überall.

Im ergodischen Fall ist Pf in (A.12) eine Konstante C und

$$C = (1,f) = \int_{\Sigma_E} f(x)\,d\mu_E(x) .$$

Für eine ergodische Strömung gilt also

$$L^2\text{-}\lim_{T\to\infty} \frac{1}{T}\int_0^T f\circ\Phi_t\, dt = \int_{\Sigma_E} f\, d\mu_E \tag{A.13}$$

d.h. das Zeitmittel strebt im Sinne der L^2-Konvergenz gegen die konstante Funktion $\int_{\Sigma_E} f d\mu_E$. Das Zeitmittel ist also gleich dem statistischen Mittel über die Energiefläche für das Mass μ_E ("mikrokanonische Gesamtheit").

Mit ganz anderen Methoden lässt sich zeigen, dass in (A.13) die L^2-Konvergenz durch die punktweise Konvergenz ersetzt werden kann:

Birkhoffscher Ergodensatz: Es sei T eine masserhaltende Transformation eines Massraumes (Ω,μ) mit $\mu(\Omega)<\infty$. Dann konvergiert für jedes $f\in L^1(\Omega,\mu)$ die Summe

$$\lim_{N\to\infty} \frac{1}{N}\sum_{n=0}^{N-1} f(T^n x)$$

punktweise fast überall gegen eine Funktion $f^*\in L^1(\Omega,\mu)$. Ferner gilt $f^*\circ T = f^*$, fast überall, und

$$\int_\Omega f^* d\mu = \int_\Omega f d\mu .$$

Im ergodischen Fall gilt, falls $\mu(\Omega) = 1$, für alle $f\in L^1(\Omega,\mu)$:

$$\lim_{N\to\infty} \frac{1}{N}\sum_{n=0}^{N-1} f(T^n x) = \int_\Omega f\, d\mu \quad \text{fast überall.} \tag{A.14}$$

Beweis: Siehe [15], Appendix 3, p. 459.

Die Aussage (A.14) wird traditionell seit Boltzmann als Grundlage der statistischen Mechanik betrachtet. Nur kann man für realistische Systeme nicht zeigen, dass sie ergodisch sind.

Wir geben noch eine andere Charakterisierung eines ergodischen Flusses.

Proposition: Der Fluss Φ_t ist genau dann ergodisch, wenn für jede messbare Menge $B \subset \Sigma_E$ mit $\Phi_t^{-1}(B) = B$, für alle t, entweder $\mu_E(B) = 0$ oder $\mu_E(B) = 1$ folgt.

Beweis: Es sei Φ_t ergodisch und $\Phi_t(B) = B$ für alle t. Dann ist die charakteristische Funktion $f = X_B$ eine invariante Funktion und also $X_B = \text{const}$ fast überall. Dies impliziert $\mu_E(B) = 0$ oder $\mu_E(B) = 1$.

Umgekehrt gelte die zweite Bedingung und f sei eine invariante Funktion. Dann ist für jedes $a \in \mathbb{R}$ die Menge $\{x | f(x) < a\}$ unter Φ_t invariant und folglich muss $f(x) < a$ f.ü., oder $f(x) \geq a$ f.ü. sein. Da dies für jedes a wahr ist, folgt, dass $f(x)$ fast überall eine Konstante ist. □

* * *

Quasiperiodische Bewegung auf dem Torus

Wir werden später sehen, dass "integrable" Hamiltonsche Systeme immer auf quasiperiodische Bewegungen auf einem Torus führen (vgl. Kapitel 10).

Wir geben zunächst eine präzise

Definition: Es sei T^n der n-dimensionale Torus, $T^n = S^1 \times \ldots \times S^1$ (n mal), und $\underline{\varphi} = (\varphi_1, \ldots, \varphi_n) \bmod 2\pi$ die Winkelkoordinaten. Eine quasiperiodische Bewegung ist eine 1-parametrige Gruppe, welche zum dynamischen System

$$\dot{\underline{\varphi}} = \underline{\omega} \ , \quad \underline{\omega} = (\omega_1, \ldots, \omega_n) = \text{const} \tag{A.15}$$

gehört.

Der Fluss Φ_t hat offensichtlich die Form

$$\Phi_t(\underline{\varphi}) = (\underline{\varphi} + \underline{\omega} t) = (\varphi_1 + \omega_1 t, \ldots, \varphi_n + \omega_n t) \bmod 2\pi \ . \tag{A.16}$$

Die Frequenzen $\omega_1 \ldots, \omega_n$ sind <u>rational unabhängig</u>, falls $(\underline{k}, \underline{\omega}) = 0$ für $\underline{k} \in \mathbb{Z}^n$ impliziert, dass $\underline{k} = 0$ ist. Für diesen Fall beweisen wir den folgenden

<u>Satz von Weyl</u>: Es sei f eine stetige Funktion auf T^n und Φ_t eine quasiperiodische Strömung (A.16) mit rational unabhängigen Frequenzen. Dann existiert das Zeitmittel

$$\lim_{T \to \infty} \frac{1}{T} \int_0^{\infty} f(\Phi_t(\underline{\varphi}))\, dt \tag{A.17}$$

für alle $\underline{\varphi}$ und ist gleich dem Raummittel

$$\langle f \rangle := \frac{1}{(2\pi)^n} \int_{T^n} f(\underline{\varphi}) d^n \varphi \ . \tag{A.18}$$

<u>Beweis:</u> Zunächst gilt der Satz für Funktionen der Form $f = e^{i(\underline{k}, \underline{\varphi})}$, $\underline{k} \in \mathbb{Z}^n$. Für $\underline{k} = 0$ ist dies trivial und für $\underline{k} \neq 0$ gilt $\langle f \rangle = 0$ und wegen

$$\int_0^T e^{i(\underline{k}, \underline{\varphi} + \underline{\omega} t)} dt = e^{i(\underline{k}, \underline{\varphi})} \ \frac{e^{i(\underline{k}, \underline{\omega})T} - 1}{i(\underline{k}, \underline{\omega})}$$

verschwindet auch das Zeitmittel.

Natürlich gilt damit der Satz auch für alle trigonometrischen Polynome

$$f = \sum_{|\underline{k}| \leq N} f_{\underline{k}} \ e^{i(\underline{k}, \underline{\varphi})} \ .$$

Nach dem Stone-Weierstrass Theorem können wir jede (reelle) stetige Funktion f durch trigonometrische Polynome gleichmässig beliebig genau approximieren. *) Daraus folgt die Behauptung unmittelbar. (Führe die nötige Epsilontik durch.)

<u>Korollar 1:</u> Für rational unabhängige Frequenzen ist die Trajektorie

$$\Omega(t_o) = \{\Phi_t(\underline{\varphi}) \mid t \geq t_o \text{ , } \underline{\varphi} \text{ fest}\}$$

in T^n dicht.

<u>Beweis:</u> Es sei $\varphi_o \in T^n$ und f eine stetige nicht negative Funktion, welche in φ_o den Wert 1 hat und ausserhalb einer Umgebung U von φ_o verschwindet. Nach dem obigen Satz kann das Zeitmittel von $t \mapsto f(\Phi_t(\underline{\varphi}))$ nicht für alle $\underline{\varphi} \in T^n$ verschwinden. Deshalb muss es für jedes t_o ein $t > t_o$ geben, sodass $f(\Phi_t(\underline{\varphi})) > 0$ ist, d.h. $\Phi_t(\underline{\varphi})$ ist in U. Folglich ist $\Omega(t_o)$ dicht. $\square$

<u>Korollar 2:</u> Falls die Frequenzen rational unabhängig sind, gilt für jedes (Jordan) messbare Gebiet $D \subset T^n$, dass

$$\lim_{T \to \infty} \frac{\tau_D(T)}{T} = \frac{|D|}{(2\pi)^n} \tag{A.19}$$

ist. Dabei ist $|D|$ das Volumen des Gebietes D und $\tau_D(T)$ ist die Aufenthaltszeit einer Trajektorie $\Phi_t(\underline{\varphi})$ im Intervall $0 \leq t \leq T$,

$$\tau_D(T) = \int_0^T \chi_D(\Phi_t(\underline{\varphi}))\, dt$$

(χ_D: charakteristische Funktion von D).

---

*) Siehe z.B. E. Hewitt, K. Stromberg, "Real and Abstract Analysis", Springer 1965, p. 98.

<u>Beweis:</u> Die charakteristische Funktion X_D ist Riemann-integrabel *), d.h. zu jedem $\varepsilon > 0$ gibt es zwei stetige Funktionen f_1 und f_2 auf T^n, derart, dass

$$f_1 \leq X_D \leq f_2 \;,$$

$$(2\pi)^{-n} \int_{T^n} (f_1 - f_2)\, d^n\varphi < \varepsilon$$

gilt. Da der obige Satz offensichtlich auch für Riemann-integrable Funktionen gilt, gibt die Anwendung auf X_D die Behauptung (A.19), d.h. jede Trajektorie ist auf dem Torus gleichverteilt. □

*   *   *

*) da D Jordan messbar ist.

Kapitel 6. Kleine Schwingungen, parametrische Resonanz und Stabilität von Gleichgewichtslagen

In diesem Kapitel entwickeln wir die Theorie kleiner Schwingungen und illustrieren ihre vielfältigen Anwendungen an einigen Beispielen. Dieselben Methoden lassen sich auch auf die Mechanik kontinuierlicher Systeme und auf die Feldtheorie übertragen.

6.1. Linearisierung, Ljapunovstabilität

Wir interessieren uns im folgenden für das Verhalten eines autonomen dynamischen Systems im $\mathbb{R}^n$,

$$\dot{x} = X(x) , \tag{6.1}$$

in der Nähe einer Gleichgewichtslage $x_0 : X(x_0) = 0$.

A. Linearisierung um Gleichgewichtslage

Als Physiker wird man zunächst das Problem für kleine Auslenkungen linearisieren. Wir werden sehen, dass in dieser Approximation das Verhalten des Flusses in vielen Fällen qualitativ richtig beschrieben wird. Insbesondere erlaubt uns dann die Linearisierung, Aussagen über das Stabilitätsverhalten der Gleichgewichtslage zu machen.

Setzen wir $\xi = x - x_0$, so ist

$$X(x) = DX(x_0)\,\xi + \mathcal{O}(\xi^2) \tag{6.2}$$

und folglich

$$\dot{\xi} = L\,\xi + \mathcal{O}(\xi^2) , \tag{6.3}$$

mit

$$L := DX(x_0) \, . \tag{6.4}$$

Nun untersuchen wir zunächst das Stabilitätsverhalten des <u>linearisierten</u> dynamischen Systems

$$\dot{\xi} = L\xi \, , \tag{6.5}$$

mit dem Fluss

$$\Phi_t = e^{tL} \, . \tag{6.6}$$

B. Ljapunovstabilität

Zunächst benötigen wir einen zweckmässigen Stabilitätsbegriff.

<u>Definition:</u> Eine Gleichgewichtslage x_0 eines Vektorfeldes X ist <u>(Ljapunov-)stabil</u>, wenn es in jeder Umgebung U von x_0 eine vielleicht kleinere Umgebung V von x_0 gibt, sodass folgendes gilt:

(i) Der Fluss Φ_t von X ist für jedes $x \in V$ für alle $t \geq 0$ definiert,

(ii) $\Phi_t(x) \in U$ für alle $x \in V$, $t \geq 0$ (vgl. Fig. 6.1).

Ist die Gleichgewichtslage nicht stabil, so heisst sie <u>instabil</u> (im Sinne von Ljapunov). Die Ruhelage ist <u>asymptotisch stabil</u>, falls sie stabil ist und

$\lim_{t \to \infty} \Phi_t(x) = x_0$ für alle x in einer genügend kleinen Umgebung von x_0.

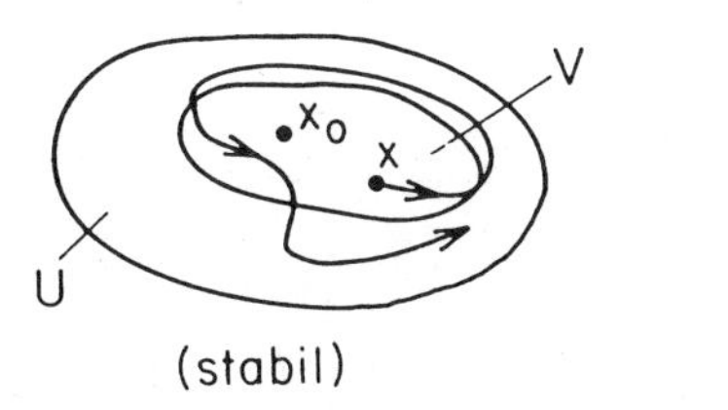

(stabil)

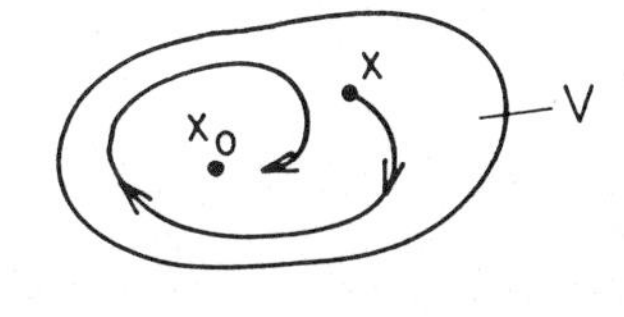

(asymptotisch stabil)

<u>Fig. 6.1</u>

Für lineare dynamische Systeme (6.5) gilt der folgende plausible

Satz 6.1: Die Nullösung der linearen Differentialgleichung $\dot{x} = L\,x$ ist genau dann stabil, wenn gilt:

(i) Das Spektrum $\sigma(L)$ von L liegt in der linken komplexen Halbebene,

$$\operatorname{Re} \sigma(L) \leq 0 ,$$

(ii) jedes $\lambda \in \sigma(L)$ mit $\operatorname{Re}\lambda = 0$ ist ein halbeinfacher *) Eigenwert.

Die Nullösung ist genau dann asymptotisch stabil, wenn

$$\operatorname{Re} \sigma(L) < 0 \tag{6.7}$$

ist.

Beweis: Wir beweisen hier nur, dass aus (6.7) die asymptotische Stabilität folgt. (Für einen vollständigen Beweis des Satzes, siehe z.B. [6],p.222.) Dies ergibt sich unmittelbar aus dem folgenden

Lemma: Gilt $\operatorname{Re} \sigma(L) < \alpha$, so existiert eine Konstante $\beta > 0$ mit

$$\| e^{tL} \| \leq \beta\, e^{\alpha t} \quad \text{für alle} \quad t \geq 0 . \tag{6.8}$$

Beweis: Wir betrachten die Komplexifizierung von L auf $\mathbb{C}^n$, welche wir mit $\tilde{L}$ bezeichnen und denken uns L auf Jordanform transformiert. In einer geeigneten Basis hat danach $\tilde{L}$ die Form:

$$\tilde{L} = D + N , \quad D \text{ Diagonalmatrix}, \quad N \text{ nilpotent}, \; DN = ND. \tag{6.9}$$

---

*) d.h. die Vielfachheit von λ ist gleich $\dim[\operatorname{Ker}(L-\lambda 1)]$.

In der Diagonale von D stehen die Eigenwerte $\lambda_1,\dots,\lambda_n$ von $\tilde{L}$. Ausserdem können wir die Basis $\{e_1,\dots,e_n\}$ so wählen, dass $Ne_j = e_{j-1}$ oder 0 ist. Ersetzen wir e_j durch $\hat{e}_j = \delta^j e_j$ mit $\delta > 0$, so bleibt D unverändert und für N gilt $N\hat{e}_j = \delta\hat{e}_{j-1}$ oder 0. Dies zeigt, dass wir zu jedem $\varepsilon > 0$ eine Hilbert-Norm so wählen können, dass $\|N\| \leq \varepsilon$ ist. Ferner ist natürlich

$$\|e^{tD}\| = \max_j |e^{t\lambda_j}| \leq e^{(\alpha-\varepsilon)t} ,$$

wenn wir ε so klein wählen, dass $\mathrm{Re}\,\lambda \leq \alpha-\varepsilon$ für alle $\lambda \in \sigma(L)$. Folglich gilt für die gewählte Norm

$$\|e^{t\tilde{L}}\| \leq \|e^{tD}\| \; \|e^{tN}\| \leq e^{t(\alpha-\varepsilon)}\, e^{t\,\|N\|} \leq e^{t\alpha}$$

für $t > 0$.

Nun ist die Restriktion jeder Hilbertnorm von $\mathbb{C}^n$ auf $\mathbb{R}^n$ eine Euklidische Norm (Uebung). Ferner ist $\|L\| = \|\tilde{L}\|$. Also gilt (6.8) für eine geeignete Norm. Auf einem endlich-dimensionalen Vektorraum sind aber alle Normen äquivalent. □

<u>Beispiele:</u> 1) (mehrdim.) <u>Schwingung mit Dämpfung.</u>

Die Bewegungsgleichung sei für $q = (q_1,\dots,q_f)$

$$M\ddot{q} = -\Omega q - D\dot{q} , \quad M = \mathrm{diag}(m_1,\dots,m_f) > 0 ,$$
$$D = \mathrm{diag}(d_1,\dots,d_f) > 0 ,$$
$$\Omega = \Omega^T > 0 , \qquad (6.10)$$

oder mit $p := M\dot{q}$

$$\dot{q} = M^{-1}p , \qquad \dot{p} = -\Omega q - DM^{-1}p .$$

Für $x = (q,p)$ gilt also $\dot{x} = Lx$, wobei

$$L = \begin{pmatrix} 0 & M^{-1} \\ -\Omega & -DM^{-1} \end{pmatrix} .$$

Offensichtlich ist $L < 0$ und also gilt (6.7). Deshalb ist nach Satz (6.1) die Nullösung asymptotisch stabil.

2) Lineare Hamiltonsche Systeme

Für ein lineares Hamiltonsches System ist der Fluss $\phi_t = e^{tL}$ symplektisch, d.h.

$$e^{tL^T} J e^{tL} = J \quad \text{für alle } t. \tag{6.11}$$

Ableitung nach t für $t = 0$ gibt

$$L^T J + JL = 0 \Longrightarrow JLJ = L^T . \tag{6.12}$$

Deshalb gilt für das charakteristische Polynom

$$\begin{aligned}\chi(\lambda) &= \det(L - \lambda 1) = \det[J(L-\lambda 1)J] = \det(L^T + \lambda 1) \\ &= \det(L + \lambda 1) = \chi(-\lambda) .\end{aligned} \tag{6.13}$$

Deshalb ist mit λ auch $-\lambda$ ein Eigenwert von L und zwar mit derselben Multiplizität. Da ferner $\chi(\lambda)$ ein reelles Polynom ist, ist mit λ auch $\bar{\lambda}$ ein Eigenwert mit derselben Multiplizität. Man sieht nun auch leicht, dass die Multiplizität des Eigenwertes 0 , falls er vorkommt, gerade ist. Diese wichtigen Resultate wollen wir festhalten:

Satz 6.2: Es sei L eine infinitesimal symplektische Transformation, d.h. sie erfülle (6.12). Ist λ ein Eigenwert von L , so sind auch $-\lambda$, $\bar{\lambda}$ und $-\bar{\lambda}$ Eigenwerte mit derselben Multiplizität. Kommt der Eigenwert 0 vor, so hat er gerade Multiplizität.

Für ein lineares Hamiltonsches System ist deshalb die Nulllösung nach Satz 6.1 nur stabil, wenn alle Eigenwerte von L rein imaginär sind. Die Eigenwerte von e^{tL} liegen dann auf dem Einheitskreis. In diesem Fall sagt man, 0 sei ein Zentrum.

C. Prinzip der linearisierten Stabilität

Der folgende wichtige Satz zeigt, dass eine lineare Stabilitätsanalyse in vielen Fällen ausreicht.

> Satz 6.3 (Prinzip der linearen Stabilität): Gilt für die Gleichgewichtslage x_0 des Systems (6.1)
>
> $$\operatorname{Re} \sigma (DX(x_0)) < 0 , \qquad (6.14)$$
>
> so ist x_0 asymptotisch stabil. Gibt es hingegen mindestens einen Eigenwert mit positivem Realteil, so ist x_0 instabil.

Beweis: Siehe den Anhang zu diesem Kapitel, oder [6], § 15.

Dieser Satz hat ungezählte Anwendungen (siehe weiter unten, sowie die Uebungen). Auf Grund von Satz 6.2 folgt aus ihm, dass die Gleichgewichtslage x_0 eines Hamiltonschen Systems höchstens dann stabil sein kann, wenn x_0 ein Zentrum ist. In diesem Fall macht aber der Satz 6.3 keine Aussagen über das Stabilitätsverhalten. Dieses hängt dann wesentlich von den Nichtlinearitäten ab und wir stehen i.a. vor einer sehr schwierigen Frage. Wir illustrieren das Zentrumsproblem an einem instruktiven Beispiel:

$$\dot{x} = - y + ax^3 \; , \; \dot{y} = x + ay^3 \; . \qquad (6.15)$$

Die einzige Gleichgewichtslage ist (0,0) und diese ist ein Zentrum. Nun ist aber

$$\frac{d}{dt} (x^2+y^2) = 2a(x^4+y^4) \; .$$

Für $a > 0$ nimmt deshalb x^2+y^2 zu und die Orbits laufen von (0,0) weg, d.h. (0,0) ist instabil. (Fig.6.2a).

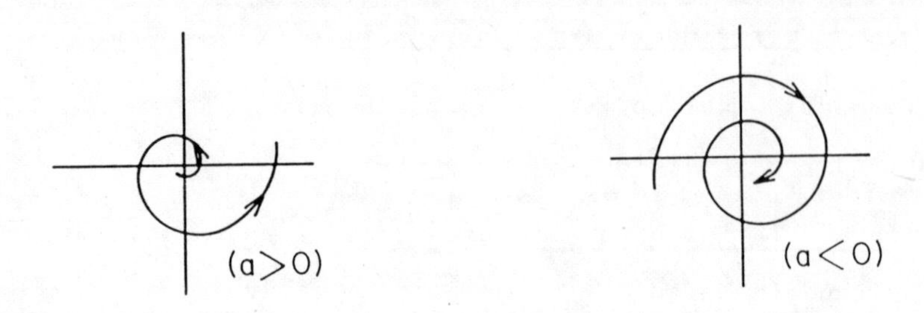

Fig. 6.2a

Fig. 6.2b

Ist hingegen $a < 0$, so laufen die Orbits in (0,0) hinein, d.h. (0,0) ist stabil (Fig. 6.2b). Die Linearisierung ist in beiden Fällen aber die gleiche.

D. Ljapunov-Funktionen

In Fällen, wo das Prinzip der linearen Stabilität keine Aussagen macht, hilft manchmal die "direkte Methode" von Ljapunov, welche wir als nächstes besprechen.

Definition: Eine Ljapunovfunktion für den Gleichgewichtspunkt x_0 eines Vektorfeldes X ist eine in einer Umgebung U von x_0 definierte stetige Funktion $V\colon\ U \longrightarrow \mathbb{R}$ mit folgenden Eigenschaften:

(i) $V(x_0) = 0$, $V(x) > 0$ für $x \in U \setminus \{x_0\}$;

(ii) V ist stetig differenzierbar in $U \setminus \{x_0\}$ und dort gilt

$$\dot{V} := D_X V \leq 0 \,. \tag{6.16}$$

Die Bedingung (6.16) bedeutet, dass für jede Integralkurve α von X gilt

$$\frac{d}{dt} V \circ \alpha \leqslant 0 .$$

Deshalb erwartet man Stabilität (vgl. Fig. 6.3)

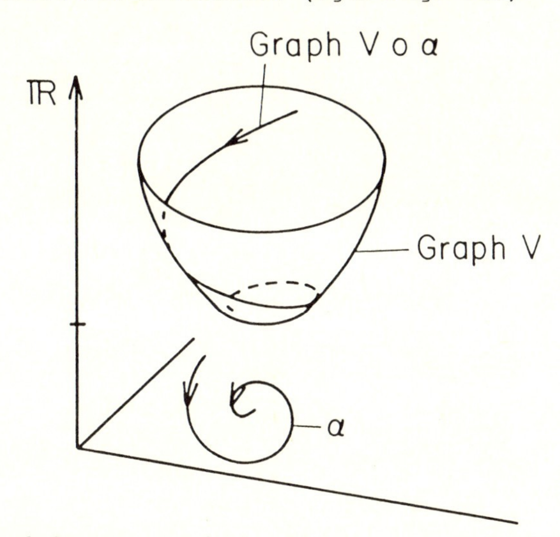

Fig. 6.3

Tatsächlich gilt der

Satz 6.4: Gibt es zur Gleichgewichtslage x_0 eines C^1-Vektorfeldes X eine Ljapunovfunktion, so ist x_0 stabil. Gilt in (6.16) das strikte Kleinerzeichen (strikte Ljapunovfunktion), so ist x_0 asymptotisch stabil.

Beweis: Siehe den Anhang zu diesem Kapitel, oder [6], §18.

Beispiele:

1) Gradientensystem. Es sei $X = -\operatorname{grad} V$ und x_0 ein isoliertes Minimum von V. Dann ist x_0 eine asymptotisch stabile Gleichgewichtslage. Zum Beweise wählen wir eine Umgebung U von x_0 so, dass $W(x) := V(x) - V(x_0) > 0$ für $x \in U \setminus \{x_0\}$. Dann ist dort

$$\dot{W} = D_X W = (X, \operatorname{grad} W) = -(\operatorname{grad} W, \operatorname{grad} W) < 0 .$$

Deshalb ist $W: U \to \mathbb{R}$ eine strikte Ljapunovfunktion.

<u>2) Hamiltonsche Systeme.</u> Ist x_0 ein isoliertes Minimum der Hamiltonfunktion H, so ist x_0 ein stabiler Gleichgewichtspunkt des Hamiltonschen Systems X_H. In diesem Falle ist nämlich $V(x) := H(x) - H(x_0)$ nach dem Energiesatz eine Ljapunovfunktion:

$$V(x_0) = 0 \ , \quad V(x) > 0 \quad \text{in} \quad U \setminus \{x_0\} \ ,$$

$$\dot{V} = \dot{H} = D_{X_H} H = 0 \ .$$

3) Wir betrachten das dynamische System

$$\dot{x} = ax - y + kx(x^2 + y^2)$$

$$\dot{y} = x - ay + ky(x^2 + y^2) \ , \qquad a^2 < 1 \ .$$

Für die Jacobische im Ursprung $\begin{pmatrix} a & -1 \\ 1 & -a \end{pmatrix}$ hat das charakteristische Polynom die Nullstellen

$$\lambda = \pm\, i \sqrt{1 - a^2} \ .$$

Es liegt also ein Zentrum vor. Wir zeigen, dass für <u>$k < 0$</u>

$$V(x,y) := x^2 - 2axy + y^2$$

eine strikte Ljapunovfunktion ist. Zunächst ist nämlich $V = (x-ay)^2 + (1-a^2)\, y^2 > 0$, genau wenn $(x,y) \neq 0$. Ferner gilt

$$\text{grad } V = 2\,(x-ay,\ y-ax)$$

$$\tfrac{1}{2}\,(\text{grad } V, X) = (x-ay)(ax-y) + (x-ay)\,kx(x^2+y^2) + (y-ax)(x-ay) + (y-ax)ky\,(x^2+y^2)$$

$$= k(x^2+y^2)(x^2-2axy+y^2) = k(x^2+y^2) \cdot V(x,y) < 0 \quad \text{für } (x,y) \neq 0 \ .$$

Für $k < 0$ ist also $(0,0)$ asymptotisch stabil. Ist dagegen <u>$k > 0$</u>, so zeigt dieselbe Funktion V, dass der Ursprung für $t \to -\infty$ stabil wird, d.h. der Ursprung ist abstossend. Dies ist ein weiteres Beispiel, bei welchem man aus der linearen Approximation über die Stabilität nichts schliessen kann. Aber man findet noch eine Ljapunovfunktion, die über die Stabilität Auskunft gibt.

E. Flussäquivalenz, Linearisierungssatz von Hartman

In diesem Unterabschnitt formulieren wir ein wichtiges Theorem, welches zeigt, dass in der Nähe eines "hyperbolischen" Gleichgewichtspunktes x_0 der Fluss "äquivalent" ist zum linearen Fluss $\exp tDX(x_0)$. Zunächst müssen wir die Begriffe in Anführungszeichen definieren.

Definition: Ein lineares Vektorfeld $x \mapsto Lx$, $L \in \mathcal{L}(\mathbb{R}^n)$ ist hyperbolisch, falls das Spektrum $\sigma(L)$ von L einen leeren Durchschnitt mit der imaginären Achse hat. Der Gleichgewichtspunkt x_0 des Vektorfeldes X ist hyperbolisch, falls $DX(x_0)$ ein lineares hyperbolisches Vektorfeld ist.

Mit Hilfe der Jordanschen Zerlegung kann man leicht zeigen (siehe z.B. [6], p. 278), dass $\sigma(e^L) = e^{\sigma(L)}$ gilt. Der Gleichgewichtspunkt x_0 ist also hyperbolisch, wenn $\exp DX(x_0)$ keine Eigenwerte vom Betrag 1 besitzt.

Definition: Zwei Flüsse φ_t und ψ_t auf M bzw. N heissen (topologisch) äquivalent, wenn es einen orientierungserhaltenden Automorphismus $\alpha: \mathbb{R} \to \mathbb{R}$ und einen Homöomorphismus $h:M \longrightarrow N$ gibt, derart, dass gilt

$$h \circ \varphi_t = \psi_{\alpha(t)} \circ h \,. \tag{6.17}$$

Wird die Zeitvariable nicht geändert, so spricht man von isochroner Flussäquivalenz.

Der angekündigte Satz lautet nun

Satz 6.5 (Grobman, Hartman): Es sei x_0 ein hyperbolischer Gleichgewichtspunkt des Vektorfeldes X. Dann ist der Fluss Φ_t von X lokal isochron äquivalent zum Fluss des linearen Vektorfeldes $DX(x_0)$.

Beweis: Siehe [6], §19, oder [12], §2.4.

Nach diesem Theorem hat also das Phasenportrait des Vektorfeldes X in der Nähe eines hyperbolischen Gleichgewichtspunktes topologisch die gleiche Struktur wie das Phasenportrait der Linearisierung in der Nähe von 0.

Nach Satz 6.2 ist deshalb ein hyperbolischer Gleichgewichtspunkt eines Hamiltonschen Systems instabil.

* * *

F. Linearisierung von Lagrangeschen Systemen

Wir betrachten nun Lagrangesche Systeme der speziellen Art

$$L(q,\dot{q}) = T(q,\dot{q}) - U(q)$$

$$T(q,\dot{q}) = \tfrac{1}{2} \sum_{i,k} g_{ik}(q)\, \dot{q}_i\, \dot{q}_k \,, \tag{6.18}$$

wobei T (für jedes q) eine positiv definite quadratische Form ist. Die Linearisierung des zugehörigen Hamiltonschen Systems um eine Gleichgewichtslage ist (wegen $X_H = JDH^T$) durch den quadratischen Anteil H_2 von H, in einer Entwicklung um die Gleichgewichtslage, bestimmt.

Für eine Gleichgewichtslage (q_o, p_o) von X_H ist $p_o = 0$ (d.h. $\dot{q}_o = 0$) und $\partial U(q_o)/\partial q = 0$.

H_2 ist aber natürlich die Hamiltonfunktion zum Lagrangeschen System $L_2 = T_2 - U_2$, wobei

$$T_2 = \tfrac{1}{2} \sum_{ij} g_{ij}(q_o)\, \dot{q}_i\, \dot{q}_j ,$$

$$U_2 = \tfrac{1}{2} \sum_{ij} \frac{\partial^2 U}{\partial q_i \partial q_j}(q_o)(q_i - q_{oi})(q_j - q_{oj}) . \tag{6.19}$$

Deshalb stimmen die linearisierten Bewegungsgleichungen zu X_H mit den Euler-Gleichungen zu L_2 überein; L_2 beschreibt also das linearisierte Lagrange-System um eine Gleichgewichtslage $(q_o, \dot{q}_o)$:

$$\dot{q}_o = 0 , \quad \frac{\partial U}{\partial q}(q_o) = 0 .$$

Bewegungen dieses linearisierten Systems nennt man <u>kleine Oszillationen.</u>

6.2 Kleine Oszillationen

Wir studieren jetzt die kleinen Oszillationen im Detail. Kinetische und potentielle Energie haben also die Form:

$$T = \tfrac{1}{2}(\dot{q}, A\dot{q}) \ , \quad U = \tfrac{1}{2}(q, B\, q) \ , \qquad q \in \mathbb{R}^f \ , \ \dot{q} \in \mathbb{R}^f . \qquad (6.20)$$

Dabei ist T eine positiv definite quadratische Form. Aus der linearen Algebra wissen wir *), dass dann eine lineare Transformation

$$Q = S\, q \quad , \quad \dot{Q} = S\, \dot{q} \qquad (62.21)$$

existiert, so dass

$$T = \tfrac{1}{2} \sum_i \dot{Q}_i^{\,2} \ , \quad U = \tfrac{1}{2} \sum_i \lambda_i \, Q_i^{\,2} . \qquad (6.22)$$

Die Zahlen λ_i sind die <u>Eigenwerte der Form B relativ zu A</u>. Offensichtlich erfüllen sie die <u>charakteristische Gleichung:</u>

$$\boxed{\mathrm{Det}\left(B - \lambda A\right) = 0} \ .$$

In den Koordinaten $\{Q_i\}$ zerfällt das Lagrangesche System in n unabhängige Gleichungen

$$\underline{\ddot{Q}_i = - \lambda_i \, Q_i} \ . \qquad (6.23$$

Für jedes der 1-dimensionalen Systeme in (18) gibt es drei mögliche Fälle:

---

*) Mit der symmetrischen, positiven Matrix A können wir folgendes Skalarprodukt in $\mathbb{R}^f$ definieren:

$$\langle x, y \rangle = x^T A\, y .$$

Nun weiss man (Satz von der Hauptachsen-Transformation), dass bezüglich einer geeigneten orthonormierten Basis (relativ zu $\langle \cdot , \cdot \rangle$) die quadratische Form $x^T B x$ auf diagonale Gestalt gebracht wird.

(i) $\lambda = \omega^2 > 0$; die Lösung ist $Q = C_1 \cos \omega t + C_2 \sin \omega t$ (Oszillation);

(ii) $\lambda = 0$; die Lösung ist $Q = C_1 + tC_2$ (neutrales Gleichgewicht);

(iii) $\lambda = -k^2 < 0$; die Lösung ist $Q = C_1 \cos h\, kt + C_2 \sin h\, kt$ (Instabilität).

Zu jedem positiven Eigenwert $\lambda = \omega^2 > 0$ gibt es eine charakteristische Oszillation (od. Normalschwingung):

$$q(t) = (C_1 \cos \omega t + C_2 \sin \omega t)\, \xi \,, \tag{6.24}$$

wobei ξ ein Eigenvektor zu λ ist:

$$B\,\xi = \lambda\, A\, \xi \,.$$

Diese Oszillation ist das Produkt der eindimensionalen Oszillation $Q_i = C_1 \cos \omega_i t + C_2 \sin \omega_i t$ $(\omega = \omega_i)$ und der trivialen Bewegung $Q_j = 0$ $(j \neq i)$. (Gleichung (6.24) ist in den ursprünglichen Koordinaten geschrieben.) Die Zahl ω in (6.24) nennt man die charakteristische Frequenz. Wir nennen aber auch die nicht-positiven Eigenwerte charakteristische Frequenzen ! Offenbar hat, nach dem Gesagten, das System f charakteristische Oszillationen, wobei die Richtungen paarweise orthogonal sind (bezüglich des Skalarproduktes, welches durch die kinetische Energie bestimmt ist).

Betrachten wir eine allgemeine kleine Schwingung $q(t)$, und zerlegen wir die Anfangsbedingung in Richtung der charakteristischen Richtungen ξ_k (zu den Eigenwerten $\lambda_k =: \omega_k^2$), so ergibt sich

$$\boxed{q(t) = \mathrm{Re} \sum_{k=1}^{f} C_k\, e^{i\omega_k t}\, \xi_k \,.} \tag{6.25}$$

Diese Formel gilt auch bei mehrfachen Eigenwerten.

Beispiel: Gekoppelte Pendel mit verschiedenen Massen.

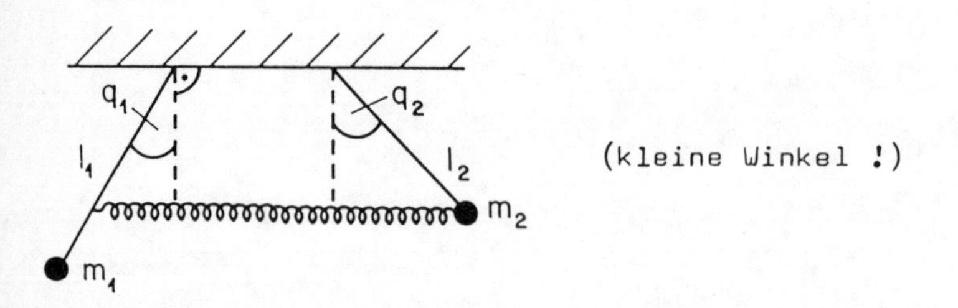

(kleine Winkel !)

Fig. 6.4

Wir wählen die Einheiten so, dass $g = 1$ ist. Die Wechselwirkung sei harmonisch gleich $\frac{1}{2}\,\alpha(q_1-q_2)^2$.

Kinetische Energie:

$$T = \tfrac{1}{2}(m_1\ell_1^2\,\dot{q}_1^2 + m_2\,\ell_2\,\dot{q}_2^2) \quad ,$$

pot. Energie:

$$U = m_1\ell_1\,\frac{q_1^2}{2} + m_2\,\ell_2\,\frac{q_2^2}{2} + \frac{\alpha}{2}(q_1-q_2)^2 \; ;$$

d.h.

$$A = \begin{pmatrix} m_1\ell_1^2 & 0 \\ 0 & m_2\,\ell_2^2 \end{pmatrix}, \quad B = \begin{pmatrix} m_1\ell_1+\alpha & -\alpha \\ -\alpha & m_2\ell_2+\alpha \end{pmatrix}.$$

$$\mathrm{Det}\,(B-\lambda A) = 0 : \quad a\lambda^2 - (b_o + b_1\alpha)\lambda + (c_o + c_1\,\alpha) = 0 \, ,$$

wobei

$$a = m_1 m_2\,\ell_1^2\,\ell_2^2$$

$$b_o = m_1\ell_1\,m_2\ell_2(\ell_1+\ell_2), \quad b_1 = m_1\ell_1^2 + m_2\,\ell_2^2$$

$$c_o = m_1 m_2\,\ell_1\ell_2 \quad , \quad c_1 = m_1\ell_1 + m_2\,\ell_2 \; .$$

$\Longrightarrow$

$$\omega_{1,2}^2 = \frac{1}{\ell_{1,2}}, \text{ für } \alpha \to 0;$$

$$\omega_\infty^2 := \frac{m_1\ell_1+m_2\ell_2}{m_1\ell_1^2+m_2\ell_2^2} .$$

α (Achse), $\lambda=\omega^2$; ω_1^2, ω_∞^2, ω_2^2

Fig. 6.5 Verhalten von λ als Funktion der Kopplung.
Für $\alpha \to \infty$: $\omega_2 \to \infty$, $\omega_1 \to \omega_\infty$.

Stabilitätsanalyse der Saturnringe nach J.C. Maxwell

J.C. Maxwell (1831 - 1879) hat 1857, als Lösung einer Preisfrage, eine mathematische Theorie für die Stabilität der Saturnringe geliefert. Diese grosse Arbeit (siehe Scientific Papers, Vol. 1, p. 288-376) wurde damals von den Fachleuten aufs höchste bewundert.

Der Saturnring besteht aus einzelnen Brocken, wie wir auf Grund von Beobachtungen wissen. (Siehe z.B. W.H. IP, Space Science Reviews 26, 39 (1980), und 26, 97 (1980).)

Um das Problem rechnerisch behandeln zu können, betrachten wir einen Ring von Körpern gleicher Masse m. Im Gleichgewichtszustand bilden diese im mitrotierenden Bezugssystem ein reguläres Polygon.

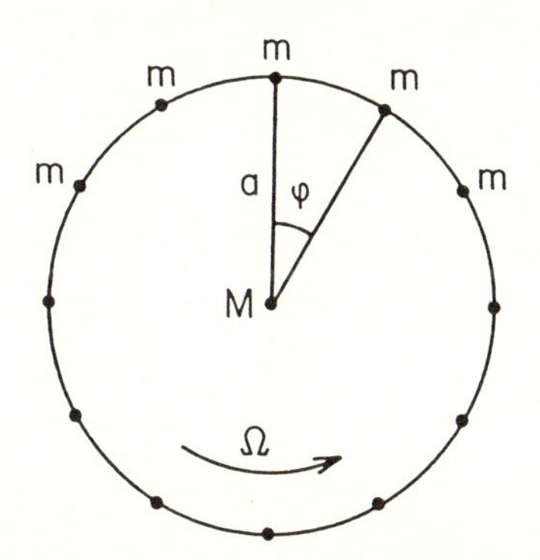

Fig. 6.6

Wir haben zu untersuchen, wann diese Gleichgewichtslage stabil ist. Es genügt, dieses Problem in einer Ebene zu betrachten, da der Ring in der transversalen Richtung offensichtlich stabil ist. (Dies zeigen auch die Rechnungen von Maxwell.)

Die Zahl der Körper sei N und Ω bezeichne die Winkelgeschwindigkeit des Ringes. Dann lautet die Lagrange-Funktion im mitrotierenden System

$$L = \sum_{k=1}^{N} \left[\tfrac{1}{2}(\dot{r}_k^2 + r_k^2\,\dot{\varphi}_k^2) + \Omega r_k^2\,\dot{\varphi}_k + \tfrac{1}{2}\Omega^2 r_k^2 + \frac{M}{r_k}\right] +$$

$$+ \frac{m}{2} \sum_{k\neq \ell} [r_k^2 + r_\ell^2 - 2 r_k r_\ell \cos(\varphi_k - \varphi_\ell)]^{-\frac{1}{2}}. \qquad (1)$$

Dabei ist M die Masse des Saturns. (Beachte: Im raumfesten System hätte die kinetische Energie den Term $\frac{1}{2} r_k^2\,\dot{\bar{\varphi}}_k^2$; aber $\bar{\varphi}_k = \Omega t + \varphi_k$, $\dot{\bar{\varphi}}_k = \Omega + \dot{\varphi}_k$, woraus sich die 1. Zeile von (1) ergibt.)

Wir benötigen noch einen Ausdruck für Ω. Man beachte in der Fig. die Kraft auf den obersten Satelliten (in der Gleichgewichtslage). Diese ist radial gerichtet und hat die Grösse/Masseneinheit

$$\frac{M}{a^2} + \sum_k \frac{m}{(2a \sin \frac{\varphi_k}{2})^2} \sin \frac{\varphi_k}{2} .$$

Dies muss gleich der Zentrifugalbeschleunigung $a\Omega^2$ sein, d.h. es gilt

$$M + \frac{m}{4} \sum_k \frac{1}{\sin \varphi_{k/2}} = \Omega^2 a^3$$

oder, da $\frac{1}{2}\varphi_k = k\alpha$, mit $\alpha = \pi/N$,

$$M + \frac{m}{4} \sum_{k=1}^{N-1} \frac{1}{\sin k\alpha} = \Omega^2 a^3 . \qquad (2)$$

Es ist zweckmässig, die folgenden Bezeichnungen einzuführen

$$K = \frac{1}{4} \sum_{k=1}^{N-1} \frac{1}{\sin k\alpha} , \quad \mu = \frac{m}{M + K m} . \qquad (3)$$

Dann lautet (2)

$$\underline{\Omega^2 a^3 = M + m\,K = \frac{m}{\mu}} \; . \tag{4}$$

Nun betrachten wir kleine Auslenkungen vom Gleichgewicht:

$$\varphi_k = k\,2\alpha + \psi_k \; , \qquad r_k = a(1+\varrho_k) \tag{5}$$

und entwickeln (1) bis zur 2. Ordnung in ψ_k, ϱ_k und ihren Ableitungen.

Zunächst betrachten wir die Terme in den einfachen Summe (1. Zeile von (1)). Ihre Entwicklung **gibt**

$$\text{const.} + \sum_{k=1}^{N} \Big\{ \tfrac{1}{2} a^2 \dot{\varrho}_k^2 + \tfrac{1}{2} a^2 \dot{\psi}_k^2 + \Omega a^2 \dot{\psi}_k + 2\varrho_k a^2 \dot{\psi}_k$$
$$+ \tfrac{1}{2}\Omega^2 a^2 \varrho_k^2 + \Omega^2 a^2 \varrho_k + \tfrac{M}{a}(1-\varrho_k+\varrho_k^2) \Big\} \; .$$

Darin darf man den Term $\Omega a^2 \sum_k \dot{\psi}_k$ weglassen, da dieser eine totale Zeitableitung ist. Die verbleibenden linearen Terme (in ϱ_k) heben sich mit den linearen Anteilen in der Wechselwirkung von (1) (2. Zeile) auf Grund von (4) (verifiziere dies).

Im folgenden sei $\tau = \Omega t$ und der Punkt bedeute von jetzt an die Ableitung nach der dimensionslosen Zeit : $\dot{f} = df/d\tau = \Omega^{-1}\, df/dt$. Schreiben wir

$$L = L_0 + \Omega^2 a^2 L_2 + \ldots . \; ,$$

so ist nach dem Gesagten

$$L_2 = \sum_{n=1}^{N} \tfrac{1}{2}(\dot{\varrho}_n^2 + \dot{\psi}_n^2) + 2\varrho_n \dot{\psi}_n + \tfrac{1}{2}\varrho_n^2 + \overbrace{\frac{M}{\Omega^2 a^3}}^{1-\mu K} \varrho_n^2$$

$$+ \text{quadr. Anteile von } \tfrac{1}{2} \underbrace{\frac{m}{\Omega^2 a^2}}_{\mu a} \sum_{k\neq \ell} \frac{1}{r_{k\ell}} \; . \tag{6}$$

Nun berechnen wir die quadratischen Terme von

$$\tfrac{1}{2}\mu \sum_{k\neq\ell} a/r_{k\ell} \; .$$

Es ist

$$a/r_{k\ell} = \frac{a}{\sqrt{r_k^2+r_\ell^2-2r_kr_\ell\cos(\varphi_k-\varphi_\ell)}}$$

$$= \left\{(1+\rho_k)^2+(1+\rho_\ell)^2-2(1+\rho_k)(1+\rho_\ell)\cos[2(k-\ell)\alpha+\psi_k-\psi_\ell]\right\}^{-\frac{1}{2}}.$$

Darin entwickeln wir den Radikanden bis zur 2. Ordnung.

Mit den Bezeichnungen $\Theta = 2(k-\ell)\alpha$, $\Delta\psi = \psi_k-\psi_\ell$ kommt

$$a/r_{k\ell} \simeq \Big\{ \overbrace{2(1-\cos\Theta)}^{(2\sin\Theta/2)^2} + [2(\rho_k+\rho_\ell)(1-\cos\Theta)+2\Delta\psi\sin\Theta]$$

$$+ [\rho_k^2+\rho_\ell^2-2\rho_k\rho_\ell\cos\Theta + (\Delta\psi)^2\cos\Theta + 2(\rho_k+\rho_\ell)\Delta\psi\sin\Theta]\Big\}^{-1/2} \quad (7)$$

Darin benutzen wir die Entwicklung

$$\frac{1}{\sqrt{A+x}} = A^{-\frac{1}{2}}[1-\frac{1}{2A}x+\frac{3}{8A^2}x^2+\dots]$$

und erhalten für die quadratischen Terme von (7)

$$\left(\frac{a}{r_{k\ell}}\right)_{(2)} = -\frac{1}{2(2\sin\frac{\Theta}{2})^3}[\rho_k^2+\rho_\ell^2-2\rho_k\rho_\ell\cos\Theta + (\Delta\psi)^2\cos\Theta$$

$$+ 2(\rho_k+\rho_\ell)\Delta\psi\sin\Theta]$$

$$+ \frac{3}{8(2\sin\frac{\Theta}{2})^5}[(\rho_k+\rho_\ell)(2\sin\tfrac{\Theta}{2})^2 + 2\Delta\psi\underbrace{\sin\Theta}_{2\sin\frac{\Theta}{2}\cos\frac{\Theta}{2}}]^2$$

$$= \frac{1}{2(2\sin\frac{\Theta}{2})^3}\Big\{-(\rho_k^2+\rho_\ell^2)+2\rho_k\rho_\ell\cos\Theta-(\Delta\psi)^2\cos\Theta$$

$$-2(\rho_k+\rho_\ell)\Delta\psi\sin\Theta$$

$$+3[(\rho_k+\rho_\ell)\sin\tfrac{\Theta}{2}+\Delta\psi\cos\tfrac{\Theta}{2}]^2\Big\}$$

$$= \frac{1}{2(2\sin\frac{\Theta}{2})^3}\Big\{(\rho_k^2+\rho_\ell^2)\underbrace{[-1+3\sin^2\tfrac{\Theta}{2}]}_{-\cos^2\frac{\Theta}{2}+2\sin^2\frac{\Theta}{2}} +$$

$$+ \rho_k \rho_\ell [\underbrace{2 \cos \theta + 6 \sin^2 \tfrac{\theta}{2}}_{2 (\cos^2 \frac{\theta}{2} + 2 \sin^2 \frac{\theta}{2})}]$$

$$+ (\Delta \phi)^2 [\underbrace{-\cos \theta + 3 \cos^2 \tfrac{\theta}{2}}_{2 \cos^2 \frac{\theta}{2} + \sin^2 \frac{\theta}{2}}]$$

$$+ \Delta \phi (\rho_k + \rho_\ell) [\underbrace{-2 \sin \theta + 3 \sin \theta}_{2 \sin \frac{\theta}{2} \cos \frac{\theta}{2}}]$$

$$= \frac{1}{16} \Big\{ \frac{1}{\sin \frac{\theta}{2}} \Big(- \frac{\cos^2 \theta/2}{\sin^2 \theta/2} + 2\Big)(\rho_k^2 + \rho_\ell^2)$$

$$+ \frac{1}{\sin \frac{\theta}{2}} \Big(\frac{\cos^2 \theta/2}{\sin^2 \theta/2} + 2\Big) \; 2 \rho_k \rho_\ell$$

$$+ \frac{1}{\sin \frac{\theta}{2}} \Big(1 + \frac{2 \cos^2 \theta/2}{\sin^2 \theta/2}\Big) (\phi_k - \phi_\ell)^2$$

$$+ \frac{\cos \theta/2}{\sin^2 \theta/2} \; 2(\rho_k + \rho_\ell)(\phi_k - \phi_\ell) \Big\} .$$

Damit wird aus (6)

$$L_2 = \sum_{n=1}^{N} [\tfrac{1}{2}(\dot{\rho}_n^2 + \dot{\phi}_n^2) + 2 \rho_n \dot{\phi}_n$$

$$+ \tfrac{1}{2} [\underbrace{3 - 2\mu K + \mu \sum_{k=1}^{N-1} \frac{1}{8 \sin k\alpha} \Big(- \frac{\cos^2 k\alpha}{\sin^2 k\alpha} + 2\Big)}_{3 - \mu \sum \frac{1}{8 \sin k\alpha} \left(\frac{\cos^2 k\alpha}{\sin^2 k\alpha} + 2\right)}] \rho_n^2$$

$$+ \tfrac{1}{2}\mu \sum_{k \neq \ell} \frac{1}{8 \sin(k-\ell)\alpha} \Big(\frac{\cos^2(k-\ell)\alpha}{\sin^2(k-\ell)\alpha} + 2\Big) \rho_k \rho_\ell \qquad +$$

$$+ \frac{\cos(k-\ell)\,\alpha}{8\sin^2(k-\ell)\alpha}\,(\rho_k+\rho_\ell)(\psi_k-\psi_\ell)$$

$$+ \tfrac{1}{2}\,\frac{1}{8\sin(k-\ell)\alpha}\;\left(1+\frac{2\cos^2(k-\ell)\alpha}{\sin^2(k-\ell)\alpha}\right)(\psi_k-\psi_\ell)^2 \Big\} . \qquad (8)$$

Die zugehörigen Euler-Gleichungen lauten:

$$-\ddot{\rho}_n + 2\dot{\psi}_n + 3\rho_n + \frac{\mu}{2}\sum_{k=1}^{N-1}\frac{1}{8\sin k\alpha}\left(\frac{\cos^2 k\alpha}{\sin^2 k\alpha}+2\right)(\rho_{n-k}+\rho_{n+k}-2\rho_n)$$

$$+\frac{\mu}{2}\sum_{k=1}^{N-1}\frac{\cos k\,\alpha}{8\sin^2 k\alpha}\,(\psi_{n+k}-\psi_{n-k}) = 0 , \qquad (9)$$

$$-\ddot{\psi}_n - 2\dot{\rho}_n + \frac{\mu}{2}\sum_{k=1}^{N-1}\frac{\cos k\alpha}{\sin^2 k\alpha}\,(\rho_{n-k}-\rho_{n+k})$$

$$+\frac{\mu}{2}\sum_{k=1}^{N-1}\frac{1}{8\sin k\alpha}\left(1+2\,\frac{\cos^2 k\alpha}{\sin^2 k\alpha}\right)(2\psi_n-\psi_{n-k}-\psi_{n+k}) = 0 . \qquad (10)$$

Die zyklische Gruppe ist eine Symmetriegruppe. Deshalb machen wir den Ansatz ($\ell = 0,1,2,..,N-1$):

$$\rho_n^{(\ell)} = \mathrm{Re}\, A^{(\ell)}\, e^{i(\ell\cdot 2\alpha n-\omega_\ell\tau)} \;;\quad \rho_{n+N}^{(\ell)} = \rho_n^{(\ell)}$$

$$\psi_n^{(\ell)} = \mathrm{Re}\,(-i)\, B^{(\ell)}\, e^{i(\ell\cdot 2\alpha n-\omega_\ell\tau)} \;;\quad \psi_{n+N}^{(\ell)} = \psi_n^{(\ell)} \qquad (11)$$

(ρ_n und ψ_n lassen sich immer als Superpositronen von (11) darstellen). Dies setzen wir in die Eulerschen Gleichungen ein.

Mit den Abkürzungen

$$P(\ell) = \sum_{k=1}^{N-1}\frac{1}{8}\,\frac{\cos k\alpha}{\sin^2 k\alpha}\,\sin 2\,k\,\ell\,\alpha$$

$$Q(\ell) = \sum_{k=1}^{N-1}\frac{1}{4}\,\frac{1}{\sin k\alpha}\left(1+2\,\frac{\cos^2 k\alpha}{\sin^2 k\alpha}\right)\sin^2 k\,\ell\,\alpha \qquad (12)$$

$$R(\ell) = \sum_{k=1}^{N-1}\frac{1}{4}\,\frac{1}{\sin k\alpha}\left(2+\frac{\cos^2 k\alpha}{\sin^2 k\alpha}\right)\sin^2 k\,\ell\,\alpha ,$$

erhalten wir die folgenden homogenen Gleichungen für $A^{(\ell)}$ und $B^{(\ell)}$:

$$
\begin{aligned}
&[\omega_\ell^3 + 3 - \mu R(\ell)]\, A^{(\ell)} + [-2\omega_\ell + \mu P(\ell)]\, B^{(\ell)} = 0 \\
&[-2\omega_\ell + \mu P(\ell)]\, A^{(\ell)} + [\omega_\ell^2 + \mu Q(\ell)]\, B^{(\ell)} = 0\,.
\end{aligned} \tag{13}
$$

Deshalb erfüllen die Frequenzen ω_ℓ Gleichungen

$$\Delta_\ell(\omega_\ell) = 0\,, \tag{14}$$

wobei

$$
\begin{aligned}
\Delta_\ell(\omega) = {} & [\omega^2 + 3 - \mu R(\ell)][\omega^2 + \mu Q(\ell)] \\
& - (2\omega - \mu P(\ell))^2\,.
\end{aligned} \tag{15}
$$

Wir müssen nun untersuchen, unter welchen Bedingungen (14) nur reelle Lösungen für die Frequenzen ω hat.

Zunächst stellen wir fest

$$R(-\ell) = R(\ell)\,,\quad Q(-\ell) = Q(\ell),\quad P(-\ell) = -P(\ell) \tag{16}$$

und folglich

$$\omega_{-\ell} = -\omega_\ell\,. \tag{17}$$

Sodann ist klar, dass die Mode $\ell = \frac{N}{2}$ (N gerade) die grössten störenden Kräfte erzeugt, da dann banachbarte Körper entgegengesetzt ausgelenkt werden. Wir betrachten als Beispiel $R(\ell)$ (in den Summen (12) bleibt bei $k \longrightarrow N-k$ alles gleich):

$$R(\ell) = 2 \times \sum_{k=1}^{[N/2]} \frac{1}{4} \left(\frac{\cos^2 k\alpha}{\sin^3 k\alpha} + \frac{2}{\sin k\alpha}\right) \sin^2 k\ell\alpha\,.$$

Für grosse N dominieren die tiefsten k in der Summe

$$R(\tfrac{N}{2}) = 2 \times \sum_{k=1,3,5,..}^{[N/2]} \frac{1}{4} \left(\frac{\cos^2 k\alpha}{\sin^3 k\alpha} + \frac{2}{\sin k\alpha}\right)$$

$$\simeq \frac{1}{2} \sum_{k=1,3,5,...} \frac{1}{(k\alpha)^3} = \frac{1}{2}\left(\frac{N}{\pi}\right)^3 \left(1 + \frac{1}{3^3} + \frac{1}{5^3} + \ldots\right)$$

$$= \frac{1}{2} \left(\frac{N}{\pi}\right)^3 \times 1.0518.$$

Ebenso findet man $Q \simeq 2R$. Wir setzen

$$A := \mu R \,, \quad \mu Q \simeq 2A \,,$$

$$A \simeq \tfrac{1}{2} \underset{\uparrow \; \simeq w/M}{\mu} \left(\frac{N}{\pi}\right)^3 \times 1.0518 \simeq \tfrac{1}{2} \frac{N^2}{\pi^3} \times 1.0518 \; \frac{\text{Ring-Masse}}{\text{Saturn-Masse}} \,. \tag{18}$$

Aus (14) wird (für $\ell = N/2$)

$$\omega^4 - (1 - A)\,\omega^2 + 2A\,(3 - A) = 0 \,. \tag{19}$$

Die Bedingung für Stabilität ist

$$(1-A)^2 > 8A(3-A) \,,$$

oder

$$1 > 25.649\,A \,. \tag{20}$$

Setzen wir darin (18) ein, so ergibt sich schliesslich

$$\boxed{N^2 < 2.3\, \frac{\text{Saturn-Masse}}{\text{Ring-Masse}}} \,. \tag{21}$$

Die Beobachtungen zeigen, dass die Ringmasse etwa 10^{-6} der Saturn-Masse beträgt.

Maxwell untersuchte auch die Wechselwirkung von mehreren Ringen. Selbst wenn jeder Ring für sich stabil ist, können die Kopplungen zu Instabilitäten führen. Eine Zusammenfassung der Resultate und Schlussfolgerungen geben die folgenden Schlusspassagen aus Maxwells Originalarbeit.

XIX. *On the Stability of the motion of Saturn's Rings.*

[An Essay, which obtained the Adams Prize for the year 1856, in the University of Cambridge.]

ADVERTISEMENT.

THE Subject of the Prize was announced in the following terms:—

> The University having accepted a fund, raised by several members of St John's College, for the purpose of founding a Prize to be called the ADAMS PRIZE, for the best Essay on some subject of Pure Mathematics, Astronomy, or other branch of Natural Philosophy, the Prize to be given once in two years, and to be *open to the competition of all persons who have at any time been admitted to a degree in this University:*—

The Examiners give Notice, that the following is the subject for the Prize to be adjudged in 1857:—

The Motions of Saturn's Rings.

*** The problem may be treated on the supposition that the system of Rings is exactly or very approximately concentric with Saturn and symmetrically disposed about the plane of his Equator, and different hypotheses may be made respecting the physical constitution of the Rings. It may be supposed (1) that they are rigid: (2) that they are fluid, or in part aeriform: (3) that they consist of masses of matter not mutually coherent. The question will be considered to be answered by ascertaining on these hypotheses severally, whether the conditions of mechanical stability are satisfied by the mutual attractions and motions of the Planet and the Rings.

It is desirable that an attempt should also be made to determine on which of the above hypotheses the appearances both of the bright Rings and the recently discovered dark Ring may be most satisfactorily explained; and to indicate any causes to which a change of form, such as is supposed from a comparison of modern with the earlier observations to have taken place, may be attributed.

E. GUEST, *Vice-Chancellor.*
J. CHALLIS.
S. PARKINSON.
W. THOMSON.

March 23, 1855.

Schlussabschnitt von Maxwells Arbeit:

Let us now gather together the conclusions we have been able to draw from the mathematical theory of various kinds of conceivable rings.

We found that the stability of the motion of a solid ring depended on so delicate an adjustment, and at the same time so unsymmetrical a distribution of mass, that even if the exact condition were fulfilled, it could scarcely last long, and if it did, the immense preponderance of one side of the ring would be easily observed, contrary to experience. These considerations, with others derived from the mechanical structure of so vast a body, compel us to abandon any theory of solid rings.

We next examined the motion of a ring of equal satellites, and found that if the mass of the planet is sufficient, any disturbances produced in the arrangement of the ring will be propagated round it in the form of waves, and will not introduce dangerous confusion. If the satellites are unequal, the propagation of the waves will no longer be regular, but disturbances of the ring will in this, as in the former case, produce only waves, and not growing confusion. Supposing the ring to consist, not of a single row of large satellites, but of a cloud of evenly distributed unconnected particles, we found that such a cloud must have a very small density in order to be permanent, and that this is inconsistent with its outer and inner parts moving with the same angular velocity. Supposing the ring to be fluid and continuous, we found that it will be necessarily broken up into small portions.

We conclude, therefore, that the rings must consist of disconnected particles; these may be either solid or liquid, but they must be independent. The entire system of rings must therefore consist either of a series of many concentric rings, each moving with its own velocity, and having its own systems of waves, or else of a confused multitude of revolving particles, not arranged in rings, and continually coming into collision with each other.

Taking the first case, we found that in an indefinite number of possible cases the mutual perturbations of two rings, stable in themselves, might mount up in time to a destructive magnitude, and that such cases must continually occur in an extensive system like that of Saturn, the only retarding cause being the possible irregularity of the rings.

The result of long-continued disturbance was found to be the spreading out of the rings in breadth, the outer rings pressing outwards, while the inner rings press inwards.

The final result, therefore, of the mechanical theory is, that the only system of rings which can exist is one composed of an indefinite number of unconnected particles, revolving round the planet with different velocities according to their respective distances. These particles may be arranged in series of narrow rings, or they may move through each other irregularly. In the first case the destruction of the system will be very slow, in the second case it will be more rapid, but there may be a tendency towards an arrangement in narrow rings, which may retard the process.

We are not able to ascertain by observation the constitution of the two outer divisions of the system of rings, but the inner ring is certainly transparent, for the limb of Saturn has been observed through it. It is also certain, that though the space occupied by the ring is transparent, it is not through the material parts of it that Saturn was seen, for his limb was observed without distortion; which shows that there was no refraction, and therefore that the rays did not pass through a medium at all, but between the solid or liquid particles of which the ring is composed. Here then we have an optical argument in favour of the theory of independent particles as the material of the rings. The two outer rings may be of the same nature, but not so exceedingly rare that a ray of light can pass through their whole thickness without encountering one of the particles.

Finally, the two outer rings have been observed for 200 years, and it appears, from the careful analysis of all the observations by M. Struvé, that the second ring is broader than when first observed, and that its inner edge is nearer the planet than formerly. The inner ring also is suspected to be approaching the planet ever since its discovery in 1850. These appearances seem to indicate the same slow progress of the rings towards separation which we found to be the result of theory, and the remark, that the inner edge of the inner ring is most distinct, seems to indicate that the approach towards the planet is less rapid near the edge, as we had reason to conjecture. As to the apparent unchangeableness of the exterior diameter of the outer ring, we must remember that the outer rings are certainly far more dense than the inner one, and that a small change in the outer rings must balance a great change in the inner one. It is possible, however, that some of the observed changes may be due to the existence of a resisting medium. If the changes already suspected should be confirmed by repeated observations with the same instruments, it will be worth while to investigate more carefully whether Saturn's Rings are permanent or transitionary elements of the Solar System, and whether in that part of the heavens we see celestial immutability, or terrestrial corruption and generation, and the old order giving place to new before our own eyes.

6.3 Parametrische Resonanz

Wir studieren nun die Stabilität von Gleichgewichtslagen und periodischen Lösungen für nicht-autonome Systeme

$$\dot{x} = X(x,t) \quad , \tag{6.26}$$

für welche aber die Zeitabhängigkeit periodisch ist,

$$X(x,t+T) = X(x,t) \ . \tag{6.27}$$

Beispiel: Oszillator mit periodisch variierender Frequenz:

$$\ddot{q} + \omega^2(t)\, q = 0 \ , \quad \omega(t+T) = \omega(t) \ . \tag{6.28}$$

Diese Gleichung ist äquivalent zu

$$\begin{aligned} \dot{q} &= p \\ \dot{p} &= -\omega^2 q \ , \quad \omega(t+T) = \omega(t) \ . \end{aligned} \tag{6.29}$$

Gl. (6.28) ist ein Modell für die Schaukel, die durch ein Pendel variabler Länge $\ell(t)$ und zugehöriger variabler Frequenz $\omega^2(t) = g/\ell(t)$ beschrieben sei. Interessant ist hier die Stabilität der Gleichgewichtslage $q = 0$ (tiefster Punkt) und die Möglichkeit des Aufschaukelns. (Kinder lernen dies allerdings ohne die nachfolgende Analyse.)

Es sei $\Phi_t = \Phi_{t,0}$ der Fluss von X (mit Anfangszeit 0). Da das System nichtautonom ist, gilt i.a. für Φ_t keine Gruppeneigenschaft: $\Phi_t \circ \Phi_s \neq \Phi_s \circ \Phi_t \neq \Phi_{t+s}$.

Die Periodizität von X impliziert aber

$$\Phi_t \circ \Phi_T = \Phi_{T+t} \tag{6.30}$$

und speziell

$$(\Phi_T)^n = \Phi_{nT} \ . \tag{6.31}$$

Die Abbildung $\varphi := \Phi_T$ spielt im folgenden eine wichtige Rolle; wir nennen sie die <u>Poincaréabbildung</u>. Nach (6.30) gilt

$$\Phi_{T+t} = \Phi_t \circ \varphi . \tag{6.32}$$

Danach ist x_0 genau dann Fixpunkt von φ, wenn die Lösung $\Phi_t(x_0)$, mit der Anfangsbedingung x_0 für $t = 0$, periodisch mit der Periode T ist. Ferner ist die periodische Lösung $\Phi_t(x_0)$ genau dann Ljapunov stabil *) (asymptotisch stabil), wenn der Fixpunkt x_0 von φ Ljapunov stabil *) (asymptotisch stabil) ist.

Für Hamiltonsche Systeme ist $D\varphi$ nach Satz 5.3 symplektisch. Von der Uebungsserie 7 wissen wir deshalb, dass für jeden Eigenwert λ von $D\varphi(x_0)$ auch λ^{-1}, $\bar{\lambda}$ und $\bar{\lambda}^{-1}$ Eigenwerte mit denselben Multiplizitäten sind.

Ist das System (6.27) linear, $X(x,t) = A(t)\,x$, dann ist natürlich φ linear.

Wir nennen x_0 einen <u>hyperbolischen Fixpunkt</u> von einem Diffeomorphismus φ, falls $D\varphi(x_0)$ ein hyperbolischer Isomorphismus ist, d.h. keine Eigenwerte vom Betrag 1 hat.

Für hyperbolische Fixpunkte eines Diffeomorphismus φ gilt die folgende Version des Hartman-Theorems.

---

*) Ein Fixpunkt x_0 von φ ist <u>(Ljapunov-)stabil</u>, falls zu jeder Umgebung U von x_0 eine Umgebung $V \subset U$ von x_0 existiert, so dass $\bigcup_{n \geq 0} \varphi^n(V) \subset U$ gilt. Eine periodische Bahn γ ist <u>stabil</u>, falls zu jeder Umgebung U von γ eine offene Umgebung $V \subset U$ von γ existiert, mit

$$\bigcup_{t \geq 0} \Phi_t(V) \subset U .$$

<u>Satz 6.6 (Grobman Hartman):</u> Es sei φ ein lokaler Diffeomorphismus und x_0 ein hyperbolischer Fixpunkt von φ. Sei $A = D\varphi(x_0)$. Dann gibt es Umgebungen $V(x_0)$ von x_0 und $U(o)$ von $o \in \mathbb{R}^n$ und einen Homöomorphismus $h: U \longrightarrow V$, derart, dass gilt

$$h \circ A = \varphi \circ h .$$

<u>Beweis:</u> Siehe z.B. [12], § 2.4.

Für einen symplektischen Diffeomorphismus φ ist deshalb jeder hyperbolische Fixpunkt instabil. Stabilität ist höchstens möglich, wenn x_0 ein Zentrum ist, d.h. alle Eigenwerte von $D\varphi(x_0)$ vom Betrage 1 sind. Im nichtlinearen Fall sind wir dann wieder in einer sehr schwierigen Situation.

Wir betrachten jetzt ein <u>lineares</u> periodisches Hamiltonsches System, z.B. (6.29). Nach dem Gesagten ist die Nulllösung genau dann stabil, wenn alle Eigenwerte von φ auf dem Einheitskreis sind. Im zweidimensionalen Fall gilt für die beiden Eigenwerte λ_1, λ_2 : $\lambda_1 \lambda_2 = \det \varphi = 1$, $\lambda_1 + \lambda_2 = \mathrm{Sp}\, \varphi$. Stabilität liegt also genau dann vor, wenn

$$|\mathrm{Sp}\, \varphi| < 2 \tag{6.33}$$

ist. Leider ist die Berechnung der Spur von φ nur in speziellen Fällen möglich. Durch numerische Integration der Bewegungsgleichung im Intervall $0 \leq t \leq T$ kann man diese aber approximativ bestimmen.

Sind überdies alle 2f Eigenwerte verschieden, so ist die Nullösung <u>stark stabil</u>, d.h. jedes genügend benachbarte lineare Hamiltonsche System ist ebenfalls stabil (Uebung).

Instabilitäten können nur auftreten, wenn zwei Eigenwerte zusammenstossen.

Als Beispiel betrachten wir nun die Gleichung

$$\ddot{x} = -\omega^2(1 + \varepsilon\, a(t))\, x \;, \; \varepsilon \ll 1 \;, \tag{6.34}$$

mit $a(t+2\pi) = a(t)$, z.B. $a(t) = \cos(t)$.

Die Berechnung von φ ist einfach für $\varepsilon = 0$. Dafür ist die allgemeine Lösung $x = c_1\cos\omega t + c_2\sin\omega t$. Die Lösung mit den Anfangsbedingungen $x = 1$, $\dot{x} = 0$ ist

$$x = \cos\omega t \;, \quad \dot{x} = -\omega\sin\omega t$$

und diejenige für die Anfangsbedingungen $x = 0$, $\dot{x} = 1$ lautet

$$x = \frac{1}{\omega}\sin\omega t \;, \quad \dot{x} = \cos\omega t \;.$$

Deshalb lautet die Poincaréabbildung

$$\varphi = \begin{pmatrix} \cos 2\pi\omega & \frac{1}{\omega}\sin 2\pi\omega \\ -\omega\sin 2\pi\omega & \cos 2\pi\omega \end{pmatrix} \;.$$

Daraus folgt :

$$|\mathrm{Sp}\,\varphi| = 2|\cos 2\pi\omega| < 2 \qquad \text{für} \quad \omega \neq \frac{k}{2} \;, \; k = 0,1,\ldots \;.$$

Wir schliessen daraus, dass die Instabilitätszonen in der (ω,ε)-Ebene die schraffierten Gebiete in Fig. 6.7 sind, welche die ω-Achse in den Punkten

$$\omega = k/2, \qquad k = 0,1,2,\ldots \tag{6.35}$$

schneiden.

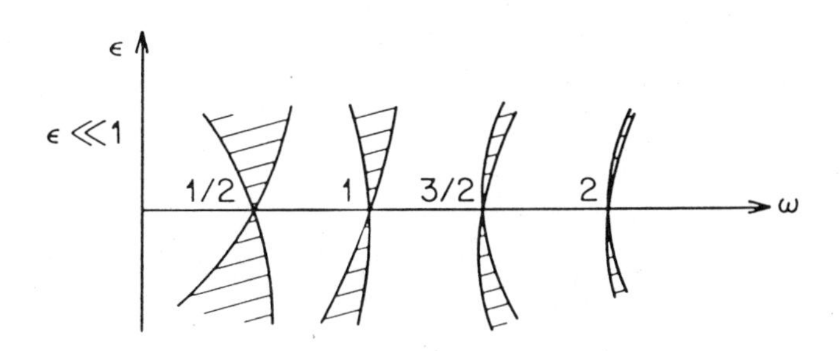

Fig. 6.7

(Die genaue Form der Instabilitätszonen kann man numerisch berechnen.) Die untere Gleichgewichtslage der idealisierten Schaukel ist also instabil bezüglich beliebig kleinen periodischen Aenderungen der Länge für $\omega = \frac{1}{2}, 1, \frac{3}{2}, \ldots$. Dieses Phänomen nennt man parametrische Resonanz. Die Resonanz wird am stärksten für $\omega = \frac{1}{2}$ sein, d.h. wenn die Frequenz ν der Aenderung des Parameters zweimal so gross ist wie die charakteristische Frequenz ω des Systems (oben war $\nu = 1$). Für höhere k in $\omega/\nu = k/2$, sind die Instabilitätszonen sehr eng und ausserdem sind die Instabilitäten schwach. Wird auch Reibung mitgenommen, so entfernen sich die Instabilitätszonen zunehmend schnell von der reellen Achse (vgl. Fig. 6.8).

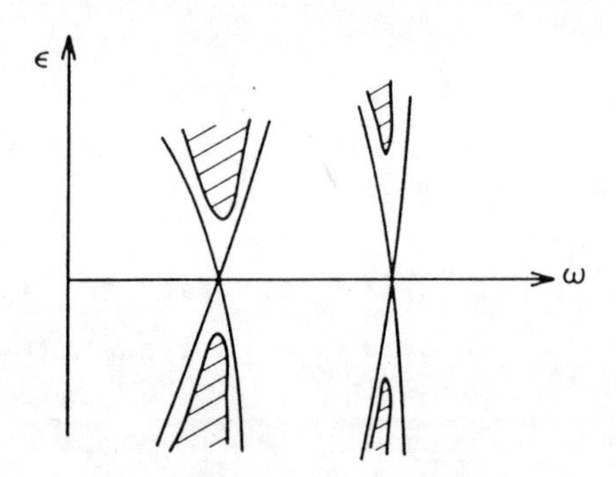

Fig. 6.8

Weitere Beispiele von parametrischer Resonanz werden wir in den Uebungen kennenlernen (vgl. auch [4], § 25).

*   *   *

6.4 Gleichgewichtslagen im restringierten 3-Körperproblem

Wir betrachten zwei Massenpunkte P_1 und P_2, welche sich in einer Ebene auf Kreisbahnen mit gleichförmiger Geschwindigkeit um ihren gemeinsamen Schwerpunkt S, auf Grund ihrer gegenseitigen Anziehung nach dem Newtonschen Gesetz bewegen (Doppelstern-System, oder Sonne-Jupiter). Ein dritter Probekörper bewege sich im Gravitationsfeld von P_1 und P_2. Seine Masse wird als verschwindend klein angenommen, so dass er die Kreisbewegung von P_1 und P_2 nicht beeinflusst. Das eingeschränkte 3-Körperproblem besteht in der Aufgabe, die Bewegung dieses Probekörpers zu beschreiben. Leider kann man auch über dieses vereinfachte 3-Körperproblem nur fragmentarische Aussagen machen.

Wir bestimmen zunächst die Lagrangefunktion bezüglich des mitrotierenden Systems. Nach (2.81) ist die kinetische Energie $T = \frac{m}{2}(\dot{\underline{x}} + \underline{\omega} \wedge \underline{x})^2$, wenn $\underline{\omega}$ die Winkelgeschwindigkeit bezüglich des rotierenden Systems ist. Bezeichnet Φ das Newtonsche Potential von P_1 und P_2, so lautet die Lagrangefunktion (wir dividieren durch m)

$$L = \frac{1}{2}\dot{\underline{x}}^2 + (\underline{\omega} \wedge \underline{x}) \cdot \dot{\underline{x}} - \phi , \tag{6.36}$$

mit

$$\phi = \Phi - \frac{1}{2}(\underline{\omega} \wedge \underline{x})^2 . \tag{6.37}$$

Der 2. Term ist das Zentrifugalpotential. Der kanonische Impuls ist

$$\underline{p} = \frac{\partial L}{\partial \dot{\underline{x}}} = \dot{\underline{x}} + \underline{\omega} \wedge \underline{x} \qquad (\underline{p} \neq \dot{\underline{x}} \; !) \tag{6.38}$$

und damit lautet die Hamiltonfunktion:

$$H = \tfrac{1}{2}\,[\underline{p} - \underline{\omega} \wedge \underline{x}]^2 + \phi(\underline{x}) \,. \tag{6.39}$$

Die Gleichgewichtslagen sind bestimmt durch

$$\dot{\underline{x}} = \underline{p} - \underline{\omega} \wedge \underline{x} = 0 \,, \quad \underline{\nabla}\,\phi(\underline{x}) = 0 \,. \tag{6.40}$$

Bezüglich des rotierenden Systems ist H autonom. Die Erhaltung von H ist gleichbedeutend mit der Erhaltung des sog. Jacobiintegrals,

$$\dot{\underline{x}}^2 + \phi(\underline{x}) = \text{const.} \tag{6.41}$$

Für einen gegebenen Wert J dieses Integrals sind die möglichen Konfigurationen $= \{\underline{x} \mid \phi(\underline{x}) \leq J\}$. Deshalb ist die Struktur der Aequipotentialflächen von ϕ wichtig. Diese sind weiter unten in Fig. 6.11 gezeigt.

Die Gleichgewichtspunkte von X_H liegen natürlich in der Bahnebene. Wir beschränken uns im weiteren auf Bewegungen des Testkörpers in der Bahnebene. Nach der Definition des Schwerpunktes und dem 3. Keplerschen Gesetz ist (für die Bezeichnungen vgl. Fig. 6.9):

$$\frac{a_1}{m_2} = \frac{a_2}{m_1} = \frac{G}{\omega^2 (a_1 + a_2)^2} \,. \tag{6.42}$$

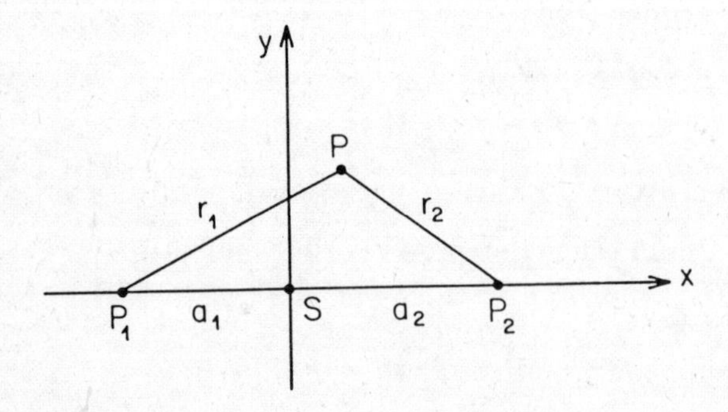

Fig. 6.9

Zur Vereinfachung der Formeln wählen wir die Einheiten von Masse, Länge und Zeit so, dass

$$m_1 + m_2 = 1 , \quad a_1 + a_2 = 1 , \quad G = 1 . \tag{6.43}$$

Ferner schreiben wir noch $m_2 = \mu$, also $m_1 = 1 - \mu$. Dann ist nach (6.42)

$$a_1 = \mu \ , \ a_2 = 1 - \mu \ , \ \omega = 1 \tag{6.44}$$

und die Hamiltonfunktion (6.39) in der Bahnebene lautet

$$H = \tfrac{1}{2} (p_x^2 + p_y^2) - (xp_y - yp_x) - \frac{1-\mu}{[(x+\mu)^2+y^2]^{\frac{1}{2}}} - \frac{\mu}{[(x-1+\mu)^2+y^2]^{\frac{1}{2}}} . \tag{6.45}$$

Das zugehörige Hamiltonsche Vektorfeld ist

$$X_H = (p_x + y, \ p_y - x \ , \ p_y - \phi_{,x}, \ - p_x - \phi_{,y}) . \tag{6.46}$$

Das Newtonsche Potential ϕ ist durch die beiden letzten Terme in (6.45) gegeben. Es ist

$$\phi_{,x} = \frac{(1-\mu)(x+\mu)}{r_{1-\mu}^3} + \frac{\mu(x-1+\mu)}{r_\mu^3} \ ; \ \phi_{,y} = \frac{y(1-\mu)}{r_{1-\mu}^3} + \frac{y\mu}{r_\mu^3} , \tag{6.47}$$

wobei

$$r_{1-\mu}^2 := (x+\mu)^2 + y^2 \qquad (r_{1-\mu} : \text{Abstand von Masse } 1-\mu)$$

$$r_\mu^2 := (x-1+\mu)^2 + y^2 \qquad (r_\mu : \text{Abstand von Masse } \mu). \tag{6.48}$$

Für die kritischen Punkte gilt

$$p_x = - y \ , \ p_y = x \quad (\dot{x} = \dot{y} = 0) , \tag{6.49}$$

$$x = (x+\mu)(1-\mu) \ r_{1-\mu}^{-3} + \mu(x-1+\mu) \ r_\mu^{-3} , \tag{6.50}$$

$$y = y(1-\mu) \ r_{1-\mu}^{-3} + y \mu \ r_\mu^{-3} . \tag{6.51}$$

a) <u>äquilaterale Lösungen:</u>

Ist $y \neq 0$ so folgt aus (6.51): $1 = (1-\mu) r_{1-\mu}^{-3} + \mu r_{\mu}^{-3}$. Damit wird aus (6.50): $\mu(1-\mu)(r_{1-\mu}^{-3} - r_{\mu}^{-3}) = 0$

$$\Longrightarrow \quad r_{\mu} = r_{1-\mu} \longrightarrow r_{\mu} = r_{1-\mu} = 1 \, ,$$

unabhängig von μ .

Falls also (P, P_1, P_2) in Fig. 6.9 ein gleichseitiges Dreieck bilden, so ist P ein Gleichgewichtspunkt (Lagrange 1773).

b) <u>kollineare Lösungen:</u>

Ist $y = 0$, so verbleibt nur die Bedingung (6.50), welche drei Lösungen hat, wie man graphisch sieht (Fig. 6.10). Diese

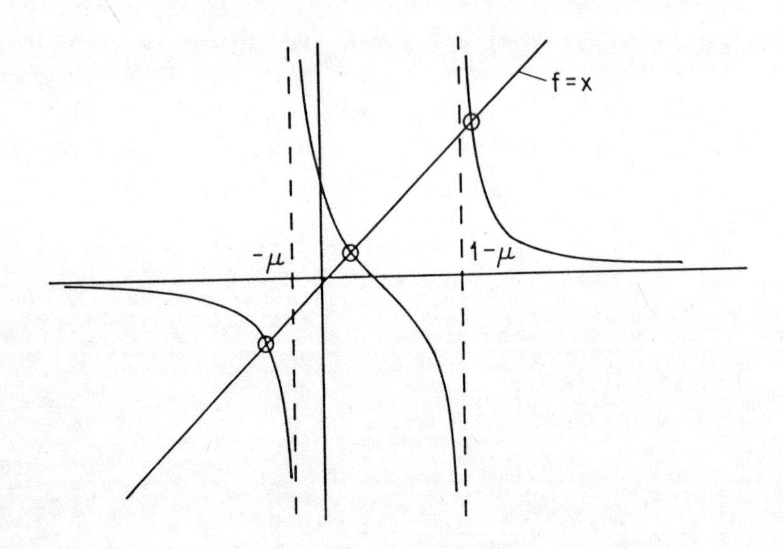

<u>Fig. 6.10.</u> Graphische Lösung von (6.50)

drei kollinearen Lösungen hat Euler 1767 gefunden. Wir werden sehen, dass diese Gleichgewichtslagen instabil sind (Plummer 1901). Die 5 Gleichgewichtspunkte und die Niveaulinien von ϕ sind in Fig. 6.11 gezeigt.

Zur Untersuchung des Stabilitätsverhaltens benötigen wir DX_H. Aus (6.46) folgt

$$DX_H = \begin{pmatrix} 0 & 1 & 1 & 0 \\ -1 & 0 & 0 & 1 \\ -\phi_{,xx} & -\phi_{,xy} & 0 & 1 \\ -\phi_{,xy} & -\phi_{,yy} & -1 & 0 \end{pmatrix}. \tag{6.52}$$

Für das zugehörige charakteristische Polynom findet man

$$\chi(\lambda) = \lambda^4 + 2\lambda^2 + 1 + \lambda^2(\phi_{,xx} + \phi_{,yy}) - \phi_{,xx} - \phi_{,yy} + (\phi_{,xx}\phi_{,yy}) - \phi_{,xy}^2. \tag{6.53}$$

Die äquilateralen Gleichgewichtslagen haben die Werte

$$x = \tfrac{1}{2} - \mu, \quad y = \pm \frac{\sqrt{3}}{2},$$

$$\phi_{,xx} = \frac{1}{4}, \quad \phi_{,xy} = -\frac{3\sqrt{3}}{4}(1-2\mu)$$

$$\phi_{,yy} = -\frac{5}{4}. \tag{6.54}$$

Dies gibt

$$\chi(\lambda) = \lambda^4 + \lambda^2 + \frac{27}{4}\mu(1-\mu). \tag{6.55}$$

Die Eigenwerte von DX_H sind also

$$\boxed{\lambda_{1,2}^2 = -\tfrac{1}{2} \pm \tfrac{1}{2}\sqrt{1 - 27\mu(1-\mu)}}. \tag{6.56}$$

Für

$$\mu < \tfrac{1}{2} - \frac{\sqrt{69}}{18} = 0.03852... \qquad (6.57)$$

(kritischer Routh Wert)

sind alle Eigenwerte imaginär und nicht entartet. Da der quadratische Teil der Hamiltonfunktion (d.h. die Hessesche) indefinit ist (Uebung), ist die Frage der Stabilität sehr schwierig. Erst durch die Arbeiten von Arnold und Moser wurde es in den 60iger Jahren möglich, diese Frage zu beantworten. Folgendes ist wahr (siehe z.B. C.I. Siegel, J.K. Moser, "Lectures on Celestical Mechanics", Springer 1971, § 35): Für das Intervall

$$0 < \mu < \mu_1 := \tfrac{1}{2}\left(1 - \frac{\sqrt{69}}{9}\right) \qquad (6.58)$$

sind die äquilateralen Gleichgewichtslagen stabil, bis auf 3

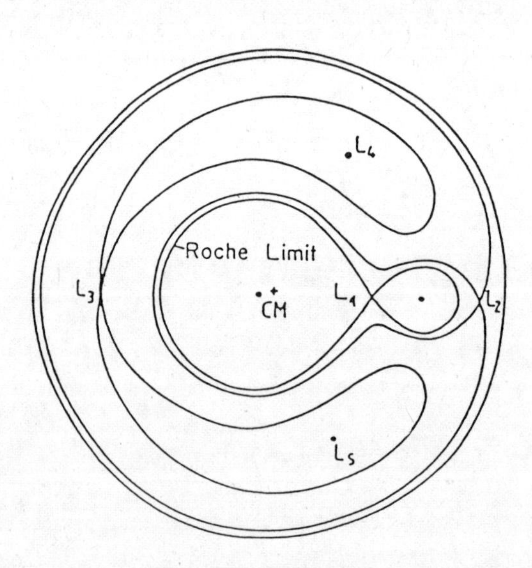

Fig. 6.11. Niveaulinien von ϕ in der Bahnebene, Gleichgewichtslagen und Roche-Grenze des restringierten 3-Körperproblems

Ausnahmewerte μ_0, μ_2, μ_3 von μ, wobei z.B.

$$\mu_2 = \tfrac{1}{2}\left(1 - \tfrac{1}{45}\sqrt{1833}\right), \quad \mu_3 = \tfrac{1}{2}\left(1 - \tfrac{1}{15}\sqrt{213}\right).$$

Wir untersuchen jetzt die kollinearen Gleichgewichtslagen.

Satz (Plummer 1901): Die Eulerschen Gleichgewichtslagen sind instabil.

Beweis: Benutzen wir an Stelle von Φ das Potential

$$\phi = \Phi - \tfrac{1}{2}(x^2 + y^2), \tag{6.59}$$

so lautet das charakteristische Polynom (6.53)

$$\chi(\lambda) = \lambda^4 + (4 + \phi_{xx} + \phi_{yy})\lambda^2 + (\phi_{xx}\phi_{yy} - \phi_{xy}^2). \tag{6.60}$$

Wir zeigen, dass nicht alle Eigenwerte rein imaginär sein können. Für die Instabilität genügt es nach (6.60) zu zeigen, dass das Polynom

$$\hat{\chi}(\xi) = \xi^2 + (4 + \phi_{xx} + \phi_{yy})\xi + (\phi_{xx}\phi_{yy} - \phi_{xy}^2) \tag{6.61}$$

nicht zwei negativ reelle Wurzeln hat. Wir werden nun zeigen, dass $\hat{\chi}(\xi)$ zwei reelle Wurzeln mit entgegengesetztem Vorzeichen hat

Direkte Rechnung gibt ($\rho \equiv r_\mu$, $\sigma \equiv r_{1-\mu}$)

$$\begin{aligned} -\phi_{xx} &= 1 - \frac{\mu}{\rho^3} - \frac{1-\mu}{\sigma^3} + \frac{3\mu}{\rho^5}(x-1+\mu)^2 + \frac{3(1-\mu)}{\sigma^5}(x+\mu)^2, \\ -\phi_{xy} &= 3y\left\{\frac{\mu}{\rho^5}(x-1+\mu) + \frac{1-\mu}{\sigma^5}(x+\mu)\right\}, \\ -\phi_{yy} &= 1 - \frac{\mu}{\rho^3} - \frac{1-\mu}{\sigma^3} + 3y^2\left\{\frac{\mu}{\rho^5} + \frac{1-\mu}{\sigma^5}\right\}, \end{aligned} \tag{6.62}$$

wobei für $y = 0$: $\rho = |x-1+\mu|$, $\sigma = |x+\mu|$. Für $y = 0$ ist $\phi_{xy} = 0$ und also

$$\hat{\chi}(\xi) = \xi^2 + (4 + \phi_{xx} + \phi_{yy})\xi + \phi_{xx}\phi_{yy}. \tag{6.63}$$

Ferner gilt

$$- \phi_{xx} = 1 + 2\Delta \ , \ - \phi_{yy} = 1 - \Delta \tag{6.64}$$

mit

$$\Delta = \frac{\mu}{\rho^3} + \frac{1-\mu}{\sigma^3} \ . \tag{6.65}$$

Wir sehen, dass $-\phi_{xx}$ positiv ist und notieren

$$(4 + \phi_{xx} + \phi_{yy})^2 - 4\,\phi_{xx}\,\phi_{yy} = \Delta\,(9\Delta - 8) \ . \tag{6.66}$$

Die Wurzeln von $\hat{\chi}$ sind demnach reell für $\Delta > 8/9$. Wir werden zeigen, dass $-\phi_{yy} < 0$ ist, weshalb nach (6.64) $\Delta > 1$ sein muss. Da $-\phi_{xx} > 0$ ist und das Produkt der Wurzeln gleich $\phi_{xx}\,\phi_{yy} < 0$ ist, haben die beiden reellen Wurzeln tatsächlich verschiedene Vorzeichen.

Wir zeigen nun, dass $-\phi_{yy}$ an der Stelle der Eulerpunkte negativ ist.

Nun ist allgemein

$$x^2 + y^2 = \mu\rho^2 + (1-\mu)\sigma^2 - \mu(1-\mu)$$

und folglich

$$\phi(x,y) = U(\rho,\sigma) = -\tfrac{1}{2}\,[\mu\rho^2 + (1-\mu)\sigma^2 - \mu(1-\mu)] - \frac{\mu}{\rho} - \frac{1-\mu}{\sigma} \ . \tag{6.67}$$

Deshalb

$$- \frac{\partial U}{\partial\rho} = \mu\left(\rho - \frac{1}{\rho^2}\right), \ - \frac{\partial U}{\partial\sigma} = (1-\mu)\left(\sigma - \frac{1}{\sigma^2}\right) \ . \tag{6.68}$$

Da

$$\phi_{,y} = \frac{\partial U}{\partial\rho}\frac{\partial\rho}{\partial y} + \frac{\partial U}{\partial\sigma}\frac{\partial\sigma}{\partial y} = y\left(\frac{1}{\rho}\frac{\partial U}{\partial\rho} + \frac{1}{\sigma}\frac{\partial U}{\partial\sigma}\right),$$

so folgt für $y = 0$:

$$\phi_{yy} = \frac{1}{\rho}\frac{\partial U}{\partial\rho} + \frac{1}{\sigma}\frac{\partial U}{\partial\sigma} \ . \tag{6.69}$$

Jetzt betrachten wir die drei Gleichgewichtslagen separat. Für den <u>inneren Lagrangepunkt</u> L_1 in Fig. 6.11 ist $\rho + \sigma = 1$, also

$$\frac{\partial \rho}{\partial x} + \frac{\partial \sigma}{\partial x} = 0 .$$

Da nach der Kettenregel

$$\phi_{,x} = \frac{\partial U}{\partial \rho}\frac{\partial \rho}{\partial x} + \frac{\partial U}{\partial \sigma}\frac{\partial \sigma}{\partial x}$$

so verschwindet also $\phi_{,x}$ wenn gilt $\partial U/\partial\rho = \partial U/\partial\sigma$, d.h. nach (6.68)

$$\mu\left(\frac{1}{\rho^2} - \rho\right) = (1-\mu)\left(\frac{1}{\sigma^2} - \sigma\right) .$$

Damit ist nach (6.69)

$$-\phi_{yy} = -\left(\frac{1}{\rho} + \frac{1}{\sigma}\right)\frac{\partial U}{\partial \rho} = \left(\frac{1}{\rho} + \frac{1}{\sigma}\right)\mu\left(\rho - \frac{1}{\rho^2}\right) < 0 ,$$

da $0 < \rho < 1$.

Nun betrachten wir den Fall $\rho = \sigma + 1$. Für diesen gilt $\partial\rho/\partial x = \partial\sigma/\partial x$. Wenn also $\phi_{,x}$ verschwindet, ist jetzt

$$\frac{\partial U}{\partial \rho} = -\frac{\partial U}{\partial \sigma}$$

d.h. es gilt

$$\mu\left(\frac{1}{\rho^2} - \rho\right) = (1-\mu)\left(\sigma - \frac{1}{\sigma^2}\right) .$$

Da wir, ohne Einschränkung der Allgemeinheit $\mu < 1-\mu$ wählen können, folgt daraus $\sigma < 1 < \rho$. Also ist

$$-\phi_{yy} = \underbrace{\left(\frac{1}{\rho} - \frac{1}{\sigma}\right)}_{<0}\mu\underbrace{\left(\rho - \frac{1}{\rho^2}\right)}_{>0} < 0 .$$

Ist schliesslich $\sigma = \rho + 1$, so erhält man durch Vertauschung von ρ und σ das gleiche Ergebnis. □

Die Resultate dieses Abschnittes sind insbesondere für die Astrophysik von engen Doppelsternsystemen (z.B. binäre Röntgenquellen) wichtig. Siehe z.B. N. Straumann: General Relativity and Relativistic Astrophysics, Springer 1984.

Anhang. Beweise der Sätze 6.3, 6.4

Beweis von Satz 6.4: Wir wählen eine kompakte Kugel $K \ni x_o$ im Definitionsgebiet der Ljapunovfunktion V. Der Wert des Minimums von V auf ∂K sei 2ε und ferner sei

$$U = \{ x \in K \mid V(x) \leq \varepsilon \}$$

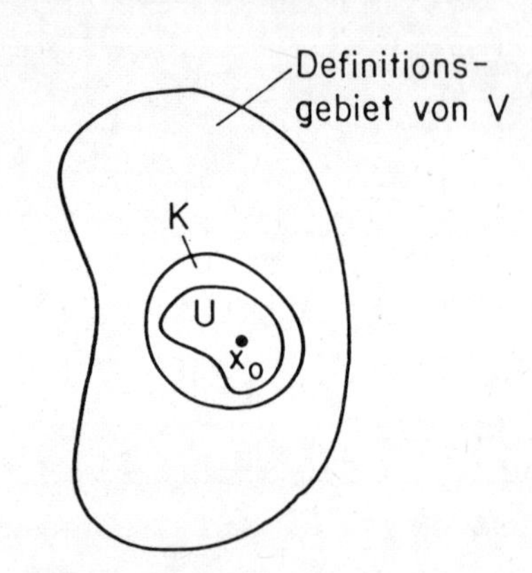

U ist kompakt und liegt im Inneren von K (vgl. Fig.). Angenommen α ist eine Integralkurve und $\alpha(0) \in U$, so ist $\alpha(t) \in U$ für alle t, denn solange $\alpha(t) \in V$ ist, gilt $(V \circ \alpha)^{\bullet} < 0$, also nimmt $V \circ \alpha$ monoton ab. Ist also $V(\alpha(o)) \leq \varepsilon$, so bleibt $V \circ \alpha \leq \varepsilon$ auf der maximalen Lösung in V; dann bleibt aber $\alpha(t) \in K$ also $\alpha(t) \in U$, weil $V \geqslant 2\varepsilon$ auf ∂K. Mit dem Lemma im Anschluss an diesen Beweis folgt, dass $\alpha(t)$ für alle $t \geqslant 0$ definiert ist (und nach dem Gesagten in U bleibt). Dies beweist die Stabilität.

Nun zeigen wir, dass für eine strikte Ljapunovfunktion $\lim_{t \to \infty} V(\alpha(t)) = 0$ ist. Daraus folgt dann $\lim \alpha(t) = x_o$, denn sonst gäbe es eine Folge $t_n \to \infty$, $\alpha(t_n) \to y \neq x_o$, und daher $V(\alpha(t_n)) \to V(y) \neq 0$.

Wegen $(V \circ \alpha)^{\bullet} < 0$ fällt $V \circ \alpha$ monoton, und es könnte allenfalls gelten $V(\alpha(t)) \to \tau > 0$, und dann wäre $V \circ \alpha \geqslant \tau$. Wählt man δ so klein, dass $V(x) < \tau$ für $|x - x_o| < \delta$, so wäre stets $|\alpha(t) - x_o| \geqslant \delta$. Aber auf der kompakten Menge $U \cap \{ x |$

$|x-x_0| \geq \delta\}$ ist $(\text{grad } V, X) < \varkappa < 0$, also wäre stets $(V\circ\alpha)^{\cdot} < \varkappa$, und es müsste nach endlicher Zeit $V(\alpha(t)) = 0$ sein, womit wir einen Widerspruch konstruiert haben. Also gilt in der Tat $\lim V(\alpha(t)) = 0$. □

Das Lemma, welches wir im Beweis benutzten lautet:

Lemma: Sei $\alpha: (a,b) \to M$ eine maximale Lösung der Differentialgleichung (6.1), und $b < \infty$, und ist $K \subset M$ kompakt, so gibt es ein $\tau \in (a,b)$, so dass $\alpha(t) \notin K$ für $t > \tau$. Entsprechendes gilt natürlich auch für negative t und a .

Für den Beweis siehe [1], S. 153.

Beweis des 1. Teils von Satz 6.3: Wir zeigen, dass aus (6.14) die Existenz einer strikten Ljapunovfunktion folgt, woraus der Satz aus dem eben bewiesenen Satz 6.4 folgt.

Ohne Einschränkung der Allgemeinheit sei $x_0 = 0$ und $L := DX(0)$; ferner sei $\mu = \min |\operatorname{Re}\lambda_i| > 0$. Nun wählen wir wieder eine Basis $\hat{e}_j$ wie auf S. 159, mit einem δ über das wir noch verfügen werden. Bezüglich dieser Basis hat man auf $\mathbb{C}^n = \mathbb{R}^{2n}$ die reelle quadratische Form

$$\langle z,w\rangle := \operatorname{Re}\sum_i \bar{z}_i w_i \tag{6.70}$$

und diese ist offenbar positiv definit. Wir benötigen die folgende Ungleichung

$$\langle z,\tilde{L} z\rangle < -\mu/2 \quad \text{für } \|z\| = 1 . \tag{6.71}$$

Diese gilt sicher, wenn die Basisvektoren Eigenvektoren von $\tilde{L}$ sind, also der nilpotente Teil in (6.9) verschwindet. Dann gilt nämlich

$$\langle z,Dz\rangle = \operatorname{Re}\sum\lambda_j \bar{z}_j z_j = \sum(\operatorname{Re}\lambda_j)|z_j|^2 < -\mu\|z\|^2 .$$

Wählen wir im allgemeinen Fall jetzt δ so, dass $\|N\| < \mu/2$ ist, so finden wir

$$\langle z, \tilde{L}z \rangle = \langle z, Dz \rangle + \langle z, Nz \rangle < -\frac{\mu}{2} \|z\|^2 ,$$

denn

$$|\langle z, Nz \rangle| \leq \|z\| \, \|N\| \, \|z\| < \mu/2 \, \|z\|^2 .$$

Nach dem Mittelwertsatz können wir $X(x)$ folgendermassen schreiben: $X(x) = L(x)\,x$, mit einer stetig von x abhängigen Matrix $L(x)$, so dass $L(0) = L$ ist. Die Funktion

$$V(z) := \langle z, z \rangle = \sum |z_j|^2 = \sum (x_j^2 + y_j^2) \quad \text{für } z_j = x_j + iy_j$$

ist auch auf $\mathbb{R}^n$ definiert, das $\mathbb{R}$-linear, aber sehr schief in $\mathbb{C}^n$ liegen mag. Da in den gewählten Koordinaten

$$\operatorname{grad} V = 2(x_1, y_1, \ldots, x_n, y_n) = 2\,z$$

ist

$$\langle \operatorname{grad} V(x), X(x) \rangle = 2 \langle x, L(x)\,x \rangle . \tag{6.72}$$

Wegen (6.71) und der Stetigkeit von $L(x)$ ist auch

$$\langle z, \tilde{L}(x) z \rangle < -\mu/4 \quad \text{für } \|z\| = 1 \text{ und } \|x\| < \delta ,$$

für ein geeignetes δ . Insbesondere gilt für $x \neq 0$ und $\|x\| < \delta$

$$\left\langle \frac{x}{\|x\|} , L(x) \frac{x}{\|x\|} \right\rangle < -\mu/4$$

und somit nach (6.72)

$$D_X V(x) = 2 \langle x, L(x)\,x \rangle < -\frac{\mu}{2} \|x\|^2 < 0 .$$

Also ist V eine strikte Ljapunovfunktion. □

Kapitel 7. Kanonische Transformationen

Dieses Kapitel dient der formalen Ausgestaltung der kanonischen Mechanik. Wir beschäftigen uns vor allem mit der Transformationstheorie der Hamiltonschen Gleichungen, sowie der Charakterisierung und Erzeugung von kanonischen Transformationen.

Die symplektische Struktur des Phasenraumes induziert eine wichtige schiefe Bildung im Raume der differenzierbaren Funktionen, welche im weiteren Verlauf dieser Vorlesung eine wesentliche Rolle spielt.

7.1 Die Poisson-Klammern

Es sei $X: U\times\mathbb{R} \longrightarrow \mathbb{R}^n$ ein Vektorfeld auf $U\subset\mathbb{R}^n$ und $\Phi_{t,s}$ der zugehörige Fluss. Ferner sei $F: U\times\mathbb{R} \to \mathbb{R}$ eine zeitabhängige Funktion auf U. Nun betrachten wir die Integralkurve $\gamma(t) = \Phi_{t,s}(x)$ durch x ($\gamma(s) = x$) und bestimmen die Zeitableitung

$$\begin{aligned}\frac{d}{dt} F(\gamma(t),t) &= D_1F(\gamma(t),t)\cdot\dot{\gamma}(t) + \frac{\partial F}{\partial t}(\gamma(t),t)\\ &= D_1F(\gamma(t),t)\cdot X(\gamma(t),t) + \frac{\partial F}{\partial t}(\gamma(t),t). \qquad (7.1)\end{aligned}$$

Im folgenden bezeichne D_X die Richtungsableitung in Richtung X bei <u>fester</u> Zeit. Dann lautet (7.1) für $t = s$

$$\begin{aligned}\dot{F}(x,s) := \frac{d}{dt} F(\gamma(t),t)\Big|_{t=s} &= \frac{d}{dt} F(\Phi_{t,s}(x),t)\Big|_{t=s}\\ &= D_X F(x,s) + \frac{\partial F}{\partial t}(x,s),\end{aligned}$$

d.h. es gilt

$$\dot{F} = D_X F + \partial_t F . \qquad (7.2)$$

Ist $\overline{X} = (X,1)$ das Vektorfeld der autonomen Erweiterung (vgl. S. 41), so ist die rechte Seite von (7.2) gleich $D_{\overline{X}}F$. Also gilt auch

$$\dot{F} = D_{\overline{X}} F. \tag{7,2'}$$

Sei jetzt speziell X Hamiltonsch, $X = X_H$, dann wird aus (7.2)

$$\boxed{\dot{F} = \{F,H\} + \partial_t F}\;, \tag{7.3}$$

wobei

$$\{F,H\} := D_{X_H}F = D_1 F\cdot X_H = \overbrace{\sum_{i,j} F_{,x_i}\,\varepsilon_{ij}\,H_{,x_j}}^{DF\;J(DH)^T}\,. \tag{7.4}$$

Schreiben wir (7.4) in q und p, so erhalten wir

$$\{F,H\} = \sum_{i=1}^{f} \left(\frac{\partial F}{\partial q_i}\frac{\partial H}{\partial p_i} - \frac{\partial H}{\partial q_i}\frac{\partial F}{\partial p_i}\right). \tag{7.5}$$

Gl. (7.3) nennt man die <u>Liouvillesche Gleichung</u>.

Insbesondere lassen sich die Hamiltonschen Bewegungsgleichungen wie folgt schreiben

$$\dot{x}_i = \{x_i, H\}\,. \tag{7.6}$$

Die Bildung (7.4), (7.5) ist die sog. <u>Poissonklammer.</u> (Das Vorzeichen ist in der Literatur nicht einheitlich gewählt.) Ausgedrückt durch die schiefe Form (5.42) gilt

$$\{F,G\} = \omega(X_F, X_G)\,. \tag{7.7}$$

Wir stellen nun einige elementare Eigenschaften der Poissonklammer fest. Zunächst notieren wir für die Koordinatenfunktionen $x_i\colon \mathbb{R}^{2f} \longrightarrow \mathbb{R}$

$$\{x_i, x_j\} = \varepsilon_{ij}\,, \tag{7.8}$$

d.h.

$$\{q_i,q_j\} = \{p_i,p_j\} = 0\ , \quad \{q_i,p_j\} = \delta_{ij}\ . \tag{7.9}$$

Aus (7.4), d.h. $\{F,G\} = D_1F\ J(D_1G)^T$, ergeben sich die meisten der folgenden Eigenschaften unmittelbar.

<u>Satz 7.1:</u> Für beliebige differenzierbare Funktionen F,G,H und Konstanten c_1,c_2 gelten die folgenden Beziehungen:

(i) Linearität: $\{c_1F+c_2G,H\} = c_1\{F,H\} + c_2\{G,H\}$

(ii) Antisymmetrie: $\{F,G\} = -\{G,F\}$ (7.10)

(iii) Produktregel: $\{F,GH\} = \{F,G\}\ H + \{F,H\}\ G$ (7.11)

(iv) Jacobi-Identität: $\{F,\{G,H\}\} +$ zyklisch $= 0$ (7.12)

(v) Vollständigkeit: $\{F,G\} = 0\ \ \forall\, G \Longrightarrow \text{grad}\ F = 0$.

Einzig die Jacobiidentität ist nicht offensichtlich. Diese könnte man durch eine direkte Rechnung verifizieren. Es gibt aber eine elegantere Möglichkeit, welche uns darüber hinaus auf wichtige Begriffsbildungen führt.

Wir ordnen einem Vektorfeld X durch $L_XF := D_XF$ den Differentialoperator L_X zu. (Dieser ist vorläufig nur auf Funktionen F erklärt; er lässt sich aber zur Lieschen Ableitung auf beliebige Tensorfelder, insbesondere Differentialformen, erweitern.) Eine einfache Rechnung zeigt, dass der Kommutator

$$[L_X, L_Y] := L_X\, L_Y - L_Y\, L_X$$

von der Form L_Z ist, mit

$$Z_i = \sum_k (X_k\ Y_{i,k} - Y_k\ X_{i,k})\ , \quad Y_{i,k} := Y_{i,x_k}\ . \tag{7.13}$$

Das Vektorfeld Z nennen wir das <u>Lieprodukt</u> von X und Y

und bezeichnen dieses mit $[X,Y]$. Das Lieprodukt ist also definiert durch

$$[L_X, L_Y] = L_{[X,Y]} \ . \tag{7.14}$$

Es ist sehr einfach zu zeigen, dass für das Lieprodukt die Eigenschaften (i) - (iv) von Satz 7.1 erfüllt sind. An Stelle von (v) hat man

$$[X,Y] = 0 \quad \forall \ Y \implies X = 0 \ . \tag{7.15}$$

Dies sieht man aus (7.13). Insbesondere ist die Jacobi-Identität leicht zu verifizieren.

Nun betrachten wir speziell Hamiltonsche Vektorfelder $X_H = J \text{ grad } H$. Wir zeigen, dass die Zuordnung $H \longmapsto X_{-H}$ ein Liealgebren-Homomorphismus ist. Zur Erläuterung definieren wir die folgenden Begriffe.

<u>Definition:</u> Ein Vektorraum $\mathcal{L}$ über $\mathbb{R}$ mit einer Operation $\mathcal{L} \times \mathcal{L} \to \mathcal{L}$, $(x,y) \longmapsto [x,y]$ ist eine <u>Liealgebra</u> über $\mathbb{R}$, falls die folgenden Axiome erfüllt sind:

(L-1) $[x,y]$ ist $\mathbb{R}$-bilinear

(L-2) $[x,y] = - [y,x]$

(L-3) Es gilt die Jacobi-Identität:

$[x,[y,z]]$ + zyklisch = 0 .

<u>Beispiele:</u> 1) Die Menge $\mathfrak{X}(M)$ der Vektorfelder auf M , ausgerüstet mit dem Lieprodukt.

2) C^{∞} - Funktionen über dem Phasenraum, ausgerüstet mit der Poissonklammer.

<u>Definition:</u> Ein <u>Homomorphismus</u> $\varphi : \mathcal{L} \longrightarrow \mathcal{L}'$ zwischen zwei Lieschen Algebren $\mathcal{L}$ und $\mathcal{L}'$ ist eine lineare Abbildung von $\mathcal{L}$ nach $\mathcal{L}'$ mit der Eigenschaft

$$\varphi([x,y]) = [\varphi(x),\varphi(y)] \ . \tag{7.16}$$

Es bleibt uns die Verifikation von (7.16) für die lineare Zuordnung $H \longmapsto X_{-H}$. Nun ist

$$L_{[X_{-H_1},X_{-H_2}]}\, G = L_{X_{-H_1}}(L_{X_{-H_2}} G) - L_{X_{-H_2}}(L_{X_{-H_1}} G)$$

$$= L_{X_{-H_1}}(\{H_2,G\}) - L_{X_{-H_2}}(\{H_1,G\}) = \{H_1,\{H_2,G\}\} - \{H_2,\{H_1,G\}\}$$

$$= \{\{H_1, H_2\}, G\} = L_{X_{-\{H_1,H_2\}}} G , \tag{7.17}$$

wobei die Jacobi-Identität für die Poisson-Klammer verwendet wurde (siehe aber die nachfolgende Bemerkung).
Tatsächlich gilt also die wichtige Beziehung:

$$[X_{-H_1}, X_{-H_2}] = X_{-\{H_1,H_2\}} \ . \tag{7.18}$$

<u>Bemerkung:</u> Im Anschluss an (7.17) kann man auch noch einen einfachen Beweis der Jacobi-Identität für die Poisson-Klammer geben. Dazu bemerken wir, dass in $\{F, \{G,H\}\}$ + zyklisch keine zweiten Ableitungen vorkommen, denn diese würden für H in $\{F, \{G,H\}\} + \{G, \{H,F\}\}$ auftreten, was nach der Rechnung in (7.17) gleich $L_{[X_{-F},X_{-G}]} H$ ist. Dasselbe gilt für die 2. Ableitungen von F und G . Mit dieser Bemerkung verifiziert man die Gültigkeit der Jacobi-Identität ohne Mühe.

Wir geben nun eine wichtige Charakterisierung von Hamiltonschen Vektorfeldern.

<u>Satz 7.2:</u> Sei $X(x,t)$ ein (nichtautonomes) Vektorfeld über dem Phasenraum M. Dieses ist lokal genau dann Hamiltonsch,

wenn für alle $F,G \in C^\infty(M)$ die folgenden Identität gilt:

$$L_X \{F,G\} = \{L_X F, G\} + \{F, L_X G\}. \tag{7.19}$$

<u>Beweis:</u> "$\Longrightarrow$" Falls X (lokal) Hamiltonsch ist, $X = J \operatorname{grad} H$, so gilt nach (7.4) für die linke Seite von (7.19)

$$L_X \{F,G\} = \{\{F,G\}, H\}.$$

Aus demselben Grund ist die rechte Seite von (7.19)

$$\{L_X F, G\} + \{F, L_X G\} = \{\{F,H\}, G\} + \{F,\{G,H\}\} .$$

Deshalb folgt mit der Jacobi-Identität die Gültigkeit von (7.19).

"$\Longleftarrow$" Nun gelte umgekehrt für alle $F,G \in C^\infty(M)$ die Gleichung (7.19). Insbesondere ist dann

$$L_X \{x_i, x_j\} = L_X \varepsilon_{ij} = 0 = \{L_X x_i, x_j\} + \{x_i, L_X x_j\} .$$

Da $L_X x_i = \sum_k X_k \partial x_i / \partial x_k = X_i$, so folgt

$$0 = \{X_i, x_j\} + \{x_i, X_j\} = X_{i,k} \varepsilon_{k\ell} x_{j,\ell} + x_{i,k} \varepsilon_{k\ell} X_{j,\ell}$$
$$= X_{i,k} \varepsilon_{kj} + \varepsilon_{i\ell} X_{j,\ell} ,$$

d.h. $D_1 X J + J (D_1 X)^T = 0$,

oder nach Multiplikation von rechts und links mit J

$$J D_1 X + (D_1 X)^T J = 0 .$$

Dies zeigt

$$D_1(JX) - [D_1(JX)]^T = 0 ,$$

d.h. die Rotation des Vektorfeldes JX verschwindet. Deshalb existiert eine Funktion H mit $JX = -\operatorname{grad} H$, oder $X = J \operatorname{grad} H$. □

<u>Korollar 1:</u> Aus dem Beweis geht hervor, dass X schon Hamiltonsch ist, wenn die Gleichung (7.19) nur für die Koordinatenfunktionen x_i $(i = 1,..,2f)$ gilt.

Korollar 2: Aus (7.2) und $\partial_t\{F,G\} = \{\partial_t F,G\} + \{F,\partial_t G\}$ sieht man, dass X genau dann Hamiltonsch ist, wenn für alle zeitabhängigen Phasenfunktionen $F(x,t)$, $G(x,t)$ gilt

$$\{F,G\}^{\bullet} = \{\dot{F},G\} + \{F,\dot{G}\} \tag{7.20}$$

$(\bullet = D_{\overline{X}})$. Sind deshalb F und G Konstanten der Bewegung zur Hamiltonfunktion H, so folgt daraus, dass auch $\{F,G\}$ eine Konstante der Bewegung ist. Die Konstanten der Bewegung bilden also eine Liesche Unteralgebra von $(C^{\infty}(M), \{\cdot,\cdot\})$.

7.2. Charakterisierungen von kanonischen Transformationen

Wir wollen im folgenden untersuchen, unter welchen Diffeomorphismen ein Hamiltonsches Vektorfeld wieder in ein solches übergeht.

Zunächst führen wir die folgenden Begriffe ein.

Definition: Ein (zeitabhängiger) Diffeomorphismus ϕ ist kanonoid bezüglich H, wenn das Hamiltonsche Vektorfeld X_H wieder in ein Hamiltonsches Vektorfeld übergeht; ϕ ist verallgemeinert kanonisch, falls jedes (!) Hamiltonsche Vektorfeld wieder in ein solches übergeht.

Eine kanonoide Transformation braucht nicht unbedingt verallgemeinert kanonisch zu sein, wie wir in den Uebungen sehen werden.

Die Gesamtheit der verallgemeinerten kanonischen Transformationen bildet in natürlicher Weise eine Gruppe.

Satz 7.3: Es sei ϕ ein (zeitabhängiger) symplektischer Diffeomorphismus, d.h. $\phi_t(x) := \phi(x,t)$ sei für jedes t symplektisch, $D\phi_t \in Sp(f,\mathbb{R})$. Dann ist ϕ verallgemeinert kanonisch.

Zum Beweis benötigen wir das folgende

Lemma: Es sei X ein Vektorfeld im $\mathbb{R}^n$ und φ ein Diffeomorphismus. Dann gilt für jede Funktion f auf $\mathbb{R}^n$

$$L_X(\varphi^* f) = \varphi^*(L_{\varphi_* X} f) \, , \tag{7.21}$$

wobei $\varphi^* f := f \circ \varphi$.

Beweis: Für die linke Seite von (7.21) haben wir

$$\begin{aligned} L_X(\varphi^* f) &= D(\varphi^* f)\cdot X = Df\cdot D\varphi\cdot X = Df\cdot \varphi_* X \\ &= D_{\varphi_* X} f \, . \end{aligned}$$

Genauer erhält man

$$L_X(\varphi^* f)(x) = (D_{\varphi_* X} f)(\varphi(x)) = \varphi^*(L_{\varphi_* X} f)(x) \, . \quad \square$$

Beweis von Satz 7.3: Wir betrachten zuerst den autonomen Fall. Für diesen wurde die Behauptung schon auf S. 142 bewiesen. Wir geben hier einen anderen Beweis, aus welchem sich auch der nichtautonome Fall sofort ergibt. Dazu benutzen wir (das Korollar 2 zum) Satz 7.2. Danach genügt es zu zeigen, dass $L_{\phi_* X_H}$ als Derivation auf den Poissonklammern wirkt. Nun ist aber nach (7.21)

$$\phi^*(L_{\phi_* X_H}\{F,G\}) = L_{X_H}(\phi^* \{F,G\}) . \tag{7.22}$$

Ferner lassen symplektische Diffeomorphismen die Poissonklammern invariant:

$$\begin{aligned} \{\phi^* F, \phi^* G\} &= (F\circ\phi)_{,i}\, \varepsilon_{ij} (G\circ\phi)_{,j} = (F_{,k}\circ\phi)\, \underbrace{\phi_{k,i}\, \varepsilon_{ij}\, \phi_{\ell,j}}_{\varepsilon_{k\ell}} (G_{,\ell}\circ\phi) \\ &= \phi^* \{F,G\} \, . \end{aligned} \tag{7.23}$$

Damit folgt, unter Benutzung von (Korollar 2 zu) Satz 7.2,

$$\phi^*(L_{\phi_* X_H}\{F,G\}) = L_{X_H}\{\phi^*F,\phi^*G\} = \{L_{X_H}\phi^*F,\ \phi^*G\} +$$

$$\{\phi^*F, L_{X_H}\phi^*G\} \underset{(7.21)}{=} \{\phi^*(L_{\phi_* X_H}F),\phi^*G\} + \{\phi^*F,\phi^*(L_{\phi_* X_H}G)\}$$

$$\underset{(7.23)}{=} \quad \phi^*(\{L_{\phi_* X_H}F,G\} + \{F,L_{\phi_* X_H}G\}) \ ,$$

d.h.

$$L_{\phi_* X_H}\{F,G\} = \{L_{\phi_* X_H}F,G\} + \{F,L_{\phi_* X_H}G\} .$$

$L_{\phi_* X_H}$ ist also tatsächlich eine Derivation.

Für den <u>nichtautonomen</u> Fall muss man im obigen Beweis lediglich überall ϕ durch $\overline{\Phi}$ und X durch $\overline{X}$ im erweiterten Phasenraum (vgl. S.41) ersetzen. □

Die Untergruppe der symplektischen Diffeomorphismen nennt man auch die <u>Gruppe der kanonischen Transformationen.</u> Diese ist eine <u>echte</u> Untergruppe der verallgemeinerten kanonischen Transformationen, wie der folgende Satz zeigt. (In vielen Lehrbüchern wird das übersehen).

<u>Satz 7.4:</u> Sei $\phi(x,t)$ ein zeitabhängier (lokaler) Diffeomorphismus des Phasenraumes. Dann sind die drei folgenden Aussagen äquivalent:

(i) ϕ ist verallgemeinert kanonisch;

(ii) es gibt eine Konstante $c \neq 0$, so dass

$$\{\phi_t^* F,\phi_t^* G\} = c\ \phi_t^*\{F,G\} \quad \forall\ F,G \in C^\infty(M); \tag{7.24}$$

(iii) ϕ ist kanonoid bezüglich aller quadratischen Hamiltonfunktionen der Form

$$H = a + \sum b_i x_i + \tfrac{1}{2}\sum_{i,j} c_{ij}\, x_i\, x_j \tag{7.25}$$

$$(a, b_i, c_{ij} \in \mathbb{R}) .$$

<u>Beweis:</u> Wir führen den Beweis wieder nur für den autonomen Fall. Durch Uebergang zum erweiterten Phasenraum beweist man den Satz im nichtautonomen Fall genau gleich.

Aus (i) folgt trivialerweise (iii). (ii)$\Longrightarrow$(i): Nach (7.24) gilt für ein Hamiltonsches Vektorfeld X_H

$$L_{X_H}\{\phi^*F,\ \phi^*G\} = c\, L_{X_H}\phi^*\{F,G\} \underset{(7.21)}{=} c\,\phi^*(L_{\phi_* X_H}\{F,G\}). \qquad (7.26)$$

Die linke Seite dieser Gleichung ist nach Satz (7.2)

$$L_{X_H}\{\phi^*F,\ \phi^*G\} = \{L_{X_H}\phi^*F,\ \phi^*G\} + \{\phi^*F,\ L_{X_H}\phi^*G\}$$

$$\underset{(7.21)}{=} \{\phi^*(L_{\phi_* X_H}F),\ \phi^*G\} + \{\phi^*F,\ \phi^*(L_{\phi_* X_H}G)\}$$

$$\underset{(7.24)}{=} c\,\phi^*\{L_{\phi_* X_H}F,\ G\} + c\phi^*\{F,\ L_{\phi_* X_H}G\}. \qquad (7.27)$$

Aus (7.26) und (7.27) folgt, dass $L_{\phi_* X_H}$ die Produktregel (7.19) erfüllt. Deshalb ist $\phi_* X_H$ nach Satz 7.2 Hamiltonsch für jedes H und folglich ist ϕ verallgemeinert kanonisch.

Es bleibt (iii)$\Longrightarrow$(ii): Nach Voraussetzung erfüllt $\phi_* X_H$ zu (7.25) die Derivationseigenschaft (7.19). Diese wenden wir auf die Funktionen φ_i in $\varphi = (\varphi_1,\ldots,\varphi_{2f}) := \phi^{-1}$ an:

$$L_{\phi_* X_H}\{\varphi_i,\varphi_j\} = \{L_{\phi_* X_H}\varphi_i,\varphi_j\} + \{\varphi_i, L_{\phi_* X_H}\varphi_j\}. \qquad (7.28)$$

Nun ist, mit (7.21) und $\phi^*\varphi_i = \varphi_i \circ \phi:\ x \longmapsto x_i$,

$$\phi^*(L_{\phi_* X_H}\varphi_i) = L_{X_H}(\phi^*\varphi_i) = \{x_i, H\}. \qquad (7.29)$$

Aber

$$\{x_i, H\} = \varepsilon_{ij}\, b_j + \varepsilon_{i\ell}\, c_{\ell k}\, x_k = \varepsilon_{ij} b_j + \varepsilon_{i\ell} c_{\ell k} \phi^*\varphi_k .$$

Deshalb gibt (7.29)

$$L_{\phi_* X_H}\varphi_i = \varepsilon_{ij} b_j + \varepsilon_{i\ell} c_{\ell k}\, \varphi_k . \qquad (7.30)$$

Setzen wir dies in (7.28) ein, so erhalten wir

$$L_{\phi_* X_H}\{\varphi_i,\varphi_j\} = \varepsilon_{i\ell}\, c_{\ell k}\{\varphi_k,\varphi_j\} + \{\varphi_i,\varphi_k\}\,\varepsilon_{j\ell}\, c_{\ell k}.$$

Darauf wenden wir ϕ^* an und benutzen links wiederum (7.21). Mit der Definition

$$\mu_{ij} := \phi^*\{\varphi_i,\varphi_j\} \tag{7.31}$$

ergibt sich

$$L_{X_H}\mu_{ij} = \varepsilon_{i\ell}\, c_{\ell k}\,\mu_{kj} + \mu_{ik}\,\varepsilon_{j\ell}\, c_{\ell k},$$

oder in Matrixschreibweise, mit $M := (\mu_{ij})$, $S = (c_{\ell k})$,

$$L_{X_H} M = JSM - MSJ . \tag{7.32}$$

(Beachte: $M^T = -M$, $S^T = S$.) Für $H = a$ sind beide Seiten in (7.32) gleich Null. (Im nichtautonomen Fall könnten wir auf $\partial M/\partial t = 0$ schliessen.) Wählen wir jetzt $H = \sum b_i x_i$, so verschwindet die rechte Seite von (7.32). Die linke Seite hat die Matrixelemente

$$\{\mu_{ij}, b_k x_k\} = \mu_{ij,\ell}\,\varepsilon_{\ell k}\, b_k .$$

Also gilt $M_{,\ell} J = 0$, d.h. M ist eine <u>konstante</u> antisymmetrische Matrix. Aus (7.32) erhalten wir damit

$$JSM = MSJ \tag{7.33}$$

für jede symmetrische Matrix S. Wir zeigen nun, dass aus dieser Eigenschaft auf $M = \text{const} \cdot J$ geschlossen werden kann.

Multiplizieren wir (7.33) von rechts und links mit J, so kommt

$$S(MJ) = JMS = (MJ)^T S . \tag{7.34}$$

Speziell für $S = 1$ gibt dies $MJ = (MJ)^T$, weshalb wir aus (7.34) die Bedingung

$$S(MJ) = (MJ)\, S \tag{7.35}$$

erhalten. MJ ist also eine symmetrische Matrix, die mit allen symmetrischen Matrizen kommutiert. Damit muss MJ ein Vielfaches von 1 sein. Dies sieht man so: Ist S speziell von der Form $S = \text{diag.}\ (s_1,\dots,s_{2f})$, so gibt (7.35), wenn $N := MJ$ ist

$$N_{ij}\, s_j = N_{ij}\, s_i \quad , \qquad 1 \leq i,j \leq 2f \ ,$$

für beliebige $s_1,\dots,s_{2f}$. Dies ist nur möglich, wenn N diagonal ist. Dann wird aber aus $NS = (NS)^T$:

$$N_{ii}\, S_{ij} = N_{jj}\, S_{ij} \ ,$$

für beliebige $S_{ij} = S_{ji}$. Dies ist nur möglich, wenn alle Diagonalelemente N_{ii} gleich sind, d.h. $MJ = -c^{-1}\cdot \mathbb{1}$, oder $M = c^{-1} J$. Dies bedeutet nach (7.31)

$$\mu_{ij} = \phi^* \{\varphi_i, \varphi_j\} = c^{-1} \varepsilon_{ij} \ ,$$

oder

$$\{\varphi_i, \varphi_j\} = c^{-1}\, \varepsilon_{ij} \ ; \tag{7.36}$$

d.h.

$$\varphi_{i,k}\, \varepsilon_{k\ell}\, \varphi_{j,\ell} = c^{-1}\, \varepsilon_{ij} \ .$$

In Matrixschreibweise lautet dies

$$D\varphi\ J (D\varphi)^T = c^{-1}\ J \ . \tag{7.37}$$

Da φ ein Diffeomorphismus ist, folgt daraus $c \neq 0$. Ferner ist $D\phi = (D\varphi)^{-1}$ und folglich

$$D\phi\ J (D\phi)^T = c\ J \ . \tag{7.38}$$

Dies impliziert *)

$$(D\phi)^T\ J\ D\phi = c\ J \ . \tag{7.39}$$

---

*) Aus $M\,J\,M^T = c\,J$ folgt

$$M^T J\, M = c\ (J^{-1} M^{-1} J)\ J\, M = c\ J \ .$$

Damit gilt auch

$$\{\phi^*F,\phi^*G\} = (\phi^*F)_{,i}\,\varepsilon_{ij}(\phi^*G)_{,j} = \phi^*(F_{,k})\underbrace{\phi_{k,i}\,\varepsilon_{ij}\phi_{\ell,j}}_{c\,\varepsilon_{k\ell}}\,\phi^*(G_{,\ell})$$

$$= c\;\phi^*(F_{,k}\,\varepsilon_{k\ell}\,G_{,\ell})$$

$$= c\;\phi^*\{F,G\}\;. \tag{7.40}$$

Dies beweist (ii) . □

<u>Korollar 1:</u> Ein zeitabhängiger (lokaler) Diffeomorphismus ϕ ist genau dann verallgemeinert kanonisch, wenn

$$(D\phi_t)^T\,J\,D\phi_t = c\,J\;,\qquad c \neq 0\;. \tag{7.41}$$

<u>Beweis:</u> Ist ϕ verallgemeinert kanonisch, so gilt (ii) von Satz 7.4. Wenden wir dies auf die Komponentenfunktionen x_i an, so erhalten wir

$$\{\phi_t^*\,x_i,\phi_t^*\,x_j\} = \{\phi_i,\phi_j\} = c\;\phi_t^*\underbrace{\{x_i,x_j\}}_{\varepsilon_{ij}} = c\;\varepsilon_{ij}\;,$$

oder

$$\phi_{i,k}\,\varepsilon_{k\ell}\,\phi_{j,\ell} = c\;\varepsilon_{ij}\;.$$

Dies ist aber (7.41) in Komponentenschreibweise.

Gilt umgekehrt (7.41), so zeigt die Rechnung im Anschluss an (7.39), dass auch die Aussage (ii) von Satz 7.4 gilt. Deshalb ist nach diesem Satz ϕ verallgemeinert kanonisch. □

<u>Korollar 2:</u> Ein zeitabhängiger (lokaler) Diffeomorphismus ϕ ist genau dann verallgemeinert kanonisch, wenn

$$\{\phi_i,\,\phi_j\} = c\;\varepsilon_{ij}\;,\qquad c \neq 0 \tag{7.42}$$

gilt.

<u>Beweis:</u> Dies folgt aus Korollar 1 und der Tatsache, dass (7.42) äquivalent zu (7.41) ist. □

Definition: Die Untergruppe der verallgemeinerten kanonischen Transformationen mit $c = 1$, d.h. $D\phi_t \in Sp(f, \mathbb{R})$, nennen wir die Gruppe der kanonischen Transformationen.

Die folgende Transformation ("Massstabsänderung")

$$q \longrightarrow q \,, \quad p \longrightarrow \lambda p \,, \quad \lambda \neq 0 \tag{7.43}$$

ist verallgemeinert kanonisch, aber nicht kanonisch. Jede verallgemeinerte kanonische Transformation mit $c > 0$ lässt sich als Produkt einer Transformation der Art (7.43) und einer kanonischen Transformation darstellen. Aehnliches gilt für $c < 0$. Deshalb betrachten wir im folgenden vor allem kanonische Transformationen.

Nach Satz 5.3 ist der Fluss $\phi_{t,s}$ zu einem Hamiltonschen Vektorfeld kanonisch.

Als Folge von Satz 7.4 haben wir noch das

Korollar 3: Ein zeitabhängiger Diffeomorphismus ist genau dann kanonisch, wenn

$$\phi_t^* \{F, G\} = \{\phi_t^* F, \phi_t^* G\} \tag{7.44}$$

gilt.

Bemerkung: In vielen Lehrbüchern wird übersehen, dass zwar eine kanonische Transformation ein Hamiltonsches Vektorfeld wieder in ein solches überführt, dass aber nicht jede Transformation mit dieser Eigenschaft (für alle Hamiltonschen Vektorfelder) kanonisch ist.

* * *

7.3. Erzeugende Funktionen von kanonischen Transformationen

In diesem Abschnitt werden wir die kanonischen Transformationen in einfacher Weise durch Funktionen erzeugen. Dies hat wichtige Anwendungen, z.B. in der Hamilton-Jacobi Theorie (vgl. Kap. 9).

Zunächst verallgemeinern wir das Korollar zu Satz 5.5 für den nichtautonomen Fall. Wie in (5.72) bezeichne θ die 1-Form

$$\theta = \sum p_i dq_i \equiv \sum \lambda_{ij}\, dx_i\, x_j \,. \tag{7.45}$$

Es sei $\phi(x,t)$ ein (zeitabhängiger) Diffeomorphismus des Phasenraumes und $\Phi(x,t) = (\phi(x,t),t)$ der zugehörige zeiterhaltende Diffeomorphismus im erweiterten Phasenraum. Wir fassen auch θ als Differentialform auf dem erweiterten Phasenraum auf und bilden

$$\begin{aligned} \theta - \Phi^* \theta &= \lambda_{ij}\, dx_i x_j - \lambda_{ij}(\phi_{i,k} dx_k + \phi_{i,t}\, dt)\, \phi_j \\ &\equiv \varphi_i dx_i + \chi\, dt \,, \end{aligned} \tag{7.46}$$

mit

$$\begin{aligned} \varphi_i &= \lambda_{ij}\, x_j - \lambda_{k\ell} \phi_{k,i}\, \phi_\ell \,, \\ \chi &= - \lambda_{k\ell} \phi_{k,t}\, \phi_\ell \,. \end{aligned} \tag{7.47}$$

Nun ist nach (7.47) für <u>konstantes t</u> :

$$\begin{aligned} d(\varphi_i dx_i) &= \tfrac{1}{2}\, (\varphi_{i,j} - \varphi_{j,i})\, dx_j \wedge dx_i \\ &= \tfrac{1}{2}\, (\varepsilon_{ij} - \phi_{k,i}\, \varepsilon_{k\ell}\, \phi_{\ell,j}) \,; \end{aligned} \tag{7.48}$$

d.h. $\varphi_i\, dx_i$ ist genau dann geschlossen, wenn ϕ kanonisch ist. Lokal ist also $\varphi_i dx_i = dF_t$ genau dann, wenn ϕ kanonisch ist, und dies ist gleichbedeutend mit

$$\theta - \Phi^* \theta = dF_t + \chi\, dt = dF + G\, dt, \tag{7.49}$$

wo $F(x,t) = F_t(x)$ und

$$G = \chi - \frac{\partial F}{\partial t} = -\lambda_{k\ell} \frac{\partial \psi_k}{\partial t} \psi_\ell - \frac{\partial F}{\partial t} . \tag{7.50}$$

Für die Form (5.67),

$$\omega = -d\,\theta = \tfrac{1}{2} \varepsilon_{k\ell}\, dx_k \wedge dx_\ell = \sum dq_i \wedge dp_i \tag{7.51}$$

folgt aus (7.49)

$$\boxed{\omega - \Psi^*\omega = -dG \wedge dt .} \tag{7.52}$$

Hat $\theta - \Psi^*\theta$ umgekehrt die Form (7.49), so ist $\varphi_i dx_i = dF_t$ und deshalb ist nach (7.48) ψ kanonisch. Zusammenfassend gilt der

<u>Satz 7.5:</u> Ein lokaler Diffeomorphismus $\psi_t(x)$ ist genau dann kanonisch, wenn es lokal Funktionen $F(x,t)$ und $G(x,t)$ gibt, mit

$$\theta - \Psi^*\theta = dF + G\,dt . \tag{7.53}$$

<u>Bemerkung:</u> Die Funktionen F und G in (7.53) sind nicht eindeutig bestimmt. Ist ψ zeitunabhängig, so kann man, wie leicht zu sehen ist, F zeitunabhängig und $G = 0$ wählen (vgl. das Korollar zu Satz 5.5).

Wir interessieren uns nun für die transformierte Hamiltonfunktion K in $\psi_* X_H = X_K$ für eine kanonische Transformation, welche (7.53) erfüllt. Dazu drücken wir (7.53) zunächst wie folgt aus. Es sei $y = \psi(x,t)$ und damit

$$\lambda_{ij}\, dx_i x_j - \lambda_{ij}\, dy_i y_j = dF(x,t) + Gdt . \tag{7.54}$$

Wenden wir diese Gleichung auf $(\dot{x}_1, \ldots, \dot{x}_{2f}, 1)$ an, so ergibt sich, wegen

$$dy_i = \psi_{i,k}\, dx_k + \psi_{,t}\, dt ,$$

$$\lambda_{ij}\,\dot{x}_i x_j - \lambda_{ij}\,\dot{y}_i y_j = G + \frac{dF}{dt}\,, \tag{7.55}$$

wobei

$$\dot{y} = D_1\phi(x,t)\,\dot{x} + \partial_t\,\phi(x,t) \tag{7.56}$$

und dF/dt die formale totale Zeitableitung ist (vgl. S. 89)

Nun erinnern wir daran, dass die kanonischen Gleichungen als Eulersche Gleichungen zur Lagrangefunktion (vgl. S.131)

$$L(x,x,t) = \lambda_{ij}\,\dot{x}_i x_j - H(x,t) \tag{7.57}$$

aufgefasst werden können. Nach (7.55) ist die dazu transformierte Lagrangefunktion

$$\overline{L}(y,y,t) = \lambda_{ij}\,\dot{y}_i y_j - K\,,$$

mit

$$H(x,t) - K(y,t) = G(x,t)\,. \tag{7.58}$$

(Nach Satz 3.1 gibt dF/dt keinen Beitrag zur Eulerableitung.) Benutzen wir noch die Folgerung zu Satz 3.2, so ergibt sich, dass K in (7.58) die neue Hamiltonfunktion ist. Wir halten dieses Resultat fest.

<u>Satz 7.6:</u> Es sei H eine (zeitabhängige) Hamiltonfunktion und $\theta_H := \theta - H\,dt$. Ein lokaler Diffeomorphismus $\phi(x,t)$ ist genau dann kanonisch, wenn es zu jedem H Funktionen F, K gibt, so dass gilt:

$$\theta_H - \overline{\Phi}^*\theta_K = dF\,. \tag{7.59}$$

K ist die transformierte Hamiltonfunktion, d.h. es gilt $\phi_* X_H = X_K$. (K ist nur bis auf eine irrelevante additive Funktion der Zeit bestimmt.)

In der (q,p)-Notation lautet (7.59)

$$\boxed{\sum p_i\,dq_i - H(q,p,t)\,dt = \sum P_i dQ_i - K(Q,P,t)dt + dF\,.} \tag{7.60}$$

Durch Koeffizientenvergleich erhalten wir daraus

$$p_i - \sum_k P_k \frac{\partial Q_k}{\partial q_i} = \frac{\partial F}{\partial q_i} , \tag{7.61}$$

$$- \sum_k P_k \frac{\partial Q_k}{\partial p_i} = \frac{\partial F}{\partial p_i} , \tag{7.62}$$

$$K(Q,P,t) = H(q,p,t) + \frac{\partial F}{\partial t}(q,p,t) + \sum_k P_k \frac{\partial Q_k}{\partial t} . \tag{7.63}$$

Bemerkungen: Eine kanonische Transformation bestimmt nach (7.61) und (7.62) die Funktion F bis auf eine additive Funktion $f(t)$. Ist umgekehrt eine Funktion F gegeben, so können wir (7.61) und (7.62) als Differentialgleichungen einer kanonischen Transformation auffassen. Eine Lösung dieser Differentialgleichungen ist nach Satz 7.5. eine kanonische Transformation, weil sich immer ein G finden lässt, so dass (7.53) erfüllt ist. Die Lösung dieser Gleichungen ist aber nicht eindeutig. Mit anderen Worten: Verschiedene kanonische Transformationen führen zum gleichen F. Die Funktion F in Satz 7.5 nennt man erzeugende Funktion, obschon zu jedem F eine Klasse von kanonischen Transformationen gehört.

Kanonische Transformationen 1. Art

Wir betrachten nun eine zeitabhänge kanonische Transformation $\phi_t: (q,p) \longmapsto (Q,P)$, welche die Eigenschaft hat, dass die Transformationsgleichungen $Q_i = Q_i(q,p,t)$ nach p_i aufgelöst werden können: $p_i = \varphi_i(q,Q,t)$. Kanonische Transformationen mit dieser Eigenschaft bezeichnet man von 1. Art. Wir definieren dann zu einer erzeugenden Funktion F :

$$F_1(q,Q,t) = F(q,\varphi(q,Q,t),t) . \tag{7.64}$$

Aus (7.60) ergibt sich

$$\sum p_i dq_i - Hdt = \sum P_i dQ_i - Kdt + \sum \left(\frac{\partial F_1}{\partial q_i} dq_i + \frac{\partial F_1}{\partial Q_i} dQ_i\right) + \frac{\partial F_1}{\partial t} dt \ . \qquad (7.65)$$

Daraus folgt

$$\boxed{p_i = \frac{\partial F_1}{\partial q_i}(q,Q,t) \ , \quad P_i = -\frac{\partial F_1}{\partial Q_i}(q,Q,t)} \qquad (7.66)$$

und

$$\boxed{K(Q,P,t) = H(q,p,t) + \frac{\partial F_1}{\partial t}(q,Q,t) \ .} \qquad (7.67)$$

Die Gleichungen (7.66) definieren die kanonische Transformation. Zu jeder kanonischen Transformation 1. Art gehört eine, bis auf eine additive Funktion der Zeit, eindeutige Funktion F_1 . Da sich aus der 1. Gleichung in (7.66) die Q_i eindeutig nach q , p und t auflösen lassen, muss gelten

$$\det \left(\frac{\partial^2 F_1}{\partial q_i \partial Q_j}\right) \neq 0 \ . \qquad (7.68)$$

Umgekehrt sei $F_1(q,Q,t)$ eine Funktion, welche (7.68) erfüllt. Dann definieren die Gleichungen (7.66) eine kanonische Transformation 1. Art. Die letzte Aussage ergibt sich daraus, dass dann ein F existiert, welches (7.64) genügt, und dieses F erfüllt wegen (7.65) die Gleichung (7.53) von Satz 7.5 mit einem geeigneten G .

Die erzeugenden Funktionen $F_1(q,Q,t)$ klassifizieren also, im wesentlichen eindeutig, die kanonischen Transformationen 1. Art.

Natürlich ist nicht jede kanonische Transformation vom

Typ 1. Z.B. ist $Q = q$, $P = q+q$ kanonisch (die Poissonklammern bleiben invariant), aber q und Q sind nicht unabhängig.

Kanonische Transformationen 2. Art

Sind q und P unabhängig, so sagen wir, die Transformation ist 2. Art, oder vom Typ 2. Sind hingegen die p und Q unabhängig, dann sprechen wir vom Typ 3 und bei unabhängigen p und P vom Typ 4. Das eben besprochene Beispiel ist gleichzeitig vom Typ 2,3 und 4.

Für jeden Typ kann eine erzeugende Funktion definiert werden. Wir betrachten als Beispiel noch Typ 2. Sei

$$\tilde{F}_2(q,P,t) = F(q,p(q,P,t),\ t) \tag{7.69}$$

und

$$F_2 := \tilde{F}_2 + \sum Q_i P_i\ , \tag{7.70}$$

dann folgt aus (7.60)

$$\sum p_i dq_i - Hdt = \sum P_k \left(\frac{\partial Q_k}{\partial q_i} dq_i + \frac{\partial Q_k}{\partial P_i} dP_i + \frac{\partial Q_k}{\partial t}\right) - Kdt + d\tilde{F}_2\ .$$

Aber

$$d\tilde{F}_2 = dF_2 - \sum Q_i dP_i - \sum_k P_k \left(\frac{\partial Q_k}{\partial q_i} dq_i + \frac{\partial Q_k}{\partial P_i} dP_i + \frac{\partial Q_k}{\partial t}\right)\ .$$

Deshalb ergibt sich

$$\sum p_i dq_i - Hdt = \sum \left[\frac{\partial F_2}{\partial q_i} dq_i + \frac{\partial F_2}{\partial P_i} dP_i - Q_i dP_i\right] + \frac{\partial F_2}{\partial t} dt - Kdt\ .$$

Daraus folgt

$$p_i = \frac{\partial F_2}{\partial q_i}(q,P,t)\ ,\quad Q_i = \frac{\partial F_2}{\partial P_i}(q,P,t)\ , \tag{7.71}$$

$$K(Q,P,t) = H(q,p,t) + \frac{\partial F_2}{\partial t}(q,P,t). \tag{7.72}$$

In den Uebungen werden wir auch für Typ 3 und Typ 4 analoge Formeln herleiten.

Neben den vier betrachteten Typen von kanonischen Transformationen gibt es noch gemischte Typen, bei denen jeder Freiheitsgrad irgend einem der vier Typen angehört.

Wir nennen eine elementare kanonische Transformation eine kanonische Transformation, bei der eine Anzahl n der Paare (q_i, p_i) gemäss $Q_i = p_i$, $P_i = -q_i$ ersetzt werden und die übrigen unberührt bleiben. Nach dem oben Ausgeführten ergibt sich unmittelbar der folgende

Satz 7.7: Jede kanonische Transformation kann als Komposition einer elementaren kanonischen Transformation mit einer Transformation vom Typ 1, welche gemäss (7.66) durch eine erzeugende Funktion bestimmt ist, dargestellt werden.

Bemerkung: Die kanonische Transformation $(q_1, q_2, p_1, p_2) \longmapsto (q_1, p_2, p_1 - q_2)$ ist von keinem der vier Typen.

Bis auf triviale ("permutationsartige") Transformationen können wir also alle kanonischen Transformationen durch Funktionen erzeugen.

Kapitel 8. Symmetrien und Erhaltungssätze

Der Zusammenhang zwischen Symmetrien und Erhaltungssätzen wurde bereits im Lagrangeschen Formalismus diskutiert (siehe § 3.4). Dieses Thema wollen wir jetzt in der kanonischen Mechanik wieder aufnehmen.

8.1 Integrale der Bewegung

Der Einfachheit halber betrachten wir zunächst nur autonome kanonische Systeme. Jeder C^{∞} - Funktion G ordnen wir, wie immer, ein Hamiltonsches Vektorfeld $X_G = J \operatorname{grad} G$ zu. Der zu X_G gehörige Fluss ϕ_t^G ist nach Satz 5.3 eine lokale 1-parametrige Gruppe von kanonischen Transformationen. Umgekehrt gehört zu einer (lokalen) einparametrigen Gruppe von kanonischen Transformationen ein Vektorfeld, welches nach Satz 5.3 (lokal) Hamiltonsch ist. Die zugehörige Hamiltonfunktion, welche bis auf eine irrelevante Konstante eindeutig ist, nennen wir die <u>erzeugende Funktion</u> der 1-parametrigen Gruppe von kanonischen Transformationen.

Zunächst erinnern wir an die Liouvillesche Gleichung. Es gilt für die zeitliche Aenderung von G unter der Dynamik, welche zu H gehört:

$$\frac{d}{dt} G \circ \phi_t^H = \frac{d}{d\tau}\bigg|_{\tau=0} G \circ \phi_{\tau+t}^H = \frac{d}{d\tau}\bigg|_{\tau=0} (G \circ \phi_\tau^H) \circ \phi_t^H$$

$$= D_{X_H} G \circ \phi_t^H = \underline{\{G, H\} \circ \phi_t^H} \tag{8.1}$$

$$= \{G \circ \phi_t^H, H\} . \tag{8.2}$$

Wir nennen G ein <u>autonomes H-Integral</u>, falls $G \circ \Phi_t^H = G$ gilt, für alle t. Nach (8.1) folgt dann

$$D_{X_H} G = 0 , \tag{8.3}$$

und umgekehrt impliziert diese Gl. nach (8.1), dass $G \circ \Phi_t^H$ unabhängig von t ist. Also gilt $G \circ \Phi_t^H = G$.

Nach der Definition der Poisson-Klammer ist (8.3) äquivalent zu

$$\{G,H\} = 0 . \tag{8.4}$$

Dies wiederum ist äquivalent zu $\{H,G\} = 0$, was (wenn wir in der obigen Kette - mit $G \Longleftrightarrow H$ - rückwärts gehen) äquivalent ist zu $D_{X_G} H = 0 \Longleftrightarrow H \circ \Phi_t^G = H$.

Diese in G und H völlig symmetrischen Aussagen wollen wir im folgenden Satz festhalten.

<u>Satz 8.1:</u> Es seien G,H zwei differenzierbare Phasenraumfunktionen und Φ_t^G, bzw. Φ_t^H die Flüsse zu den zugehörigen Hamiltonschen Vektorfeldern X_G und X_H. Dann sind die folgenden Aussagen äquivalent:

(i) $D_{X_H} G = 0$,

(ii) $G \circ \Phi_t^H = G$ für alle t,

(iii) $\{G,H\} = 0$,

(iv) $D_{X_G} H = 0$,

(v) $H \circ \Phi_t^G = H$ für alle t,

(vi) $\{H,G\} = 0$.

Dies besagt in anderen Worten: G ist ein Integral der H-Evolution genau dann, wenn H unter der durch G erzeugten 1-parametrigen kanonischen Transformationsgruppe invariant ist.

<u>Korollar:</u> Sind F und G autonome H-Integrale, so ist auch $\{F,G\}$ ein autonomes H-Integral.

Dies folgt unmittelbar aus der Jacobi-Identität, oder aud der Derivationseigenschaft (7.19) für D_{X_H}.

Mit anderen Worten: Die autonomen H-Integrale bilden eine Liesche Unteralgebra von $(C^\infty(M), \{.,.\})$. Natürlich ist aufgrund von $\{H,H\} = 0$ insbesondere H ein autonomes H-Integral (Energiesatz).

8.2 Galileiinvarianz und die zehn klassischen Erhaltungssätze

Als Beispiel dieser Zusammenhänge betrachten wir nochmals die zehn klassischen Erhaltungsgrössen für ein N-Teilchensystem mit Phasenraum $M \subset \mathbb{R}^{6N}$ und der Hamiltonfunktion $H(\underline{x}_1, \ldots, \underline{x}_N, \underline{p}_1, \ldots, \underline{p}_N)$.

a) Translationsinvarianz und Impulserhaltung

Die 1-parametrige Gruppe von Translationen in Richtung $\underline{a}$

$$\psi_s : (\underline{x},\underline{p}) \longmapsto (\underline{x} + s\underline{a}, \underline{p}) \tag{8.5}$$

ist kanonisch. Das zugehörige Vektorfeld ist

$$X(\underline{x},\underline{p}) = \frac{d}{ds}\Big|_{s=0}(\underline{x}_1+s\underline{a}, \ldots, \underline{x}_N+s\underline{a}, \underline{p}_1, \ldots, \underline{p}_N)$$

$$= (\underline{a}, \ldots, \underline{a}, \underline{0}, \ldots, \underline{0}) .$$

Dieses ist, wie wir wissen Hamiltonsch, d.h. von der Form

$$X = X_G = \left(\frac{\partial G}{\partial \underline{p}}, -\frac{\partial G}{\partial \underline{x}}\right) . \tag{8.6}$$

Die erzeugende Funktion G ist offenbar

$$G = \underline{P}\cdot\underline{a} , \quad \underline{P} = \sum_{i=1}^{N} \underline{p}_i . \tag{8.7}$$

Nach Satz 8.1 ist H genau dann translationsinvariant, wenn der Gesamtimpuls $\underline{P}$ ein H-Integral ist.

b) Rotationsinvarianz und Drehimpulserhaltung

Die 1-parametrige Untergruppe $\alpha \longmapsto R(\underline{e},\alpha)$ von Drehungen um $\underline{e}$ ($|\underline{e}| = 1$) mit dem Drehwinkel α (vgl. (2.65)) induziert die 1-parametrige Gruppe von kanonischen Transformationen

$$\phi_\alpha : (\underline{x},\underline{p}) \longmapsto (R(\underline{e},\alpha)\underline{x},\ R(\underline{e},\alpha)\underline{p}) \tag{8.8}$$

des Phasenraumes. Da nach (2.65)

$$\frac{d}{d\alpha} R(\underline{e},\alpha)\underline{x}\Big|_{\alpha=0} = \underline{e}\wedge\underline{x}$$

ist, induziert ϕ_α das Vektorfeld

$$X(\underline{x},\underline{p}) = (\underline{e}\wedge\underline{x},\ \underline{e}\wedge\underline{p}) .$$

Dieses ist von der Form (8.6), mit der erzeugenden Funktion

$$G = \underline{e}\cdot\underline{L} \quad , \quad \underline{L} := \sum_{i=1}^{N} \underline{x}_i \wedge \underline{p}_i \ . \tag{8.9}$$

Nach Satz 8.1 ist H genau dann rotationsinvariant, wenn der totale Drehimpuls $\underline{L}$ ein H-Integral ist.

c) Zeitliche Translationsinvarianz und Energieerhaltung

Um den Energiesatz in das richtige Licht zu stellen, müssen wir für einen Moment nichtautonome Hamiltonsche Systeme zulassen, da wir für die zeitliche Translationsinvarianz nicht das obige Schema benutzen können.

Die folgenden Aussagen sind äquivalent:

(i) $H(\underline{x},\underline{p},t+s) = H(\underline{x},\underline{p},t)$ für alle t,s (zeitliche Translationsinvarianz),

(ii) $\frac{\partial H}{\partial t} = 0$,

(iii) $\frac{d}{dt} H \circ \Phi^H_{t,s} = 0 \quad (\dot{H} = 0)$.

Dies ergibt sich aus (7.3):

$$\dot{H} = \{H,H\} + \frac{\partial H}{\partial t} . \tag{8.10}$$

Falls eine der drei äquivalenten Bedingungen erfüllt ist, ist H invariant unter Φ^H_t (Fluss zu X_H) .

d) Galileiinvarianz und Schwerpunktssatz

Schliesslich betrachten wir spezielle Galileitransformationen $\underline{x} \longmapsto \underline{x} + \underline{v}t$ (vgl. § 1.2). Diese induzieren im Phasenraum die folgenden kanonischen Transformationen:

$$\begin{aligned} \underline{x}_i &\longmapsto \underline{x}_i' = \underline{x}_i + \underline{v}t \\ \underline{p}_i &\longmapsto \underline{p}_i' = \underline{p}_i + m_i\underline{v} . \end{aligned} \tag{8.11}$$

Für festes t ist deshalb

$$\psi_s : (\underline{x}_i,\underline{p}_i) \longmapsto (\underline{x}_i, + s\underline{v}t,\ \underline{p}_i + sm_i\underline{v}) \tag{8.12}$$

eine 1-parametrige Gruppe von kanonischen Transformationen mit dem Hamiltonschen Vektorfeld

$$X_G = (\underline{v}t\ ,\ m_i\ \underline{v}) . \tag{8.13}$$

Die erzeugende Funktion G ist

$$G = \underline{v} \cdot \underline{A} , \qquad \underline{A} = t\, \underline{P} - M\, \underline{X} , \tag{8.14}$$

wobei $M = \sum m_i$, $\underline{X} = M^{-1} \sum m_i\, \underline{x}_i$. Tatsächlich ist

$$\frac{\partial}{\partial p_i} (\underline{v} \cdot \underline{A}) = \underline{v}\, t , \qquad -\frac{\partial}{\partial \underline{x}_i} (\underline{v} \cdot \underline{A}) = m_i \underline{v} .$$

Da es sich bei (8.11) um eine <u>zeitabhängige</u> kanonische Transformation handelt, können wir Satz 8.1 nicht direkt anwenden. Um die transformierte Hamiltonfunktion zu bestimmen, stellen wir zunächst fest, dass (8.11) durch die folgende erzeugende Funktion vom Typ 2 gemäss (7.71) bestimmt wird:

$$S(\underline{x}, \underline{p}', t) = \sum_{i=1}^{N} \underline{x}_i \cdot \underline{p}_i' + \underline{v} \cdot \sum_{i=1}^{N} (\underline{p}_i' t - m_i x_i) - \frac{M}{2} \underline{v}^2 t . \tag{8.15}$$

In der Tat gilt

$$\frac{\partial S}{\partial \underline{x}_i} = \underline{p}_i' - m_i \underline{v} = \underline{p}_i , \qquad \frac{\partial S}{\partial \underline{p}_i'} = \underline{x}_i + \underline{v} t = \underline{x}'_i .$$

Die transformierte Hamiltonfunktion K ist nach (7.72) bestimmt durch

$$K(\underline{x}', \underline{p}', t) = H(\underline{x}, \underline{p}, t) + \frac{\partial S}{\partial t} (\underline{x}, \underline{p}', t) , \tag{8.16}$$

wobei die gestrichenen und die ungestrichenen Grössen gemäss (8.11) zusammenhängen.

<u>Beispiel:</u> Für die Hamiltonfunktion

$$H = \sum_{i=1}^{N} \frac{\underline{p}_i^2}{2m_i} + \sum_{i<j} V_{ij} (|\underline{x}_i - \underline{x}_j|) \tag{8.17}$$

stimmt K mit H überein: Nach (8.16) und (8.11) gilt nämlich

$$\begin{aligned} K(\underline{x}', \underline{p}', t) &= \sum_i \frac{1}{2m_i} (\underline{p}'_i - m_i \underline{v})^2 + \sum_{i<j} V_{ij}(|x_i' - x_j'|) \\ &\quad + \underline{v} \cdot \sum \underline{p}_i' - M\, \underline{v}^2 \\ &= \sum_i \frac{p_i'^2}{2m_i} + \sum_{i<j} V_{ij} (|\underline{x}'_i - \underline{x}'_j|) . \end{aligned}$$

Wir zeigen nun: Wenn ein translationsinvariantes H unter speziellen Galileitransformationen invariant ist, so ist die Schwerpunktsverschiebung

$$\underline{A} = t\,\underline{P} - M\,\underline{X} \tag{8.18}$$

($\underline{P}$: Gesamtimpuls, $\underline{X}$: Schwerpunktskoordinaten) zeitlich konstant (Schwerpunktssatz).

Um dies zu beweisen, führen wir eine kanonische Transformation auf Jacobi-Koordinaten durch. Diese sind wie folgt definiert:

$$\underline{\xi}_1 = \underline{x}_2 - \underline{x}_1$$

$$\underline{\xi}_2 = \underline{x}_3 - (m_1\underline{x}_1 + m_2\underline{x}_2)/m_1 + m_2)$$

$$\underline{\xi}_{N-1} = \underline{x}_N - \sum_{i=1}^{N-1} m_i\,\underline{x}_i \Big/ \sum_{i=1}^{N-1} m_i$$

$$\underline{\xi}_N = \underline{X} = \sum_{i=1}^{N} m_i\,\underline{x}_i / M \quad ,$$

$$\underline{\pi}_1 = (m_1\underline{p}_2 - m_2\underline{p}_1)$$

$$\underline{\pi}_2 = [(m_1+m_2)\underline{p}_3 - m_3(\underline{p}_1 + \underline{p}_2)]/(m_1+m_2+m_3)$$

$$\underline{\pi}_{N-1} = [(\sum_{i=1}^{N-1} m_i)\,\underline{p}_N - m_N \sum_{i=1}^{N-1} \underline{p}_i\,]/M$$

$$\underline{\pi}_N = \underline{P} = \sum_{i=1}^{N} \underline{p}_i \;.$$

Man verifiziert leicht, dass die $\underline{\xi}_i, \underline{\pi}_i$ $(i = 1,\dots,N)$ die Beziehungen (7.9) erfüllen. Deshalb ist die Transformation auf Jacobi-Koordinaten (nach Korollar 2 auf p. 213) kanonisch.

Wenn H gegenüber räumlichen Translationen invariant ist, so ist H in den Jacobi-Koordinaten nur eine Funktion

$H(\underline{\xi}_1,\ldots,\underline{\xi}_{N-1},\underline{\pi}_1,\ldots,\underline{\pi}_N,t)$. Nun ist nach (8.11), (8.16) und (8.15)

$$K(\underline{\xi}'_1,\ldots,\underline{\xi}'_N,\underline{\pi}'_1\ldots,\underline{\pi}'_N,t) = H(\underline{\xi}'_1,\ldots,\underline{\xi}'_{N-1},\underline{\pi}'_1\ldots\underline{\pi}'_{N-1},\underline{\pi}'_N-M\underline{v}t)$$
$$+\ \underline{v}\cdot\underline{\pi}'_N - \frac{M}{2}\underline{v}^2 \ . \qquad (8.20)$$

Damit K dieselbe Funktion wie H ist, muss folgendes gelten, wie man durch Differentiation von (8.20) nach $\underline{v}$ an der Stelle $\underline{v} = 0$ sieht:

$$\underline{\pi}_N = M\frac{\partial H}{\partial \underline{\pi}_N}(\underline{\xi}_1,\ldots,\underline{\xi}_{N-1},\underline{\pi}_1,\ldots,\underline{\pi}_N,t) \ . \qquad (8.21)$$

Dies zeigt, dass H die folgende Form hat

$$H = \underline{\pi}_N^2 / 2M + H_{rel}(\underline{\xi}_1,\ldots,\underline{\xi}_{N-1}\ \underline{\pi}_1,\ldots,\underline{\pi}_{N-1},t) \ . \qquad (8.22)$$

Für die Schwerpunktsverschiebung (8.18) ergibt sich

$$\dot{\underline{A}} = t\dot{\underline{\pi}}_N + \underline{\pi}_N - M\dot{\underline{\xi}}_N = \underline{\pi}_N - M\frac{\partial H}{\partial \underline{\pi}_N} = 0 \ . \qquad (8.23)$$

Dabei haben wir die kanonischen Gleichungen

$$\dot{\underline{\pi}}_N = -\frac{\partial H}{\partial \underline{\xi}_N} = 0 \ , \quad \dot{\underline{\xi}}_N = \frac{\partial H}{\partial \underline{\pi}_N} \ ,$$

sowie die Folge (8.21) der Galileiinvarianz verwendet. Man sieht ausserdem leicht, dass die spezielle Galileiinvarinz (8.21) für H, die Form (8.22) von H, sowie $\dot{\underline{A}} = 0$ paarweise äquivalent sind. Damit ist die Behauptung bewiesen.

Falls alle zehn Erhaltungssätze für ein Hamiltonsches N-Teilchensystem erfüllt sind, muss nach dem Ausgeführten H die folgende Form haben.

$$H(\underline{\xi},\underline{\pi}) = \underline{\pi}^2_N/2M + H_{rel}(\underline{\xi}_1,\ldots,\underline{\xi}_{N-1},\underline{\pi}_1,\ldots,\underline{\pi}_{N-1}), \qquad (8.24$$

mit der Eigenschaft

$$H_{rel}(R\underline{\xi}_1,\ldots,R\underline{\pi}_{N-1}) = H_{rel}(\underline{\xi}_1,\ldots,\underline{\pi}_{N-1}) \text{ für alle } R\in SO(3), \qquad (8.25)$$

Umgekehrt, hat ein H dieser Form die zehn klassischen Integrale der Bewegung.

8.3 Liesche Gruppen von kanonischen Transformationen

Wir beginnen mit einem Beispiel. Für ein Hamiltonsches N-Teilchensystem operiert die Drehgruppe SO(3) in natürlicher Weise im Phasenraum $M \subset \mathbb{R}^{6N}$ gemäss:

$$R \in SO(3) \longmapsto \tau_R : (\underline{x}, \underline{p}) \longmapsto (R\underline{x}, R\underline{p}) \ . \tag{8.26}$$

Diese Operation ist kanonisch (benutze das Korollar 2 auf p. 213).

Zu jeder 1-parametrigen Untergruppe $R(\underline{e},\varphi)$ ist die infinitesimale Erzeugende nach (2.67)

$$\frac{d}{d\varphi} R(\underline{e},\varphi)\Big|_{\varphi=0} = \underline{I}\cdot\underline{e} \tag{8.27}$$

mit den drei Matrizen I_k in Gl. (2.68). Durch direkte Rechnung findet man sofort die Vertauschungsrelationen

$$[I_i, I_j] = \sum_k \varepsilon_{ijk} I_k \tag{8.28}$$

oder, anders geschrieben,

$$[\underline{I}\cdot\underline{e}_1, \underline{I}\cdot\underline{e}_2] = \underline{I}\cdot(\underline{e}_1 \wedge \underline{e}_2) \ . \tag{8.29}$$

Die 1-parametrige Untergruppe $R(\underline{e},\varphi)$ von SO(3) induziert die 1-parametrige Gruppe $\varphi \longmapsto \tau_{R(\underline{e},\varphi)}$ von kanonischen Transformationen des Phasenraumes. Das zugehörige Hamiltonsche Vektorfeld ist nach (8.9) gleich $X_{\underline{e}\cdot\underline{L}}$. Der infinitesimalen Drehung $\underline{e}\cdot\underline{I}$ entspricht also in natürlicher Weise die Funktion $\underline{e}\cdot\underline{L}$ auf dem Phasenraum. Eine direkte Rechnung der Poissonklammern der Drehimpulskomponenten liefert das Resultat (vgl. Uebungen)

$$\{L_i, L_j\} = \sum_k \varepsilon_{ijk} L_k \ , \tag{8.30}$$

oder

$$\left\{\underline{L}\cdot\underline{e}_1,\ \underline{L}\cdot\underline{e}_2\right\} = \underline{L}\cdot(\underline{e}_1\wedge\underline{e}_2)\ . \tag{8.31}$$

Die Vertauschungsrelationen (8.28) der infinitesimalen Drehungen wiederspiegeln sich also in den Poissonklammern der Drehimpulskomponenten. Wir wollen im folgenden den allgemeinen Sachverhalt aufdecken, der für diesen Zusammenhang verantwortlich ist. Eine ganz analoge Situation werden wir in der Quantenmechanik wieder antreffen. [Für die meisten Zuhörer wird es im folgenden genügen, die Resultate (ohne Beweise) zur Kenntnis zu nehmen. Die minimalen gruppentheoretischen Hilfsmittel, die wir im folgenden benötigen, werden im Anhang II entwickelt.]

Es sei G eine lineare Liesche Gruppe, welche durch kanonische Transformationen auf dem Phasenraum M operiert, d.h. es existiere eine differenzierbare Abbildung $\tau : G\times M \longrightarrow M$, mit (vgl. Abschnitt 9 von Anhang II):

(i) $\tau_{g_1}\circ\tau_{g_2} = \tau_{g_1 g_2}$, $\tau_g(x) := \tau(g,x)$

(ii) $\tau_e = Id$, e: Einselement von G

(iii) τ_g ist kanonisch.

Zu jedem Element X der Liealgebra $\mathfrak{g}$ von G betrachten wir die 1-parametrige Untergruppe $g(s) = \exp(sX)$ von G. Dann ist $\tau_{g(s)}$ nach (i) - (iii) eine 1-parametrige Gruppe von kanonischen Transformationen des Phasenraumes. Das zugehörige Vektorfeld bezeichnen wir mit X^*. In Anhang II (Abschnitt 9) wird gezeigt, dass die Zuordnung $\varrho : X \longmapsto -X^*$ ein Liealgebren-Homomorphismus ist. Da G kanonisch operiert, ist X^* (lokal) ein Hamiltonsches Vektorfeld (Satz 5.3). Das Vektorfeld X^* hat also die Form $X_F = J\ \text{grad}\ F$.

Wir nehmen für einen Moment an, die Operation von G sei zeitunabhängig. Wir nennen G eine <u>Symmetriegruppe</u>, wenn τ_g die Hamiltonfunktion des Systems invariant lässt:

$$H \circ \tau_g = H \quad \text{für alle} \quad g \in G . \tag{8.33}$$

Dies gilt dann insbesondere für eine 1-parametrige Untergruppe $g(s)$ von G und folglich haben wir

$$\frac{d}{ds} H(\tau_{g(s)}(x)) \Big|_{s=o} = D_{X_F} H = \{ F,H \} = 0 , \tag{8.34}$$

d.h. F ist ein <u>Integral der Bewegung</u>. Zu jedem Element der Liealgebra $\mathfrak{g}$ gehört demnach ein Integral der Bewegung.

Wir kehren zur allgemeinen Situation zurück und nehmen an, dass M zusammenhängend ist. Für die C^∞-Funktionen über M betrachten wir die Aequivalenzrelation $F \sim G \Longleftrightarrow F - G = \text{const.}$ Es sei $\mathfrak{F}(M) = C^\infty(M)/\sim$. Jedem $X \in \mathfrak{g}$ entspricht dann ein eindeutiges $\tilde{F} \in \mathfrak{F}(M)$ mit $X^* = X_F$ für jedes $F \in \tilde{F}$. Die Zuordnung $X \longmapsto \tilde{F}$ bezeichnen wir mit σ .

Den Raum $\mathfrak{F}(M)$ versehen wir mit der Struktur einer Liealgebra durch

$$[\tilde{F},\tilde{G}] := \widetilde{\{F,G\}} , \quad F \in \tilde{F},\ G \in \tilde{G} . \tag{8.35}$$

Die Definition ist natürlich unabhängig von der Wahl der Repräsentanten. Nun gilt der

<u>Satz 8.2:</u> Die Abbildung $\sigma : \mathfrak{g} \longrightarrow \mathfrak{F}(M)$ ist ein Liealgebren Homomorphismus.

<u>Beweis:</u> Es sei $\sigma(X) = \tilde{F}$, $\sigma(Y) = \tilde{G}$ und $\sigma([X,Y]) = \tilde{K}$. Für Repräsentanten $F \in \tilde{F}$, $G \in \tilde{G}$, $K \in \tilde{K}$ gilt dann $\rho(X) = X_{-F} (= -X^*)$, $\rho(Y) = X_{-G}$, $\rho([X,Y]) = X_{-K}$. Da ρ ein Homomorphismus ist, haben wir mit (7.18)

$$X_{-K} = \varrho([X,Y]) = [\varrho(X), \varrho(Y)] = [X_{-F}, X_{-G}]$$
$$= X_{-\{F,G\}} .$$

Dies zeigt, dass K und $\{F,G\}$ in derselben Klasse sind, d.h.

$$\tilde{K} = \underline{\sigma([X,Y])} = \widetilde{\{F,G\}} = [\tilde{F},\tilde{G}] = \underline{[\sigma(X), \sigma(Y)]}. \quad \square$$

Wir halten nochmals schematisch die Definition von σ fest:

$$\left| \begin{array}{l} X \in \mathfrak{g}\ ,\ g(s) = \exp(sX)\ ,\ \tau_{g(s)} \text{ definiert } X^*\ , \\ X^* = X_F\ ,\ \sigma:\ X \longmapsto \tilde{F}\ . \end{array} \right. \tag{8.36}$$

Nun sei $X_1,\ldots,X_n$ eine Basis von $\mathfrak{g}$. Dann gilt

$$[X_i,X_j] = \sum_k c_{ij}^k X_k\ ,\quad c_{ij}^k = -c_{ji}^k\ . \tag{8.37}$$

Die Konstanten c_{ij}^k sind die Strukturkonstanten der Liealgebra $\mathfrak{g}$ (oder der Gruppe G) relativ zur Basis $X_1,\ldots,X_n$. Nun sei $\sigma(X_k) = \tilde{F}_k$; dann gilt nach Satz 8.2

$$[\tilde{F}_i, \tilde{F}_j] = \sum_k c_{ij}^k \tilde{F}_k\ . \tag{8.38}$$

Daraus ergibt sich für die Poissonklammern von Repräsentanten $F_i \in \tilde{F}_i$:

$$\left| \{F_i, F_j\} = \sum_k c_{ij}^k F_k + a_{ij} \right. \tag{8.39}$$

(Beachte, dass $X_{F_i} = X_i^*$ ist.) Die Konstanten a_{ij} sind nicht unabhängig voneinander. Da die Poissonklammer schief ist, folgt zunächst $a_{ij} = -a_{ji}$. Aus der Jacobi-Identität erhält man ferner

$$\sum_k (c_{ij}^k a_{\ell k} + c_{j\ell}^k a_{ik} + c_{\ell i}^k a_{jk}) = 0\ . \tag{8.40}$$

Im allgemeinen kann man die Koeffizienten a_{ij} nicht durch eine andere Wahl der Repräsentanten F_i von $\tilde{F}_i$ zum Verschwinden bringen. *) Dann spricht man von einer <u>projektiven</u> Realisierung der Liealgebra $\mathfrak{g}$ im Raume der C^∞ - Funktionen über dem Phasenraum. Eine ganz analoge Situation trifft man in der Quantenmechanik.

* * *

Wir spezialisieren nun die obige Diskussion auf die folgende wichtige Situation. Der Phasenraum M sei $M = N \times \mathbb{R}^f$, wobei $N \subset \mathbb{R}^f$ der Konfigurationsraum ist. Jeder Transformation $\varphi: q \longmapsto \varphi(q)$ des Konfigurationsraumes können wir die folgende kanonische Transformation $T^*(\varphi)$ des Phasenraumes M zuordnen:

$$T^*(\varphi): (q,p) \longmapsto (\varphi(q), [(D\varphi)^T]^{-1} \cdot p) . \qquad (8.41)$$

(Diese lässt sich geometrisch deuten.) In Komponenten geschrieben: Sei $\varphi = (\varphi_1, \ldots, \varphi_f)$ und $T^*(\varphi)(q,p) = (\bar{q},\bar{p})$, so gilt

$$\bar{q}_i = \varphi_i(q) , \quad p_i = \sum_j \frac{\partial \varphi_i}{\partial q_i}(q)\, \bar{p}_j . \qquad (8.42)$$

[Die p_i transformieren sich kontragredient zu den $\dot{q}_i$ bei der Tangentialabbildung $T(\varphi)$.] $T^*(\varphi)$ ist eine kanonische Transformation. Dies sieht man daraus, dass sie aus der folgenden erzeugenden Funktion 2. Art entsteht:

$$S(q,\bar{p}) = \sum_j \varphi_j(q)\, \bar{p}_j . \qquad (8.43)$$

---

*) Für eine vertiefte Diskussion siehe: Abraham + Marsden, "Foundations of Mechanics", Benjamin 1978, § 4.2.

Tatsächlich stimmen die Gleichungen

$$p_i = \frac{\partial S}{\partial q_i} \; , \qquad \bar{q}_i = \frac{\partial S}{\partial \bar{p}_i} \tag{8.44}$$

mit (8.42) überein. Man verifiziert leicht die Kompositionsregel

$$T^*(\varphi \circ \psi) = T^*(\varphi) \circ T^*(\psi) \; . \tag{8.45}$$

Ist speziell φ_t der Fluss zu einem Vektorfeld X auf N, dann ist $T^*(\varphi_t)$ nach (8.45) eine 1-parametrige Gruppe von kanonischen Transformation des Phasenraumes. Deshalb ist $T^*(\varphi_t)$ der Fluss zu einem Hamiltonschen Vektorfeld, welches wir mit $T^*(X)$ bezeichnen. Die zugehörige Hamiltonfunktion bezeichnen wir mit H_X. Wir wollen $T^*(X)$ und H_X explizit bestimmen.

Dazu differenzieren wir die Gleichungen (8.42) - mit φ durch φ_t ersetzt - nach t an der Stelle $t = 0$. Wir erhalten (X_i seien die Komponenten des Vektorfeldes)

$$\left.\frac{\partial \bar{q}_i}{\partial t}\right|_{t=o} = X_i(q)$$

$$0 = \sum_j \frac{\partial X_j}{\partial q_i} p_j + \left.\frac{\partial \bar{p}_i}{\partial t}\right|_{t=o} \; ,$$

d.h. $$T^*(X) = \Big(X_i(q), \; -\sum_j \frac{\partial X_j(q)}{\partial q_i} \cdot p_j \Big) \; . \tag{8.46}$$

Die Hamiltonfunktion H_X dieses Vektorfeldes ist

$$\boxed{H_X = \sum_{i=1}^{f} p_i \, X_i(q) \; .} \tag{8.47}$$

Operiert nun allgemeiner eine (lineare) Liesche Gruppe G auf dem Konfigurationsraum, $g \longmapsto \tau_g$, dann gehört dazu die kanonische Operation

$$g \longmapsto T^*(\tau_g)$$

auf dem Phasenraum. Jedem Element ξ der Liealgebra $\mathfrak{g}$ von G wird ein Vektorfeld $X_\xi = \xi^*$ des Konfigurationsraumes zugeordnet. Wir wissen, dass diese Zuordnung ein Antihomomorphismus ist,

$$[X_\xi, X_\eta] = - X_{[\xi,\eta]} \quad . \tag{8.48}$$

Die Hamiltonfunktion des Hamiltonschen Feldes $T^*(X_\xi)$ bezeichnen wir mit $J(\xi)$,

$$\boxed{J(\xi) = H_{X_\xi}} \quad . \tag{8.49}$$

Wir zeigen anschliessend durch eine direkte Rechnung, dass allgemein für (8.47) folgendes gilt

$$\{H_X, H_Y\} = - H_{[X,Y]} \quad . \tag{8.50}$$

Zusammen mit (8.48) und (8.49) folgt daraus

$$\{J(\xi), J(\eta)\} = \{H_{X_\xi}, H_{X_\eta}\} = - H_{[X_\xi, X_\eta]} = H_{X_{[\xi,\eta]}}$$
$$= J([\xi,\eta])$$

d.h.

$$\boxed{\{J(\xi), J(\eta)\} = J([\xi,\eta])} \quad . \tag{8.51}$$

<u>Beweis von (8.50):</u> Nach (8.47) ist

$$\{H_X, H_Y\} = \{p_k X_k, p_j Y_j\} = \frac{\partial}{\partial q_i}(p_k X_k) \frac{\partial}{\partial p_i}(p_j Y_j)$$
$$- \frac{\partial}{\partial p_i}(p_k X_k) \frac{\partial}{\partial q_i}(p_j Y_j) = p_k \frac{\partial X_k}{\partial q_i} Y_i - X_i p_j \frac{\partial Y_j}{\partial q_i}$$
$$= - p_k \left(X_i \frac{\partial Y_k}{\partial q_i} - Y_i \frac{\partial X_k}{\partial q_i}\right) = - p_k [X,Y]_k$$
$$= - H_{[X,Y]} \quad .$$

Man mache sich klar, dass die Beziehungen (8.28) und (8.30) unter dieses Schema fallen. Im Unterschied zu (8.39) treten in (8.51) keine Konstanten auf.

Beispiel. Kanonische Formulierung von klassischen Spinsystemen

Der Phasenraum eines klassischen Spins (Vektor mit Länge 1) ist die 2-Sphäre S^2 mit der symplektischen Form $\omega = dq \wedge dp$, wobei $q = \varphi$, $p = \cos\vartheta$ (ϑ, φ: Polarwinkel). SO(3) operiert in natürlicher Weise auf S^2 und lässt dabei ω invariant, denn ω ist die Volumenform auf S^2. Deshalb ist die Gruppenoperation symplektisch (vgl. Satz 5.5).

Wir bestimmen nun nach dem Schema (8.36) die Hamiltonfunktionen zur Gruppenaktion. Zunächst betrachten wir die Drehungen um die z-Achse: $(q,p) \longmapsto (q+t,p)$. Das Hamiltonsche Vektorfeld I^*_3 ist also $I^*_3 = (1,0)$, d.h.

$$I^*_3 = X_{S_3} \quad \text{mit} \quad S_3 = -p\,. \tag{8.52}$$

Nun bestimmen wir die übrigen Komponenten von S_i in $\underline{I}^*_i = X_{S_i}$

Die Richtungsableitung des Vektorfeldes $(\underline{I}\cdot\underline{e})^*$ ist in Cartesischen Koordinaten gleich

$$\left.\frac{d}{d\alpha}\right|_{\alpha=0} f(R(\underline{e},\alpha)\underline{x}) = \nabla f\cdot(\underline{e}\wedge\underline{x}) = \underline{e}\cdot(\underline{x}\wedge\nabla)\, f\,.$$

Speziell

$$D_{I^*_1} f = \left(x_2 \frac{\partial}{\partial x_3} - x_3 \frac{\partial}{\partial x_2}\right) f$$

$$D_{I^*_2} f = \left(x_3 \frac{\partial}{\partial x_1} - x_1 \frac{\partial}{\partial x_3}\right) f\,.$$

In Polarkoordinaten ist dies (Uebung, vgl. auch QMI)

$$D_{I_1^*} = -\sin\varphi \frac{\partial}{\partial\vartheta} - \operatorname{ctg}\vartheta \cos\varphi \frac{\partial}{\partial\varphi}$$

$$D_{I_2^*} = \cos\varphi \frac{\partial}{\partial\vartheta} - \operatorname{ctg}\vartheta \sin\varphi \frac{\partial}{\partial\varphi}$$

$$D_{I_3^*} = \frac{\partial}{\partial\varphi} . \tag{8.53}$$

Also ist z.B.

$$I_1^* = \left(-\frac{p}{\sqrt{1-p^2}} \cos q \; , \; \sqrt{1-p^2} \sin q \right) .$$

Offensichtlich gilt

$$I_1^* = X_{S_1} \; , \quad S_1 = \sqrt{1-p^2} \cos q . \tag{8.54}$$

Analog findet man

$$I_2^* = X_{S_2} \; , \quad S_2 = \sqrt{1-p^2} \sin q . \tag{8.55}$$

Nach dem allgemeinen Resultat (8.39) muss für die <u>Spinkomponenten</u> gelten:

$$\{ S_i , S_j \} = \varepsilon_{ijk} S_k . \tag{8.56}$$

Hier treten keine zusätzlichen Konstanten auf, wovon man sich leicht überzeugt.

Wählen wir als Hamiltonfunktion für die Bewegung eines Spins

$$H = - \underline{\omega} \cdot \underline{S} , \tag{8.57}$$

so ergibt sich als Bewegungsgleichung für die Spinkomponenten S_j :

$$\dot{S}_i = \{ S_i , H \} = -\omega_j \{ S_i , S_j \} = -\varepsilon_{ijk} \omega_j S_k ,$$

d.h.

$$\underline{\dot{S}} = \underline{S} \wedge \underline{\omega} . \tag{8.58}$$

Nun betrachten wir eine <u>lineare Kette</u> von Spins $\underline{S}_\ell$, $\ell \in \mathbb{Z}$, mit periodischen Randbedingungen nach N Spins ($\underline{S}_{\ell+N} = \underline{S}$). Wir können uns auch vorstellen, dass N Spins regelmässig auf dem Kreis S^1 angeordnet sind. *) Als Hamiltonfunktion wählen wir

$$H = -J \sum_\ell \underline{S}_\ell \cdot \underline{S}_{\ell+1} = \sum H_\ell ,$$
$$H_\ell = -\underline{\omega}_\ell \cdot \underline{S}_\ell , \quad \underline{\omega}_\ell = J(\underline{S}_{\ell-1} + \underline{S}_{\ell+1}) . \tag{8.59}$$

Nach (8.58) befolgen die Spins $\underline{S}_\ell$ die folgenden gekoppelten nichtlinearen Bewegungsgleichungen:

$$\dot{\underline{S}}_\ell = + \underline{S}_\ell \wedge \underline{\omega}_\ell = J \, \underline{S}_\ell \wedge (\underline{S}_{\ell-1} + \underline{S}_{\ell+1}) . \tag{8.60}$$

Diese Gleichungen sind für uns zu schwierig. Wir untersuchen lediglich den Fall, wo die Spins fast vollständig in der (-z)-Richtung ausgerichtet sind (tiefe Temperaturen). Es sei also für alle $\ell \in \mathbb{Z}$

$$|S^x_\ell|, \; |S^y_\ell| \ll |S^z_\ell| = \sqrt{1-(S^x)^2-(S^y)^2} . \tag{8.61}$$

Dann sind S^x_ℓ und S^y_ℓ von 1. Ordnung klein, S^z_ℓ weicht aber erst in 2. Ordnung vom Wert - 1 ab. Die linearisierten Bewegungsgleichungen (8.60) lauten deshalb

$$\begin{aligned} \dot{S}^x_\ell &= -J \, [2 S^y_\ell - S^y_{\ell-1} - S^y_{\ell+1}] \\ \dot{S}^y_\ell &= J \, [2 S^x_\ell - S^x_{\ell-1} - S^x_{\ell+1}] \\ \dot{S}^z_\ell &= 0 . \end{aligned} \tag{8.62}$$

Die z-Komponente jedes Spins bleibt also während der Bewegung konstant. Für die beiden ersten Gleichungen setzen wir <u>Bloch-Wellen</u> an:

---

*) Der zugehörige Phasenraum ist $S^2 \times \ldots \times S^2$ (N mal) und die symplektische Form ist offensichtlich.

$$S^x_\ell = S^x\, e^{i(k\ell-\omega t)}$$
$$S^y_\ell = S^y\, e^{i(k\ell-\omega t)} \quad , \qquad (8.63$$

mit noch unbekannten Amplituden S^x , S^y , Wellenzahlen k und Frequenzen ω . Die Wellenzahlen k kann man auf die erste Brillouinzone

$$-\pi < k \leq \pi \qquad (8.64)$$

beschränken und wegen der Randbedingungen $\underline{S}_{\ell+N} = \underline{S}_\ell$ (N = gerade) gilt:

$$kN = 2\pi\, n \ , \quad n \in \left\{ 0, \pm 1, \ldots, \pm \frac{N}{2} \right\} . \qquad (8.65)$$

Da N beliebig gross gewählt werden kann, darf k als kontinuierliche Variable behandelt werden. Einsetzen von (8.63) in (8.62) gibt die beiden homogenen linearen Gleichungen

$$i\,\omega\, S^x - \beta\, S^y = 0$$
$$\beta\, S^x + i\omega\, S^y = 0 \ , \qquad (8.66)$$

mit

$$\beta = 2\, J\, (1-\cos k) \ .$$

Diese haben nur nichttriviale Lösungen, wenn die Determinante von

$$\begin{pmatrix} i\omega & -\beta \\ \beta & i\omega \end{pmatrix}$$

verschwindet. Aus dieser Forderung ergibt sich das Dispersionsgesetz $\omega^2 = \beta^2$, d.h., wenn wir nur positive ω zulassen,

$$\boxed{\omega = 2\, J\, (1 - \cos k)} \ . \qquad (8.67)$$

Dieses beschreibt, wie die Frequenz vom Wellenvektor $k \in (-\pi, \pi\,]$ abhängt. In der Nähe von $k = 0$ gilt $\omega \simeq J\, k^2$.

Einsetzen von (8.67) in (8.66) gibt das Amplitudenverhältnis

$$S^y = i\, S^x$$

$$|S^y| = |S^x| \equiv S^{\perp}, \tag{8.68}$$

d.h. S^x und S^y sind vom gleichen Betrag $S^{\perp}$ und um $-\pi/2$ phasenverschoben. Jeder Vektor $\underline{S}_\ell$ präzediert um die $(-z)$-Achse mit der Frequenz ω, wobei die Amplitude $S^{\perp}$ konstant bleibt. Wegen

$$S^x_{\ell+1} = S^x_\ell\, e^{ik} \quad , \quad S^y_{\ell+1} = S^y_\ell\, e^{ik} \tag{8.69}$$

sind zwei benachbarte Spins in ihrer Präzession um den Winkel $-k$ gegeneinander phasenverschoben.

Der Neigungswinkel σ zwischen Nachbarspins ist dann gegeben durch

$$\sin\frac{\sigma}{2} = S^{\perp} \sin\frac{|k|}{2} ,$$

so dass

$$\cos\sigma = 1 - 2\,(S^{\perp})^2 \sin^2\frac{k}{2} . \tag{8.70}$$

Für Weiterführungen der Spinwellen-Theorie verweise ich auf Festkörperbücher.

8.4 Projektive Realisierungen der Galileigruppe

Wir bestimmen zunächst die Liealgebra der Galileigruppe, sowie deren Strukturkonstanten für eine geeignete Basis. Die Galileigruppe $G_+^{\uparrow}$ können wir nach § 1.2 (p. 11) mit der Gruppe aller 5x5 Matrizen der Form

$$g(R,\underline{v},\underline{a},s) = \begin{pmatrix} R & \underline{v} & \underline{a} \\ 0 & 1 & s \\ 0 & 0 & 1 \end{pmatrix} , \quad R \in SO(3), \tag{8.71}$$

idenzifizieren: $g(R,\underline{v},\underline{a},s): (\underline{x},t) \longmapsto (R\underline{x}+\underline{v}t+\underline{a}, t+s)$.

Wir erhalten die folgende Basis der Liealgebra $\mathfrak{g}$ von G_+^4 :

$$\ell_k = \left(\begin{array}{c|c} I_k & 0 \\ \hline 0 & 0 \end{array}\right) \quad : \text{ infinitesimale Drehungen}$$

$$a_1 = \left(\begin{array}{c|c} 0 & \begin{matrix} 1 & \cdot \\ \vdots & \vdots \\ \cdot & \cdot \end{matrix} \\ \hline 0 & 0 \end{array}\right), \quad a_2 = \left(\begin{array}{c|c} 0 & \begin{matrix} \cdot & \cdot \\ 1 & \vdots \\ \cdot & \cdot \end{matrix} \\ \hline 0 & 0 \end{array}\right), \quad a_3 = \left(\begin{array}{c|c} 0 & \begin{matrix} \cdot & \cdot \\ \vdots & \vdots \\ 1 & \cdot \end{matrix} \\ \hline 0 & 0 \end{array}\right)$$

: infinitesimale spezielle Galileitransf.,

$$\pi_1 = \left(\begin{array}{c|c} 0 & \begin{matrix} \cdot & 1 \\ \vdots & \vdots \\ \cdot & \cdot \end{matrix} \\ \hline 0 & 0 \end{array}\right) \quad \pi_2 = \left(\begin{array}{c|c} 0 & \begin{matrix} \cdot & \cdot \\ \vdots & 1 \\ \cdot & \cdot \end{matrix} \\ \hline 0 & 0 \end{array}\right) \quad \pi_3 = \left(\begin{array}{c|c} 0 & \begin{matrix} \cdot & \cdot \\ \vdots & \vdots \\ \cdot & 1 \end{matrix} \\ \hline 0 & 0 \end{array}\right)$$

: infinitesimale Translationen,

$$h = \left(\begin{array}{c|c} 0 & 0 \\ \hline 0 & \begin{matrix} \vdots & 1 \\ \cdot & \cdot \end{matrix} \end{array}\right) \quad : \text{ infinitesimale Zeittranslation.} \tag{8.72}$$

Die zugehörigen Vertauschungsrelationen kann man einfach berechnen. Das Resultat ist:

$$\begin{aligned}
[\pi_i, \pi_j] &= 0 & \qquad [\pi_i, \ell_j] &= \varepsilon_{ijk}\, \pi_k \\
[\pi_i, a_j] &= 0 & [\ell_i, \ell_j] &= \varepsilon_{ijk}\, \ell_k \\
[a_i, a_j] &= 0 & [a_i, \ell_j] &= \varepsilon_{ijk}\, a_k \\
[a_i, h] &= \pi_i & [h, \ell_k] &= 0 \,. \\
[\pi_i, h] &= 0 & & \\
[h, h] &= 0 & &
\end{aligned} \tag{8.73}$$

Nun betrachten wir ein <u>galileiinvariantes System</u>. Dies bedeutet, dass die Galileigruppe G_+^4 auf dem Phasenraum kanonisch operiert: $g \longmapsto \tau_g$ (vgl.(8.32)). Zu den Basiselementen $\{X_i\} = \{\underline{\ell}, \underline{a}, \underline{\pi}, h\}$ gehören gemäss (8.36) Funktionen F_i mit $X_i^* = X_{F_i}$. Wir wissen, dass die Lieprodukte der Vektorfelder X_{-F_i} ebenfalls die Relationen (8.73) erfüllen. Dasselbe gilt nach (8.39) für die Poissonklammern der F_i, bis auf additive Konstanten.

Die F_i interpretieren wir auf Grund der Ergebnisse von Abschnitt 8.2 als die 10 klassischen Integrale:

$$\ell_k \longrightarrow L_k\ ,\ r_k \longrightarrow P_k\ ,\ a_k \longrightarrow A_k\ ,\ h \longrightarrow -H \tag{8.74}$$

Das Minuszeichen bei H entspricht der Tatsache *), dass die 1-parametrige Untergruppe $\exp(sh) = g(1,0,0,s)$ durch ϕ_{-s}, und nicht durch ϕ_s dargestellt wird: $\tau_{g(1,0,0,s)} = \phi_{-s}$.

---

*) Davon kann man sich folgendermassen überzeugen. Damit die Gruppeneigenschaft $\tau_{g_1} \circ \tau_{g_2} = \tau_{g_1 \cdot g_2}$ erfüllt ist, muss auf Grund der Relation

$$g(R,\underline{v},\underline{a},0)g(1,0,0,s) = g(1,0,0,s)\ g(R,\underline{v},\underline{a}+s\underline{v},0)$$

folgendes gelten

$$\tau_{g(R,\underline{v},\underline{a},0)} \circ \tau_{\exp(sh)} = \tau_{\exp(sh)} \circ \tau_{g(R,\underline{v},\underline{a}+s\underline{v},0)}\ ,$$

oder äquivalent dazu

$$\tau_{\exp(-sh)} \circ \tau_{g(R,\underline{v},\underline{a},o)} = \tau_{g(R,\underline{v},\underline{a}+s\underline{v},0)} \circ \tau_{\exp(-sh)}. \tag{8.75}$$

Dies gilt in der Tat für die Wahl $\tau_{\exp(-sh)} = \phi_s$. Um dies zu beweisen, wenden wir beide Seiten auf einen festen Punkt $(\underline{x}_i,\underline{p}_i)$ an und zeigen, dass die resultierenden Funktionen von s dieselbe Differentialgleichund erfüllen. Da für $s = 0$ beide Seiten übereinstimmen, folgt dann die Behauptung auf Grund des Eindeutigkeitssatzes für gewöhnliche Differentialgleichungen.

Für die linke Seite, $\alpha(s)$, erhält man sofort die Gleichung

$$\dot{\alpha}(s) = X_H(\alpha(s))\ .$$

Die rechte Seite $\beta(s)$ ist

$$\beta(s) = (R\underline{x}(s)+\underline{v}t+\underline{a}+s\underline{v},\ R\underline{p}(s)+m\underline{v}),\ (\underline{x}(s),\underline{p}(s)) = \phi_s(\underline{x},\underline{p})\ .$$

Daraus folgt

$$\dot{\beta}(s) = (R\dot{\underline{x}}(s) + \underline{v}\ ,\ R\dot{\underline{p}}(s))\ .$$

*) Fortsetzung:

Ist abkürzend $\psi_t := \tau_{g(R,\underline{v},\underline{a}+s\underline{v},0)}$, so gilt wegen

$\beta(s) = \psi_t(\phi_s(\underline{x},\underline{p}))$ und

$$\tau_{g(R,\underline{v},\underline{a},0)} : (\underline{x}_i, \underline{p}_i) \longmapsto (R\underline{x}_i + \underline{v}t + \underline{a},\ R\underline{p}_i + m_i\underline{v}) \qquad (8.76$$

für $\dot{\beta}$:

$$\dot{\beta}(s) = D\psi_t\ X_H(\phi_s(\underline{x},\underline{p})) + \frac{\partial\psi_t}{\partial t} = \psi_*\ X_H\ (\beta(s)).$$

Wegen $(\tau_g)_*\ X_H = X_H$ für $g \in G^{\uparrow}_{+}$ folgt für $\beta(s)$ dieselbe Differentialgleichung wie für $\alpha(s)$.

Die Konstanten a_{ij} in (8.39) kann man nicht allgemein angeben. Für das Hamiltonsche N-Körperproblem in § 8.2 sind die erzeugenden Funktionen F_i :

$$\underline{P} = \sum_{i=1}^{N} \underline{p}_i\ ,\quad \underline{L} = \sum_{i=1}^{N} \underline{x}_i \wedge \underline{p}_i\ ,\quad \underline{A} = t\underline{P} - M\underline{X}\ ,$$

H: Ausdruck (8.24), mit Eigenschaft (8.25). (8.77)

Aus diesen Ausdrücken erhält man durch direkte Rechnung die folgenden Poissonklammern, welche mit (8.39) in Einklang sind (vgl. (8.73)):

$$\{P_i, P_j\} = 0 \qquad \{P_i, L_j\} = \varepsilon_{ijk}\, P_k$$

$$\{P_i, A_j\} = \delta_{ij}\, M \qquad \{L_i, L_j\} = \varepsilon_{ijk}\, L_k$$

$$\{A_i, A_j\} = 0 \qquad \{A_i, L_j\} = \varepsilon_{ijk}\, A_k$$

$$\{A_i, H\} = -\, P_i \qquad \{H, L_k\} = 0\ .$$

$$\{P_i, H\} = 0$$

$$\{H, H\} = 0 \qquad (8.78)$$

Bemerkungen:

1) In $\{P_i, A_j\}$ tritt ein konstanter Zusatz auf, welcher durch die Gesamtmasse bestimmt ist. Wir haben also nach (8.73) eine projektive Realisierung von $\mathcal{G}$. Eine völlig analoge Situation findet man in der Quantenmechanik wieder vor.

a) Obschon $\{A_i, H\} \neq 0$, ist A_i ein Integral der Bewegung, weil A_i explizite von der Zeit abhängt:

$$\dot{A}_i = \{A_i, H\} + \frac{\partial A_i}{\partial t} = - P_i + P_i = 0 .$$

Dies beruht darauf, dass für $\underline{v} \neq 0$ $\tau_{g(R,\underline{v},\underline{a},0)}$ ein zeitabhängiger Diffeomorphismus ist (vgl. (8.76)).

In der Quantenmechanik gewinnt die Rolle von Symmetriegruppen noch an Bedeutung, weil dort die Symmetriegruppen im Raum der Zustände linear dargestellt sind. Deshalb kommt die Darstellungstheorie von Gruppen zu fruchtbarer Anwendung.

* * *

Kapitel 9. Die Hamilton-Jacobi Theorie

Es sei X_H ein Hamiltonsches Vektorfeld mit Fluss $\phi_{t,s}$. Wir halten nun nach einer kanonischen Transformation Ausschau, welche X_H in das triviale Vektorfeld überführt. Dies ist i.a. nur lokal möglich, und deshalb sind alle folgenden Betrachtungen lokaler Natur.

Nun ist $\phi_{t,s}$ in einer Umgebung eines beliebigen Punktes ein kanonischer Diffeomorphismus, falls $|t-s|$ genügend klein ist. Der inverse Diffeomorphismus $\phi_{t,s}^{-1} = \phi_{s,t}$ - mit s als festem Parameter - transformiert aber gerade X_H in das Nullfeld: $(\phi_{s,t})_* X_H = 0$. Da nämlich eine Integralkurve $\gamma(t)$ von X_H von der Form $\phi_{t,s}(x_0)$ ist, mit x_0 als Anfangsbedingung für $t = s$, verschwinden die Tangentialvektoren an die transformierte Kurve $t \longmapsto \phi_{t,s}^{-1}(\gamma(t)) \equiv x_0$.

Da $\phi_{s,s} = \mathrm{Id}$ und $\phi_{t,s}$ in t stetig differenzierbar ist, gilt für die Abbildung $\phi_{s,t}: (q,p) \longmapsto (q^0,p^0)$ für genügend kleine $|t-s|$

$$\mathrm{Det}\, \frac{\partial(p_1^0,\ldots,p_f^0)}{\partial(p_1,\ldots,p_f)} \neq 0 ,$$

d.h. die zeitabhängige kanonische Transformation $\phi_{s,t}$ ist vom Typ 2. Deshalb gibt es eine erzeugende Funktion $S(q,p^0,t)$ mit (vgl. (7.71))

$$p_i = \frac{\partial S}{\partial q_i}(q,p^0,t) , \quad q_i^0 = \frac{\partial S}{\partial p_i^0}(q,p^0,t) . \tag{9.1}$$

Die transformierte Hamiltonfunktion K ist nach (7.72) allgemein bestimmt durch

$$K(q^o,p^o,t) = H(q,p,t) + \frac{\partial S}{\partial t}(q,p^o,t). \qquad (9.2)$$

Nach dem Gesagten ist die rechte Seite eine Funktion von t allein (da $X_K = 0$) und durch einen additiven Zusatz zu S, der eine Funktion von t allein ist (die durch S definierte kanonische Transformation also nicht verändert), kann man erreichen, dass gilt

$$H(q, \frac{\partial S}{\partial q}(q,p^o,t),t) + \frac{\partial S}{\partial t}(q,p^o,t) = 0 .$$

Dies ist die Hamilton-Jacobische Gleichung. In dieser partiellen Differentialgleichung spielen die p_i^o die Rolle von f Parametern.

Unsere Ueberlegungen beweisen den

Satz 9.1: Die Hamilton-Jacobische Gleichung

$$\boxed{H(q, \frac{\partial S}{\partial q}, t) + \frac{\partial S}{\partial t} = 0} \qquad (9.3)$$

besitzt lokal (d.h. in der Umgebung von jedem (q_o,p_o,t_o)) ein vollständiges Integral $S(q_1,\ldots,q_f,\alpha_1,\ldots,\alpha_f,t)$, d.h. eine Lösung, die von f Parametern $\alpha_1,\ldots,\alpha_f$ abhängt und die Bedingung

$$\mathrm{Det}\left(\frac{\partial^2 S}{\partial q_i \partial \alpha_j}\right) \neq 0 \qquad (9.4)$$

erfüllt.

Ist $S(q,\alpha)$ ein vollständiges Integral, dann wird durch

$$p_i = \frac{\partial S}{\partial q_i}, \quad \beta_i = \frac{\partial S}{\partial \alpha_i} \qquad (9.5)$$

eine kanonische Transformation (2. Art) definiert, mit der

Eigenschaft, dass die zu H transformierte Hamiltonfunktion identisch verschwindet. Die kanonischen Gleichungen in den neuen Variablen (β,α) sind deshalb trivial:

$$\dot{\beta}_i = 0 \; , \quad \dot{\alpha}_i = 0 \quad , \tag{9.6}$$

d.h. die $\{\alpha_i\}$ und $\{\beta_i\}$ sind konstant. Die Bewegung ergibt sich aus (9.5). Die Konstanten α und β sind durch die Anfangsbedingungen festgelegt.

Bemerkungen:

In Abschnitt 2.1 haben wir allgemein gesehen, dass durch einen zeitabhängigen Diffeomorphismus jedes dynamische System lokal in ein triviales System der Form (9.6) transformiert werden kann. Die Ueberlegungen dieses Abschnitts zeigen, wie dies für kanonische Systeme mit Hilfe von kanonischen Transformationen erreicht werden kann. Im allgemeinen wird es nicht leichter sein, ein vollständiges Integral der nichtlinearen, partiellen Hamilton-Jacobischen Differentialgleichung zu finden, als die Aufgabe, die gewöhnlichen Hamiltonschen Differentialgleichungen direkt zu integrieren. Es gibt aber wichtige Ausnahmen (vgl. Uebungen). Ausserdem ist die Hamilton-Jacobi Methode sehr geeignet zur Entwicklung von systematischen Störungsreihen, wie wir in Kap. 10 sehen werden.

Zur Illustration betrachten wir nun ein einfaches

Beispiel: Harmonischer Oszillator,

$$H = \frac{p^2}{2m} + \tfrac{1}{2}\, m\, \omega^2 q^2 \; .$$

Die Hamilton-Jacobische Gleichung lautet

$$\frac{1}{2m}\left(\frac{\partial S}{\partial q}\right)^2 + \tfrac{1}{2}\, m\, \omega^2 q^2 + \frac{\partial S}{\partial t} = 0 \; . \tag{9.7}$$

Um ein vollständiges Integral zu finden, machen wir den Ansatz: $S(q,t) = W(q) - \alpha t$. Dies gibt für W die gewöhnliche Differentialgleichung

$$\frac{1}{2m}(W')^2 + \frac{1}{2} m \omega^2 q^2 - \alpha = 0 ,$$

d.h.

$$W' = m\omega \sqrt{\frac{2\alpha}{m\omega^2} - q^2} .$$

Dies gibt

$$S(q,\alpha,t) = m\omega \int_o^q dq' \sqrt{\frac{2\alpha}{m\omega^2} - q'^2} - \alpha t . \tag{9.8}$$

Da

$$\frac{\partial^2 S}{\partial q \partial \alpha} = m\omega \frac{\partial}{\partial \alpha} \sqrt{\frac{2\alpha}{m\omega} - q^2} = \frac{1}{\omega} \frac{1}{\sqrt{\frac{\alpha}{m\omega^2} - q^2}} \neq 0 ,$$

ist $S(q,\alpha,t)$ in (9.8) ein vollständiges Integral.

Die Bewegung ergibt sich aus

$$p = \frac{\partial S}{\partial q} , \quad \beta = \frac{\partial S}{\partial \alpha} ,$$

d.h.

$$p = m\omega \sqrt{\frac{2\alpha}{m\omega^2} - q^2} , \quad \beta = \frac{1}{\omega} \int_o^q \frac{dq'}{\sqrt{\frac{2\alpha}{m\omega^2} - q'^2}} - t . \tag{9.9}$$

Die Anfangsbedingungen seien $q(0) = q_o$, $p(0) = p_o$. Aus (9.9) erhalten wir die folgende Beziehung zwischen (β,α) und (q_o,p_o):

$$\alpha = \frac{p_o^2}{2m} + \frac{m\omega^2}{2} q_o , \quad \beta = \frac{1}{\omega} \arcsin \left(q_o / \sqrt{\frac{p_o^2}{m^2\omega^2} + q_o^2}\right) .$$

Die Bewegung des mechanischen Systems erhält man aus der 2. Gleichung von (9.9):

$$q = \sqrt{\frac{2\alpha}{m\omega^2}} \sin(\omega t + \omega\beta) = \sqrt{\frac{p_o^2}{m^2\omega_o^2} + q_o^2} \sin\left(\omega t + \arcsin\left(q_o / \sqrt{\frac{p_o^2}{m^2\omega^2} + q_o^2}\right)\right)$$

Interessantere Beispiele werden wir später, sowie in den Uebungen behandeln.

Die verkürzte HJ - Gleichung

Wir betrachten jetzt ein autonomes Hamiltonsches System.

Wenn es uns gelingen würde, etwa mit Hilfe einer erzeugenden Funktion 2. Art, $S(q,P)$, eine kanonische Transformation zu finden, so dass die neue Hamiltonfunktion K nur von den neuen Impulskoordinaten $P_1,\ldots,P_f$ abhängt, dann ist die Lösung des transformierten kanonischen Systems

$$\dot{Q}_i = \frac{\partial K}{\partial P_i}, \quad \dot{P}_i = 0 \tag{9.10}$$

trivial. Auf Grund von

$$p_i = \frac{\partial S}{\partial q_i}, \quad Q_i = \frac{\partial S}{\partial P_i} \tag{9.11}$$

erfüllt S notwendigerweise die verkürzte HJ-Gleichung

$$H(q, \frac{\partial S}{\partial q}(q,P)) = K(P) . \tag{9.12}$$

In dieser spielen die P_i wieder die Rolle von Parametern.

Nun beweisen wir den folgenden

Satz 9.2: Die verkürzte HJ-Gleichung besitzt in der Umgebung eines Nichtgleichgewichtspunktes ein vollständiges Integral $S(q,P)$, d.h. eine Lösung, welche von Parametern $P_1,\ldots,P_f$ so abhängt, dass gilt

$$\operatorname{Det} \frac{\partial^2 S}{\partial q_i \partial P_j} \neq 0 . \tag{9.13}$$

Beweis: Wir führen die Behauptung auf Satz 9.1 zurück. Dazu verwandeln wir das autonome Hamiltonsche System in der Nähe einer Nichtgleichgewichtslage in ein nichtautonomes System von f-1 Freiheitsgraden. Durch eine elementare kanonische Transformation kann man $\partial H/\partial p_f \neq 0$ erreichen und deshalb lokal die Gleichung

$$H(q_1,\dots,q_f,p_1,\dots,p_f) = E \tag{9.14}$$

in einem genügend kleinen Energieintervall nach p_f auflösen,

$$p_f = -h(q_1,\dots,q_{f-1}, p_1\dots,p_{f-1}, \tau\ ; E), \quad \tau \equiv q_f\ . \tag{9.15}$$

Die Phasenbahn auf der Energiefläche $\{H = E\}$ (ohne zeitlichen Verlauf) ist, wie wir gleich sehen werden, durch die folgenden Gleichungen beschrieben

$$\frac{dq_k}{d\tau} = \frac{\partial h}{\partial p_k}, \quad \frac{dp_k}{d\tau} = -\frac{\partial h}{\partial q_k}, \quad 1 \leq k \leq f-1\ . \tag{9.16}$$

Der zeitliche Verlauf ergibt sich durch eine Quadratur von

$$\frac{d\tau}{dt} = \frac{\partial H}{\partial p_f}(q_1(\tau),\dots,q_{f-1}(\tau)\ ,\tau,\ p_1(\tau),\dots,p_{f-1}(\tau),p_f(\tau)) \tag{9.17}$$

wobei $p_f(\tau)$ durch (9.15) bestimmt ist.

Die beiden Gleichungen (9.16) und (9.17) ergeben sich leicht aus den kanonischen Gleichungen zu H und den Regeln der impliziten Differentiation. *)

---

*) Nach Definition haben wir

$$H(q_1,\dots,q_{f-1},\tau,p_1,\dots,p_{f-1},-h(q_1,\dots,q_{f-1},p_1,\dots,p_{f-1},\tau;E)) = E\ .$$

Durch Differentiation nach p_k, $k = 1,\dots,f-1$, erhalten wir

$$\underbrace{\frac{\partial H}{\partial p_k}}_{\dot{q}_k} + \underbrace{\frac{\partial H}{\partial p_f}}_{\dot{q}_f(\neq 0)} \left(-\frac{\partial h}{\partial p_k}\right) = 0\ ,$$

d.h.

$$\frac{dq_k}{d\tau} = \frac{\dot{q}_k}{\dot{q}_f} = \frac{\partial h}{\partial p_k}\ .$$

Differenzieren wir anderseits nach q_k, so kommt

Fortsetzung *)

$$\underbrace{\frac{\partial H}{\partial q_k}}_{-\dot p_k} + \underbrace{\frac{\partial H}{\partial p_f}}_{\dot q_f}\left(-\frac{\partial h}{\partial q_k}\right) = 0 \Longrightarrow \frac{dp_k}{d\tau} = \frac{\dot p_k}{\dot q_f} = -\frac{\partial h}{\partial q_k} .$$

Die Gl. (9.17) folgt unmittelbar aus $\dot q_f = \frac{\partial H}{\partial p_f}$.

Die zu (9.16) gehörige HJ-Gleichung lautet $(\tau \equiv q_f)$:

$$\frac{\partial W}{\partial q_f} + h\left(q_1,\ldots,q_{f-1}, \frac{\partial W}{\partial q_1},\ldots, \frac{\partial W}{\partial q_{f-1}}, q_f ; E\right) = 0 . \qquad (9.18)$$

Diese hat nach Satz 9.1 ein vollständiges Integral $W(q_1,\ldots,q_f\alpha_1\ldots \alpha_{f-1} ; E)$, welches also

$$\operatorname{Det}\left(\frac{\partial^2 W}{\partial q_i \partial \alpha_j}\right)_{1\leq i,j\leq f-1} \neq 0 \qquad (9.19)$$

erfüllt. Aus (9.13) und (9.14) folgt, dass (9.18) äquivalent ist zur verkürzten HJ-Gleichung:

$$\boxed{H\left(q_1,\ldots,q_f, \frac{\partial W}{\partial q_1},\ldots, \frac{\partial W}{\partial q_f}\right) = E .} \qquad (9.20)$$

Sei $\alpha_f := E$, dann gilt auch

$$\operatorname{Det}\left(\frac{\partial^2 W}{\partial q_i \partial \alpha_j}\right) \neq 0 . \qquad (9.21)$$

Um dies zu sehen, leiten wir (9.20) nach α_j ab,

$$\sum_{k=1}^{f} \frac{\partial^2 W}{\partial \alpha_j \partial q_k} \frac{\partial H}{\partial p_k} = \delta_{jf} . \qquad (9.22)$$

Da W ein vollständiges Integral von (9.18) ist, sind die ersten f-1 Zeilen der Matrix $\partial^2 W/\partial\alpha_i\partial q_k$ linear unabhängig. Wäre die letzte Zeile eine Linearkombination der (f-1) ersten. Zeilen, so könnte die Komponente $j = f$ in (9.22) nicht $\neq 0$ sein. □

Im Beweis dieses Satzes ist $K(\alpha_1,\ldots,\alpha_f) = \alpha_f = E$ (Energie). Anstelle der Bezeichnung (Q,P) verwenden wir von nun an die gebräuchlichere Notation (β,α) . Speziell für $K(\alpha) = \alpha_f = E$ lauten die Bewegungsgleichungen in den neuen Koordinaten

$$\dot\beta_s = 0 \quad (s = 1,\ldots,f-1), \quad \dot\beta_f = 1 ,$$
$$\dot\alpha_j = 0 \quad (j = 1,\ldots,f) . \tag{9.23}$$

Daraus folgt $\alpha_j = \mathrm{const}$; $\beta_1,\ldots,\beta_{f-1}$ sind ebenfalls konstant und $\beta_f = t - t_o$. Die Gleichungen (9.11) bestimmen die Bahn gemäss

$$p_k = \frac{\partial W}{\partial q_k}(q,\alpha) , \quad \beta_s = \frac{\partial W}{\partial \alpha_s} , \quad t-t_o = \frac{\partial W}{\partial \alpha_f} = \frac{\partial W}{\partial E} . \tag{9.24}$$
$$(k=1,\ldots,f;\ s=1,\ldots,f-1)$$

Die beiden ersten Gleichungen geben die Phasenbahn (ohne zeitlichen Verlauf), während die letzte Gleichung den zeitlichen Durchlauf bestimmt.

Die erzeugende Funktion W (vollständiges Integral von (9.20)) bewirkt also die in § 2.1 besprochene Glättung des autonomen kanonischen Systems (vgl. Satz 2.1). Wir haben gezeigt, dass ausserhalb von kritischen Punkten alle autonomen Hamiltonschen Systeme lokal kanonisch äquivalent sind. Die interessanten lokalen Probleme betreffen deshalb das Verhalten des Flusses in der Nähe von Gleichgewichtslagen. Dazu haben wir in Kap. 6 einiges ausgeführt und insbesondere auf die Bedeutung und die Schwierigkeit des Zentrumsproblems hingewiesen. Globale Probleme sind natürlich von einem ganz anderen Schwierigkeitsgrad.

<u>Beispiel:</u> Zur Illustration betrachten wir das 1-dimensionale autonome kanonische System zur Hamiltonfunktion

$$H = p^2/2m + V(q) \,. \tag{9.25}$$

Die verkürzte HJ-Gleichung lautet

$$\frac{1}{2m} W'(q)^2 + V(q) = E \,. \tag{9.26}$$

Wir erhalten sofort das vollständige Integral

$$W(q,E) = \int_{q_0}^{q} \sqrt{2m(E-V(x))}\,dx \,. \tag{9.27}$$

Die Form der Bahn ist nach (9.24) bestimmt durch

$$p = \frac{\partial W}{\partial q} = \sqrt{2m(E-V(q))}$$

und der zeitliche Verlauf ergibt sich aus

$$t(q) - t(q_0) = \int_{q_0}^{q} \frac{dx}{\sqrt{\frac{2}{m}(E-V(x))}} \quad \left(= \frac{\partial W}{\partial E}\right) .$$

Dies sind natürlich bekannte Ergebnisse.

Lösung der HJ-Gleichung durch Separation der Variablen

Wir führen diese Methode zunächst an einem wichtigen Beispiel vor, nämlich für die Bewegung in einem zentralsymmetrischen Feld $V(r)$.

In Polarkoordinaten findet man für die Hamiltonfunktion nach kurzer Rechnung

$$H = \frac{1}{2m}\left(p_r^{\,2} + \frac{1}{r^2}\, p_\vartheta^2 + \frac{1}{r^2 \sin^2\vartheta}\, p_\varphi^2\right) + V(r) \tag{9.28}$$

und deshalb lautet die verkürzte HJ-Gleichung

$$\frac{1}{2m}\left[\left(\frac{\partial W}{\partial r}\right)^2 + \frac{1}{r^2}\left(\frac{\partial W}{\partial \vartheta}\right)^2 + \frac{1}{r^2 \sin^2\vartheta}\left(\frac{\partial W}{\partial \varphi}\right)^2\right] + V(r) = E \,. \tag{9.29}$$

Die Variablen r, ϑ, φ erscheinen alle nur in der Form $f(\frac{\partial}{\partial q}, q)$ $(q = r, \vartheta, \varphi)$. Wir sagen, die Variablen seien <u>separabel</u>. In dieser Situation führt der folgende <u>Separationsansatz</u> zum Ziel:

$$W(r, \ ,\varphi) = W_r(r) + W_\vartheta(\vartheta) + W_\varphi(\varphi) \ . \tag{9.30}$$

Eingesetzt gibt

$$\frac{1}{2m}\left[\left(\frac{dW_r}{dr}\right)^2 + \frac{1}{r^2}\left(\frac{dW_\vartheta}{d\vartheta}\right)^2 + \frac{1}{r^2\sin^2\vartheta}\left(\frac{dW_\varphi}{d\varphi}\right)^2\right] + V(r) = E \ . \tag{9.31}$$

Denkt man sich diese Gleichung so geordnet, dass auf der rechten Seite $(dW_\varphi/d\varphi)^2$ allein steht, so hängt die rechte Seite nur von φ und die linke nur von r und ϑ ab. Deshalb müssen beide Seiten gleich einer Konstanten sein. Wir setzen $dW_\varphi/d\varphi = \alpha_\varphi$. Die Variable φ ist damit separiert. Um die Trennung der Variablen r und ϑ durchzuführen, schreiben wir (9.31) in der Form

$$r^2\left(\frac{dW_r}{dr}\right)^2 + 2mr^2V(r) - 2m\,Er^2 = -\left[\left(\frac{dW_\vartheta}{d\vartheta}\right)^2 + \frac{\alpha_\varphi^2}{\sin^2\vartheta}\right] .$$

Hier steht links eine Funktion von r allein, rechts eine solche von ϑ allein. Folglich müssen beide Seiten gleich einer Konstanten sein. Wir setzen deshalb

$$\left(\frac{dW_\vartheta}{d\vartheta}\right)^2 + \frac{\alpha_\varphi^2}{\sin^2\vartheta} = \alpha_\vartheta^2 \ ,$$

und damit folgt

$$\left(\frac{dW_r}{dr}\right)^2 = -\,2m\,V(r) + 2m\,E - \frac{\alpha_\vartheta^2}{r^2} \ .$$

Die erste Gleichung von (9.24) lautet also hier

$$p_r = \frac{\partial W}{\partial r} = \frac{dW_r}{dr} = \sqrt{2m(E-V(r)) - \frac{\alpha_\vartheta^2}{r^2}}$$

$$p_\vartheta = \frac{\partial W}{\partial \vartheta} = \frac{dW_\vartheta}{d\vartheta} = \sqrt{\alpha_\vartheta^2 - \frac{\alpha_\varphi^2}{\sin^2\vartheta}}$$

$$p_\varphi = \frac{\partial W}{\partial \varphi} = \frac{dW_\varphi}{d\varphi} = \alpha_\varphi \, . \tag{9.32}$$

Daraus ergibt sich

$$W_r(r) = \int \sqrt{2m(E-V) - \frac{\alpha_\vartheta^2}{r^2}}\, dr$$

$$W_\vartheta(\vartheta) = \int \sqrt{\alpha_\vartheta^2 - \alpha_\varphi^2/\sin^2\vartheta}\, d\vartheta$$

$$W_\varphi(\varphi) = \alpha_\varphi \varphi \, . \tag{9.33}$$

Die übrigen Gleichungen in (9.24) lauten

$$t-t_0 = \frac{\partial W}{\partial E} = \frac{\partial W_r}{\partial E} = \int \frac{m\, dr}{\sqrt{2m(E-V)-\alpha^2/r^2}} \, ,$$

$$\beta_\vartheta = \frac{\partial W}{\partial \alpha_\vartheta} = \frac{\partial W_r}{\partial \alpha_\vartheta} + \frac{\partial W_\vartheta}{\partial \alpha_\vartheta} = \dots \text{ (aus (9.33))} \, ,$$

$$\beta_\varphi = \frac{\partial W}{\partial \alpha_\varphi} = \frac{\partial W_\vartheta}{\partial \alpha_\varphi} + \varphi = \dots \text{ (aus (9.33))}. \tag{9.34}$$

Wir führen hier die Diskussion dieser Resultate nicht weiter, da wir in der Störungstheorie des Kepler-Problems nochmals darauf zurückkommen werden.

* * *

Der Separationsansatz

$$W(q,\alpha) = \sum_{i=1}^{f} W_i(q_i,\alpha_1,\dots,\alpha_f) \tag{9.35}$$

führt immer zum Ziel, wenn sich $H(q,p)$ in der Form

$$H(p,p) = F(g_1(q_1,p_1),\dots, g_f(q_f,p_f))) \, , \tag{9.36}$$

mit Funktionen g_i schreiben lässt. In dieser Situation betrachte man die "einzelnen" HJ-Gleichungen:

$$g_i(q_i, \frac{\partial W_i}{\partial q_i}) = \alpha_i \qquad (i=1,\ldots,f) \ , \tag{9.37}$$

mit Lösungen $W_i(q_i,\alpha_i)$. Dann ist (9.35) offensichtlich eine Lösung der verkürzten HJ-Gleichung.

Die folgende, etwas allgemeinere Form als (9.36) lässt sich ebenfalls durch Separation lösen:

$$H(q,p) = h_f(q_f,p_f,h_{f-1}) \ , \tag{9.38}$$

mit

$$\begin{aligned} h_{f-1} &= h_{f-1}(q_{f-1},\ p_{f-1},\ h_{f-2}) \\ &\vdots \\ h_1 &= h_1(q_1,p_1) \ . \end{aligned} \tag{9.39}$$

Man erhält rekursiv folgende "einzelne" HJ-Gleichungen:

$$\begin{aligned} &h_1(q_1, \frac{\partial W_1}{\partial q_1}) = \alpha_1 \\ &h_2(q_2, \frac{\partial W_2}{\partial q_2}, \alpha_1) = \alpha_2 \\ &\vdots \\ &h_f(q_f, \frac{\partial W_f}{\partial q_f}, \alpha_{f-1}) = \alpha_f \ , \end{aligned} \tag{9.40}$$

mit Lösungen $W_i = W_i(q_i,\alpha_i,\alpha_{i-1})$. Wieder ist dann (9.35) eine Lösung der verkürzten HJ-Gleichung, welche von f Parametern α_i abhängt. Im generischen Fall wird sie ein vollständiges Integral sein.

<u>Zeitabhängige Störungstheorie</u> (Variation der Konstanten)

Wir illustrieren nun die Nützlichkeit der Hamilton-Jacobi-Methode zur Gewinnung von approximativen Lösungen.

Eine Hamiltonfunktion H habe die Form

$$H = H_0 + H_1 , \tag{9.41}$$

wobei es möglich sei, H_0 exakt zu lösen. Ferner soll H_1 eine kleine Störung sein. Offensichtliche Beispiele für diese Situation hat man in der Himmelsmechanik.

Nun sei $S_0(q,\alpha,t)$ ein vollständiges Integral der HJ-Gleichung zu H_0. Dieses ist die erzeugende Funktion einer kanonischen Transformation, definiert durch

$$p_k = \frac{\partial S_0}{\partial q_k} , \quad \beta_k = \frac{\partial S_0}{\partial \alpha_k} . \tag{9.42}$$

Für $H_1 \longrightarrow 0$ sind die α und β Integrale der Bewegung (vgl. (9.6)). "Schalten wir die Störung H_1 ein", so werden die α und β Funktionen der Zeit. Für diese gelten die kanonischen Gleichungen

$$\dot{\alpha}_k = \{\alpha_k, H\} = \{\alpha_k, H_1\} = -\frac{\partial H_1}{\partial \beta_k}(\beta,\alpha)$$

$$\dot{\beta}_k = \{\beta_k, H\} = \{\beta_k, H_1\} = +\frac{\partial H_1}{\partial \alpha_k}(\beta,\alpha) , \tag{9.43}$$

da $\{\alpha_k, H_0\} = \{\beta_k, H_0\} = 0$. Auf der rechten Seite darf man jetzt in <u>1. Ordnung Störungstheorie</u> die ungestörte Bewegung einsetzen. Dabei steht es einem frei, die Poissonklammern in den (β,α), oder den (q,p) auszurechnen.

Beispiele werden wir später besprechen (siehe S.270 f).

* * *

Kapitel 10. Integrable Systeme, kanonische Störungstheorie

"... ich forme z.B. die Differentialgleichungen für das Problem der N Körper so um, dass sie eine beliebig weit fortzusetzende Integration in Reihenform formell gestatten, aber meine Versuche, die Konvergenz der Entwicklung zu erweisen, scheitern an einem Hindernis, das ich nicht zu bewältigen im Stande bin".

Weierstrass

10.1 Integrable Systeme

In Abschnitt 2.3 haben wir am Beispiel des 2-Körperproblems gesehen, wie die 10 klassischen Erhaltungssätze dazu führen können, dass ein Problem "integrabel" wird. Die bekannten integrablen Probleme haben alle eine gemeinsame Struktur, die wir in diesem Abschnitt aufdecken wollen.

Es sei $M \subset \mathbb{R}^{2f}$ der Phasenraum und $C^\infty(M)$ bezeichne wie immer die C^∞-Funktionen über M.

Definition: Wir sagen die Funktionen $H_1, \ldots, H_r \in C^\infty(M)$ seien in Involution, falls $\{H_i, H_j\} = 0$ für alle $1 \leq i,j \leq r$.

Zunächst führen wir eine lokale Diskussion durch. Der folgende Satz von Jacobi gibt Bedingungen an, unter denen sich die Integration der kanonischen Gleichungen lokal auf Quadraturen zurückführen lässt.

Satz 10.1 (Jacobi): Falls $H_1, \ldots, H_f \in C^\infty(M)$ in Involution sind und die Linearformen $dH_1, \ldots, dH_f$ lokal linear unabhängig sind, dann kann man durch Quadraturen Funktionen $G_1,\dots,G_f \in C^\infty(M)$ so finden, dass die Abbildung $(q_1,\dots,q_f,p_1,\dots,p_f) \longmapsto (\beta_1,\dots,\beta_f,\alpha_1,\dots,\alpha_f)$:

$$\beta_i = G_i(q,p)\ ,\quad \alpha_i = H_i(q,p) \tag{10.1}$$

lokal kanonisch ist, d.h. (10.1) ist ein lokaler Diffeomorphismus mit

$$\{H_i,H_j\} = \{G_i,G_j\} = 0\ ,\quad \{G_i,H_j\} = \delta_{ij}\ . \tag{10.2}$$

<u>Beweis:</u> Da mit $(q_1,\dots,q_f,p_1,\dots,p_f)$ auch $(p_1,q_2,\dots,q_f,-q_1,p_2\dots,p_f)$ kanonische Koordinaten sind, können wir immer erreichen, dass lokal die Matrix

$$H_p := \left(\frac{\partial H_i}{\partial p_j}\right) \tag{10.3}$$

nicht singulär ist. Damit können wir lokal die Gleichungen $\alpha_i = H_i(q,p)$ nach p auflösen und wir schreiben $p_i = f_i(q,\alpha)$. Im folgenden sei

$$F := \left(\frac{\partial f_i}{\partial q_j}\right)\ ,\qquad H_q := \left(\frac{\partial H_i}{\partial q_j}\right)\ . \tag{10.4}$$

Differenzieren wir die Identität $\alpha_i = H_i(q,f(q,\alpha))$ nach q_j, so erhalten wir

$$0 = H_q + H_p F\ . \tag{10.5}$$

Die involutive Eigenschaft $\{H_i,H_j\} = 0$ können wir in Matrixform schreiben

$$H_p H_q^T - H_q H_p^T = 0\ . \tag{10.6}$$

Aus den beiden letzten Gleichungen folgt

$$H_p F H_p^T + H_q H_p^T = H_p F H_p^T + H_p H_q^T = 0\ . \tag{10.7}$$

Da H_p nicht singulär ist, erhält man daraus

$$F H_p^T + H_q^T = 0 \Longrightarrow H_p F^T + H_q = 0\ . \tag{10.8}$$

Durch Vergleich mit (10.5) sieht man, dass $F^T = F$ ist, d.h.

$$\frac{\partial f_i}{\partial q_j} - \frac{\partial f_j}{\partial q_i} = 0 . \tag{10.9}$$

Dies sind die Integrabilitätsbedingungen für die lokale Existenz einer Funktion S mit

$$f_i = \frac{\partial S}{\partial q_i} . \tag{10.10}$$

Weiter gilt

$$\mathrm{Det}\left(\frac{\partial^2 S}{\partial q_i \partial \alpha_i}\right) = \mathrm{Det}\left(\frac{\partial f_i}{\partial \alpha_j}\right) = (\mathrm{Det}\, H_p)^{-1} \neq 0 . \tag{10.11}$$

S erzeugt daher lokal eine kanonische Transformation (2. Art) durch

$$p_i = \frac{\partial S}{\partial q_i} , \qquad \beta_i = \frac{\partial S}{\partial \alpha_i} \tag{10.12}$$

auf die kanonischen Koordinaten β, α . Die Funktionen G_i erhält man durch Auflösen von (10.12) nach β_i als Funktion der q, p . Die Funktion $S(q,\alpha)$ gewinnt man durch eine Quadratur:

$$S(q,\alpha) = \int_{q_0}^{q} \sum_i f_i(q',\alpha)\, dq'_i , \tag{10.13}$$

wobei das Integral rechts vom Weg zwischen q_0 und q unabhängig ist.

Die erzeugende Funktion S ist eindeutig bis auf eine Funktion $F(\alpha)$. Ein solcher Zusatz bedeutet: $\beta_i \longrightarrow \beta_i + \partial F/\partial \alpha_i$.

Nun können wir sagen, was "integrabel" bedeutet.

<u>Definition:</u> Ein autonomes kanonisches System mit Hamiltonfunktion H heisst <u>integrabel</u>, falls es $f-1$ autonome H-Integrale $H_2, \ldots, H_f$ gibt, die in Involution sind und die

Eigenschaft haben, dass ausserhalb einer niederdimensionalen Teilmenge im Phasenraum $dH_1,\dots,dH_f$ $(H_1 \equiv H)$ linear unabhängig sind.

Wir wissen bereits: Für ein autonomes Hamiltonsches System kann man lokal, falls $dH \neq 0$ ist, das Hamiltonsche Feld X_H durch eine kanonische Transformation glätten (vgl. Satz 9.2, sowie S. 253). Für integrable Systeme lässt sich sogar durch eine <u>Quadratur</u> eine erzeugende Funktion $S(q,\alpha)$ finden, derart, dass die kanonischen Gleichungen in den Variablen β,α , definiert durch (10.12), geglättet sind (α_1 ist die neue Hamiltonfunktion):

$$\dot{\alpha}_i = 0 \ , \ \dot{\beta}_1 = 1 \ , \ \dot{\beta}_s = 0 \quad (i=1,\dots f,\ s=2,\dots,f) \ . \qquad (10.14)$$

<u>Beispiel:</u> Von den 10 klassischen Integralen eines abgeschlossenen Systems sind 7 autonom, nämlich $\underline{P}$, H, $\underline{L}$, bzw. $\underline{P}$, H_{rel}, $\underline{L}_{rel}$, und die folgenden 6

$$\underline{P},\ H_{rel},\ |\underline{L}_{rel}|\ ,\ L^3_{rel}$$

sind in Involution. Daher ist das abgeschlossene 2-Körperproblem (wegen $f = 6$) integrabel, dagegen das N-Körperproblem für $N \geqslant 3$ nicht, falls nicht "zufällig" weitere Integrale vorkommen.

Weitere integrable Probleme werden wir später besprechen. Dazu gehören der kräftefreie Kreisel und der schwere symmetrische Kreisel mit Fixpunkt.

* * *

10.2 Winkel- und Wirkungsvariable

Wir betrachten als Beispiel zunächst ein autonomes kanonisches System mit $f = 1$. In einem Energieintervall $[E_1, E_2]$ seien alle Bahnen periodisch. Als Beispiel betrachte man etwa

$$H = \frac{p^2}{2m} + V(q) \tag{10.15}$$

und E_1, E_2 wie in Fig. 10.1 (vgl. § 2.2).

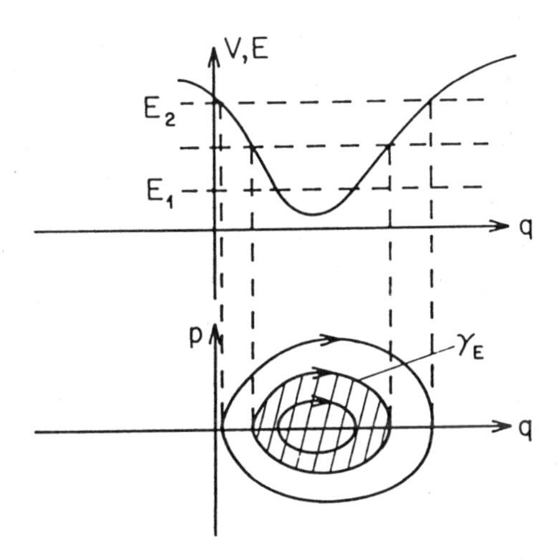

Fig. 10.1

Ausserdem liege im beobachteten Bereich des Phasenraumes kein Gleichgewichtspunkt. Die verkürzte HJ-Gleichung lautet

$$H\left(q, \frac{\partial W}{\partial q}\right) = E \ . \tag{10.16}$$

Es sei $W(q,E)$ ein vollständiges Integral. Dann ist nach (9.24)

$$t - t_o = \frac{\partial W}{\partial E} . \qquad (10.17)$$

Nun bilden wir längs einer periodischen Phasenbahn γ_E zur Energie E das Umlaufsintegral

$$J(E) = \frac{1}{2\pi} \oint_{\gamma_E} p dq . \qquad (10.18)$$

$J(E)$ ist gleich dem Inhalt der schraffierten Fläche in Fig. 10.1, dividiert durch 2π. Mit $T(E)$ als Periode zur Energie E gilt

$$J(E) = \frac{1}{2\pi} \int_{t_o}^{t_o+T(E)} p \dot{q} \, dt .$$

Mit $p = \partial W/\partial q$ haben wir

$$J(E) = \frac{1}{2\pi} \oint \frac{\partial W}{\partial q}(q,E) \, dq . \qquad (10.19)$$

Da nach Voraussetzung $\partial H/\partial p \neq 0$, kann (10.16) nach $\partial W/\partial q$ aufgelöst werden: $p = \partial W/\partial q = G(q,E)$. Dabei muss man das Vorzeichen so wählen, dass $p = \partial W/\partial q$ zum Vorzeichen von $\dot{q} = \partial H/\partial p$ passt (vgl. Fig. 10.1). Damit hat das Integral (10.19) einen wohldefinierten Sinn.

An Stelle des Parameters E wählen wir nun J. Es sei $W(q,E) =: S(q,J)$. $S(q,J)$ erzeugt die kanonische Transformation $(q,p) \longmapsto (w,J)$ durch

$$p = \frac{\partial S}{\partial q}(q,J) , \qquad w = \frac{\partial S}{\partial J}(q,J) . \qquad (10.20)$$

J wird <u>Wirkungsvariable</u> genannt und die kanonisch konjugierte Variable w ist die sog. <u>Winkelvariable.</u>

Die neue Hamiltonfunktion ist die Funktion $E(J)$; sie hängt nicht von w ab ! Auf Grund der kanonischen Gleichungen gilt

$$\dot{w} = \frac{\partial E}{\partial J}(J) = \text{const}, \quad \text{d.h.} \quad w = \frac{\partial E}{\partial J}\, t + \delta \,,$$

wobei δ als Phasenkonstante bezeichnet wird. Während einer Periode wächst w um den Betrag $T \cdot E/\ J$. Diese Aenderung von w kann man aber auch anders ausdrücken. Aus (10.19) folgt

$$J = \frac{1}{2\pi} \oint \frac{\partial S}{\partial q}(q,J)\, dq \,.$$

Durch Ableiten nach J erhalten wir daraus

$$1 = \frac{1}{2\pi} \frac{d}{dJ} \oint \frac{\partial S}{\partial q}(q,J)\, dq = \frac{1}{\pi} \frac{d}{dJ} \int_{q_1(J)}^{q_2(J)} \frac{\partial S}{\partial q} dq \,,$$

wobei $q_1(J)$ und $q_2(J)$ die beiden Umkehrpunkte sind, bei denen p das Vorzeichen wechselt. Da dort $\partial S/\partial q$ gleich Null ist, verschwindet die Ableitung d/dJ des Integrals in bezug auf die obere und untere Grenze, so dass wir erhalten

$$1 = \frac{1}{\pi} \int_{q_1(J)}^{q_2(J)} \frac{\partial^2 S}{\partial J \partial q}\, dq = \frac{1}{2\pi} \oint \frac{\partial^2 S}{\partial J \partial q}\, dq = \frac{1}{2\pi} \oint \frac{\partial w}{\partial q}\, dq$$

$$= \frac{\Delta w}{2\pi} \,.$$

Damit gilt

$$\underline{\Delta w = 2\pi} \,, \quad \text{d.h.} \quad T \frac{\partial E}{\partial J} = 2\pi \,. \tag{10.21}$$

Die Grösse $\omega := \partial E/\partial J$ bezeichnet man als <u>Kreisfrequenz</u> der Bewegung. Wir erhalten

$$T = 2\pi/\omega \,. \tag{10.22}$$

Zusammenfassend haben wir in (w,J) die folgenden kanonischen Gleichungen

$$\dot{w} = \frac{\partial E}{\partial J} = \omega \Longrightarrow w = \omega t + \delta ,$$

$$\dot{J} = 0 . \qquad (10.23)$$

Der betrachtete Bereich des Phasenraumes ist das direkte Produkt eines Intervalls (für J) mit dem 1-dimensionalen Torus S^1 (für w), d.h. ein Kreisring (Fig. 10.2).

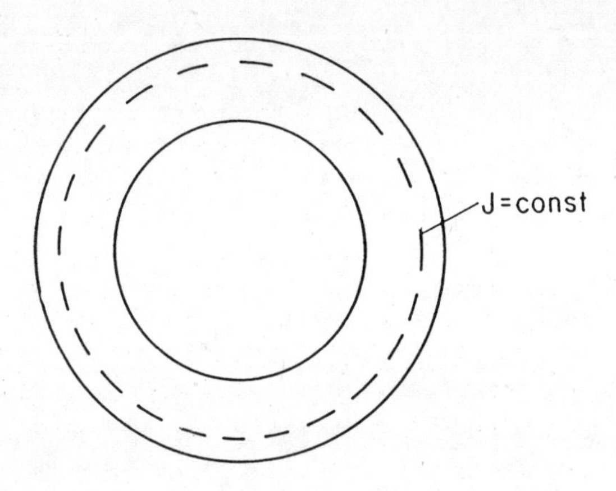

Fig. 10.2

Zu jedem J ist die Phasenbahn ein Kreis. der mit der konstanten Winkelgeschwindigkeit $\partial E/\partial J$ durchlaufen wird.

Die Verallgemeinerung auf höhere Dimensionen bringt der folgende

Satz 10.2 (Arnold, Jost): Es seien Funktionen $H_1,\ldots,H_f$ in Involution. Auf

$$T(c) = \left\{ x \in \mathbb{R}^{2f} \mid H_1(x) = c_1, \ldots, H_f(x) = c_f \right\}$$

seien $dH_1,\ldots,dH_f$ linear unabhängig. Falls $T(c)$ zusammenhängend und kompakt ist, so ist $T(c)$ diffeomorph zu einem f-dimensionalen Torus. Ausserdem gibt es ein $\varepsilon > 0$ und in $\bigcup_{|c-c'|<\varepsilon} T(c')$ kanonische Koordinaten $J_1,\ldots,J_f$ (Wirkungsvariable) und $w_1,\ldots,w_f$ (Winkelvariable mod 2π)

derart, dass die H_i sich als Funktionen von $J_1,\dots,J_f$ allein ausdrücken lassen.

<u>Beweis:</u> Siehe <u>R. Jost</u>, Helv.Phys.Acta, <u>41</u>, 965 (1968); oder Abraham + Marsden, loc.cit., p. 393 ff.

<u>Folgerung:</u> Ist $H = H_1$ die Hamiltonfunktion des Systems, so gilt in den neuen Koordinaten

$$H = H(J_1,\dots,J_f) \tag{10.24}$$

und deshalb lauten die kanonischen Gleichungen

$$\dot{J}_k = 0 \implies J_k = \text{const}$$

$$\dot{w}_k = \frac{\partial H}{\partial J_k}(J) = \text{const} \implies w_k(t) = \omega_k t + \delta_k\,,$$

$$\omega_k := \frac{\partial H}{\partial J_k}(J)\,,\quad k = 1,\dots,f. \tag{10.25}$$

Bemerkungen

1. Der Fluss (10.25) für konstant gehaltene J_k $(k = 1,\dots,f)$ ist eine <u>quasiperiodische Bewegung</u> auf dem f-dimensionalen Torus. Die Bewegung ist genau dann periodisch, wenn alle Frequenzen ω_i ganzzahlige Vielfache einer Frequenz ω sind. Das andere Extrem liegt dann vor, wenn alle Frequenzen inkommensurabel sind, d.h. wenn $\sum n_i\,\omega_i = 0$, mit ganzzahligen f-Tupeln $(n_1,\dots,n_f) \neq 0$, unmöglich ist. Letzteres ist ein Beispiel für eine <u>ergodische Strömung</u> (siehe Anhang zu Kap. 5).

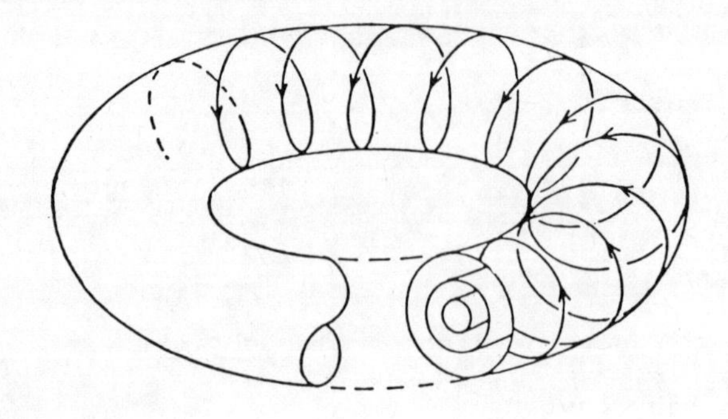

Fig. 10.3

2. Winkel- und Wirkungsvariable werden weiter unten für die sog. mehrfach periodischen Systeme konstruiert.

10.3 Störungstheorie

Viele mechanische Systeme kann man als "leicht gestörte" integrable Systeme auffassen. Das "ehrwürdigste" Beispiel ist das Planetensystem. Die Planeten bewegen sich, in 1. Näherung, bei Vernachlässigung ihrer gegenseitigen Wechselwirkung, nach den Keplerschen Gesetzen um die Sonne. Diese quasiperiodische Bewegung wird aber durch die Gravitationskräfte zwischen den Planeten gestört. In der Störungstheorie bemüht man sich, die relativ kleinen Störungen systematisch in Rechnung zu stellen. Im 18. und 19. Jahrhundert wurden verschiedene Reihendarstellungen für die gestörten Bewegungen entwickelt, welche den Bewegungsgleichungen formal genügen. Um die Konvergenz der Reihen kümmerte man sich zunächst nicht.

In der Praxis wurden diese früh abgebrochen, sobald die einzelnen Glieder hinreichend klein erschienen. Selbst Gauss folgte dem allgemeinen Brauch und brach seine Reihen für die Störungen des zu den Asteroiden gehörigen Planeten Pallas ohne Fehlerabschätzungen ab.

Wir werden uns in diesem Abschnitt ebenfalls bloss mit formaler Störungstheorie befassen. Zu neueren Entwicklungen, welche darüber hinausführen, werde ich in Abschnitt 10.5 einige Bemerkungen machen. Formale störungstheoretische Methoden sind auch in der heutigen Physik, insbesondere in der Quantenfeldtheorie, oft die einzigen praktikablen Rechenverfahren, die uns zur Verfügung stehen.

Es sei H_0 die Hamiltonfunktion eines autonomen integrablen Systems. Für dieses denken wir uns Winkel- und Wirkungsvariablen eingeführt. H_0 ist dann eine Funktion der $J = (J_1,\ldots,J_f)$ allein und der zugehörige Fluss ist für jeden Wert von J eine quasiperiodische Bewegung auf dem Torus, welcher durch die Winkelvariablen $w = (w_1,\ldots,w_f)$ parametrisiert wird.

Nun werde das System leicht gestört und die gesamte Hamiltonfunktion sei

$$H = H_0(J) + H_1(w,J) \ . \tag{10.26}$$

Darin ist H_1 eine mehrfach periodische Funktion der Winkelvariablen w : $H_1(J,w+2\pi e_j) = H_1(J,w)$, wobei $e_j = (0,\ldots,0,1,0,\ldots 0)$, $j = 1,\ldots f$.

A. Zeitabhängige Störungstheorie (Variation der Konstanten)

Die Idee dieser Methode wurde bereits früher besprochen (S.258).

In erster Ordnung setzt man in den Hamiltonschen Gleichungen

$$\dot{J}_k = \{J_k, H\} = \{J_k, H_1\} = -\frac{\partial H_1}{\partial w_k}$$

$$\dot{w}_k = \{w_k, H\} = \frac{\partial H_0}{\partial J_k} + \frac{\partial H_1}{\partial J_k} = \omega_k(J) + \frac{\partial H_1}{\partial J_k} \tag{10.27}$$

rechts die "Nullte Näherung": $w_k = \omega_k(t+\tau_k)$, $J_k = \text{const}$, ein.

Um weiterzukommen, entwickeln wir H_1 in einer Fourier-Reihe:

$$H_1(w,J) = \sum_{m\in\mathbb{Z}^f} h_m(J)\, e^{i(m,w)} \quad . \tag{10.28}$$

In der betrachteten Näherung erhalten wir rechts in (10.27) Fourierreihen mit e-Funktionen

$$e^{i(m,\omega)t - i\sum m_k\,\omega_k\,\tau_k} \quad .$$

Integriert man nun die rechten Seiten von (10.27) nach der Zeit, um J_k und w_k in nächster (erster) Näherung zu erhalten, so erhält man für $(m,\omega) \neq 0$ Summanden, die den Faktor

$$\frac{e^{i(m,\omega)t}}{(m,\omega)} \tag{10.29}$$

enthalten und damit entsprechend der Kleinheit von H_1 ebenfalls über alle Zeiten klein bleiben, wenn nicht (m,ω) Null oder fast Null ist. Ist dagegen $(m,\omega) = 0$, so erhält man Summanden, die proportional zur Zeit anwachsen (säkulare Störungen).

Nicht entartete Systeme

Der Beitrag dieser säkularen Störungen in (10.28) ist besonders einfach für nichtentartete Systeme, für welche

$$\sum m_i \omega_i = 0 , \quad m_i \in \mathbb{Z} \quad \Longleftrightarrow \quad m_1 = \dots = m_f = 0 .$$

Behalten wir in (10.27) nur den säkularen Term $m = 0$, so wird daraus

$$\dot{J}_k = 0 , \quad \dot{w}_k = \omega_k(J) + \frac{\partial \langle H_1 \rangle}{\partial J_k} \tag{10.30}$$

mit *)

$$\langle H_1 \rangle = \frac{1}{(2\pi)^f} \int_{T^f} H_1(w,J)\, dw_1 \dots dw_f . \tag{10.31}$$

Die J_k bleiben also weiterhin konstant, während die Frequenzen der w_k sich ändern

$$\bar{\omega}_k = \omega_k + \frac{\partial \langle H_1 \rangle}{\partial J_k} . \tag{10.32}$$

Beispiel: Anharmonischer Oszillator.

Die Hamiltonfunktion lautet

$$H = H_o + H_1$$

$$H_o = \frac{p^2}{2m} + \frac{m\,\omega_o^2}{2} q^2$$

$$H_1 = \lambda q^4 , \quad \lambda \ll 1 . \tag{10.33}$$

Zunächst bestimmen wir die Winkel- und Wirkungsvariablen für H_o. Die Wirkungsvariable ist für 1-dimensionale autonome Systeme nach (10.18)

*) Im nichtentarteten Fall ist nach dem Satz von Weyl (p.155) das räumliche Mittel (10.31) auch gleich dem zeitlichen Mittel.

$$J(E) = \frac{1}{2\pi}\oint p\,dq = \frac{\sqrt{2m}}{2\pi}\oint\sqrt{E - \frac{m\,\omega_o^2}{2}\,q^2}\,dq$$

$$= \frac{m\omega_o}{2\pi}\oint\sqrt{\frac{2E}{m\,\omega_o^2} - q^2}\quad dq\ .$$

Die Umkehrpunkte sind $q_{1,2} = \pm\ 2E/m\omega_o^2 \equiv \pm\ a$, und deshalb

$$J(E) = \frac{m\omega_o}{\pi}\int_{-a}^{+a}\sqrt{a^2-x^2}\,dx = \frac{m\omega_o}{\pi}\,\frac{a^2\pi}{2}\ ,$$

d.h.

$$J(E) = E/\omega_o\ . \tag{10.34}$$

Also ist

$$H_o(J) = \omega_o\,J\ . \tag{10.35}$$

Die HJ-Gleichung zu H_o lautet

$$\frac{1}{2m}\left(\frac{\partial W}{\partial q}\right)^2 + \frac{m\omega_o^2}{2}\,q^2 = E\ .$$

Die Lösung ist

$$W(q,E) = \sqrt{2m}\int\sqrt{E - \frac{m\omega_o^2}{2}\,q^2}\quad dq\ .$$

Mit (10.34) führt dies zu

$$S(q,J) = \sqrt{2m}\int\sqrt{\omega_o J - \frac{m\omega_o^2}{2}\,q^2}\ dq\ . \tag{10.36}$$

Die Winkelvariable ist

$$w = \frac{\partial S}{\partial J} = \sqrt{\frac{m}{2}}\,\omega_o\int\frac{dq}{\left(\omega_o J - \frac{m\omega_o^2}{2}q^2\right)^{1/2}}\ ,$$

d.h. $w = \arcsin\left(\sqrt{\frac{m\omega_o}{2J}}\,q\right)$, oder

$$q = q_o\,\sin w\ ,\quad q_o = \sqrt{\frac{2J}{m\omega_o}}\ . \tag{10.37}$$

Nach (10.35) ist

$$\dot{w} = \frac{\partial H_o}{\partial J} = \omega_o \Longrightarrow w = \omega_o\,t + \delta\ .$$

In (10.37) eingesetzt gibt

$$q = q_0 \sin(\omega_0 t + \delta) . \qquad (10.38)$$

Daraus folgt

$$p = \frac{\partial S}{\partial q} = \sqrt{2m\omega_0 J}\sqrt{1 - \frac{m\omega_0^2}{2\omega_0 J} q^2} = \sqrt{2m\omega_0 J} \cos(\omega_0 t + \delta) . \qquad (10.39)$$

In den Winkel- und Wirkungsvariablen ausgedrückt lautet H_1 nach (10.37)

$$H_1(w,J) = \lambda \frac{4J^2}{m^2\omega_0^2} \sin^4 w = \frac{3}{2} \frac{\lambda J^2}{m^2\omega_0^2} - \frac{\lambda J^2}{4m^2\omega_0^2}(e^{2iw} + e^{-2iw})$$
$$+ \frac{\lambda J^2}{4m^2\omega_0^2} (e^{4iw} + e^{-4iw}) . \qquad (10.40)$$

Deshalb ist

$$\langle H_1 \rangle (J) = \frac{3}{2} \frac{\lambda J^2}{m^2\omega_0^2} \qquad (10.41)$$

und damit die gestörte Frequenz (10.32)

$$\bar{\omega} = \omega_0 + 3\lambda J/m^2\omega_0^2 . \qquad (10.42)$$

Setzen wir $w = \bar{\omega}(t-\tau)$ in (10.37) ein, so ergibt sich für q :

$$q(t) = \sqrt{\frac{2J}{m\omega_0}} \sin [\omega_0(1+3\lambda J/m^2\omega_0^3)(t-\tau)]. \qquad (10.43)$$

Bei derselben Amplitude $\sqrt{2J/m\omega_0}$ verläuft die Bewegung mit der neuen, etwas abgeänderten Frequenz (10.42). Die ungestörte und die gestörte Bewegung stimmen deshalb bei gleichen Anfangsbedingungen für grosse Zeiten auch nicht mehr annähernd überein. Die nächste Näherung bringt lediglich für alle Zeiten (!) kleinbleibende oszillatorische Abweichungen. Auf höhere Ordnungen und Konvergenzfragen gehen wir an dieser Stelle nicht ein.

B. Zeitunabhängige Störungstheorie

Die Idee der zeitunabhängigen kanonischen Störungstheorie besteht darin, eine Folge von kanonischen Transformationen so durchzuführen, dass die transformierte Hamiltonfunktion bis auf zunehmend höhere Ordnungen nur eine Funktion der Impulsvariablen ist.

Wir führen nun nach dem Vorbild von Poincaré (1892) und Von Zeipel (1916) die beiden ersten Schritte in diesem Programm durch.

Die gesamte Hamiltonfunktion (10.26) schreiben wir jetzt in der Form

$$H(w,J) = H_0(J) + \varepsilon H_1(w,J) + \varepsilon^2 H_2(w,J) + \ldots, \qquad (10.44)$$

wobei ε ein kleiner Parameter ist $(\varepsilon \ll 1)$. Wir suchen eine Reihendarstellung in ε einer kanonischen Transformation $(w,J) \longmapsto (\bar{w},\bar{J})$, so dass die transformierte Hamiltonfunktion $\bar{H}$ nur eine Funktion von $\bar{J}$ ist. Für kleine ε wird diese in der Nähe der Identität, und damit von 2. Art sein. Für die erzeugende Funktion $S(w,\bar{J})$ setzen wir deshalb die folgende Potenzreihe an:

$$S(w,\bar{J}) = (w,\bar{J}) + \varepsilon S_1(w,\bar{J}) + \varepsilon^2 S_2(w,\bar{J}) + \ldots \quad . \qquad (10.45)$$

Diese muss, wegen $J = \partial S/\partial w$, die HJ-Gleichung

$$H(w, \frac{\partial S}{\partial w}) = \bar{H}(\bar{J}) \qquad (10.46)$$

erfüllen. In dieser entwickeln wir beide Seiten nach Potenzen von ε und verlangen Gleichheit der beiden (formalen) Potenzreihen. Konvergenzfragen werden dabei vorläufig ignoriert.

Wir führen dieses Programm hier nur für die Terme bis und mit ε^2 durch. In dieser Näherung wird aus (10.46) zunächst

$$H_o\left(\frac{\partial S}{\partial w}\right) + \varepsilon H_1\left(w, \frac{\partial S}{\partial w}\right) + \varepsilon^2 H_2\left(w, \frac{\partial S}{\partial w}\right)$$

$$= \bar{H}_o(\bar{J}) + \varepsilon \bar{H}_1(\bar{J}) + \varepsilon^2 \bar{H}_2(\bar{J}) , \qquad (10.47)$$

wobei in der betrachteten Näherung nach (10.45)

$$J = \frac{\partial S}{\partial w} = \bar{J} + \varepsilon \frac{\partial S_1}{\partial w} + \varepsilon^2 \frac{\partial S_2}{\partial w} . \qquad (10.48)$$

Dies setzen wir in (10.47) ein und entwickeln überall bis zur 2. Ordnung in ε. In Matrixschreibweise gilt

$$H_o\left(\frac{\partial S}{\partial w}\right) = H_o(\bar{J}) + \left(\varepsilon \frac{\partial S_1}{\partial w} + \varepsilon^2 \frac{\partial S_2}{\partial w}\right) \frac{\partial H_o}{\partial \bar{J}}(\bar{J})$$

$$+ \frac{1}{2}\left(\varepsilon \frac{\partial S_1}{\partial w}\right) \frac{\partial^2 H_o(\bar{J})}{\partial \bar{J} \partial \bar{J}}\left(\varepsilon \frac{\partial S_1}{\partial w}\right) \qquad (10.49)$$

$$H_1\left(w, \frac{\partial S}{\partial w}\right) = H_1(w,\bar{J}) + \varepsilon \frac{\partial S_1}{\partial w} \frac{\partial H_1(\bar{J})}{\partial \bar{J}} . \qquad (10.50)$$

Aus (10.47) erhalten wir damit die folgenden drei Gleichungen

$$\varepsilon^0 : \quad \bar{H}_o(\bar{J}) = H_o(\bar{J})$$

$$\varepsilon^1 : \quad \bar{H}_1(\bar{J}) = \omega_o(\bar{J}) \frac{\partial S_1}{\partial w} + H_1(w,\bar{J})$$

$$\varepsilon^2 : \quad \bar{H}_2(\bar{J}) = \omega_o(\bar{J}) \frac{\partial S_2}{\partial w} + K_2(w,\bar{J}) . \qquad (10.51)$$

Darin sind $\omega_o(\bar{J})$ die ungestörten Frequenzen,

$$\omega_o(\bar{J}) = \frac{\partial H_o(\bar{J})}{\partial \bar{J}} \qquad (10.52)$$

und

$$K_2(w,\bar{J}) = H_2(w,\bar{J}) + \frac{\partial S_1}{\partial w}\frac{\partial H_1(w,\bar{J})}{\partial \bar{J}} + \frac{1}{2}\frac{\partial S_1}{\partial w}\frac{\partial^2 H_0(\bar{J})}{\partial \bar{J}\,\partial \bar{J}}\frac{\partial S_1}{\partial w}. \qquad (10.53)$$

Die Beziehung zwischen $\bar{w}$ und w ist

$$\bar{w} = \frac{\partial S}{\partial \bar{J}}(w,\bar{J}) = w + \varepsilon\frac{\partial S_1}{\partial \bar{J}}(w,\bar{J}) + \varepsilon^2\frac{\partial S_2}{\partial \bar{J}}(w,\bar{J}) + \ldots \; . \qquad (10.54)$$

Nun mitteln wir die Gleichungen (10.51) über den Torus. Für eine Funktion $f : T^f \longrightarrow \mathbb{R}$ sei

$$\langle f \rangle := \frac{1}{(2\pi)^f}\int_{T^f} f(w)\, dw_1 \ldots dw_f \; . \qquad (10.55)$$

Wir erhalten

$$\begin{aligned} \bar{H}_0(\bar{J}) &= H_0(\bar{J}) \\ \bar{H}_1(\bar{J}) &= \langle H_1(w,\bar{J})\rangle \\ \bar{H}_2(\bar{J}) &= \langle K_2(w,\bar{J})\rangle \; . \end{aligned} \qquad (10.56)$$

Benutzen wir dies in (10.51), so erhalten wir für die Abweichungen von den Mittelwerten

$$\omega_0(\bar{J})\frac{\partial S_1}{\partial w}(w,\bar{J}) = \langle H_1(w,\bar{J})\rangle - H_1(w,\bar{J}) \; ,$$

$$\omega_0(\bar{J})\frac{\partial S_2}{\partial w}(w,\bar{J}) = \langle K_2(w,\bar{J})\rangle - K_2(w,\bar{J}) \; . \qquad (10.57)$$

Aus (10.56) und (10.53) sehen wir, dass die 2. Ordnung $\bar{H}_2$ die Kenntnis von S_1 verlangt, welches durch die 1. Gleichung von (10.57) bestimmt ist. Diese lässt sich mittels Fourier-Reihen lösen. Es sei

$$H_1(w,\bar{J}) - \langle H_1(w,\bar{J})\rangle = \sum_{\substack{m\in\mathbb{Z}^f \\ (m\neq 0)}} H_{1m}(\bar{J})\, e^{i(m,w)} \qquad (10.58)$$

und

$$S_1(w,\bar{J}) = \sum_{m\in\mathbb{Z}^f} S_{1m}(\bar{J})\, e^{i(m,w)} \tag{10.59}$$

Dann ergibt sich aus (10.57)

$$S_1(w,\bar{J}) = i \sum_{\substack{m\in\mathbb{Z}^f\\(m\neq 0)}} \frac{H_{1m}(\bar{J})}{(m,\omega_0(\bar{J}))}\, e^{i(m,w)}, \tag{10.60}$$

falls wir uns wiederum auf den nichtentarteten Fall beschränken.

In den transformierten Variabeln $(\bar{w},\bar{J})$ liegt nach Konstruktion eine quasiperiodische Bewegung vor, deren Frequenzen $\bar{\omega}$ nach (10.56) bis zur 2. Ordnung folgendermassen lauten

$$\bar{\omega}(\bar{J}) = \omega_0(\bar{J}) + \varepsilon \frac{\partial\langle H_1\rangle}{\partial\bar{J}} + \varepsilon^2 \frac{\partial\langle K_2\rangle}{\partial\bar{J}} \,. \tag{10.61}$$

Die erste Korrektur stimmt mit (10.32) überein.

Bemerkungen

Auch im nichtentarteten Fall, d.h. wenn ω_0 ein rational unabhängiger Vektor aus $\mathbb{R}^f$ ist, können die Nenner in (10.60) beliebig klein werden, und zwar kann eine Teilfolge von ihnen mit wachsendem $|m|$ so rasch abnehmen, dass die Reihe (10.60) divergiert. Daher spricht man auch vom Problem der "kleinen Nenner". Es lässt sich aber zeigen, dass unter gewissen Annahmen für die ungestörten Frequenzen ω_0 (diese müssen "sehr irrational" sein) die Reihe (10.60) konvergiert.

Für S_2 , und alle höheren S_n , erhält man ähnliche Summen wie in (10.60). Auch wenn die Reihen für jedes S_n einzeln konvergieren, wird die Summe über alle S_n im allgemeinen aber divergieren. Ansonsten wäre die Bewegung quasi-periodisch und man weiss von interessanten Beispielen, dass dies nicht immer der Fall ist.

Als erster bemühte sich Weierstrass um die Konvergenz der Störungsreihen in der Himmelsmechanik. Das Zitat am Anfang des Kapitels, welches von einem Brief an seine Schülerin Sonja Kovalesvki vom 15. August 1878 stammt, zeigt, dass er mit diesem Problem nicht fertig geworden ist. Weierstrass äusserte sich auch gegenüber seinem Schüler Mittag-Leffler über das Konvergenzproblem und seine Schwierigkeiten. Dieser veranlasste darauf den schwedischen König Oscar II, für die Lösung dieses Problems einen Preis zu stiften. Die von Weierstrass formulierte Preisfrage hatte folgenden Wortlaut [Mittag-Leffler, G.: Mitteilung, einen von König Oscar II gestifteten mathematischen Preis betreffend. Acta Math. 7, I-VI (1885)]:

> "Es sollen für ein beliebiges System materieller Punkte, die einander nach dem Newtonschen Gesetz anziehen, unter der Annahme, dass niemals ein Zusammentreffen zweier Punkte stattfinde, die Koordinaten jedes einzelnen Punktes in unendliche, aus bekannten Funktionen der Zeit zusammengesetzte und für einen Zeitraum von unbegrenzter Dauer gleichmässig konvergente Reihen entwickelt werden.
> Dass die Lösung dieser Aufgabe, durch deren Erledigung unsere Einsicht in den Bau des Weltsystems auf das wesentlichste würde gefördert werden, nicht nur möglich, sondern auch mit dem gegenwärtig uns zu Gebote stehenden analytischen Hilfsmitteln erreichbar sei, dafür spricht

die Versicherung Lejeune-Dirichlet's, der kurz vor seinem Tode einem befreundeten Mathematiker * mitgeteilt hat, dass er eine allgemeine Methode zur Integration der Differentialgleichungen der Mechanik entdeckt habe, sowie auch, dass es ihm durch Anwendung dieser Methode gelungen sei, die Stabilität unseres Planetensystems in vollkommen strenger Weise festzustellen. Leider ist uns von diesen Untersuchungen Dirichlets, ausser der Andeutung, dass zur Auffindung seiner Methode die Theorie der kleinen Schwankungen einen gewissen Anhalt biete, nichts erhalten worden; es darf aber als gewiss angenommen werden, dass sie nicht in schwierigen und verwickelten Rechnungen bestanden haben, sondern in der Durchführung eines einfachen Grundgedankens, den wiederaufzufinden ernster und beharrlicher Forschung wohl gelingen möchte.
Sollte indessen die gestellte Aufgabe Schwierigkeiten darbieten, die zur Zeit nicht zu überwinden wären, so könnte der Preis auch erteilt werden für eine Arbeit, in der irgendein anderes bedeutendes Problem der Mechanik in der oben angedeuteten Weise vollständig erledigt würde."

---

* Lejeune-Dirichlet (1805-1859), der befreundete Mathematiker war Kronecker (1823-1891).

Aufgrund des letzten Absatzes der Preisausschreibung wurde der Preis im Jahre 1889 Poincaré zuerkannt, obschon er die gestellte Aufgabe nicht gelöst hatte. Tatsächlich deutete seine Arbeit darauf hin, dass die Störungsreihen entgegen allen damaligen Erwartungen divergieren. Poincarés Preisschrift enthielt aber eine Fülle von Ideen, die für die weitere Entwicklung der Himmelsmechanik von grosser Bedeutung waren und auch andere Teile der Mathematik befruchteten.

Auf die weitere Entwicklung, welche schliesslich zur KAM-Theorie führte, werde ich zurückkommen (vgl. Abschnitt 10.5).

10.4 Adiabatische Invarianten

Die Näherung (10.30) der Hamiltonschen Gleichungen zur Hamiltonfunktion (10.26) ist ein Spezialfall der folgenden allgemeinen Mittelungsmethode.

Es seien (w,J) wieder die Winkel- und Wirkungsvariablen des integrablen Systems zur Hamiltonfunktion $H_0(J)$. Das betrachtete Stück des Phasenraumes sei $T^f \times \Delta, \Delta \subset \mathbb{R}^f$. Die ungestörten kanonischen Gleichungen

$$\dot{w} = \omega(J) , \quad \dot{J} = 0 \quad \left(\omega(J) = \frac{\partial H_0}{\partial J}\right) \tag{10.62}$$

seien nun in folgender Weise gestört

$$\dot{w} = \omega(J) + \varepsilon f(w,J) , \quad \dot{J} = \varepsilon g(w,J) , \tag{10.63}$$

wobei die Funktionen f und g in den Winkelvariablen mehrfach periodisch sind. Die Störungen in (10.63) brauchen nicht Hamiltonsch zu sein.

Unter gewissen Umständen wird nun $J(t)$ durch das folgende gemittelte System approximativ beschrieben:

$$\dot{I} = \varepsilon \langle g \rangle (I) , \tag{10.64}$$

wobei $\langle g \rangle$ wie in (10.55) durch Mittelung über den f-dimensionalen Torus T^f definiert ist.

Dieser Approximation liegt die folgende Vorstellung zugrunde. Für viele Beispiele sind die charakteristischen Zeiten $2\pi/\omega$ des ungestörten Problems wesentlich kürzer als die Zeiten über welche die Wirkungsvariablen wesentlich variieren. Etwa für das Planetensystem ist ε das Verhältnis der Planetenmassen zur Sonnenmasse, d.h. von der Grössenordnung

1/1000. Während Umlaufszeiten typisch Jahre betragen, wird sich die Gestalt der Planetenbahnen frühestens in Tausenden von Jahren ändern. Tatsächlich dauert dies noch viel länger, sonst würden sich in kurzer Zeit schreckliche Klimaveränderungen abspielen.

Betrachten wir nun eine Zeit T, die lang ist im Vergleich zu $2\pi/\omega$, aber kurz, verglichen mit $\frac{1}{\varepsilon}(\frac{2\pi}{\omega})$. In der Zeit T ist die Aenderung der J natürlich klein. Auf Grund von (10.63) erwarten wir

$$\Delta J \simeq \varepsilon T \left[\frac{1}{T} \int_0^T g(w(t),J)\, dt \right] ,$$

wobei rechts die ungestörte Bewegung zu (10.62) eingesetzt werden darf. Da die Zeit T gross ist im Vergleich zu $2\pi/\omega$, steht in der eckigen Klammer ungefähr das Zeitmittel der ungestörten Bewegung. Für die langsame Zeitvariable $\tau := \varepsilon t$ bekommen wir deshalb

$$\frac{\Delta J}{\Delta \tau} \simeq \frac{dJ}{d\tau} \simeq \text{ungestörtes Zeitmittel von } g .$$

Im nichtentarteten Fall ist aber nach dem Satz von Weyl (p. 155) das Zeitmittel gleich dem räumlichen Mittel über den Torus, und deshalb erwarten wir $dJ/d\tau \simeq \langle g \rangle$, was der gemittelten Gleichung (10.64) entspricht. Dieser systematischen Aenderung werden natürlich kurzzeitige Oszillationen auf Zeitskalen $2\pi/\omega$ überlagert sein (vgl. Fig. 10.4).

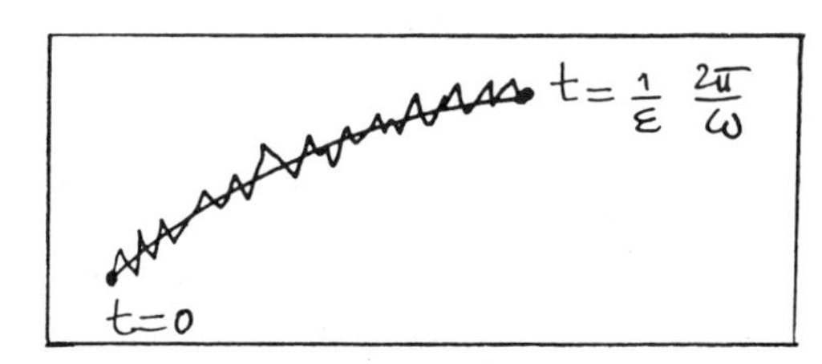

Fig. 10.4

Dieses Bild ist intuitiv besonders gut verständlich, wenn man die Aenderung der J als Bild der Projektion $\pi: T^f \times \Delta \longrightarrow \Delta$, $(w,J) \longmapsto J$ der Phasenbahnen zum nicht ganz vertikalen Vektorfeld

$$X = \begin{pmatrix} \omega+\varepsilon f \\ \varepsilon g \end{pmatrix} = \begin{pmatrix} \omega \\ 0 \end{pmatrix} + \varepsilon \begin{pmatrix} f \\ g \end{pmatrix} \equiv X_0 + \varepsilon X_1 \tag{10.65}$$

auffasst (vgl. Fig. 10.5).

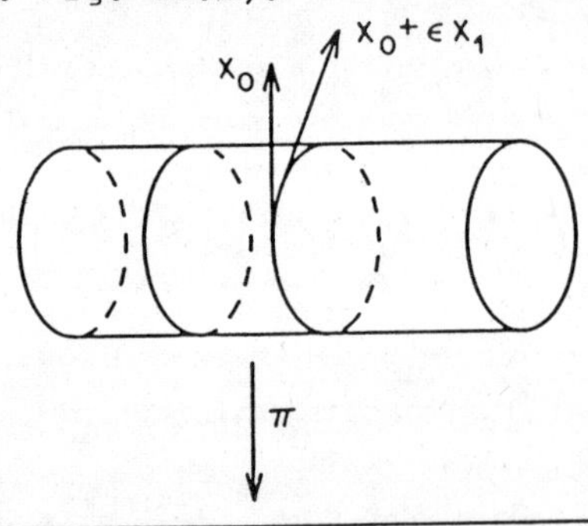

Fig. 10.5. Projektion des Phasenraumes auf den Variationsbereich Δ der Wirkungsvariablen.

Beispiel: Für $f = 1$ betrachten wir die gestörte Gleichung

$$\dot{w} = \omega \;, \quad \dot{J} = \varepsilon\,(a+b \cos w) \;. \tag{10.66}$$

Die gemittelte Gleichung ist

$$\dot{I} = \varepsilon a \Longrightarrow I(t) = \varepsilon at + I_0 \;.$$

Für die Lösung der exakten Gleichung findet man

$$J(t) = I(t) + \frac{b \sin \omega t}{\omega}$$

Der Unterschied zur gemittelten Lösung ist also ein kleiner oszillierender Term.

Für ein Hamiltonsches System mit Hamiltonfunktion $H_0(J) + \varepsilon H_1(w,J)$ ist $g(w,J) = -\partial H_1/\partial w$ und folglich $\langle g\rangle = 0$. Das gemittelte System ist deshalb

$$\dot{I} = 0 , \tag{10.67}$$

d.h. die Wirkungsvariablen erleiden keine säkulare Aenderung.

Für $f = 1$ lässt sich nun relativ leicht der folgende Satz beweisen.

Satz 10.3 (Mittelungssatz): Falls $\omega(J)$ in Δ nirgends verschwindet, so gibt es für alle hinreichend kleinen ε eine ε-unabhängige Konstante C, derart, dass

$$|J(t) - I(t)| < C\varepsilon \quad \text{für alle} \quad 0 \leq t \leq \frac{1}{\varepsilon} .$$

Beweis: Siehe [8], p.294 , oder [5], p. 147 ff.

Bemerkung: Für $f > 1$ ist die Situation viel schwieriger, weil die Resonanzpunkte $\{J \in \Delta : (m,\omega(J)) = 0$ für ein $m \setminus \mathbb{Z}^f \setminus \{0\}\}$ i.a. in Δ dicht liegen. Für eine sehr lesbare Diskussion verweise ich auf [5], § 18.

* * *

Nun betrachten wir Hamiltonsche Systeme mit langsamer zeitlicher Veränderung: $H(q,p;\ \varepsilon t)$. Zum Beispiel werde die Pendellänge im Vergleich zur Periode langsam verändert (Fig. 10.6).

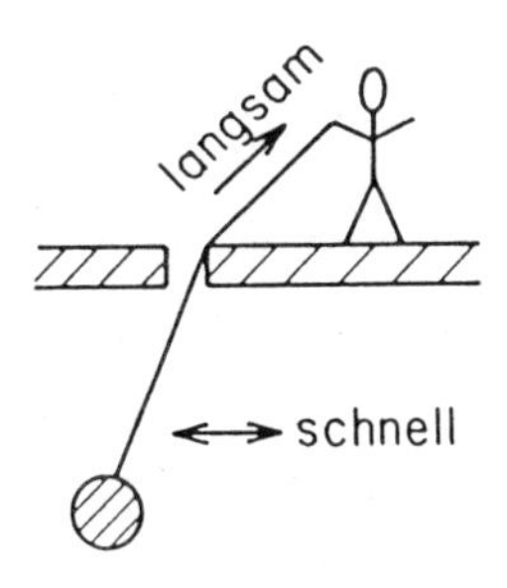

Fig. 10.6

Eine Grösse $J(q,p,\lambda)$ heisst <u>adiabatische Invariante</u> der H-Dynamik, falls für Lösungskurven $(q(t), p(t))$ zu jedem $\delta > 0$ ein ε_0 existiert, so dass für alle $\varepsilon < \varepsilon_0$

$$|J(q(t),p(t);\varepsilon t) - J(q(0),p(0);0)| < \delta \quad \text{für alle} \quad 0 < t < 1/\varepsilon \quad . \tag{10.68}$$

Physikalischer ausgedrückt, ändert sich eine adiabatische Invariante über Zeiten der Ordnung $\frac{1}{\varepsilon}\frac{2\pi}{\omega}$ nur um $O(\varepsilon)$.

Für $f = 1$ betrachten wir nun ein solches Gebiet des Phasenraumes, in welchem die Phasenbahnen $H(q,p;\lambda) = E$ für jeden Wert von λ geschlossen sind. Dann können wir für jedes feste λ wie in §10.2 Winkel- und Wirkungsvariablen einführen. Sei $S(q,J;\lambda)$ die erzeugende Funktion für die λ- abhängige kanonische Transformation $q,p \longmapsto w,J$, so gilt nach (10.20)

$$p = \frac{\partial S}{\partial q}(q,J;\lambda) \; , \qquad w = \frac{\partial S}{\partial J}(q,J;\lambda) \; . \tag{10.69}$$

Wir erinnern an (10.18), wonach

$$J(q,p;\lambda) = \frac{1}{2\pi}\oint p\,dq \tag{10.70}$$

ist, wobei sich die Integrale für festes λ um die geschlossene Phasenbahn durch den Punkt (q,p) erstreckt.

Es sei $H_0(J;\lambda) = H(q,p;\lambda)$. Ist nun $\lambda = \varepsilon t$, so liegt eine zeitabhängige kanonische Transformation vor, mit der neuen Hamiltonfunktion (siehe (7.72))

$$K = H_0 + \frac{\partial S}{\partial t} = H_0 + \varepsilon\,\frac{\partial S}{\partial \lambda} \; . \tag{10.71}$$

Die zugehörigen Bewegungsgleichungen lauten

$$\dot{w} = \omega(J,\lambda) + \varepsilon f(w,J;\lambda) \quad , \qquad f = \frac{\partial^2 S}{\partial J \partial \lambda}$$

$$\dot{J} = \varepsilon g(w,J;\ ) \quad , \qquad g = -\frac{\partial^2 S}{\partial w \partial \lambda}$$

$$\dot{\lambda} = \varepsilon \quad . \tag{10.72}$$

Das dazugehörige gemittelte System ist

$$\mathring{I} = \varepsilon \langle g \rangle \ , \qquad \dot{\Lambda} = \varepsilon \quad . \tag{10.73}$$

Falls $\omega(J,\lambda)$ nirgends verschwindet, dürfen wir das Mittelungstheorem 10.3 verwenden. Da $\langle g \rangle$ offensichtlich verschwindet, gilt der

Satz 10.4 (Adiabatensatz): Die Wirkungsvariable ist eine adiabatische Invariante.

Beispiele:

1. Hamonischer Oszillator mit langsam variierender Frequenz. Nach (10.35) ist für einen harmonischen Oszillator das Verhältnis Energie/Frequenz eine adiabatische Invariante.

2. Bewegung eines Elektrons in einem fast homogenen Feld. Die Bewegungsgleichung lautet nach (3.12)

$$\dot{\underline{v}} = \underline{\omega}_c \wedge \underline{v} \quad , \qquad \underline{\omega}_c = -\frac{e}{mc}\underline{B} \ . \tag{10.74}$$

Man sieht leicht, dass dies die Euler-Gleichung zur Lagrangefunktion

$$L = \frac{m}{2}\dot{\underline{x}}^2 + \underline{\mu}\cdot\underline{B} \tag{10.75}$$

ist, wobei $\underline{\mu}$ das magnetische Moment der Teilchenbewegung ist,

$$\underline{\mu} = \frac{e}{2mc}\underline{L} \qquad (\underline{L}\text{: Bahndrehimpuls}) \ . \tag{10.76}$$

In Zylinderkoordinaten (r, φ, z) wird daraus

$$L = \frac{m}{2}(\dot{r}^2 + r^2\dot{\varphi}^2 + \dot{z}^2) + \frac{e}{2c} B r^2\dot{\varphi} . \quad (10.77)$$

Za φ zyklisch ist, gilt

$$p_\varphi = m r^2\dot{\varphi} + \frac{eBr^2}{2c} = \text{const.} \quad (10.78)$$

Die radiale Gleichung lautet ferner

$$m \ddot{r} - r \dot{\varphi} (m \dot{\varphi} + \frac{eB}{c}) = 0 . \quad (10.79)$$

Für eine stationäre Lösung mit r, $\dot{\varphi}$ konstant gilt

$$\dot{\varphi} = \omega_c = - \frac{eB}{mc} \quad \text{(Larmor-Frequenz)} . \quad (10.80)$$

Dann gilt $p_\varphi = - eBr^2/2c$ und die Wirkungsvariable ist deshalb

$$J_\varphi = \oint p_\varphi d\varphi = - \frac{\pi eBr^2}{c} . \quad (10.81)$$

Aber aus (10.76) folgt $\mu = \frac{e}{2 c} r^2\dot{\varphi}$, oder mit (10.80)

$$\frac{e r^2}{c} = + 2\mu / \omega_c . \quad (10.82)$$

Deshalb erhalten wir

$$J_\varphi = \frac{-2\pi\mu B}{\omega_c} = \frac{2\pi mc}{e} \mu . \quad (10.83)$$

Nach dem Adiabatensatz ist deshalb μ für genügend langsame Variationen des Magnetfeldes eine adiabatische Invariante. Nach (10.81) bedeutet dies auch, dass B mal die Fläche der Bahn invariant ist unter adiabatischen Störungen. Dies hat wichtige Anwendungen (magnetische Flaschen, etc.).

10.5 Qualitatives Verhalten von autonomen kanonischen Systemen in der Nähe von integrablen Systemen

Ich erinnere zunächst an die Situation, welche bei einem integrablen System vorliegt. Der Phasenraum ist $T^f \times \Delta$, $\Delta \subset \mathbb{R}^f$. Die Winkelvariablen $w_1, \ldots, w_f$ (mod 2π) parametrisieren den f-dimensionalen Torus und die Wirkungsvariablen J das Gebiet Δ. Zusammen bilden sie ein kanonisches Koordinatensystem, d.h. die symplektische Form ist gleich $\sum dw_i \wedge dJ_i$. Die Hamiltonfunktion ist nur eine Funktion $H_o(J)$ der Wirkungsvariablen. Deshalb sind $J_1, \ldots, J_f$ Integrale der Bewegung und für jeden festen Wert $J \in \Delta$ verläuft die Bewegung auf einem f-dimensionalen Torus, d.h. der Fluss zu X_{H_o} ist

$$\phi_t : (w, J) \longmapsto (w + t\omega(J), J), \quad \omega(J) = \frac{\partial H_o}{\partial J}. \tag{10.84}$$

Die Eigenschaften dieses Flusses sind sehr unterschiedlich, je nach dem ob die Frequenzen $\omega(J)$ rational unabhängig sind oder nicht. Im ersten Fall umspinnt die Bahn durch jeden Punkt den Torus dicht und die quasiperiodische Bewegung auf dem Torus ist ergodisch (siehe p. 154).
Man spricht dann von <u>nichtresonanten Tori</u>. Diese haben für den <u>nichtentarteten Fall</u>

$$\det\left(\frac{\partial \omega}{\partial J}\right) \neq 0 \tag{10.85}$$

das volle Lebesquesche Mass. Die resonanten Tori liegen aber i.a. dicht.

Nun stören wir das Hamiltonsche System leicht:

$$H = H_0(J) + \varepsilon H_1(w,J) \quad , \qquad \varepsilon \ll 1 \tag{10.86}$$

Poincaré bezeichnete die Untersuchung der Störungen von quasiperiodischen Bewegungen als fundamentales Problem der Dynamik.

Die formalen Störungsmethoden des 18. und des 19. Jahrhunderts hatten zwar grosse quantitative Erfolge *) zu verzeichnen, konnten aber keine Information der Bewegung über unendlich lange Zeitintervalle geben. In seiner Preisschrift zeigte Poincaré, dass diese Methoden i.a. zu divergenten Störungsreihen führen, deren Ursache in den kleinen auftauchenden Nennern liegt (vgl. die Diskussion auf S. 277), und er bewies einen ziemlich allgemeinen Satz in dieser Richtung. Jedoch schon Weierstrass erkannte , dass der Poincarésche Beweis die Existenz von quasiperiodischen Lösungen nicht ausschliesst. Wie recht er hatte, zeigten erst die neueren Entwicklungen in den 60iger Jahren dieses Jahrhunderts, welche als KAM-Theorie bezeichnet werden. (Das Akronym KAM steht für Kolmogorov, Arnold und Moser.)

---

*) Auf besonders eindrückliche Weise dokumentiert dies die Entdeckung des Planeten Neptun. 1781 hatte F.W. Herschel entdeckt, dass der Planet Uranus nicht die berechnete Bahn einhielt. Dies führte 1840 Bessel dazu, die Existenz eines weiteren Planeten zu postulieren. Adams und Le Verrier führten daraufhin die dazugehörigen Rechnungen aus. Nachdem J. Galle 1846 die Rechnungen von Le Verrier erhielt, fand er schon nach etwa einer Stunde den vorausgesagten Planeten Neptun.

Das Hauptresultat der KAM-Theorie garantiert die Existenz von quasiperiodischen Lösungen für gewisse Klassen von Differentialgleichungen, die das N-Körperproblem einschliessen. Eine passende Störungsreihe stellt sich nämlich für bestimmte Wahlen der Frequenzen als konvergent heraus, während sie für andere Frequenzen sinnlos wird. Die Bahnen, die eine solche Darstellung zulassen, sind solche, für welche in einem starken Sinne (siehe unten) keine Resonanz eintritt. Da aber solche Bahnen beliebig nahe an anderen liegen können, ist es durchaus möglich, dass eine beliebig kleine Störung der Anfangswerte einer quasiperiodischen Bahn diese in eine unstabile verwandelt. Jedoch kann man zeigen, dass die unstabilen Bahnen sehr viel seltener sind.

Etwas genauer besagt das

KAM-Theorem: Falls ein ungestörtes System nichtentartet ist, dann werden für genügend kleine autonome Hamiltonsche Störungen die meisten nichtresonanten Tori lediglich leicht deformiert, so dass auch im Phasenraum des gestörten Systems invariante Tori existieren, welche von den Phasenbahnen dicht und quasiperiodisch umsponnen werden, wobei die Frequenzen rational unabhängig sind.

Diese invarianten Tori bilden die Mehrheit in dem Sinne, dass das Mass des Komplements ihrer Vereinigung klein ist, wenn die Störung schwach ist.

Die Beweisidee dieses Satzes geht auf Kolmogorov zurück und beruht, grob gesprochen, auf der folgenden Strategie.

Zunächst wählt man die Frequenzen ω so, dass sie

nicht nur rational unabhängig sind, sondern auch die folgenden Bedingungen erfüllen: es existieren Konstanten C und ν, so dass

$$|(\omega,k)| > C\, |k|^{-\nu} \quad \text{für alle} \quad k \in \mathbb{Z}^f \setminus \{0\} \,. \tag{10.87}$$

Man kann zeigen, dass solche Frequenzen für genügend grosses ν (z.B. $\nu = f+1$) das volle Mass haben.

Als nächstes sucht man nun nach invarianten Tori des gestörten Systems, auf welchen die quasiperiodische Bewegung mit denselben Frequenzen verläuft. (In der üblichen Störungstheorie ändern sich die Frequenzen in jeder Ordnung; vgl. § 10.3.) Dabei verwendet man anstelle der üblichen Störungsreihen einen ausserordentlich stark konvergierenden Iterationsprozess, der den Einfluss der kleinen Nenner kompensiert. Dieser gleicht dem Newtonschen Verfahren zur Berechnung von Nullstellen einer reellen Funktion.

Auf Umwegen beweist dies dann die Konvergenz einer passenden Störungsreihe (modifizierte Lindstedt Reihe), welche erstmals bei Poincaré vorkommt (Band 2 der "mécanique céleste").

Die Umsetzung der Ideen von Kolmogorov in wirkliche Beweise erforderte eine ausgefeilte Abschätzungstechnik und wurde in analytischer Schwerarbeit erstmals im Jahre 1963 von Kolmogorovs Schüler Arnold ausgeführt. Dies stellt die Lösung der ursprünglichen Preisaufgabe (siehe S. 278) dar.

Wir wollen uns dem Fall $f = 2$ noch näher zuwenden. Zunächst betrachten wir nochmals das ungestörte Problem.

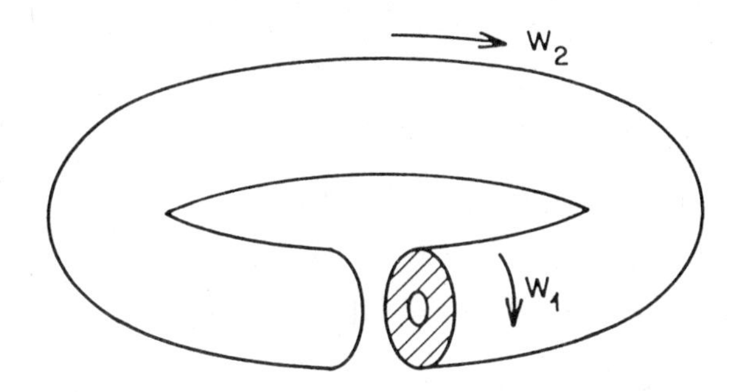

Die Energiefläche ist dann eine 3-dimensionale Mannigfaltigkeit, die von invarianten Tori gefasert ist. Jede Bahn bleibt auf einem festen Torus und durchdringt den Querschnitt $w_2 = 0$ mit der Frequenz ω_2. Die Bahnen definieren also eine sog. Transversalabbildung T eines Kreisringes auf sich: Sei $\vartheta = w_1$, $r = \sqrt{J_1}$, dann ist T von der Form

$$T: (\vartheta, r) \longmapsto (\vartheta + a(r), r) \quad (0 \leq r_1 < r < r_2) .$$

Falls $a'(r) \neq 0$ nennt man T eine Twist-Abbildung. Die Kreise sind unter T invariant.

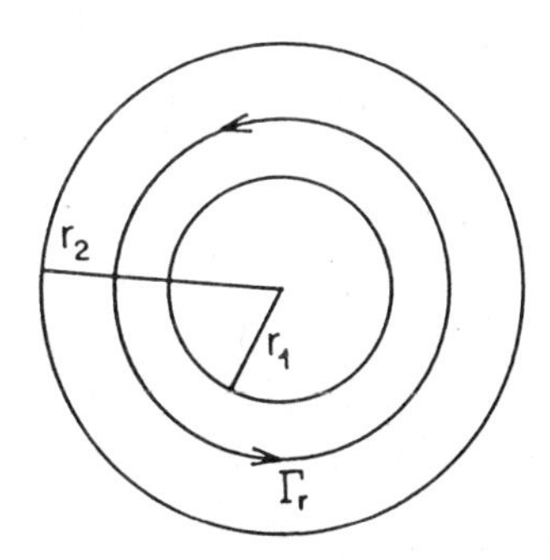

Für $a(r)/2\pi = p/q$, $p,q \in \mathbb{Z}$, $(p,q) = 1$, besteht ein invarianter Kreis Γ_r aus periodischen Punkten, welche periodischen Bahnen entsprechen. Ist hingegeben $a(r)/2\pi$ irrational, dann ist jede Bahn dicht, d.h.

$$\Gamma_r = \overline{\bigcup_{n\in\mathbb{Z}} T^n(x)} \ , \quad x\in\Gamma_r \ ,$$

und T ist ergodisch auf Γ_r.

Nun werde wieder das integrable System "leicht gestört". Wir betrachten wieder die Transversalabbildung restringiert auf die Energiefläche. Diese ist, wie man zeigen kann, immer symplektisch. Sie hat die Form

$$\varphi : \begin{cases} \vartheta \longmapsto \vartheta + a(r) + f(\vartheta,r) \\ r \longmapsto r + g(\vartheta,r) \ . \end{cases}$$

Was passiert jetzt mit den invarianten Kreisen unter der gestörten Twist-Abbildung ? Nach Birkhoff und der KAM-Theorie kann man dazu folgendes sagen.

1) Falls $a(r)/2\pi$ rational ist, dann löst sich der Kreis von periodischen Fixpunkten allgemein zu reden in eine endliche gerade Zahl von abwechselnd elliptischen und hyperbolischen periodischen Punkten auf.

2) Falls $a(r)/2\pi$ im Sinne von (10.87) sehr irrational ist (und das ist für hinreichend kleine Störungen für sehr viele Zahlen der Fall), dann erleidet der Kreis nur eine kleine Deformation.

Damit erhalten wir das folgende Bild:

(i) Die meisten Kreise (im Sinne des Lebesque-Masses) werden durch eine kleine Störung nur schwach deformiert.

(ii) Eine überall dichte Menge von Kreisen wird vollständig in isolierte elliptische und hyperbolische periodische Punkte aufgelöst.

(iii) In der Umgebung jedes elliptischen periodischen Punktes treten die Phänomene (i) und (ii) allgemein zu reden erneut auf.

(iv) Jeder hyperbolische Fixpunkt trägt mit sich eine expandierende und eine kontrahierende "Mannigfaltigkeit".

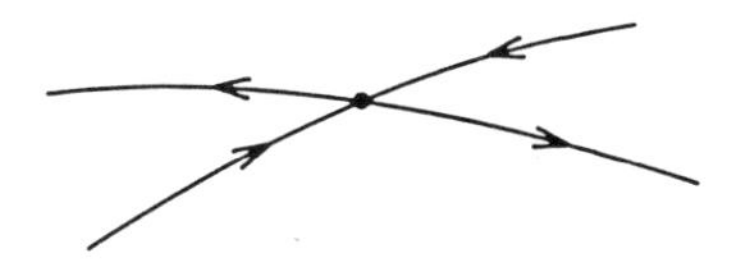

Diese "Mannigfaltigkeiten" werden sich im allgemeinen schneiden und geben Anlass zu sog. homozyklischen Punkten, in deren Nähe die Bahnen sehr kompliziert sind.

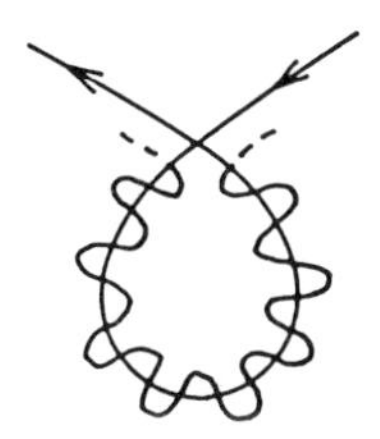

Aehnliche Verhältnisse bestehen bei periodischen hyperbolischen Punkten.

All dies ist in der folgenden berühmten Skizze von Arnold dargestellt.

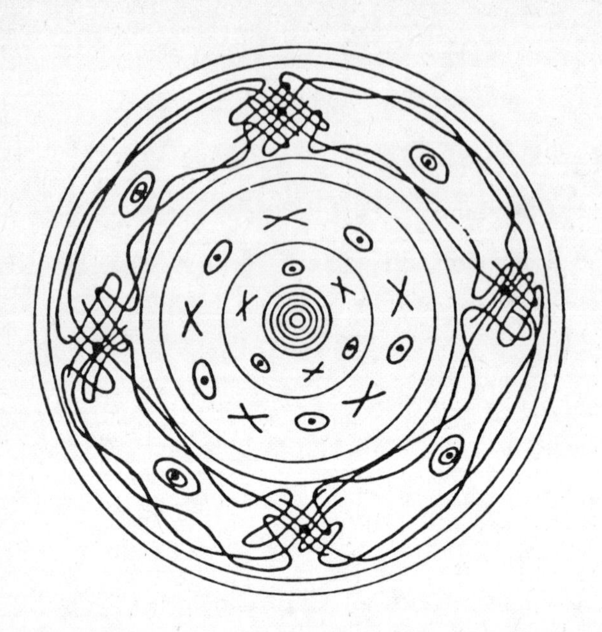

Fig. 10.7. Arnold-Skizze

Die Analyse liefert überdies noch eine quantitative Dividende: Wenn die Eigenwerte von $D\varphi(p)$ für einen elliptischen Fixpunkt p keine 3. oder 4. Einheitswurzeln sind, dann gibt es eine kanonische Invariante von Birkhoff, deren Nichtverschwinden Stabilität zur Folge hat (Mosersches Twisttheorem). Moser hat dieses Kriterium auf die Verteilung der Asteroiden angewandt und damit das Auftreten von verbotenen Zonen plausibel gemacht.

Bekanntlich laufen ausser den grossen Planeten mehrere tausend Planetoiden um die Sonne; ihre Bahnen befinden sich vor allem zwischen Mars und Jupiter. Ihre Massen sind winzig und haben deshalb praktisch keinen Einfluss auf die Planeten. Anderseits werden die Planetoiden von Jupiter sehr wesentlich gestört. Evidenz dafür ist eine Beobachtung von Kirkwood.*) Er bemerkte, dass die Frequenzen der Planetoiden nicht gleichmässig über ein Intervall verteilt sind, sondern gewisse Lücken, die sog. Kirkwoodschen Lücken, aufweisen. Man kann sich die Situation ähnlich wie die (gröbsten) Lücken im Saturnring vorstellen. Wird die Frequenz der Planetoiden mit ω_p und die des Jupiters mit ω_J bezeichnet, so sind die stärksten Lücken durch die Formel

$$\frac{\omega_J}{\omega_p} = \frac{n}{m} , \quad |n - m| = 1,2,3,4 , \quad n,m \text{ relativ prim ,}$$

gegeben. Genau diese Lücken erwartet man auf Grund des Moserschen Twisttheorems, wenn man die Bewegung der Planetoiden als restringiertes 3-Körperproblem modelliert.

Mit diesen wenigen Hinweisen muss ich mich begnügen.

*) aus dem Jahre 1866.

10.6 Winkel- und Wirkungsvariable für mehrfach periodische Systeme

Wir betrachten nun autonome Systeme, für welche die verkürzte HJ-Gleichung ein vollständiges Integral der Form (9.35),

$$W(q,\alpha) = \sum_{i=1}^{f} W_i(q_i,\alpha_1,\dots,\alpha_f) \ , \tag{10.88}$$

hat. (Wieder sei $\alpha_f = E$.) Für eine Separationslösung dieser Art zerfallen die Phasenbahnen auf Grund von

$$p_i = \frac{\partial W_i}{\partial q_i}(q_i,\alpha_1,\dots,\alpha_f) \ , \qquad i=1,\dots,f \ , \tag{10.89}$$

in ein direktes Produkt von Kurven in den (q_i,p_i) - Phasenebenen, welche durch die Gl. (10.89) bestimmt sind. Für diese Projektionen soll eine der folgenden beiden Möglichkeiten zutreffen:

(i) Die Phasenbahn ist <u>geschlossen</u>. In diesem Fall nennt man die Koordinate q <u>einfach</u>.

(ii) Die Phasenbahn ist in der Koordinate q <u>periodisch</u> mit einer kleinsten Periode q_0 , wobei (q,p) und $(q+q_0,p)$ den gleichen Zustand beschreiben. In diesem Fall ist q eine winkelartige, sog. <u>mehrfache Koordinate</u>.

Ein System mit diesen Eigenschaften nennen wir ein <u>mehrfach periodisches System</u>.

Ein Beispiel, welches je nach Energie beide Fälle (i) und (ii) enthält, ist das ebene Pendel mit q = Auslenkungswinkel φ . Für kleine Energien pendelt φ zwischen zwei Werten φ_o und $-\varphi_o$ hin und her (vgl. Fig. 10.8); für grosse Energien überschlägt sich das Pendel und φ wächst mit der Zeit laufend an, aber $q = \varphi$ und $q = \varphi + 2\pi$ sind zu identifizieren. (Statt der Phasenebene sollte man den Mantel eines Zylindersbetrachten.)

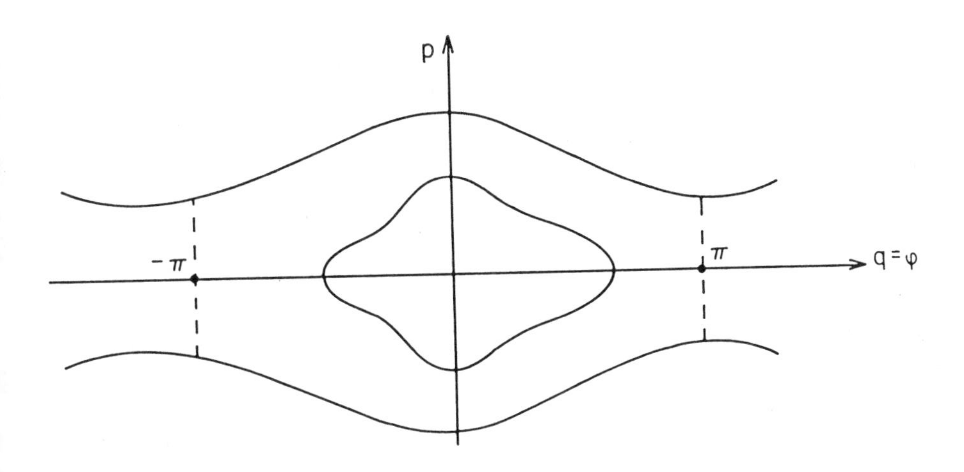

Fig. 10.8

Wir können nun die Ueberlegungen von S. 264 ff auf die mehrfach periodischen Systeme übertragen. Wie in (10.18) definieren wir die Wirkungsvariablen J_k durch

$$J_k(\alpha_1,\ldots,\alpha_f) = \frac{1}{2\pi}\oint p_k\, dq_k = \frac{1}{2\pi}\oint \frac{\partial W_k}{\partial q_k}(q_k,\alpha_1,\ldots,\alpha_f)dq_k . \tag{10.90}$$

Das Integral ist über die geschlossene Phasenbahn, bzw. über eine Periode von q_k zu erstrecken.

Im allgemeinen wird es möglich sein, die Funktionen $J_k(\alpha_1,\ldots,\alpha_f)$ $(k = 1,\ldots,f)$ nach $\alpha_1,\ldots,\alpha_f$ aufzulösen. Es sei dann

$$S(q,J) := W(q,\alpha(J)) = \sum_{i=1}^{f} S_i(q_i,J_1,\ldots,J_f) . \tag{10.91}$$

Die zu den J_k kanonisch konjugierten Winkelvariablen ergeben sich aus

$$w_k = \frac{\partial S}{\partial J_k} = \sum_{i=1}^{f} \frac{\partial S_i}{\partial J_k}(q_i,J_1,\ldots,J_f) . \tag{10.92}$$

Die neue Hamiltonfunktion ist dann $E(J_1,\ldots,J_f) = \alpha_f(J_1,\ldots,J_f)$. Wieder gilt

$$\dot{w}_k = \omega_k := \frac{\partial E}{\partial J_k} = \text{const.} \tag{10.93}$$

Aus (10.92) folgt

$$\frac{\partial w_k}{\partial q_i}(q,J) = \frac{\partial^2 S_i}{\partial q_i \partial J_k} \tag{10.94}$$

Anderseits folgt aus (10.90)

$$J_i = \frac{1}{2\pi} \oint \frac{\partial S_i}{\partial q_i}\, dq_i \tag{10.95}$$

und daraus durch Differentiation

$$\delta_{ik} = \frac{1}{2\pi} \oint \frac{\partial^2 S_i}{\partial q_i \partial J_k}\, dq_i . \tag{10.96}$$

Nun betrachten wir im Raum der $(q_1,\ldots,q_f)$ irgend eine glatte Kurve γ , die so verläuft, dass jedes q_i einzeln eine Anzahl n_i $(n_i = 0, \pm 1, \pm 2,\ldots)$ seiner eigenen Perioden durchläuft. Die Aenderung Δw_k beim

Durchlaufen einer solchen Kurve ergibt sich aus (10.94) und (10.96) zu

$$\Delta w_k = \int_\gamma \sum_{i=1}^{f} \frac{\partial^2 S_i}{\partial q_i \, \partial J_k} \, dq_i = 2\pi \sum_{i=1}^{f} \delta_{ik} \, n_i = 2\pi \, n_k \, . \qquad (10.97)$$

Dies zeigt: Ist q_k eine einfache Variable, so ist $q_k(w,J)$ als Auflösung von (10.92) eine mehrfach periodische Funktion in den Winkelvariablen:

$$q_k(w_1+2\pi n_1,\ldots,w_f+2\pi n_f,J_1,\ldots,J_f) = q_k(w_1,\ldots,w_f,J_1\ldots,J_f). \qquad (10.98)$$

Ist q_k eine mehrfache Variable mit einer Periode q_k^0, so folgt entsprechend

$$q_k(w+2\pi n,J) = q_k(w,J) + n q_k^0 \, , \quad n \in \mathbb{Z} \, . \qquad (10.99)$$

Beispiel: Die Keplerbewegung

Für dieses Beispiel haben wir bereits ein vollständiges Integral der HJ-Gleichung der Form (10.88) gefunden (siehe 9.33)). Nach (10.90) und (9.33) sind die Wirkungsvariablen

$$J_\varphi = \frac{1}{2\pi} \oint p_\varphi \, d\varphi = \frac{1}{2\pi} \oint \frac{\partial W_\varphi}{\partial \varphi} \, d\varphi = \alpha_\varphi$$

$$J_\vartheta = \frac{1}{2\pi} \oint p_\vartheta \, d\vartheta = \frac{1}{2\pi} \oint \sqrt{\alpha_\vartheta^2 - \alpha_\varphi^2 / \sin^2\vartheta} \, d\vartheta$$

$$J_r = \frac{1}{2\pi} \oint p_r dr = \frac{1}{2\pi} \oint \sqrt{2m(E-V) - \alpha_\vartheta^2 / r^2} \, dr \, . \qquad (10.100)$$

Wir betrachten nur $E < 0$ (gebundene Bahnen) für das Keplerpotential $V(r) = -k/r$. Die Integrale in (10.100) lassen sich mit funktionentheoretischen Methoden elegant berechnen.

Man erhält (siehe Anhang III)

$$J_\vartheta = \alpha_\vartheta - \alpha_\varphi$$

$$J_r = \frac{mk}{\sqrt{-2m\,E}} - \alpha_\vartheta \,. \tag{10.101}$$

Daraus erhalten wir für die Energie als Funktion der Wirkungsvariablen:

$$E(J) = -\frac{mk^2}{2(J_r+J_\vartheta+J_\varphi)^2} \,. \tag{10.102}$$

Für die Bestimmung der Winkelvariablen w_k müssen wir W durch (r, ϑ, φ) und $(J_r, J_\vartheta, J_\varphi)$ ausdrücken. Aus (9.33), (10.100) und (10.101) erhalten wir sofort

$$S = S_r + S_\vartheta + S_\varphi \,,$$

mit

$$S_\varphi = J_\varphi \varphi$$

$$S_\vartheta = \int \sqrt{(J_\varphi+J_\vartheta)^2 - J_\varphi^2/\sin^2\vartheta}\; d\vartheta$$

$$S_r = \int \sqrt{2m\,[E(J_r, J_\vartheta, J_\varphi) + \frac{k}{r}] - \frac{(J_\vartheta+J_\varphi)^2}{r^2}}\; dr \,. \tag{10.103}$$

Die Winkelvariablen bestimmen sich aus

$$w_\varphi = \frac{\partial S}{\partial J_\varphi} = \frac{\partial S_r}{\partial J_\varphi} + \frac{\partial S_\vartheta}{\partial J_\varphi} + \varphi$$

$$w_\vartheta = \frac{\partial S_r}{\partial J_\vartheta} + \frac{\partial S_\vartheta}{\partial J_\vartheta}$$

$$w_r = \frac{\partial S_r}{\partial J_r} \,. \tag{10.104}$$

Auf die anschauliche Bedeutung der Winkelvariablen kommen wir zurück. An dieser Stelle wollen wir die Ausdrücke (10.104) nicht weiter auswerten.

Die neue Hamiltonfunktion (10.102) hängt nur von der Summe $(J_r + J_\vartheta + J_\varphi)$ ab. Deshalb sind die Frequenzen $\omega_k = \partial E/\partial J_k$ einander gleich,

$$\omega_k = \omega := \frac{mk^2}{(J_r + J_\vartheta + J_\varphi)^3} . \tag{10.105}$$

Die zugehörige Periode ist mit (10.102)

$$T = \frac{2\pi}{\omega} = \pi k \sqrt{\frac{m}{-2E}} , \tag{10.106}$$

entsprechend dem 3. Keplerschen Gesetz (die grosse Halbachse a ist gleich $-k/2E$) .

Die Gleichheit der Frequenzen rührt davon her, dass die Ellipsenbahnen geschlossen sind und also nur eine einzige Periode vorliegt. Man sagt, das System sei <u>entartet</u>. Der <u>Entartungsgrad</u> ist allgemein f minus die Zahl der unabhängigen Frequenzen. In unserem Beispiel ist der Entartungsgrad gleich 2.

10.7 Störungstheorie für entartete Systeme

Für entartete Systeme gibt es ein $m \in \mathbb{Z}^f \setminus \{0\}$ mit $(m,\omega) = 0$, wie dies z.B. bei der Kepler-Bewegung der Fall ist. In dieser Situation empfiehlt es sich, durch eine geeignete lineare kanonische Transformation zu neuen Winkel- und Wirkungsvariablen (w',J') überzugenen, so dass $\omega'_1,\ldots,\omega'_m$ rational unabhängig sind und die übrigen Frequenzen verschwinden.

Dies lässt sich immer erreichen, wie wir als nächstes ausführen wollen.

Die Frequenzen $\{(m,\omega) \mid m \in \mathbb{Z}^f\}$ bilden einen Modul $\mathcal{M}$ mit den ganzen Zahlen $\mathbb{Z}$ als Koeffizientenbereich. Im entarteten Fall sind die $\omega_1,\ldots,\omega_f$ linear abhängig. Es sei $\omega'_1,\ldots,\omega'_m$, $m < f$, eine Basis von $\mathcal{M}$. (Die $\omega'_1,\ldots,\omega'_m$ sind also rational unabhängig.) Dann gibt es eine Darstellung der ω_k von der Form

$$\omega_k = \sum_{\alpha=1}^{m} a_{k\alpha}\, \omega'_\alpha \ , \qquad a_{k\alpha} \in \mathbb{Z} \ .$$

Der Rang der fxm-Matrix $(a_{k\alpha})$ ist natürlich gleich m. Sie lässt sich deshalb zu einer ganzzahligen fxf-Matrix $A = (a_{k\ell})$ so erweitern, dass deren (ganzzahlige) Determinante nicht verschwindet. Damit ist $\omega = A\omega'$, $\omega' = (\omega'_1,\ldots,\omega'_m,0,\ldots,0)$. Umgekehrt ist $\omega' = A^{-1}\omega$ und deshalb muss auch A^{-1} aus lauter ganzzahligen Matrixelementen bestehen. Da $\det A \det A^{-1} = 1$ und beide Faktoren ganzzahlig sind, so müssen sie gleich 1 sein. Also ist A eine ganzzahlige unimodulare Matrix $(\det A = 1)$.

Es gibt also eine ganzzahlige unimodulare Matrix A derart, dass $A\omega = (\omega'_1,\ldots,\omega'_m,0,\ldots0)$, wobei die $\omega'_1,\ldots\omega'_m$ rational unabhängig sind. Damit sind auch die Matrizen A^{-1} und A^{-1T} ganzzahlig und unimodular.

Nun ist die Transformation

$$w' = A\,w \ , \ J' = (A^T)^{-1} J \qquad (10.107)$$

kanonisch, da $\sum J_k\, dw_k = \sum J'_k\, dw'_k$. Weil die w und w' sich durch ganzzahlige Transformationen auseinander berechnen lassen, sind die (w',J') zu den (w,J) gleichberechtigte Winkel- und Wirkungsvariable.

Nach dieser kanonischen Transformation eines <u>(f-m)-fach entarteten</u> Systems lassen wir die Striche wieder weg. Die Verallgemeinerung der störungstheoretischen Näherung (10.30) auf den entarteten Fall wird nun darin bestehen, dass H_1 nur über den Torus T^m zu den ersten m Winkelvariablen gemittelt wird. Nach dem Satz von Weyl (p. 155) ist dieses Mittel $\langle H_1\rangle$ auch gleich dem zeitlichen Mittel über die ungestörte Bewegung. Im allgemeinen ist $\langle H_1\rangle$ dann noch eine Funktion von $(J_1,\ldots,J_f,\ w_{m+1},\ldots,w_f)$.

Die säkularen Störungsgleichungen zerfallen damit in zwei Teile:

$$\text{(i)}\quad \dot{w}_k = \omega_k(J) + \frac{\partial\langle H_1\rangle}{\partial J_k}\,,\quad \dot{J}_k = 0 \quad \text{für } k=1,\ldots,m\,, \tag{10.108}$$

$$\text{(ii)}\quad \dot{w}_k = \frac{\partial\langle H_1\rangle}{\partial J_k}\,,\quad \dot{J}_k = -\frac{\partial\langle H_1\rangle}{\partial w_k} \quad \text{für } k = m+1,\ldots,f\,. \tag{10.109}$$

Aus (10.108) folgt, dass die $J_1,\ldots,J_m$ konstant sind. Berücksichtigt man dies in (10.109), so wird dies ein <u>reduziertes</u> Hamiltonsches System in f-m Variablen (f-m = <u>Entartungsgrad</u>). Nach dem dieses gelöst ist, ist die rechte Seite von (10.108) bekannt, so dass man durch eine einfache Zeitintegration auch die $w_1,\ldots,w_m$ findet.

<u>Beispiel: Störungen des Keplerproblems</u>

Zunächst üben wir auf die in § 10.6 eingeführten Winkel- und Wirkungsvariable eine kanonische Transformation der Form

(10.107) aus. Es sei

$$J_1 = J_\varphi = \alpha_\varphi$$

$$J_2 = J_\vartheta + J_\varphi = \alpha_\vartheta \qquad (10.110)$$

$$J_3 = J_r + J_\vartheta + J_\varphi .$$

Diese Transformation ist, wie man leicht sieht, unimodular. Die Hamiltonfunktion hängt jetzt nur noch von J_3 ab. Nach (10.102) ist

$$E(J) = - \frac{mk^2}{2J_3^2} . \qquad (10.111)$$

Die Wirkungsvariablen, welche zu den neuen J_k gehören, bezeichnen wir mit w_1, w_2, w_3. Natürlich ist jetzt $\omega_1 = \omega_2 = 0$ und ω_3 ist die mittlere Umlaufsfrequenz in (10.106).

Die kanonischen Koordinaten $(w_1, w_2, w_3, J_1, J_2, J_3)$ sind die sog. Delauneyschen Bahnelemente. Für ihre anschauliche Interpretation erinnern wir an die Gl. (2.49) und (2.50) der Keplerbewegung:

$$r = \frac{p}{1+\varepsilon\cos\varphi} , \qquad p = \frac{L^2}{mk} = a(1-\varepsilon^2) ,$$

$$\varepsilon^2 = 1 + \frac{2EL^2}{mk^2} . \qquad (10.112)$$

Nun ist $\underline{L}^2 = \underline{x}^2\,\underline{p}^2 - (\underline{x}\cdot\underline{p})^2 = r^2(\underline{p}^2 - p_r^2)$, d.h.

$$\underline{p}^2 = p_r^2 + \frac{L^2}{r^2} .$$

Anderseits gilt (siehe (9.28))

$$\underline{p}^2 = p_r^2 + \frac{1}{r^2}\left(p_\vartheta^2 + \frac{p_\varphi^2}{\sin^2\vartheta}\right)$$

und damit

$$L^2 = p_\vartheta^2 + p_\varphi^2/\sin^2\vartheta . \qquad (10.113)$$

Nach (9.32) ist deshalb $L^2 = \alpha_\vartheta^2$ und folglich nach (10.110)

$$J_2 = L . \tag{10.114}$$

Damit erhalten wir aus (10.112) mit (10.111)

$$p = \frac{J_2^2}{mk} , \qquad \varepsilon^2 = 1 - \frac{J_2^2}{J_3^2}$$

$$a = \frac{p}{1-\varepsilon^2} = \frac{J_3^2}{mk} , \quad b = a\sqrt{1-\varepsilon^2} = \frac{J_2 J_3}{mk} . \tag{10.115}$$

Da ferner $L_z = p_\varphi = \alpha_\varphi = J_1$ ist, erhalten wir für den Inklinationswinkel $i = \measuredangle$ (z-Achse, $\underline{L}$: Normale zur Bahnebene)

$$\cos i = \frac{L_z}{L} = \frac{J_1}{J_2} . \tag{10.116}$$

Etwas weniger direkt ist die Interpretation von w_1 und w_2. Ihre Bedeutung ist die folgende (siehe Fig. 10.9):

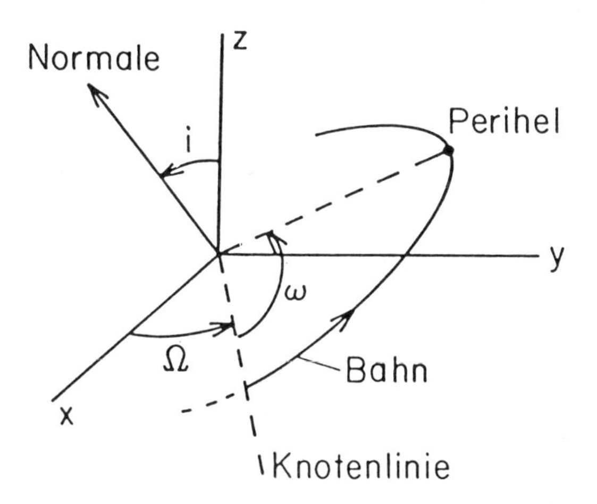

Fig. 10.9

w_1 : Winkel zwischen der x-Achse und der Knotenlinie (Schnittgerade der Bahnebene mit der xy-Ebene des Inertialsystems);

w_2 : Winkelabstand des Perihels von der Knotenlinie.

Mit den Bezeichnung in Fig. 10.9 ist also

$$w_1 = \Omega \,, \qquad w_2 = \omega \,. \tag{10.117}$$

Für einen Beweis verweise ich auf [10], Abschnitt 10.7.

Die Winkelvariable w_3 bezeichnet man auch als die <u>mittlere Anomalie</u>. Sie bedeutet den Winkelabstand eines gedachten Punktes vom Perihel, der gleichförmig umläuft und jedesmal gleichzeitig mit dem Planeten das Perihel passiert.

Nun werde das Keplerproblem leicht gestört,

$$H = H_o + H_1 \,, \qquad H_o = -\frac{mk^2}{2\,J_3^2} \,. \tag{10.118}$$

Als Beispiel betrachten wir hier ein störendes Potential $\delta V(r)$. Zunächst wählen wir

$$H_1 = \delta V = \beta / r^2 \,. \tag{10.119}$$

Für die Gl. (10.109) benötigen wir den zeitlichen Mittelwert

$$\langle \delta V \rangle = \frac{1}{T} \int_o^T \delta V \, dt = \beta \, \frac{\int_o^{2\pi} \frac{1}{r^2 \dot{\varphi}} d\varphi}{\int_o^{2\pi} \frac{1}{\dot{\varphi}} d\varphi} = \beta \, \frac{\int_o^{2\pi} d\varphi}{\int_o^{2\pi} r^2 d\varphi}$$

$$= \beta \, \frac{1}{ab} \,.$$

Nach (10.115) ist deshalb

$$\langle \delta V \rangle = \frac{\beta \, m^2 k^2}{J_2 J_3^3} \,. \tag{10.120}$$

Daraus folgt zunächst, dass alle J_k konstant bleiben.

Für die Frequenz der Perihelbewegung ergibt sich mit (10.117)

$$\dot{w}_2 = \frac{\partial \langle \delta V \rangle}{\partial J_2} = -\beta \, \frac{m^2 k^2}{J_2^2 \, J_3^3} \,.$$

Die Umlaufsfrequenz der ungestörten Bahn ist anderseits

$$\omega = \frac{\partial H_0}{\partial J_3} = m \frac{k^2}{J_3^3} \qquad (T = \frac{2\pi}{\omega}) \; .$$

Damit ist die Periheldrehung pro Umlauf

$$\delta = \dot{w}_2 \; T = - \frac{2\pi \; \beta m}{J_2^2} \underset{(10.114)}{=} - 2\pi \frac{\beta m}{L^2} \; . \qquad (10.121)$$

Als Uebungsaufgabe zeige man analog, dass für $\delta V = \gamma / r^3$ gilt

$$\delta = - \gamma \frac{6\pi m^2 k}{L^4} \; . \qquad (10.122)$$

Diese Ergebnisse haben wir in den Uebungen auch auf andere Weise erhalten.

Kapitel 11. Der starre Körper

In diesem Kapitel studieren wir die Kinematik und die Dynamik des starren Körpers. Besondere Aufmerksamkeit werden wir dem kräftefreien und dem schweren symmetrischen Kreisel mit Fixpunkt widmen. Beide Systeme sind integrabel im Sinne von §10.1. Besonderer Wert wird auf eine gruppentheoretische Analyse des Kreiselproblems gelegt werden (§11.5). Letztere lässt sich völlig parallel in die Quantenmechanik übertragen. Wir beschliessen das Kapitel mit der Konstruktion von Wirkungs- und Winkelvariablen für den schweren symmetrischen Kreisel mit Fixpunkt.

11.1 Kinematik des starren Körpers

Wir leiten die Kinematik und die Dynamik eines starren Körpers aus dem N-Teilchenmodell in §1.3 mit äusseren Kräften $\underline{F}_i^{ex}$ und inneren Zentralkräften $\underline{F}_{ij}$ durch einen Grenzübergang ab.

Das N-Teilchensystem ist <u>starr</u>, wenn nach Einführung der Schwerpunkts- und Relativkoordinaten,

$$\underline{q}_i = \underline{Q}_i + \underline{x}_i \,, \quad \underline{Q} = \frac{1}{M} \sum_{i=1}^{N} m_i \underline{q}_i \quad \left(\sum m_i \underline{x}_i = 0\right), \qquad (11.1)$$

der allgemeine Bewegungszustand eingeschränkt ist auf eine Schwerpunktsbewegung $\underline{Q}(t)$ und eine Rotation:

$$\underline{x}_i(t) = R(t)\,\underline{x}_i' \;,\quad R(t) \in SO(3) \;,\quad \underline{x}_i' = \text{const.} \qquad (11.2)$$

Die Zwangskräfte, welche die Relativkoordinaten bis auf eine gemeinsame Rotation festhalten, denken wir uns durch Zentralkräfte realisiert, die um eine Gleichgewichtslage stark rücktreibend wirken. Dies ist ein grobes Modell für einen Festkörper.

Die Konfiguration $\{\underline{x}'_i,\ i = 1,\ldots,N\}$ der Massen m_i bestimmt für $N \geqslant 3$ ein körperfestes Koordinatensystem K'. Die kinematischen Freiheitsgrade sind $(R(t),\ \underline{Q}(t))$, d.h. Elemente der Euklidischen Bewegungsgruppe (vgl. § 1.1). Aus (11.1) und (11.2) folgt

$$\underline{q}_i = \underline{Q}(t) + R(t)\,\underline{x}'_i \;. \qquad (11.3)$$

Also gilt nach (2.81) (mit $\dot{\underline{x}}' = 0$)

$$\dot{\underline{q}}_i = \dot{\underline{Q}} + R\,(\underline{\omega}' \wedge \underline{x}'_i) = \dot{\underline{Q}} + \underline{\omega} \wedge \underline{x}_i \;. \qquad (11.4)$$

Falls K' um $\underline{a}$ translatiert wird, $\underline{x}'_i = \underline{x}''_i + \underline{a}$, so gilt

$$\dot{\underline{q}}_i = (\dot{\underline{Q}} + \underline{\omega} \wedge R\underline{a}) + \underline{\omega} \wedge R\underline{x}'' \;. \qquad (11.5)$$

Zu jeder Zeit kann aber $\underline{a}$ so gewählt werden, dass $\dot{\underline{Q}} + \underline{\omega} \wedge R\underline{a}$ proportional zu $\underline{\omega}$ ist. Dies zeigt (Euler):

Ein starrer Körper führt immer eine Schraubenbewegung aus, d.h., zu jeder Zeit ist der allgemeinste Bewegungszustand eines starren Körpers eine Rotation um eine Achse und eine Translation parallel zu dieser Achse.

Die kinetische Energie T ist mit (11.1) und (11.4)

$$T = \sum \tfrac{1}{2} m_i \dot{\underline{q}}_i^2 = \tfrac{1}{2} M \dot{\underline{Q}}^2 + \tfrac{1}{2} \sum m_i (\underline{\omega} \wedge \underline{x}_i)^2 ,$$

d.h.

$$T = T_t + T_r \tag{11.6}$$

mit

$$T_t = \frac{M}{2} \dot{\underline{Q}}^2 \tag{11.7}$$

und

$$T_r = \tfrac{1}{2} \sum m_i (\underline{\omega} \wedge \underline{x}_i)^2 = \tfrac{1}{2} \sum m_i (\underline{\omega}' \wedge \underline{x}'_i)^2 . \tag{11.8}$$

Da $(\underline{a} \wedge \underline{b})^2 = |\underline{a}|^2 |\underline{b}|^2 - (\underline{a} \cdot \underline{b})^2$ ergibt sich

$$\boxed{T_r = \tfrac{1}{2} \sum \Theta_{ik} \, \omega_i \, \omega_k = \tfrac{1}{2} \sum \Theta'_{ik} \, \omega'_i \, \omega'_k} \quad , \tag{11.9}$$

wobei

$$\Theta_{ik} = \sum_{n=1}^{N} m_n \left\{ |\underline{x}_n|^2 \delta_{ik} - (\underline{x}_n)_i (\underline{x}_n)_k \right\} \tag{11.10}$$

und

$$\Theta'_{ik} = \sum_{n=1}^{N} m_n \left\{ |\underline{x}'_n|^2 \delta_{ik} - (\underline{x}'_n)_i (\underline{x}'_n)_k \right\} \tag{11.11}$$

der Trägheitstensor im Inertialsystem K , bzw. im körperfesten System K' ist. In Matrixschreibweise gilt die Beziehung

$$\Theta(t) = R(t) \, \Theta' \, R^{-1}(t) . \tag{11.12}$$

Für Θ' gilt der

Satz 11.1 (Steiner): Bezüglich einer Euklidischen Bewegung $(\underline{a}, R)$ transformiert sich $\Theta'_{k\ell}$ gemäss

$$\Theta'_{k\ell} (R\underline{x}'_1 + \underline{a}, \ldots, R\underline{x}'_N + \underline{a}) = M \left\{ |\underline{a}|^2 \delta_{k\ell} - a_k \cdot a_\ell \right\}$$
$$+ \sum_{k',\ell'} R_{kk'} \, R_{\ell\ell'} \, \Theta'_{k'\ell'} (\underline{x}'_1, \ldots, \underline{x}'_N) \quad . \tag{11.13}$$

<u>Beweis:</u> Da $\sum_{n=1}^{N} m_n \underline{x}'_n = 0$ liefert die Ausmultiplikation der linken Seite von (11.13)

$$\sum_{n=1}^{N} m_n \left\{ |R\underline{x}'_n + \underline{a}|^2 \delta_{k\ell} - (R\underline{x}'_n + \underline{a})_k (R\underline{x}'_n + \underline{a})_\ell \right\}$$

$$= \sum_n m_n \left\{ (|\underline{x}'_n|^2 + |\underline{a}|^2) \delta_{k\ell} - (R\underline{x}'_n)_k (R\underline{x}'_n)_\ell - a_k a_\ell \right\}$$

und dies ist wegen

$$(R\underline{x}'_n)_k = \sum_{k'} R_{kk'} (\underline{x}'_n)_{k'} , \quad \sum_{\ell' k'} R_{kk'} R_{\ell\ell'} \delta_{k'\ell'} = \delta_{k\ell} , (RR^T = 1)$$

gleich der rechten Seite von (11.13). □

Speziell für $R = 1$ erhalten wir aus (11.13)

$$\Theta'_{k\ell}(\underline{x}'_1 + \underline{a}, \ldots, \underline{x}'_N + \underline{a}) = M\left\{ |\underline{a}|^2 \delta_{k\ell} - a_k a_\ell \right\} + \Theta'_{k\ell}(\underline{x}'_1, \ldots, \underline{x}'_N) . \tag{11.14}$$

Für $\underline{a} = 0$ transformiert sich $\Theta'_{k\ell}$ wie ein Tensor 2. Stufe:

$$\Theta'_{k\ell}(R\underline{x}'_1, \ldots, R\underline{x}'_N) = \sum_{k'\ell'} R_{kk'} R_{\ell\ell'} \Theta'_{k'\ell'}(\underline{x}'_1, \ldots, \underline{x}'_N) . \tag{11.15}$$

Nun betrachten wir den Drehimpuls des N-Teilchensystems. Mit (11.1) und (11.4) erhalten wir

$$\underline{L} = \sum m_n \underline{q}_n \wedge \dot{\underline{q}}_n = L_t + L_r , \tag{11.16}$$

mit

$$\underline{L}_t = M \underline{Q} \wedge \dot{\underline{Q}} \tag{11.17}$$

und

$$\underline{L}_r = \sum_{n=1}^{N} m_n \underline{x}_n \wedge (\underline{\omega} \wedge \underline{x}_n) = \sum_{n=1}^{N} m_n [|\underline{x}_n|^2 \underline{\omega} - \underline{x}_n (\underline{x}_n \cdot \underline{\omega})] , \tag{11.18}$$

d.h.

$$\boxed{\underline{L}_r = \Theta \underline{\omega} = \frac{\partial T_r}{\partial \underline{\omega}}} . \tag{11.19}$$

Nach (11.9) gilt damit auch

$$\boxed{T_r = \frac{1}{2}\, \underline{L}_r \cdot \underline{\omega}\,.} \tag{11.20}$$

Wir definieren den körperfesten (relativen) Drehimpuls $\underline{L}'_r$ durch

$$\underline{L}_r =: R\, \underline{L}'_r\,. \tag{11.21}$$

Für diesen gilt analog

$$\underline{L}'_r = R^{-1}\, \underline{L}_r = R^{-1}\, \Theta\, \underline{\omega} = (R^{-1}\, \Theta\, R)(R^{-1}\underline{\omega}) = \Theta'\, \underline{\omega}'\,,$$

d.h.

$$\boxed{\underline{L}'_r = \Theta'\underline{\omega}' = \frac{\partial T_r}{\partial \omega'}}\,. \tag{11.22}$$

Im Grenzfall einer kontinuierlichen Massenverteilung mit Massendichte $\rho'(\underline{x}')$ im körperfesten System wird

$$\Theta'_{k\ell} = \int \rho'(\underline{x}')\left\{|\underline{x}'|^2 \delta_{k\ell} - x'_k\, x'_\ell\right\} d^3x'\,. \tag{11.23}$$

Da Θ' eine symmetrische Matrix ist, die sich unter Drehungen gemäss (11.15) transformiert $(\Theta' \longrightarrow R\,\Theta'\,R^{-1})$, lässt sie sich stets durch eine Rotation $R' \in SO(3)$ auf Diagonalform bringen (Hauptachsen-Transf.):

$$\Theta' = R' \begin{pmatrix} \Theta'_1 & & 0 \\ & \Theta'_2 & \\ 0 & & \Theta'_3 \end{pmatrix} R'^T\,. \tag{11.24}$$

(R' ist natürlich zeitunabhängig.) Die Θ'_i sind die <u>Hauptträgheitsmomente</u>. Im allgemeinen sind alle Θ'_i voneinander verschieden. Dann ist der Körper <u>unsymmetrisch</u> und sonst <u>symmetrisch</u>. Für eine Kugel und einen Würfel ist $\Theta'_1 = \Theta'_2 = \Theta'_3$.

11.2 Die Eulerschen Gleichungen für den starren Körper

Als Ausgangspunkt für die Bewegungsgleichungen eines starren Körpers benutzen wir den Impulssatz (1.38),

$$\boxed{M \ddot{\underline{Q}} = \underline{F}^{ex}} \quad : \text{ gesamte äussere Kraft ,} \tag{11.25}$$

sowie den Drehimpulssatz (1.56),

$$\dot{\underline{L}} = \underline{D} \ , \tag{11.26}$$

wobei $\underline{D} = \sum \underline{q}_n \wedge \underline{F}^{ex}_n$ das Drehmoment der äusseren Kräfte ist. Aus (11.17) und (11.25) folgt

$$\dot{\underline{L}}_t = M \ \underline{Q} \wedge \dot{\underline{Q}} = \underline{Q} \wedge \underline{F}^{ex} =: D_t \tag{11.27}$$

und daher aus (11.26) und (11.16)

$$\boxed{\dot{\underline{L}}_r = \underline{D}_r} \ , \quad \underline{D}_r = \sum_{n=1}^{N} \underline{x}_n \wedge \underline{F}^{ex}_n \ . \tag{11.28}$$

Die Gleichungen (11.25) und (11.28) stellen ein System von sechs Differentialgleichungen für die kinematischen Variablen $(\underline{Q}(t), R(t))$ dar. Da $\underline{L}_r = \Theta(t) \ \underline{\omega}(t)$ und $\Omega(t) = \dot{R}(t) \ R^{-1}(t)$, sind diese von 2. Ordnung.

Bemerkung: Damit der Drehimpulssatz in der Form (11.28) gilt, braucht man an die Schwerpunktsbewegung keinerlei Bedingungen zu stellen. Beim schweren Kreisel mit Fixpunkt ist es aber beispielsweise nützlich, den Bezugspunkt des körperfesten Systems zu verschieben. Dies ändert an (11.28) nichts, wenn in $\underline{q}_n = \underline{a} + \underline{x}_n$ (anstelle von (11.1)) $\ddot{\underline{a}} = 0$ ist. Dann folgt nämlich aus

$$\underline{L} = \sum_n m_n \ \underline{q}_n \wedge \dot{\underline{q}}_n \ , \quad \underline{L}_r := \sum m_n \ \underline{x}_n \wedge \dot{\underline{x}}_n$$

die Beziehung

$$\dot{\underline{L}} = \sum m_n \underline{q}_n \wedge \ddot{\underline{q}}_n = \underline{a} \wedge \sum m_n \ddot{\underline{q}}_n + \sum m_n \underline{x}_n \wedge \ddot{\underline{x}}_n$$

$$= \dot{\underline{L}}_r + \underline{a} \wedge \sum m_n \ddot{\underline{q}}_n \; .$$

Da ferner

$$\underline{D} = \sum \underline{x}_n \wedge \underline{F}_n^{ex} + \underline{a} \wedge \sum \underline{F}_n^{ex} = \underline{D}_r + \underline{a} \wedge \sum \underline{F}_n^{ex}$$

folgt mit (11.25) wieder die Gl. (11.28).

Nun schreiben wir (11.28) in das körperfeste System um.

Es sei $\underline{D}_r =: R\, \underline{D}'_r$, dann folgt aus (2.80)

$$\dot{\underline{L}}_r = R(\dot{\underline{L}}'_r + \underline{\omega}' \wedge \underline{L}'_r) = R D'_r \quad ,$$

d.h.

$$\dot{\underline{L}}'_r + \underline{\omega}' \wedge \underline{L}'_r = \underline{D}'_r \quad , \tag{11.29}$$

oder mit (11.22)

$$\boxed{\Theta' \dot{\underline{\omega}}' + \underline{\omega}' \wedge (\Theta' \underline{\omega}') = \underline{D}'_r \; .} \tag{11.30}$$

Dies sind die Eulerschen Gleichungen. In Komponenten lauten sie

$$\boxed{\begin{array}{c}\Theta'_1 \dot{\omega}'_1 + \omega'_2 \omega'_3 (\Theta'_3 - \Theta'_2) = D'_{r1} \; , \\ \text{und zyklisch.}\end{array}} \tag{11.31}$$

Selbst für $\underline{D}_r = 0$ (kräftefreier Kreisel) stellt (11.31) ein nichtlineares (!) Differentialgleichungssystem dar. Die Körpereigenschaften gehen über die Hauptträgheitsmomente ein.

11.3 Der kräftefreie Kreisel

Für diesen ist die Schwerpunktsbewegung trivial: $\ddot{\underline{Q}} = 0$.
Um die Rotation um den Schwerpunkt zu bestimmen, müssen wir die kräftefreien Eulerschen Gleichungen

$$\Theta'_1 \, \dot{\omega}'_1 = \omega'_2 \, \omega'_3 \, (\Theta'_2 - \Theta'_3) \quad \text{und zyklisch} \tag{11.32}$$

lösen. Die Bewegung ergibt sich sodann aus der Lösung von

$$\underline{\Omega}'(t) = R(t)^{-1} \, \dot{R}(t) \; . \tag{11.33}$$

Dieses Problem ist integrabel im Sinne von § 10.1. Wir werden nämlich auf gruppentheoretischem Wege in § 11.5 sehen, dass in der kanonischen Formulierung $H = T$, $|\underline{L}|$ und L_3 drei unabhängige Integrale in Involution sind.

Zunächst betrachten wir den einfachen Fall des <u>kräftefreien symmetrischen</u> Kreisels mit $\Theta'_1 = \Theta'_2 \neq \Theta'_3 \neq 0$. Dann werden die Eulerschen Gleichungen trivial: Zunächst ist

$$\Theta'_3 \, \dot{\omega}'_3 = 0 \quad \Longrightarrow \quad \omega'_3 = \text{const.} \tag{11.34}$$

Mit $\omega'_o := \omega'_3(\Theta'_3 - \Theta'_1)/\Theta'_1 = \text{const}$, lauten die verbleibenden Gleichungen

$$\dot{\omega}'_1 = - \, \omega'_o \, \omega'_2 \quad , \qquad \dot{\omega}'_2 = \omega'_o \, \omega'_1 \tag{11.35}$$

mit der Lösung

$$\omega'_1 = \omega'_\perp \, \cos(\omega'_o t + \tau) \; , \; \omega'_2 = \omega'_\perp \, \sin(\omega'_o t + \tau) \; , \tag{11.36}$$

wobei $\omega'_\perp$ und τ weitere Integrationskonstanten sind. Deshalb gilt

$$|\underline{\omega}'|^2 = (\omega'_\perp)^2 + (\omega'_3)^2 = \text{const}, \tag{11.37}$$

und $\underline{\omega}'$ führt um die <u>Figurenachse</u> (d.h. in $\underline{e}'_3$-Richtung) eine "reguläre Präzession" mit konstanter Winkelgeschwindigkeit ω'_o aus.

Wir schliessen weiter

$$L'_3 = \Theta'_3\,\omega'_3 = \text{const}$$

$$L'_1(t) = \Theta'_1\,\omega'_\perp \cos(\omega'_o t+\tau)\ ,\ L'_2(t) = \Theta'_1\omega'_\perp \sin(\omega'_o t+\tau)\ .$$

Man sieht daraus, dass $\underline{f}' := \underline{e}'_3$, $\underline{\omega}'(t)$ und $\underline{L}'(t)$ stets in einer Ebene liegen. Dasselbe gilt natürlich auch für die entsprechenden Grössen $\underline{f}$, $\underline{\omega}$, $\underline{L}$ im raumfesten System.

Die reguläre Präzession sieht deshalb sehr einfach aus: Im körperfesten System rotieren $\underline{L}'$ und $\underline{\omega}'$ um die feste Figurenachse $\underline{f}'$ und im raumfesten System rotieren $\underline{f}$ und $\underline{\omega}$ um die feste $\underline{L}$ - Achse. Alle Vektoren bewegen sich auf Kreisen mit konstanter Winkelgeschwindigkeit. Die Winkel zwischen $\underline{L}$, $\underline{\omega}$ und $\underline{f}$ sind zeitlich konstant, denn für die Zwischenwinkel gilt

$$\cos\vartheta_1 := \frac{\underline{L}\cdot\underline{\omega}}{|\underline{L}||\underline{\omega}|} = \frac{2T}{|\underline{L}|\,|\underline{\omega}|} > 0$$

$$\underline{\omega}\cdot\underline{f} = \underline{\omega}'\cdot\underline{f}' =: |\underline{\omega}|\cos\vartheta_2 = \omega'_3 \Longrightarrow \cos\vartheta_2 = \frac{\omega'_3}{|\underline{\omega}|}$$

$$\underline{L}\cdot\underline{f} = \underline{L}'\cdot\underline{f}' = L'_3 = \Theta'_3\omega'_3 \Longrightarrow \cos\vartheta := \frac{\underline{L}\cdot\underline{f}}{|\underline{L}|} = \frac{\Theta'_3\omega'_3}{|\underline{L}|}\ . \qquad (11.38)$$

Daraus sieht man auch, dass $\cos\vartheta_2$ und $\cos\vartheta$ das gleiche Vorzeichen haben. Die möglichen Konfigurationen sind in den Fig. 11.1 und 11.2 skizziert. Die Bedeutung der verschiedenen Kegel wird aus der Poinsot-Konstruktion weiter unten klar werden.

Wir drücken noch die Integrationskonstanten ω'_3 und $\omega'_\perp$ durch die Integrale T und $|\underline{L}|^2$ aus. Es ist

$$2\,T = \theta'_1(\omega'_\perp)^2 + \theta'_3(\omega'_3)^2$$

und

$$|\underline{L}|^2 = (\theta'_1)^2(\omega'_\perp)^2 + (\theta'_3)^2(\omega'_3)^2 \,. \tag{11.39}$$

Daraus folgt

$$(\omega'_\perp)^2 = \frac{|\underline{L}|^2 - 2T\,\theta'_3}{\theta'_1(\theta'_1-\theta'_3)} \,, \qquad (\omega'_3)^2 = \frac{2T\theta'_1 - |\underline{L}|^2}{\theta'_3\,(\theta'_1-\theta'_3)} \,. \tag{11.40}$$

Die Integration von (11.33) für die Lösung (11.34) und (11.36) werden wir am Schluss von § 11.4 besprechen

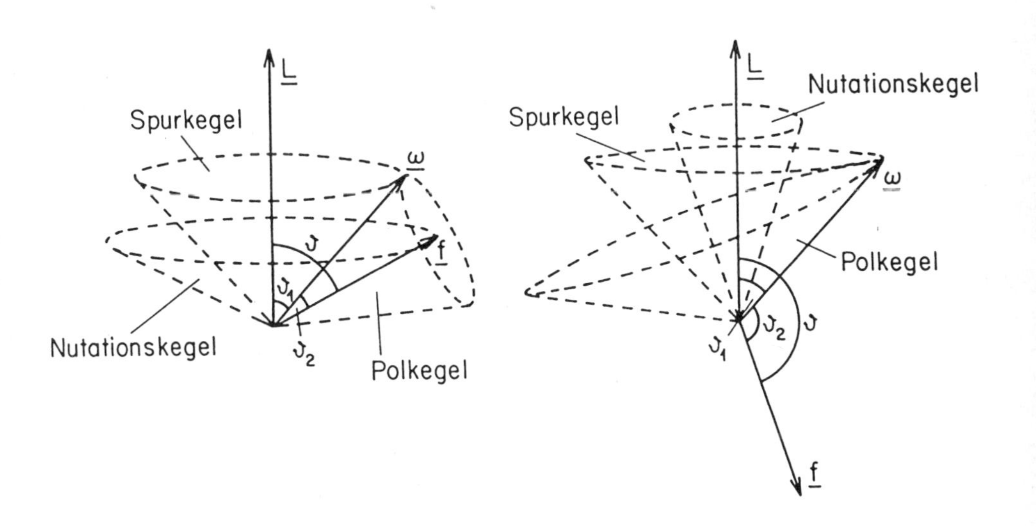

Fig. 11.1 Fig. 11.2

Anwendung (Euler): In der Näherung, dass die Erde als kräftefreier symmetrischer Kreisel angesehen werden kann, rotiert der kinematische Nordpol (in Richtung $\underline{\omega}'$) um die Figurenachse (geometrischer Nordpol) mit der Periode

$$T = \frac{2\pi}{\omega'_0} = \frac{2\pi\,\theta'_1}{(\theta'_3-\theta'_1)\omega'_3} \simeq 300 \text{ Tage} \,, \tag{11.41}$$

da $(\theta'_3-\theta'_1)/\theta'_1 \simeq 1/300$.

Etwas Aehnliches wird auch beobachtet. Die Amplitude der Präzession ist sehr klein; die Drehachse wandert niemals mehr als etwa 4.5 m vom Nordpol weg. Die Bahn ist aber sehr unregelmässig, und die Grundperiode ist $\sim$ 430 Tage. Diese Abweichungen werden verschiedenen Störungen zugeschrieben (atmosphärische Bewegungen, Erde nicht starr).

Geometrische Diskussion nach Poinsot

Die beiden Erhaltungssätze

$$\underline{L} = \frac{\partial T}{\partial \underline{\omega}} = \text{const}$$

$$\underline{\omega} \cdot \underline{L} = 2\,T = \text{const} \tag{11.42}$$

lassen sich in folgender Weise deuten. Die Kurve $t \longmapsto \underline{\omega}(t)$, welche wir uns vom ruhenden Schwerpunkt aus gezeichnet denken, liegt in der raumfesten Ebene, definiert durch die 2. Gleichung von (11.42) (invariable Ebene) und gleichzeitig auf dem Energieellipsoid:

$$\sum \Theta_{ik}(t)\, \omega_i(t)\, \omega_k(t) = 2\,T\,. \tag{11.43}$$

Die invariable Ebene ist raumfest, da T und $\underline{L}$ konstant sind und steht senkrecht auf $\underline{L}$. Das Energieellipsoid verändert zeitlich seine Lage (Θ ist zeitabhängig), aber die Hauptachsen sind zeitlich konstant gleich $(2T/\Theta'_i)^{\frac{1}{2}}$, denn $\sum \Theta'_i(\omega'_i)^2/2T = 1$. Wegen der 1. Gleichung in (11.42) steht $\underline{L}$ senkrecht auf der Tangentialebene im Punkte $\underline{\omega}$ des Energieellipsoides. Also ist die invariable Ebene in $\underline{\omega}$ Tangentialebene des Energieellipsoides (vgl. Fig. 11.3). Da die momentane

Drehachse von $R(t)$ durch $\underline{\omega}(t)$ geht, ist $\underline{\omega}(t)$ momentan in Ruhe. Daher rollt das (körperfeste) Energieellipsoid ab, ohne zu gleiten. Ausserdem ist der Abstand des Mittelpunktes des Energieellipsoids von der invariablen Ebene konstant, denn $\underline{\omega} \cdot \underline{L}/|\underline{L}| = 2\,T/|\underline{L}| = \text{const.}$

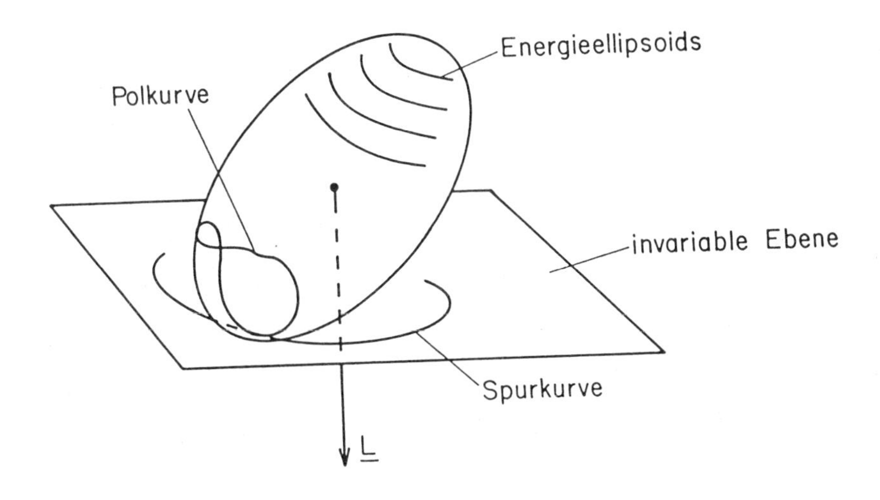

Fig. 11.3

Die Kurve, die durch den Berührungspunkt auf dem Energieellipsoid beschrieben wird, heisst Polkurve oder Polhodie. Die entsprechende Kurve auf der invariablen Ebene nennt man Spurkurve oder Herpolhodie.

Bei gegebenen Anfangsbedingungen ist es ein rein geometrisches Problem, die Spurkurve und die Polkurve zu bestimmen. Damit kennt man die Bahn $t \longmapsto \omega(t)$ ohne zeitlichen Verlauf. Ausserdem gibt die Orientierung des Energieellipsoides auch die Orientierung des Körpers, da die Hauptträgheitsrichtungen übereinstimmen.

Für einen <u>symmetrischen</u> Körper ist das Energieellipsoid ein Rotationsellipsoid. Deshalb ist die Polkurve offensichtlich ein Kreis um die Symmetrieachse. Entsprechend bewegt sich $\underline{\omega}$ auf der Fläche eines Kegels, d.h. $\underline{\omega}$ präzessiert im Laufe der Zeit sowohl um die Symmetrieachse als auch um $\underline{L}$. Ebenso präzessiert die Symmetrieachse um $\underline{L}$. Beim gestreckten symmetrischen Kreisel $(\Theta'_1 = \Theta'_2 > \Theta'_3)$ rollt der Polkegel aussen auf dem Spurkegel ab (vgl. Fig. 11.1). Beim abgeplatteten Kreisel erhält man die Situation in Fig. 11.2 mit einem inneren Abrollen. Man spricht von <u>epizykloidischer</u>, bzw. <u>perizykloidischer</u> Bewegung.

Zur analytischen Lösung

Im unsymmetrischen Fall $(\Theta'_1 > \Theta'_2 > \Theta'_3)$ führt die analytische Lösung auf elliptische Funktionen. Wir begnügen uns hier mit einigen Andeutungen.

Aus den Integralen

$$\sum \Theta'_k (\omega'_k)^2 = 2\,T$$

$$\sum (\Theta'_k \omega'_k)^2 = |\underline{L}|^2 \tag{11.44}$$

können wir $(\omega'_2)^2$ und $(\omega'_3)^2$ als Funktionen von $x := \omega'_1$ darstellen:

$$(\omega'_2)^2 = \beta_1 - \beta_2\, x^2\,, \quad (\omega'_3)^2 = \beta_3 - \beta_4\, x^2. \tag{11.45}$$

Aus der Eulerschen Gleichung für $\dot{\omega}'_1$ erhalten wir dadurch eine gewöhnliche Differentialgleichung 1. Ordnung für $x(t)$:

$$\Theta'_1 \dot{x} = (\Theta'_2 - \Theta'_3) \sqrt{(\beta_1 - \beta_2 x^2)(\beta_3 - \beta_4 x^2)} \,. \tag{11.46}$$

Dadurch ist die Integration auf eine Quadratur zurückgeführt, die wir aber nicht weiter diskutieren. (Für Einzelheiten siehe den Mechanik-Band von Landau u. Lifschitz.)

Geometrisches zu (11.44), Stabilität

Die beiden Gleichungen (11.44) kann man auch als Gleichungen für $\underline{L}'(t)$ schreiben:

$$\sum_k \frac{1}{\Theta'_k} (L'_k)^2 = 2\,T \tag{11.47}$$

$$\sum_k (L'_k)^2 = |\underline{L}|^2 \,. \tag{11.48}$$

Die Integrale T und $|\underline{L}|$ sind eingeschränkt gemäss

$$\Theta'_1\, 2T \geqslant |\underline{L}|^2 \geqslant \Theta'_3\, 2\,T \,. \tag{11.49}$$

Die Gleichung (11.47) beschreibt die Oberfläche eines Ellipsoids mit den Halbachsen

$$\sqrt{2\,T\,\Theta'_1} \geqslant \sqrt{2\,T\,\Theta'_2} \geqslant \sqrt{2\,T\,\Theta'_3} \tag{11.50}$$

und (11.48) beschreibt die Oberfläche einer Kugel mit dem Radius $|\underline{L}|$, welcher nach (11.49) zwischen der grössten und der kleinsten Halbachse variiert. Bei Richtungsänderungen von $\underline{L}'$ bezüglich der Trägheitsachsen des Kreisels bewegt sich sein Ende entlang der Schnittlinie der erwähnten Flächen (vgl. Fig. 11.4, in welcher eine Reihe solcher Schnittlinien eines Ellipsoids mit Kugeln verschiedener Radien dargestellt sind). Aus den Einschränkungen (11.49) folgt, dass die Flächen (11.47) und (11.48) immer einen ein- oder nulldimensionalen Durchschnitt haben.

Wie ändert sich der Charakter der Bahnen, wenn $|\underline{L}|$ variiert ? Falls $|\underline{L}|$ nur wenig grösser als die kleinste Halbachse ist, schneidet die Kugel das Ellipsoid in zwei geschlossene Kurven, welche die 3'-Achse in der Nähe der entsprechenden zwei Pole des Ellipsoids umlaufen. (Für $|\underline{L}|^2 \longrightarrow 2T\,\Theta'_3$ schrumpfen diese Kurven auf die Pole zusammen.) Bei Vergrösserung von $|\underline{L}|$ weiten sich die Kurven aus und gehen für $|\underline{L}| = (2T\,\Theta'_2)^{\frac{1}{2}}$ in zwei ebene Kurven (Ellipsen) über, die sich in den Polen des Ellipsoids auf der 2'-Achse schneiden. Bei weiterem Anwachsen von $|\underline{L}|$ entstehen wieder zwei getrennte geschlossene Kurven, die nun aber die Pole der 1'-Achse umgeben; für $|\underline{L}|^2 \longrightarrow 2T\,\Theta'_1$ schrumpfen sie auf diese Punkte zusammen.

Die Geschlossenheit der Kurven bedeutet eine Periodizität des Vektors $\underline{L}'(t)$ bezüglich des Kreiselkörpers; während einer Periode beschreibt der Vektor eine Kegeloberfläche und kehrt in die Ausgangslage zurück.

Besonders erwähnenswert ist der qualitativ unterschiedliche Charakter der Bahnen in der Nähe der verschiedenen Pole des Ellipsoids. Bahnen in der Nähe der 1'- und der 3'-Achse verbleiben in der Nähe der Pole; dagegeben entfernen sich die Bahnen, die dicht an den Polen der 2'-Achse vorbeigehen in ihrem weiteren Verlauf weit von den Polen. Deshalb sind die Rotationen um die 1'- und die 3'-Achsen <u>stabil</u>, hingegen um die 2'-Achse (mit dem mittleren Trägheitsmoment) <u>instabil</u>. Im letzteren Fall genügt eine kleine Auslenkung, um eine Bewegung hervorzurufen, die den Kreisel weit von seinem ursprünglichen Zustand entfernt. (Bestätige dies durch ein Experiment.) Dieses Ergebnis erhält man auch durch eine lineare Stabilitätsanalyse (Uebung).

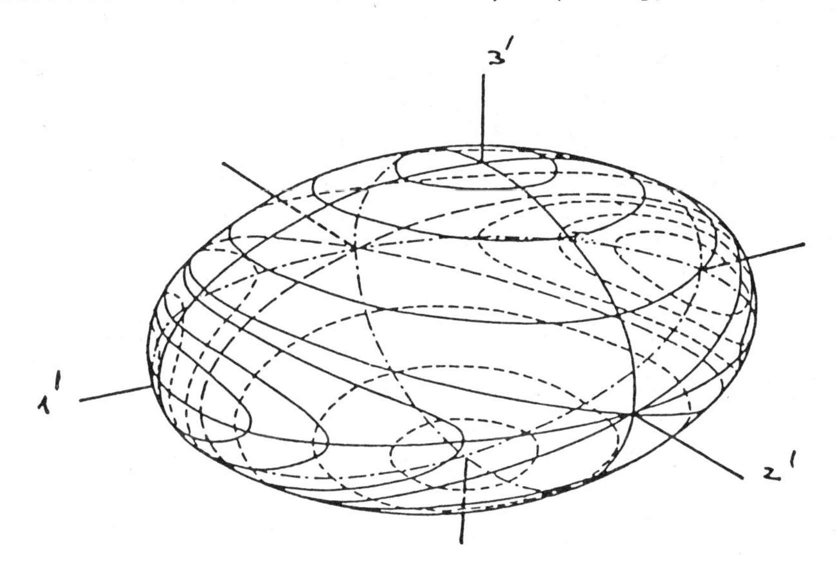

<u>Fig. 11.4</u>

11.4 Die Eulerschen Winkel

Das Ziel dieses Abschnittes ist die Verwandlung der Gleichung $\Omega' = R^{-1}\dot{R}$ in ein geeignetes Differentialgleichungssystem. Dazu führen wir nach Euler passende Koordinaten für die Gruppe SO(3,R) ein.

Das raumfeste Bezugssystem $(\underline{e}_1, \underline{e}_2, \underline{e}_3)$ lässt sich durch die drei folgenden sukzessiven Drehungen in das körperfeste Bezugssystem $(\underline{e}'_1, \underline{e}'_2, \underline{e}'_3)$ überführen (vgl. Fig. 11.5):

1. Drehung im Gegenuhrzeigersinn um $\underline{e}_3$ mit dem Winkel φ. Es entsteht das Bezugssystem $(\underline{f}, \cdot, \underline{e}_3)$.
2. Drehung um $\underline{f}$ (Knotenlinie) im Gegenuhrzeigersinn mit dem Winkel ϑ. Es entsteht das Koordinatensystem $(\underline{f}, \cdot, \underline{e}'_3)$.
3. Drehung im Gegenuhrzeigersinn um $\underline{e}'_3$ mit dem Winkel ψ. Es entsteht das körperfeste Bezugssystem $(\underline{e}'_1, \underline{e}'_2, \underline{e}'_3)$.

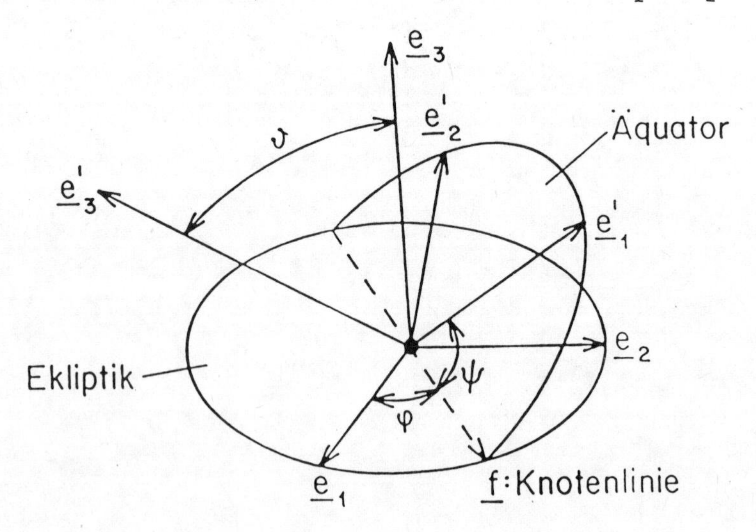

Fig. 11.5. Definition der Eulerschen Winkel $(\varphi, \vartheta, \psi)$.

Zur Herleitung von expliziten Formeln für die gesamte Drehung als Funktion von φ, ϑ, ψ (<u>Eulersche Winkel</u>) notieren wir zunächst folgendes (um Vorzeichenfehler zu vermeiden).

Betrachten wir eine Drehung des Koordinatensystems in der Ebene im Gegenuhrzeigersinn, welche die orthonormierte Basis $(\underline{e}_1, \underline{e}_2)$ in $(\underline{e}'_1, \underline{e}'_2)$ überführt, so gilt für die Koordinaten (x_1, x_2), (x'_1, x'_2) , wenn φ der Drehwinkel ist,

$$x'_1 = x_1 \cos \varphi + x_2 \sin \varphi$$

$$x'_2 = -x_1 \sin \varphi + x_2 \cos \varphi .$$

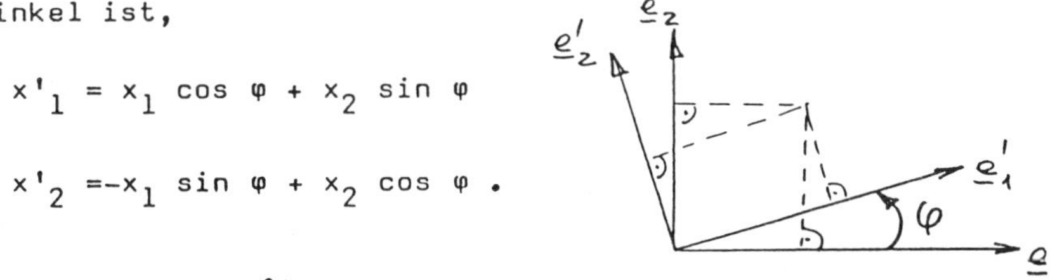

Nun seien S_φ und $\tilde{S}_\vartheta$ die folgenden 1-parametrigen Untergruppen von $SO(3)$

$$S_\varphi = \begin{pmatrix} \cos \varphi & -\sin \varphi & 0 \\ \sin \varphi & \cos \varphi & 0 \\ 0 & 0 & 1 \end{pmatrix} , \quad \tilde{S}_\vartheta = \begin{pmatrix} 1 & 0 & 0 \\ 0 & \cos \vartheta & -\sin \vartheta \\ 0 & \sin \vartheta & \cos \vartheta \end{pmatrix} . \tag{11.51}$$

Sind $\underline{x}$ wie üblich die Koordinaten eines Punktes bezüglich des raumfesten Systems und $\underline{x}'$ die Koordinaten bezüglich des körperfesten Systems, so gilt nach Definition der Eulerschen Winkel

$$\underline{x}' = S_\psi \tilde{S}_{-\vartheta} S_{-\varphi} \underline{x} , \tag{11.52}$$

oder

$$\boxed{\underline{x} = R(\varphi, \vartheta, \psi) \underline{x}' \quad , \quad R(\varphi, \vartheta, \psi) = S_\varphi \tilde{S}_\vartheta S_\psi .} \tag{11.53}$$

Nach (2.67) gilt

$$S_\varphi = e^{\varphi I_3} \quad , \quad \tilde{S}_\vartheta = e^{\vartheta I_1} \quad . \tag{11.54}$$

Wir hatten

$$\dot{\underline{x}} = \dot{R}\,\underline{x}' = \dot{R}\,R^{-1}\underline{x} = \Omega\,\underline{x} = \underline{\omega}\wedge\underline{x} \;,$$

mit

$$\Omega = \dot{R}\,R^{-1} = \begin{pmatrix} 0 & -\omega_3 & \omega_2 \\ \omega_3 & 0 & -\omega_1 \\ -\omega_2 & \omega_1 & 0 \end{pmatrix} \;. \tag{11.55}$$

Ferner war

$$\Omega = R\,\Omega'\,R^{-1} \;,\; \Omega' = \begin{pmatrix} 0 & -\omega'_3 & \omega'_2 \\ \omega'_3 & 0 & -\omega'_1 \\ -\omega'_2 & \omega'_1 & 0 \end{pmatrix} \;, \tag{11.56}$$

mit

$$\underline{\omega} = R\,\underline{\omega}' \;, \tag{11.57}$$

denn $\underline{\omega}\wedge\underline{x} = \Omega\underline{x} = R\,\Omega'\,R^{-1}\underline{x} = R\,\Omega'\,\underline{x}' = R(\underline{\omega}'\wedge\underline{x}') = (R\underline{\omega}')\wedge\underline{x}$.

Nun gilt

$$\Omega' = R^{-1}\dot{R} = S_{-\psi}\,\tilde{S}_{-\vartheta}S_{-\varphi}(\dot{S}_\varphi\,\tilde{S}_\vartheta\,S_\psi + S_\varphi\,\dot{\tilde{S}}_\vartheta\,S_\psi + S_\varphi\,\tilde{S}_\vartheta\,\dot{S}_\psi)$$

$$= S_{-\psi}\,\dot{S}_\psi + S_{-\psi}\,\tilde{S}_{-\vartheta}\dot{\tilde{S}}_\vartheta\,S_\psi + S_{-\psi}\,\tilde{S}_{-\vartheta}S_{-\varphi}\,\dot{S}_\varphi\,\tilde{S}_\vartheta\,S_\psi . \tag{11.58}$$

Aber (vgl. (11.54))

$$S_{-\psi}\,\dot{S}_\psi = \dot{\psi}\,I_3 \;,\; \tilde{S}_{-\vartheta}\dot{\tilde{S}}_\vartheta = \dot{\vartheta}\,I_1 \;. \tag{11.59}$$

Durch Einsetzen von (11.59) und (11.51) in (11.58) findet man ohne grosse Mühe

$$\underline{\omega}' = \begin{pmatrix} \dot{\vartheta}\cos\psi + \dot{\varphi}\sin\vartheta\,\sin\psi \\ -\dot{\vartheta}\sin\psi + \dot{\varphi}\sin\vartheta\cos\psi \\ \dot{\psi} + \dot{\varphi}\cos\vartheta \end{pmatrix} . \tag{11.60}$$

Durch direkte Rechnung findet man ferner, dass sich $\underline{\omega} = R\underline{\omega}'$ wie folgt darstellen lässt:

$$\underline{\omega} = \underline{\omega}_\varphi + \underline{\omega}_\vartheta + \underline{\omega}_\psi \tag{11.61}$$

mit

$$\underline{\omega}_\varphi = \dot{\varphi} \begin{pmatrix} 0 \\ 0 \\ 1 \end{pmatrix}, \quad \underline{\omega}_\vartheta = \dot{\vartheta} \begin{pmatrix} \cos\varphi \\ \sin\varphi \\ 0 \end{pmatrix}, \quad \underline{\omega}_\psi = \dot{\psi} \begin{pmatrix} \sin\vartheta \sin\varphi \\ -\sin\vartheta \cos\varphi \\ \cos\vartheta \end{pmatrix}. \qquad (11.62)$$

Dieses Resultat kann man anschaulich aus der Fig. 11.5 verstehen:

$\underline{\omega}_\varphi$: Winkelgeschwindigkeit zu 1-param. Rotation um $\underline{e}_3$-Achse,

$\underline{\omega}_\vartheta$: " " " $\underline{f}$-Achse,

$\underline{\omega}_\psi$: " " " $\underline{e}'_3$-Achse.

Das Gleichungssystem (11.60) lässt sich leicht auflösen:

$$\begin{aligned} \dot{\varphi} &= \frac{1}{\sin\vartheta} [\omega'_1 \sin\psi + \omega'_2 \cos\psi] \\ \dot{\vartheta} &= \omega'_1 \cos\psi - \omega'_2 \sin\psi \\ \dot{\psi} &= \omega'_3 - \mathrm{ctg}\,\vartheta [\omega'_1 \sin\psi + \omega'_2 \cos\psi] . \end{aligned} \qquad (11.63)$$

Falls $\underline{\omega}'(t)$ als Lösung der Eulerschen Gleichungen bekannt ist, so stellt (11.63) ein kompliziertes gekoppeltes nichtlineares (!) Differentialgleichungssystem dar. Im Falle des kräftefreien Kreisels sollte dieses durch Quadraturen lösbar sein. Dies ist aufgrund des Drehimpulssatzes tatsächlich möglich. Da $\underline{L}$ zeitunabhängig ist, können wir $\underline{e}_3 = \underline{L}/|\underline{L}|$ wählen. Nun ist $\underline{L}' = R^{-1}\,\underline{L} = S_{\underline{\psi}}\, \tilde{S}_{\underline{\vartheta}}\, S_{\underline{\varphi}}\, \underline{L} = S_{-\psi} \tilde{S}_{-\vartheta}\, \underline{L}$,

$$\tilde{S}_{-\vartheta} \begin{pmatrix} 0 \\ 0 \\ L \end{pmatrix} = L \begin{pmatrix} 0 \\ \sin\vartheta \\ \cos\vartheta \end{pmatrix},$$

$$S_{-\psi} \tilde{S}_{-\vartheta} \underline{L} = L\,(\sin\vartheta \sin\psi\,,\ \sin\vartheta \cos\psi\,,\ \cos\vartheta)\,,$$

d.h.

$$\begin{aligned} L'_1 &= \Theta'_1\, \omega'_1 = L \sin\vartheta \sin\psi \\ L'_2 &= \Theta'_2\, \omega'_2 = L \sin\vartheta \cos\psi \\ L'_3 &= \Theta'_3\, \omega'_3 = L \cos\vartheta\ . \end{aligned} \qquad (11.64)$$

Damit sind $\cos\vartheta$ und $\mathrm{tg}\,\psi$ bekannte Funktionen:

$$\cos\vartheta = \frac{\Theta'_3}{L}\,\omega'_3 \;, \quad \mathrm{tg}\,\psi = \frac{\Theta'_1\omega'_1}{\Theta'_2\omega'_2} \;. \tag{11.65}$$

Aus (11.64) und (11.63) findet man nach einer einfachen Rechnung

$$\dot{\varphi} = L \cdot \frac{\Theta'_1(\omega'_1)^2+\Theta'_2(\omega'_2)^2}{(\Theta'_1\omega'_1)^2+(\Theta'_2\omega'_2)^2} \;. \tag{11.66}$$

Die rechte Seite ist eine bekannte Kombination von elliptischen Funktionen. Damit ist auch $\varphi(t)$ durch eine Quadratur bestimmt. Für weitere Einzelheiten verweise ich auf den Mechanik-Band von Landau + Lifschitz.

11.5 Kanonische Formulierung und gruppentheoretische Interpretation

Wir betrachten wieder den kräftefreien Kreisel. Als verallgemeinerte Koordinaten wählen wir die Eulerschen Winkel $(\varphi, \vartheta, \psi)$. Die Lagrangefunktion in diesen Koordinaten lautet nach (11.60)

$$\begin{aligned} L = T = {} & \tfrac{1}{2}\,\Theta'_1(\dot{\vartheta}\cos\psi + \dot{\varphi}\sin\vartheta\sin\psi)^2 + \\ & \tfrac{1}{2}\,\Theta'_2(-\dot{\vartheta}\sin\psi + \dot{\varphi}\sin\vartheta\cos\psi)^2 + \\ & \tfrac{1}{2}\,\Theta'_3(\dot{\psi} + \dot{\varphi}\cos\vartheta)^2 \;. \end{aligned} \tag{11.67}$$

Bevor wir zur Hamiltonschen Formulierung übergehen, zeigen wir noch, dass aus (11.67) natürlich auch die Eulerschen Gleichungen folgen. Es ist

$$\frac{\partial L}{\partial \phi} = \frac{\partial L}{\partial \omega'_3} \frac{\partial \omega'_3}{\partial \dot\phi} = \Theta'_3\ \omega'_3 \Longrightarrow \frac{d}{dt}\frac{\partial L}{\partial \dot\phi} = \Theta'_3\ \dot\omega'_3$$

$$\frac{\partial L}{\partial \psi} = \frac{\partial L}{\partial \omega'_1} \frac{\partial \omega'_1}{\partial \psi} + \frac{\partial L}{\partial \omega'_2} \frac{\partial \omega'_2}{\partial \psi} = (\Theta'_1 - \Theta'_2)\omega'_1\omega'_2 . \qquad (11.68)$$

Die beiden anderen Eulerschen Gleichungen erhält man ähnlich.

Die kanonisch konjugierten Impulse sind

$$p_\varphi = \frac{\partial L}{\partial \dot\varphi} = \sum \frac{\partial L}{\partial \omega'_i} \frac{\partial \omega'_i}{\partial \dot\varphi} = L'_1 \sin\vartheta \sin\psi + L'_2 \sin\vartheta \cos\psi + L'_3 \cos\vartheta$$

$$p_\vartheta = \frac{\partial L}{\partial \dot\vartheta} = L'_1 \cos\psi - L'_2 \sin\psi$$

$$p_\psi = \frac{\partial L}{\partial \dot\psi} = L'_3 . \qquad (11.67)$$

Diese Gleichungen lösen wir nach $\underline{L}'$ auf:

$$L'_1 = \frac{p_\varphi - p_\psi \cos\vartheta}{\sin\vartheta} \sin\psi + p_\vartheta \cos\psi$$

$$L'_2 = \frac{p_\varphi - p_\psi \cos\vartheta}{\sin\vartheta} \cos\psi - p_\vartheta \sin\psi$$

$$L'_3 = p_\psi . \qquad (11.68)$$

Daraus erhält man für $\underline{L} = R(\varphi,\vartheta,\psi)\ \underline{L}'$:

$$L_1 = -\, p_\varphi \sin\varphi \operatorname{ctg}\vartheta + p_\vartheta \cos\varphi + p_\psi \frac{\sin\varphi}{\sin\vartheta}$$

$$L_2 = p_\varphi \cos\varphi \operatorname{ctg}\vartheta + p_\vartheta \sin\varphi - p_\psi \frac{\cos\varphi}{\sin\vartheta}$$

$$L_3 = p_\varphi . \qquad (11.69)$$

Man sieht sofort, dass

$$p_\vartheta = L_1 \cos\varphi + L_2 \sin\varphi = \underline{f}\cdot\underline{L} \quad (\underline{f}\text{: Knotenlinie}) . \qquad (11.70)$$

Also haben die kanonischen Impulse die folgende Deutung

$$p_\varphi = L_3 , \quad p_\psi = L'_3 , \quad p_\vartheta = \underline{f}\cdot\underline{L} . \qquad (11.71)$$

Die Hamiltonfunktion ist

$$H = \sum_i \frac{1}{2\,\theta'_i} (L'_i)^2 , \tag{11.72}$$

mit den Ausdrücken (11.68) für L'_i .

An dieser Stelle notieren wir auch

$$|\underline{L}|^2 = |\underline{L}'|^2 = \frac{1}{\sin^2\vartheta} (p^2_\varphi + p^2_\psi) - \frac{2p_\varphi p_\psi}{\sin^2\psi} \cos\vartheta + p^2_\vartheta \ . \tag{11.73}$$

Aus den Formeln (11.68) und (11.69) könnte man durch mühsame Rechnung die Poissonklammern der raumfesten und der körperfesten Drehimpulskomponenten ausrechnen. Diese ergeben sich aber aus einer gruppentheoretischen Betrachtung, wie wir gleich sehen werden.

Als Resultat erhält man

$$\begin{aligned} \{L_i , L_j\} &= \varepsilon_{ijk} L_k , \\ \{L'_i, L'_j\} &= -\varepsilon_{ijk} L'_k \\ \{L_i, L'_j\} &= 0 . \end{aligned} \tag{11.74}$$

Wir zeigen zunächst, dass daraus und aus (11.72) wieder die Eulerschen Gleichungen folgen. Es ist

$$\dot{L}'_k = \{L'_k, H\} = \sum_i \underbrace{\frac{1}{\theta'_i} L'_i}_{\omega'_i} \underbrace{\{L'_k, L'_i\}}_{-\varepsilon_{ki\ell} L'_\ell}$$

$$= -(\underline{\omega}' \wedge \underline{L}')_k ,$$

was wegen $\underline{L}' = \theta' \underline{\omega}'$ mit den kräftefreien Eulerschen Gleichungen übereinstimmt.

Die dritte Gleichung von (11.74) impliziert

$$\{H, L_i\} = 0 \tag{11.75}$$

und aus der 1. Gleichung folgt

$$\{|\underline{L}|^2, L_k\} = 0 . \tag{11.76}$$

Deshalb sind H, L_3 und $|\underline{L}|^2$ in Involution, weshalb das System im Sinne von §10.1 integrabel ist.

Gruppentheoretische Betrachtungen

Der Konfigurationsraum des Kreisels ist die Gruppe SO(3). (Dieser sieht nur lokal wie der $\mathbb{R}^3$ aus, global hat er eine andere Struktur.)

Bezüglich der Linksmultiplikation $R \mapsto \lambda_R: \lambda_R(S) = RS$ $(R, S \in SO(3))$ ist SO(3) eine Liesche Transformationsgruppe (vgl. Anhang II). Da zwischen raumfesten und körperfesten Koordinaten die Beziehung $\underline{x}(t) = R(t)\,\underline{x}'$ besteht, induziert eine Drehung des raumfesten Koordinatensystems eine Linksmultiplikation der "Konfiguration" $R(t)$. Entsprechend induziert eine Drehung des körperfesten Systems eine Rechtsmultiplikation der Konfiguration. Für die weitere Diskussion verwenden wir den Inhalt von Anhang II über Liesche Gruppen.

Zu einem Element X der Liealgebra so(3) von SO(3) gehört die 1-parametrige Untergruppe $A(s) = \exp(sX)$ und dazu das rechtsinvariante Vektorfeld X^R auf SO(3) mit dem Fluss $\lambda_{A(s)}$. Ebenso gehört zu X das linksinvariante Vektorfeld X^L zum Fluss $\rho_{A(s)}$, wenn ρ_R die Rechtsmultiplikation mit R bezeichnet. Für die Basis $\{I_i\}$ von SO(3) (vgl. (2.68)) gelten die Vertauschungsrelationen (8.28), d.h.

$$[I_i, I_j] = \varepsilon_{ijk} I_k . \tag{11.77}$$

Für die zugehörigen Vektorfelder I^R_i und I^L_i folgen dann die entsprechenden Relationen für die Lieschen Klammern

$$[I^R_i, I^R_j] = -\ \varepsilon_{ijk}\ I^R_K \qquad \text{(Antihomomorphismus)}$$

$$[I^L_i\ ,\ I^L_j] = \ \varepsilon_{ijk}\ I^L_K \qquad \text{(Homomorphismus)}$$

$$[I^L_i,\ I^R_j] = \ 0\ . \tag{11.78}$$

Wir bestimmen zunächst I^L_i in den Eulerschen Winkeln (Diese Vektorfelder geben für den quantenmechanischen Kreisel die körperfesten Drehimpulsoperatoren.) Für die Drehung

$$R(\varphi, \vartheta, \psi) = S_\varphi\ \tilde{S}_\vartheta\ S_\psi \tag{11.79}$$

und die 1-parametrige Schar $R(\underline{e},t)$ zu $X = \underline{I}\cdot\underline{e}$ (vgl. 2.67) sei

$$R(\varphi, \vartheta, \psi)\ R(\underline{e},t) =:\ S_{\varphi(t)}\ \tilde{S}_{\vartheta(t)}\ S_{\psi(t)}\ . \tag{11.80}$$

Wir interessieren uns für $(\dot\varphi, \dot\vartheta, \dot\psi)$ an der Stelle $t = 0$. Dieses Trippel ist das Vektorfeld X^L an der Stelle $(\varphi, \vartheta, \psi)$. Nun ist einerseits

$$\Omega := \frac{d}{dt} R(\underline{e},t)\Big|_{t=o} = \begin{pmatrix} 0 & -e_3 & e_2 \\ e_3 & 0 & -e_1 \\ -e_2 & e_1 & 0 \end{pmatrix} \tag{11.81}$$

und anderseits nach (11.80)

$$\Omega = \frac{d}{dt}\Big|_{t=o}\ S_{-\psi}\ \tilde{S}_{-\vartheta}\ S_{-\psi}\ S_{\varphi(t)}\ \tilde{S}_{\vartheta(t)}\ S_{\psi(t)}\ .$$

Nach (11.60) gilt also

$$\begin{pmatrix} e_1 \\ e_2 \\ e_3 \end{pmatrix} = \begin{pmatrix} \dot\vartheta \cos\psi + \dot\varphi \sin\vartheta \sin\psi \\ -\ \dot\vartheta \sin\psi + \dot\varphi \sin\vartheta \cos\psi \\ \dot\psi + \varphi \cos\vartheta \end{pmatrix}. \tag{11.82}$$

Wie in (11.63) lautet die Auflösung dieser Gleichungen

$$\dot{\varphi} = \frac{1}{\sin\vartheta}\,[e_1 \sin\psi + e_2 \cos\psi]$$

$$\dot{\vartheta} = e_1 \cos\psi - e_2 \sin\psi$$

$$\dot{\psi} = e_3 - \operatorname{ctg}\vartheta\,[e_1 \sin\psi + e_2 \cos\psi] \,. \tag{11.83}$$

Deshalb ist an der Stelle $(\varphi, \vartheta, \psi)$:

$$I^L{}_1 = (\frac{\sin\psi}{\sin\vartheta}, \cos\psi, -\operatorname{ctg}\vartheta \sin\psi)$$

$$I^L{}_2 = (\frac{\cos\psi}{\sin\vartheta}, -\sin\psi, -\operatorname{ctg}\vartheta \cos\psi)$$

$$I^L{}_3 = (0,0,1) \,. \tag{11.84}$$

Entsprechend könnten wir $I^R{}_k$ bestimmen. Es gilt aber

$$\underline{I}^R(\varphi,\vartheta,\psi) = R(\varphi,\vartheta,\psi)\,\underline{I}^L(\varphi,\vartheta,\psi) \,. \tag{11.85}$$

Dies sieht man so: Zunächst gilt

$$R(\varphi,\vartheta,\psi)\,R(\underline{e},t) = (R(\varphi,\vartheta,\psi)\,R(\underline{e},t)\,R^{-1}(\varphi,\vartheta,\psi))\,R(\varphi,\vartheta,\psi)$$
$$= R(\underline{e}',t)\,R(\varphi,\vartheta,\psi) \,,$$

wo

$$\underline{e}' = R(\varphi,\vartheta,\psi)\,\underline{e} \,.$$

Deshalb ist die Integralkurve von $(\underline{I}\cdot\underline{e}')^R$ durch (φ,ϑ,ψ) gleich der Integralkurve von $(\underline{I}\cdot\underline{e})^L$ durch (φ,ϑ,ψ), d.h.

$$(\underline{I}\cdot\underline{e}')^R(\varphi,\vartheta,\psi) = (\underline{I}\cdot\underline{e})^L(\varphi,\vartheta,\psi) \,.$$

Daraus folgt (11.85).

Durch eine einfache Rechnung findet man aus (11.85) und (11.84)

$$I^R{}_1 = (-\sin\varphi \operatorname{ctg}\vartheta, \cos\varphi, \frac{\sin\varphi}{\sin\vartheta})$$

$$I^R{}_2 = (\cos\varphi \operatorname{ctg}\vartheta, \sin\varphi, -\frac{\cos\varphi}{\sin\vartheta})$$

$$I^R{}_3 = (1,0,0) \,. \tag{11.86}$$

Nun knüpfen wir an die allgemeinen Betrachtungen und Ergebnisse von Kap. 8 (speziell p. 234 ff) an. SO(3) operiert kanonisch auf zwei natürliche Arten im Phasenraum des Kreisels, nämlich durch

$$R \longmapsto T^*(\lambda_R) \quad \text{und} \quad R \longmapsto T^*(\rho_R) . \tag{11.87}$$

Jedem Element ξ der Liealgebra $so(3,\mathbb{R})$ werden dadurch die beiden Hamiltonschen Vektorfelder $T^*(\xi^R)$ und $T^*(\xi^L)$ zugeordnet. Die zugehörigen Hamiltonfunktionen seien $J^R(\xi)$ und $J^L(\xi)$. Nach (8.51) gilt, da die beiden Operationen in (11.87) vertauschen *),

$$\begin{aligned} \{J^R(\xi), J^R(\eta)\} &= J^R([\xi,\eta]) \\ \{J^L(\xi), J^L(\eta)\} &= -J^L([\xi,\eta]) \\ \{J^L(\xi), J^R(\eta)\} &= 0 . \end{aligned} \tag{11.88}$$

Die Funktionen $J^R(I_i)$, $J^L(I_i)$ interpretieren wir natürlicherweise als die raumfesten, bzw. körperfesten Drehimpulse L_i und L'_i. Diese lassen sich aus (8.47), (11.84) und (11.86) berechnen. Z.B. ist

$$\begin{aligned} L'_1 &= p_\varphi \frac{\sin\psi}{\sin\vartheta} + p_\vartheta \cos\psi + p_\psi(-\mathrm{ctg}\,\vartheta\cos\psi) \\ &= \frac{p_\varphi - p_\psi\cos\vartheta}{\sin\vartheta}\sin\psi + p_\vartheta\cos\psi , \end{aligned}$$

was mit der ersten Gleichung in (11.68) tatsächlich übereinstimmt. Ebenso erhält man die anderen Komponenten in (11.68) und (11.69). Damit folgen aus (11.88) auch die Poissonklammern (11.74). (Das Minuszeichen in der 2. Gleichung beruht auf der

---

*) Diese definieren eine Operation von SO(3) x SO(3) auf dem Phasenraum.

"Antihomomorphie" von $\wp_R : \wp_{R_1 R_2} = \wp_{R_2}\wp_{R_1}$.)

Zusammenfassung: Drehungen des raumfesten, bzw. körperfesten Bezugssystems induzieren kanonische Transformationen im Phasenraum, welche durch die raumfesten, bzw. körperfesten Drehimpulskomponenten $\underline{L}$ und $\underline{L}'$ erzeugt werden. Aus allgemeinen (gruppentheoretischen) Gründen erfüllen sie deshalb die Poissonklammern (11.74).

Bemerkungen:

1. Die Diskussion wird noch durchsichtiger, wenn man auch den Phasenraum geometrisch interpretiert (als Kotangentialbündel von SO(3).)
2. Eine ganz analoge Diskussion lässt sich auch in der Quantenmechanik durchführen (siehe QM-Skript).

11.6 Der schwere Kreisel mit Fixpunkt

Wir betrachten einen starren Körper im homogenen Schwerefeld mit Fixpunkt O . O wird als gemeinsamer Nullpunkt des raumfesten (K) und des körperfesten (K') Bezugssystems gewählt. Der körperfeste Trägheitstensor $\hat{\Theta}'$ bezüglich O ergibt sich aus Θ' bezüglich des Schwerpunkts S nach Satz 11.1.

Wir wählen die 3'-Achse in Richtung $\overrightarrow{OS}$ und die raumfeste $\underline{e}_3$-Achse in Richtung der negativen Erdbeschleunigung $-\underline{g}$ (vgl. Fig. 11.6). Es sei $\ell := |\overrightarrow{OS}|$.
Dann gilt nach Satz 11.1

$$\hat{\Theta}'_{k\ell} = M\left\{|\underline{a}|^2 \delta_{k\ell} - a_k a_\ell\right\} + \Theta'_{k\ell} , \tag{11.89}$$

mit $\underline{a} = (0,0,\ell)$.

Die Lagrangefunktion lautet

$$L = T - V = \frac{1}{2} \sum_{i,j} \hat{\Theta}'_{ij} \omega'_i \omega'_j - Mg\ell \cos\vartheta , \tag{11.90}$$

mit den Ausdrücken (11.60) für die ω'_i. Da L autonom ist, gilt der Energiesatz

$$T + V = E = \text{const.} \tag{11.91}$$

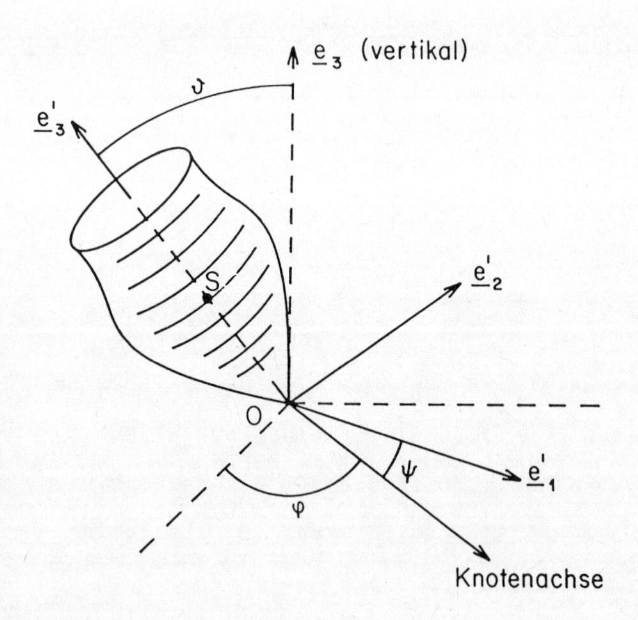

Fig. 11.6

In der Hamiltonschen Formulierung sind im allgemeinen nur H und L_3 in Involution (Invarianz bezüglich Drehungen um die $\underline{e}_3$-Achse) und deshalb ist das Problem im allgemeinen nicht integrabel.

Falls aber der Kreisel symmetrisch ist mit $\overrightarrow{OS}$ als Figurenachse, so ist das System auch invariant unter Drehungen um die $\underline{e}'_3$-Achse. Nach der gruppentheoretischen Deutung der L'_i gilt deshalb $\{H, L'_3\} = 0$. Dies sieht man auch formal, denn es ist

$$H = \sum \frac{1}{2\hat{\Theta}'_i} (L'_i)^2 + Mg\ell \cos\vartheta$$

$$= \frac{1}{2\hat{\Theta}'_1} |\underline{L}'|^2 + \left(\frac{1}{2\hat{\Theta}'_3} - \frac{1}{2\hat{\Theta}'_1}\right)(L'_3)^2 + Mg\ell \cos\vartheta \qquad (11.92)$$

und

$$L'_3 = p_\psi \quad , \quad L_3 = p_\varphi \quad . \qquad (11.93)$$

Daraus entnimmt man, dass H, L_3 und L'_3 in Involution sind und damit ist das Problem integrabel.

Nach (11.89) ist

$$A := \hat{\Theta}'_1 = \hat{\Theta}'_2 = \Theta'_1 + M\ell^2 \quad , \qquad \hat{\Theta}'_3 = \Theta'_3 =: C \ . \qquad (11.94)$$

und folglich nach (11.60)

$$T = \frac{A}{2} [(\omega'_1)^2 + (\omega'_2)^2] + \frac{C}{2} (\omega'_3)^2$$

$$= \frac{A}{2} (\dot{\vartheta}^2 + \sin^2\vartheta \, \dot{\varphi}^2) + \frac{C}{2} (\dot{\psi} + \cos\vartheta \, \dot{\varphi})^2 \ . \qquad (11.95)$$

Daraus sieht man, dass φ und ψ zyklisch sind und folglich sind $p_\varphi = \partial L/\partial\dot{\varphi}$ und $p_\psi = \partial L/\partial\dot{\psi}$ konstant, wie wir auch schon auf andere Weise eingesehen haben (vgl. 11.93)).

Nun ist

$$p_\varphi = A \sin^2\vartheta\, \dot\varphi + C \cos\vartheta\, (\dot\psi + \cos\vartheta\, \dot\varphi) =: Ab$$

$$p_\psi = C(\dot\psi + \cos\vartheta\, \dot\varphi) =: Aa \text{ (proportional zu } \omega'_3\text{)}. \tag{11.96}$$

Daraus folgt

$$\dot\varphi = \frac{b - a\cos\vartheta}{\sin^2\vartheta}, \quad \dot\psi = \frac{A}{C}\, a - \cos\vartheta\, \frac{b - a\cos\vartheta}{\sin^2\vartheta}. \tag{11.97}$$

Damit kann der Energiesatz (11.91) in eine Differentialgleichung 1. Ordnung für ϑ übergeführt werden:

$$E - \frac{C}{2}(\omega'_3)^2 =: E' = \frac{1}{2} A \dot\vartheta^2 + U(\vartheta) = \text{const}, \tag{11.98}$$

wo

$$U(\vartheta) = \frac{1}{2} A \frac{(b - a\cos\vartheta)^2}{\sin^2\vartheta} + Mg\ell \cos\vartheta. \tag{11.98}$$

Dies hat die Form eines schon mehrfach studierten Problems. Wir beschränken uns wieder auf eine qualitative Diskussion.

Es sei

$$u = \cos\vartheta \implies \dot u = -\sin\vartheta\, \dot\vartheta,$$

$$\alpha := \frac{2E'}{A}, \quad \beta = 2\, Mg\ell / A > 0. \tag{11.99}$$

Dann gilt

$$\boxed{\begin{aligned} \frac{1}{2} \dot u^2 + V(u) &= 0, \\ 2\, V(u) &= (b - a\cdot u)^2 - (1 - u^2)(\alpha - \beta u). \end{aligned}} \tag{11.100}$$

Daneben haben wir nach (11.97)

$$\boxed{\dot\varphi = \frac{b - au}{1 - u^2}.} \tag{11.101}$$

In Fig. 11.7 zeigen wir den Graphen von $V(u)$, sowie die Phasenebene $(u, \dot u)$.

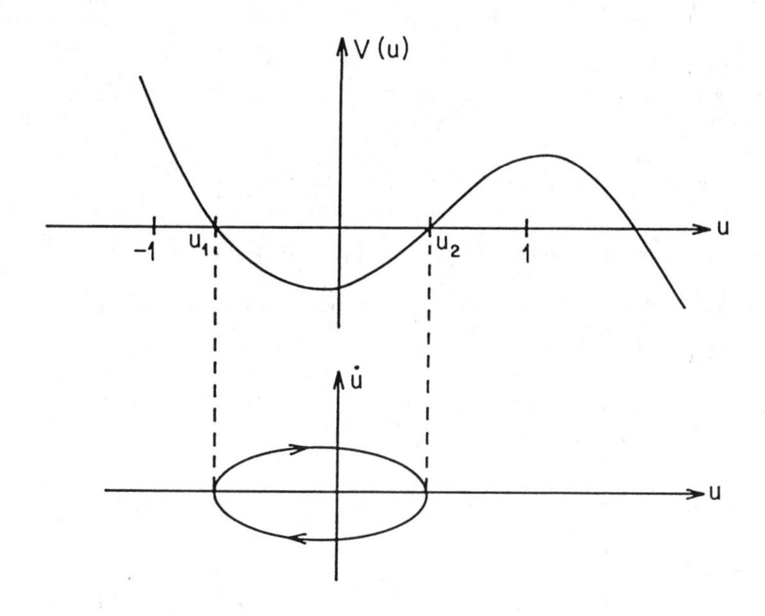

Fig. 11.7

Das physikalische Gebiet ist $\{u \mid -1 \leq u \leq 1 \, , \, V(u) \leq 0\}$.
Da $\beta > 0$ ist, hat $V(u)$ das in Fig. 11.7 gezeigte asymptotische Verhalten: $V(u) \longrightarrow \mp \infty$ für $u \longrightarrow \pm \infty$. Für $u = \pm 1$ ist $2V(\pm 1) = (b \mp a)^2 \geq 0$.

Grenzfälle: (i) $b = a \Rightarrow p_\varphi = p_\psi \, , \, L_3' = L_3$: stehender Kreisel

(ii) $b = -a \Rightarrow L_3 = -L_3'$: hängender Kreisel.

Sonst spricht man vom schiefen Kreisel. Das Potential sieht dann wie in Fig. 11.7 aus. Die Librationspunkte $u_1 \leq u_2$ sind Umkehrpunkte der ϑ- Bewegung.

Wir betrachten zunächst $u_1 < u_2$. Für die ϑ-Bewegung haben wir

$$t - t_0 = \int_{u(t_0)}^{u} \frac{dx}{\sqrt{-2V(x)}} \, .$$

Ferner ist

$$\dot{\varphi} = a \frac{u_o - \cos\vartheta}{\sin^2\vartheta} = a \frac{u_o - u}{1-u^2} , \quad u_o := b/a . \tag{11.102}$$

Nun betrachten wir der Reihe nach verschiedene Fälle.

1) $u_o > u_2$: In diesem Fall hat $\dot{\varphi}$ nach (11.102) immer das gleiche Vorzeichen. Die Figurenachse $\underline{e}'_3(\varphi, \vartheta)$ (vgl.Fig.11.6) führt eine Präzession um die $\underline{e}_3$-Achse aus (in positiver Richtung wenn $a > 0$ ist) mit einer Nutation in $u = \cos\vartheta$ zwischen $u_1 = \cos\vartheta_1$ und $u_2 = \cos\vartheta_2$ (siehe Fig. 11.8).

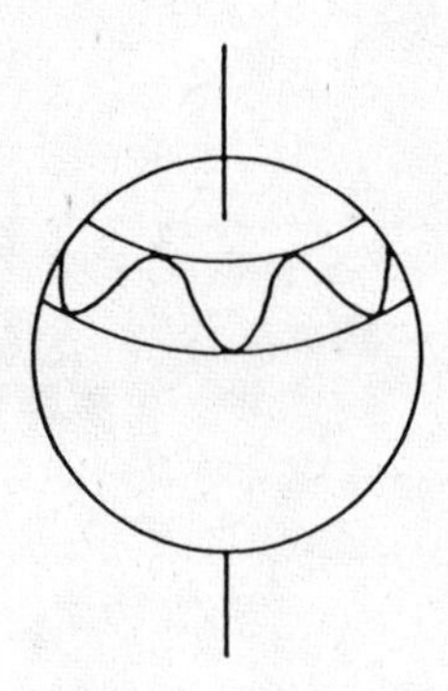

Fig. 11.8

2) $u_o = u_2$: Dann ist $\dot{\varphi} = 0$ für $u = u_2$, aber φ wechselt das Vorzeichen nicht. In diesem Fall fällt der Kreisel aus $u = u_2$ bis $u = u_1$ und richtet sich dann wieder auf (vgl. Fig. 11.9). Dieser Fall entspricht der Anfangsbedingung $\dot{\vartheta}(0) = \dot{\varphi}(0) = 0$, $\vartheta(0) = \vartheta_2$, $\varphi(0)$ (loslassen des Kreisels ohne Anfangsgeschwindigkeit der Figurenachse). Dann ist $E' = Mg\ell \cos\vartheta_2$ und der Energiesatz (11.98) lautet mit (11.97)

(siehe auch (11.95)) :

$$Mg\ell \cos\vartheta_2 = \frac{A}{2}(\dot{\vartheta}^2 + \sin^2\vartheta\,\dot{\varphi}^2) + Mg\ell \cos\vartheta . \qquad (11.103)$$

Also ist $\dot{\vartheta} \neq 0$ oder $\dot{\varphi} = 0$ nur mit einer <u>Abnahme</u> von ϑ verträglich (vgl. Fig. 11.9)

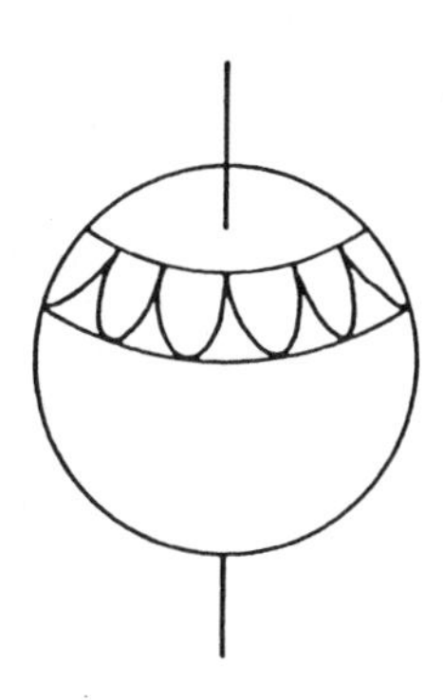

Fig. 11.9

3) $u_1 < u_0 < u_2$: Für diesen Fall ändert $\dot{\varphi}$ bei der Bewegung das Vorzeichen (vgl. Fig. 11.10).

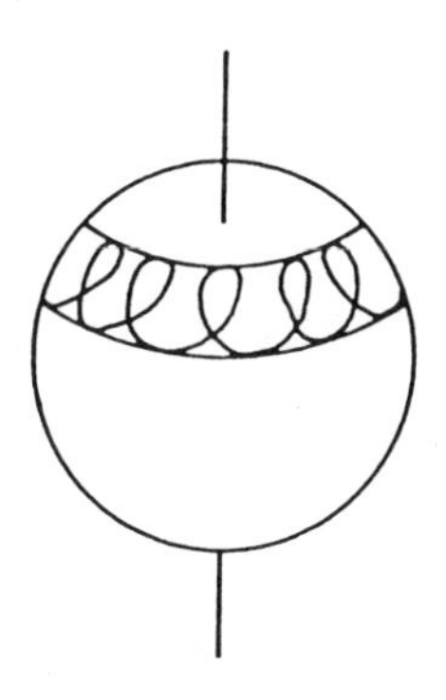

Fig. 11.10

Der Fall $u_1 = u_2$ (Doppelwurzel von $V(u)$) erfordert natürlich spezielle Anfangsbedingungen. Für eine Diskussion verweise ich auf [10], p. 221 .

Interessant ist der stehende Kreisel: $b = a$. Dann hat $V(u)$ eine Wurzel bei $u = 1$. Der Kreisel sei anfänglich vertikal, $\vartheta(0) = 0$, und es sei $\dot{\vartheta}(0) = 0$. Dann ist nach dem Energiesatz (11.98), (11.98') $E' = Mg\ell$, also nach (11.99) $\alpha = \beta$. Nach (11.100) gilt deshalb

$$\dot{u}^2 - (1-u)^2 \, [\beta(1+u) - a^2] = 0 \, . \tag{11.104}$$

Die Wurzeln von $V(u)$ sind für diesen Fall

$$u_{1,2} = 1 \, , \quad u_3 = \frac{a^2}{\beta} - 1 \, . \tag{11.105}$$

Nun muss man zwei Fälle unterscheiden.

a) $a^2/\beta > 2$ (d.h. $\frac{(L'_3)^2}{A \cdot 2Mg} > 2$) : Dann ist $u_3 > 1$ und das Potential sieht wie in Fig. 11.11 aus.

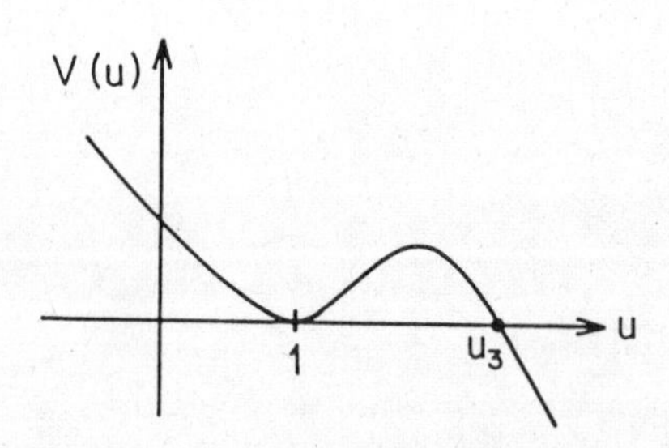

Fig. 11.11

Dies ist ein "schneller" Kreisel und die einzig mögliche Bewegung ist die mit $u = 1$ (Drehung um die Vertikale). Dieser schlafende Kreisel ist stabil.

b) $a^2/\beta < 2$: Da jetzt $u_3 < 1$ ist, hat $V(u)$ die Form in Fig. 11.12.

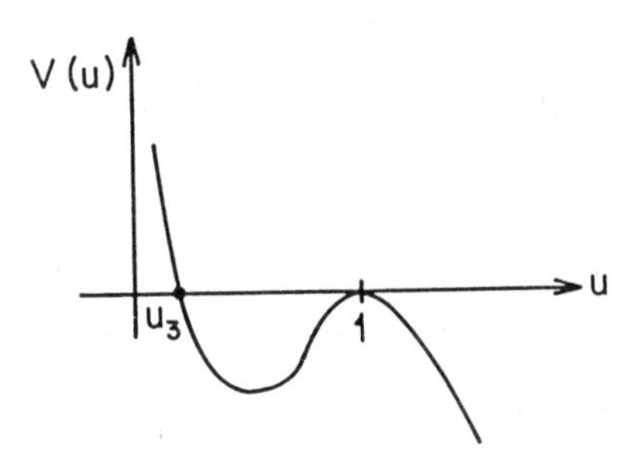

Fig. 11.12

Der Kreisel nutiert dann zwischen $\vartheta = 0$ und $\vartheta = \vartheta_3$ ($u_3 = \cos\vartheta_3$).

Es gibt somit eine kritische Winkelgeschwindigkeit ω_c , oberhalb der nur eine vertikale Bewegung möglich ist. Der Wert von ω_c ist gegeben durch $a^2/\beta = 2$, d.h.

$$\omega_c^2 = \frac{4\, Mg\ell A}{C^2} . \tag{11.106}$$

Für $\omega > \omega_c$ dreht sich der Kreisel um die Vertikale, bis ω durch Reibung unter ω_c sinkt. Dann beginnt der Kreisel in zunehmend stärkeren Masse zu taumeln.

11.7 Winkel- und Wirkungsvariablen für den schweren symmetrischen Kreisel

Nach dem allgemeinen Verfahren für mehrfach periodische Systeme konstruieren wir Winkel- und Wirkungsvariablen für den schweren symmetrischen Kreisel mit Fixpunkt.

Nach (11.92) und (11.94) lautet die Hamiltonfunktion

$$H = \frac{1}{2A}\left[(L'_1)^2 + (L'_2)^2\right] + \frac{1}{2C}(L'_3)^2 + Mg\ell \cos\vartheta .$$

Nun ist $L'_3 = p_\psi$ und nach (11.68)

$$(L'_1)^2 + (L'_2)^2 = \frac{(p_\varphi - p_\psi \cos\vartheta)^2}{\sin^2\vartheta} + p_\vartheta^2 .$$

Also haben wir

$$H = \frac{1}{2A}\left[\frac{(p_\varphi - p_\psi \cos\vartheta)^2}{\sin^2\vartheta} + p_\vartheta^2\right] + \frac{1}{2C} p_\psi^2 + Mg\ell \cos\vartheta . \qquad (11.107)$$

Zunächst führen wir eine passende kanonische Transformation $(\vartheta, p_\vartheta) \longmapsto (u, p_u)$ aus, welche durch die erzeugende Funktion (2. Art) $S = p_u \cos\vartheta$ definiert ist:

$$u = \frac{\partial S}{\partial p_u} = \cos\vartheta , \qquad p_\vartheta = \frac{\partial S}{\partial \vartheta} = -\sin\vartheta \; p_u . \qquad (11.108)$$

In den neuen Variablen lautet die Hamiltonfunktion

$$H(\varphi, u, \psi), p_\varphi, p_u, p_\psi) = \frac{1}{2A}\left[\frac{(p_\varphi - p_\psi u)^2}{1-u^2} + (1-u^2)\, p_u^2\right]$$

$$+ \frac{1}{2C} p_\psi^2 + Mg\ell\, u . \qquad (11.109)$$

Mit dem Ansatz

$$W = W_\varphi + W_\psi + W_u , \quad W_\varphi = \varphi \alpha_\varphi , \quad W_\psi = \psi \alpha_\psi \qquad (11.110)$$

$(\alpha_\varphi, \alpha_\psi = \text{const})$ lautet die verkürzte HJ-Gleichung

$$\frac{1}{2A}\left[\frac{(\alpha_\varphi-\alpha_\psi u)^2}{1-u^2} + (1-u^2)\left(\frac{\partial W_u}{\partial u}\right)^2\right] + \frac{1}{2C}\alpha_\psi^2 + Mg\ell u = E . \qquad (11.111)$$

Der Separationsansatz (11.110) ist also erfolgreich.

Die Wirkungsvariablen J_φ und J_ψ sind

$$J_\varphi = \frac{1}{2\pi}\oint \frac{\partial W}{\partial \varphi} d\varphi = \alpha_\varphi , \quad J_\psi = \alpha_\psi . \qquad (11.112)$$

Die Gl. (11.111) hat die Form

$$(1-u^2)^2 \left(\frac{\partial W_u}{\partial u}\right)^2 = f(u,E,J_\varphi,J_\psi) ,$$

mit

$$f = [2AE - \frac{A}{C} J_\psi^2] (1-u^2) - 2A\, Mg\ell\, (1-u^2)\, u$$

$$- (J_\varphi - u J_\psi)^2 . \qquad (11.113)$$

Damit lautet die 3. Wirkungsvariable

$$J_u = \frac{1}{2\pi}\oint p_u\, du = \frac{1}{\pi}\int_{u_1}^{u_2} \frac{\sqrt{f(u,E,J_\varphi,J_\psi)}}{1-u^2}\, du . \qquad (11.114)$$

Nun sei

$$S(\varphi,u,\psi,J_\varphi,J_u,J_\psi) = W(\varphi,u,\psi,E,J_\varphi,J_\psi)$$

$$= J_\varphi\, \varphi + J_\psi\, \psi + \int_{u_0}^{u} \frac{\sqrt{f(u',E,J_\varphi,J_\psi)}}{1-u'^2}\, du' , \qquad (11.115)$$

wobei E rechts mit Hilfe von (11.114) durch J_φ, J_ψ und J_u zu ersetzen ist. Die Wirkungsvariablen sind dann

$$w_\varphi = \frac{\partial S}{\partial J_\varphi} = \varphi \,, \qquad w_\psi = \psi \,, \qquad w_u = \frac{\partial S}{\partial J_u} \,. \tag{11.116}$$

Die neue Hamiltonfunktion $E(J_\varphi, J_u, J_\psi)$ ergibt sich grundsätzlich aus (11.114) und aus dieser ergeben sich die Frequenzen

$$\omega_\varphi = \frac{\partial E}{\partial J_\varphi} : \quad \text{Präzession um die } \underline{e}_3 \text{ - Achse} \,,$$

$$\omega_u = \frac{\partial E}{\partial J_u} : \quad \text{Nutation} \,,$$

$$\omega_\psi = \frac{\partial E}{\partial J_\psi} : \quad \text{Präzession um die } \underline{e}'_3 \text{ - Achse} \,.$$

Für den Fall, dass E nur sehr wenig grösser ist als $J_\psi^2/2C$ lassen sich alle Rechnungen näherungweise explizit ausführen. Dies überlassen wir dem Studierenden.

M A T H E M A T I S C H E   A N H A E N G E

ANHANG I. BEGRIFFE UND SAETZE AUS DER ANALYSIS

A. Differentialrechnung im $\mathbb{R}^n$

In diesem Anhang stellen wir wichtige Begriffe und Sätze der Analysis zusammen, welche in der Vorlesung ständig gebraucht werden. Gleichzeitig fixieren wir auch die verwendeten Notationen. Für Beweise verweise ich auf [1] und [2].

Es sei $\varphi: U \subset \mathbb{R}^m \longrightarrow \mathbb{R}^k$ eine Abbildung, welche auf einer offenen Umgebung U von $\mathbb{R}^m$ definiert ist. Falls diese in $x \in U$ differenzierbar ist, so bezeichnen wir mit $D\varphi(x) \in L(\mathbb{R}^m, \mathbb{R}^k)$ das Differential (die Ableitung) von φ in x. Dieses ist eindeutig definiert durch die Gleichung

$$\varphi(x+v) = \varphi(x) + D\varphi(x)\cdot v + \theta(v) , \tag{1}$$

mit

$$\lim_{v \to 0} \frac{\theta(v)}{\| v \|} = 0 .$$

Für Funktionen $(k=1)$ f schreiben wir oft auch df statt Df. Das Differential einer Funktion ist ein Element des Dualraumes $L(\mathbb{R}^m, \mathbb{R}) = (R^m)^*$.

Vertrautheit mit der Differentialrechnung von Funktionen mehrerer Variablen wird vorausgesetzt. [Siehe, wenn nötig, [1], Kap. I, oder [2], Abschnitte 2.3, 2.4] Die wichtigste Rechenregel ist die Kettenregel:

$$D(\psi\circ\varphi)(x) = D\psi(\varphi(x))\cdot D\varphi(x) . \tag{2}$$

In der Standard-Basis von $\mathbb{R}^n$ wird $D\varphi$ durch die <u>Jacobi-Matrix</u>

$$\begin{pmatrix} \frac{\partial\varphi_1}{\partial x_1} & \frac{\partial\varphi_1}{\partial x_2} & \cdots\cdots & \frac{\partial\varphi_1}{\partial x_m} \\ \vdots & & & \vdots \\ \frac{\partial\varphi_k}{\partial x_1} & \frac{\partial\varphi_k}{\partial x_2} & \cdots\cdots & \frac{\partial\varphi_k}{\partial x_m} \end{pmatrix} \tag{3}$$

dargestellt, wenn φ die Komponentendarstellung $\varphi(x_1 \ldots, x_m) = (\varphi_1(x_1,\ldots,x_m),\ldots\ldots,\varphi_k(x_1,\ldots,x_m))$ hat. Insbesondere für eine Funktion f $(k=1)$ wird df durch die Zeilenmatrix

$$\left(\frac{\partial f}{\partial x_1} \cdots\cdots \frac{\partial f}{\partial x_m}\right) \tag{*}$$

dargestellt.

Ist in $\mathbb{R}^m$ (allgemeiner in einem endlichdimensionalen Vektorraum) ein inneres Produkt $(.,.)$ ausgezeichnet, so ist der <u>Gradient</u> von f definiert durch

$$\begin{aligned} &\operatorname{grad} f = \nabla f : U \longrightarrow \mathbb{R}^m \\ &(\nabla f(x), v) = df(x).v \ , \end{aligned} \tag{4}$$

wo $df(x).v$ die lineare Abbildung $df(x)$ angewandt auf v bezeichnet. In Euklidischen Koordinaten ist

$$\nabla f(x) = \left(\frac{\partial f}{\partial x_1},\ldots,\frac{\partial f}{\partial x_m}\right) ; \tag{5}$$

d.h. ∇f ist df "mit Kommas in (*) eingesetzt". Im Matrizenkalkül ist ∇f ein Spaltenvektor $f = (df)^T$ (T: transponiert).

Besonders wichtig ist der

<u>Satz über die Umkehrfunktion:</u> Seien U, V offen in $\mathbb{R}^n$ und sei $\varphi: U \longrightarrow V$ eine C^k-Abbildung. Genau dann ist

φ um $x \in U$ lokal invertierbar, wenn $D\varphi(x)$ regulär ist. Die lokale Umkehrung ist in diesem Fall auch eine C^k-Abbildung.

[Für Beweise siehe [1], Kap. II, oder [2], Abschnitt 2.5.]

Der nächste Satz ist eine direkte Folge dieses Theorem.

Implizites Funktionen-Theorem: Es sei U offen in $\mathbb{R}^n$, V offen in $\mathbb{R}^k$ und $f: U \times V \to \mathbb{R}^k$ eine C^r-Abbildung, $r \geq 1$. Ferner sei $(x_0, y_0) \in U \times V$ und es sei die partielle Ableitung bezüglich der 2. Variablen, $D_2 f(x_0, y_0): \mathbb{R}^k \to \mathbb{R}^k$, ein Isomorphismus, d.h.

$$\det\left(\frac{\partial f_i}{\partial y_i}(x_0, y_0)\right) \neq 0 .$$

Dann existieren offene Umgebungen U_0 von x_0 und W_0 von $f(x_0, y_0)$ und eine eindeutige C^r-Abbildung $g: U_0 \times W_0 \longrightarrow V$ derart, dass für $(x, w) \in U_0 \times W_0$

$$f(x, g(x, w)) = w .$$

Insbesondere lässt sich die Gleichung $f(x,y) = \text{const.}$ eindeutig auflösen .

* * *

8. Differentialformen

Das Differential df einer Funktion ist eine Abbildung

$$df: U \subset \mathbb{R}^n \longrightarrow L(\mathbb{R}^n, \mathbb{R}) = (\mathbb{R}^n)^* .$$

Wir betrachten speziell die Funktionen π_i, $\pi_i(x_1, \dots, x_n) = x_i$, $i = 1, \dots, n$. Die $d\pi_i$ bilden eine Basis von $(\mathbb{R}^n)^*$, welche zur kanonischen Basis $\{e_1, \dots, e_n\}$ von $\mathbb{R}^n$ dual ist, d.h. es gilt

$$d\pi_i(e_j) = \delta_{ij} . \tag{6}$$

Die Grösse $df(x) \cdot v$ ist die Richtungsableitung von f in Richtung v und es gilt, wenn $v = \sum v_i e_i$,

$$df(x) \cdot v = \sum_i \frac{\partial f}{\partial x_i}(x)\, v_i = \sum_i \frac{\partial f}{\partial x_i}\, d\pi_i(v) .$$

Deshalb ist

$$df(x) = \sum_i \frac{\partial f}{\partial x_i}(x)\, d\pi_i(x) .$$

Statt $d\pi_i$ schreibt man auch etwas inkonsequent dx_i und erhält damit den Anschluss an die klassische Schreibweise:

$$df = \sum_i \frac{\partial f}{\partial x_i}\, dx_i . \tag{7}$$

(Man beachte, dass die dx_i aber nicht "infinitesimale" Grössen sind, sondern wohldefinierte Linearformen.)

Die Zuordnung $x \longmapsto df(x)$ definiert eine spezielle Differentialform.

Definition: Eine in U definierte lineare Differentialform (1-Form) ist eine Abbildung

$$\omega: U \longrightarrow (\mathbb{R}^n)^* . \tag{8}$$

Diese heisst von der Klasse C^k, wenn die Abbildung (8) von der Klasse C^k $(k \geq 0)$ ist.

Das Produkt einer Funktion f mit einer 1-Form ω ist punktweise erklärt,

$$(f\omega)(x) = f(x)\omega(x) \ ,$$

und gibt wieder eine 1-Form.

Eine 1-Form ω können wir nach der Basis dx_i zerlegen,

$$\omega = \sum_i \omega_i \, dx_i \ . \tag{9}$$

Ist ω von der Klasse C^k, so sind die ω_i Funktionen der Klasse C^k.

Wir nennen ω <u>exakt</u>, falls eine Funktion existiert, so dass $\omega = df$ ist. Falls U zusammenhängend ist, ist f bis auf eine Konstante eindeutig. Notwendig für die Exaktheit von ω ist offensichtlich die Bedingung

$$\frac{\partial \omega_i}{\partial x_j} - \frac{\partial \omega_j}{\partial x_i} = 0 \ . \tag{10}$$

Falls ω die Gl. (10) erfüllt, nennen wir die Differentialform <u>geschlossen</u>. Es gilt der

<u>Satz:</u> Wenn U einfach zusammenhängend ist, dann ist jede geschlossene 1-Form (mit Bereich U) in U exakt.

In der Mechanik müssen wir Differentialformen häufig auf neue Koordinaten transformieren. Wir betrachten hier etwas allgemeiner eine differenzierbare Abbildung $\varphi: M \longrightarrow N$ von einem offenen Gebiet $M \subset \mathbb{R}^m$ nach $N \subset \mathbb{R}^n$. Auf einem offenen Gebiet $U \supset N$ sei eine 1-Form ω definiert (vgl.

Fig.) Diese Form können wir wie folgt auf

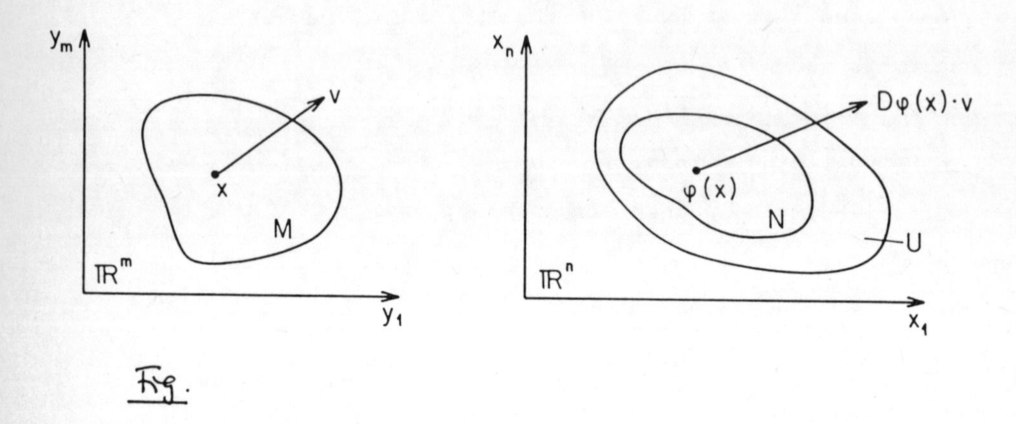

Fig.

M zurückziehen:

$$(\varphi^*\omega)(x).v = \omega(\varphi(x)).D\varphi(x)v \; . \tag{11}$$

Offensichtlich ist die induzierte Abbildung $\omega \longmapsto \varphi^*\omega$ additiv,

$$\varphi^*(\omega_1 + \omega_2) = \varphi^*\omega_1 + \varphi^*\omega_2 \; . \tag{12}$$

Nach der Kettenregel (2) gilt ferner

$$(\varphi \circ \psi)^* = \psi^* \circ \varphi^* \; . \tag{13}$$

Für $\omega = df$ ist

$$\varphi^*(df)(x).v = df.D\varphi(x)v = d(f\circ\varphi)(x).v \; ,$$

d.h.

$$\varphi^*(df) = d(f\circ\varphi) = d(\varphi^*f) \; , \tag{14}$$

wenn wir für die transformierte Funktion $f \circ \varphi$ auch φ^*f schreiben.

Aus der Definition (11) entnimmt man sofort, dass für das Produkt $f\omega$ einer Funktion f und einer 1-Form ω folgendes gilt

$$\varphi^*(f\omega) = \varphi^*(f)\ \varphi^*(\omega)\ . \tag{15}$$

Aus den Gl. (12), (14) und (15) ergibt sich

$$\varphi^*\omega = \varphi^*(\sum_i \omega_i dx_i) = \sum_i \varphi^*(\omega_i)\varphi^*(dx_i) = \sum_i \varphi^*(\omega_i) d(\varphi^* x_i)\ ,$$

oder

$$\varphi^*\omega = \sum_i (\omega_i \circ \varphi) d(x_i \circ \varphi)\ . \tag{16}$$

Schreiben wir also die Abbildung φ in der Form

$$x_i = \varphi_i(y_1,\ldots,y_m)\ ,\quad i=1,\ldots,n\ , \tag{17}$$

so gilt

$$\begin{aligned}(\varphi^*\omega)(y) &= \sum_i \omega_i(\varphi(y)) d\varphi_i(y)\\ &= \sum_{i,j} [\omega_i(\varphi(y)) \frac{\partial \varphi_i}{\partial y_j}(y)]\ dy_j\ .\end{aligned} \tag{18}$$

Setzen wir also

$$\varphi^*\omega = \sum_j (\varphi^*\omega)_j\ dy_j\ ,$$

so gilt für die Komponenten von $\varphi^*\omega$ das Transformationsgesetzt

$$(\varphi^*\omega_j)(y) = \sum_i \frac{\partial \varphi_i}{\partial y_j}(y)\ \omega_i(\varphi(y))\ . \tag{19}$$

In der Praxis benutzt man als Ausgangspunkt meistens die erste Zeile von (18) und rechnet von dort an mechanisch weiter.

* * *

Gelegentlich benutzen wir auch Differentialformen höherer Stufe. Dies ist für das Verständnis der Vorlesung aber nicht wesentlich. Hier ein kurzes Résumé (siehe [2], Kapitel XVI).

Mit $\Lambda_p(E)$ bezeichnen wir den Vektorraum der alternierenden Multilinearformen vom Grad p über E. Das äussere Produkt (Dachprodukt) von $\alpha \in \Lambda_p(E)$ und $\beta \in \Lambda_q(E)$ ist definiert durch

$$\alpha \wedge \beta = \frac{(p+q)!}{p!\, q!} \mathfrak{A}(\alpha \otimes \beta) , \tag{20}$$

wo $\mathfrak{A}$ der Alternierungsoperator ist und

$$\alpha \otimes \beta(v_1,\ldots,v_p,w_1,\ldots,w_q) = \alpha(v_1,\ldots,v_p)\beta(w_1,\ldots,w_q). \tag{21}$$

Das äussere Produkt ist

(i) bilinear;

(ii) (graduiert) antikommutativ, d.h. es gilt

$$\alpha\wedge\beta = (-1)^{pq}\, \beta\wedge\alpha \quad , \quad \alpha\in\Lambda_p(E),\ \beta\in\Lambda_q(E) \ ;$$

(iii) assoziativ;

(iv) natürlich, d.h. für eine lineare Abbildung $\varphi: E \longrightarrow F$ gilt *)

$$\varphi^*(\alpha\wedge\beta) = \varphi^*\alpha \wedge \varphi^*\beta \ .$$

Ist θ_i $(i=1,\ldots,n)$ eine Basis von $E^* = L(E,\mathbb{R})$, so bilden die Elemente $\theta_{i_1}\wedge \ldots \wedge\theta_{i_p}$, $0 < i_1 < \ldots < i_p \leq n$, eine Basis von $\Lambda_p(E)$, also ist $\dim \Lambda_p(E) = \binom{n}{p}$.

Nun sei U eine offene Teilmenge von $\mathbb{R}^n$. Eine Differentialform vom Grade p (p-Form) ist eine Abbildung

$$\omega: U \longrightarrow \Lambda_p(\mathbb{R}^n) \ .$$

---

*) Dabei ist

$$(\varphi^*\alpha)(v_1,\ldots,v_p) = \alpha(\varphi v_1,\ldots,\varphi v_p) \ .$$

Ist diese Abbildung von der Klasse C^k, sosagen wir, die Form sei von der Klasse C^k.

Da die dx_i eine Basis von $(\mathbb{R}^n)^*$ bilden, haben wir eine Darstellung der Form

$$\omega = \sum_{i_1 < \dots < i_p} \omega_{i_1 \dots i_p} dx_{i_1} \wedge \dots \wedge dx_{i_p} = \frac{1}{p!} \sum_{i_1, \dots, i_p} \omega_{i_1 \dots i_p} dx_{i_1} \wedge \dots \wedge dx_{i_p} \tag{22}$$

Das äussere Produkt $\alpha \wedge \beta$ von zwei Differentialformen α und β ist punktweise erklärt

$$(\alpha \wedge \beta)(x) = \alpha(x) \wedge \beta(x) .$$

Der Operator d, welcherFunktionen in 1-Formen überführt, lässt sich verallgemeinern. Wir definieren die äussere Ableitung zunächst für eine Darstellung (22) und geben sodann eine Charakterisierung, welche koordinatenunabhängig ist. Das äussere Differential $d\omega$ der p-Form (22) ist die (p+1)-Form

$$d\omega = \sum_{i_1 < \dots < i_p} d\omega_{i_1 \dots i_p} \wedge dx_{i_1} \wedge \dots \wedge dx_{i_p} . \tag{23}$$

Es gilt der wichtige

Satz: Es gibt genau eine Abbildung d von der Menge der p-Formen in die Menge der (p+1)-Formen mit folgenden Eigenschaften:

(i) d ist $\mathbb{R}$-linear .

(ii) $d(\alpha \wedge \beta) = (d\alpha) \wedge \beta + (-1)^p \alpha \wedge d\beta$, α: p-Form .

(iii) Für Funktionen f ist df das Differential von f .

(iV) $d \circ d = 0$.

Für die äussere Ableitung gilt darüber hinaus:

(v) Ist φ eine differenzierbare Abbildung, so gilt [*]
für jede p-Form α

$$\varphi^*(d\alpha) = d(\varphi^* \alpha) .$$

(vi) In einer Koordinatendarstellung (22) ist d durch (23) gegeben.

Eine Form ω ist geschlossen, wenn $d\omega = 0$, und exakt, wenn $\omega = d\psi$ für eine Form ψ . Es gilt der

Satz (Lemma von Poincaré): Ist U eine offene sternförmige Menge von $\mathbb{R}^n$, dann ist jede auf U geschlossene Form auch exakt: aus $d\omega = 0$ folgt $\omega = d\psi$.

* * *

[*] Die zurückgezogene Form $\varphi^*\alpha$ ist wie in (11) gegeben durch

$$(\varphi^*\alpha)(v_1,\ldots,v_p) = \alpha(D\varphi \cdot v_1,\ldots,D\varphi \cdot v_p) .$$

ANHANG II. LINEARE LIESCHE GRUPPEN

In diesem Anhang stellen wir die gruppentheoretischen Hilfsmittel zusammen, die (speziell in § 8.3) benötigt werden. Um den elementaren Rahmen dieser Vorlesung nicht zu sprengen, beschränken wir uns auf lineare Liesche Gruppen. "Nur" diese spielen in der Physik eine Rolle. Eine lineare Gruppe ist definitionsgemäss eine Untergruppe der vollen linearen Gruppe. Deshalb beginne ich mit ein paar Bemerkungen zu dieser Gruppe.

1. Die volle lineare Gruppe $GL(n,K)$, $K = \mathbb{R}, \mathbb{C}$

Die Menge aller $n \times n$ Matrizen über $\mathbb{R}$ können wir mit den Punkten in $\mathbb{R}^{n^2}$ identifizieren. Da die Determinante eine stetige Funktion ist, ist die Gruppe

$$GL(n,\mathbb{R}) = \{ A \in \mathbb{R}^{n^2} \mid \det A \neq 0 \}$$

eine offene Menge in $\mathbb{R}^{n^2}$ und damit in natürlicher Weise ein topologischer Raum. Die Gruppe $GL(n,\mathbb{R})$ ist bezüglich dieser Topologie eine topologische Gruppe, d.h. die Gruppenoperationen sind stetig.

Wir wollen schon hier festhalten, dass $GL(n,\mathbb{R})$ eine wesentlich "stärkere" Struktur hat. Die Gruppenoperationen sind nämlich C^∞, ja sogar analytisch. Dies bedeutet, dass die Abbildungen $(A,B) \longmapsto AB$ und $A \longmapsto A^{-1}$, $A, B \in GL(n,\mathbb{R})$, differenzierbar (analytisch) sind. [Was dies bedeutet ist klar, da es sich um Abbildungen von offenen

Teilmengen eines $\mathbb{R}^m$ in einen $\mathbb{R}^n$ handelt]. Nach der weiter unten zu gebenden Definition ist $GL(n,\mathbb{R})$ ein lineare Liesche Gruppe.

Ebenso betrachten wir $GL(n,\mathbb{C})$ als eine offene Teilmenge in $\mathbb{R}^{2n^2}$, indem wir jedem $A = (a_{ik})$ den Punkt $(\text{Re } a_{ik}, \text{Jm } a_{ik})$, (ik) in bestimmter Reihenfolge, zuordnen. Die analogen Aussagen wie für $GL(n,\mathbb{R})$ gelten auch für $GL(n,\mathbb{C})$.

2. Differenzierbare Mannigfaltigkeiten im $\mathbb{R}^n$

Um den Begriff einer linearen Lieschen Gruppe formulieren zu können, benötigen wir den Begriff einer differenzierbaren Mannigfaltigkeit im $\mathbb{R}^n$. Ich erinnere zunächst an die

Def.: Seien U, V offene Mengen eines $\mathbb{R}^n$ und $\varphi: U \to V$ eine differenzierbare Abbildung, welche ein differenzierbares Inverses φ^{-1} hat, dann nennt man φ einen Diffeomorphismus.

Eine k-dimensionale Mannigfaltigkeit im $\mathbb{R}^n$ kann man auf verschiedene äquivalente Weisen definieren. Wir wählen folgende

Def.: Eine Teilmenge $M \subset \mathbb{R}^n$ ist eine k-dimensionale differenzierbare Mannigfaltigkeit (in $\mathbb{R}^n$), falls für jeden Punkt $x \in M$ die folgende Bedingung erfüllt ist:

(M) Es existiere eine offene Menge U welche x enthält und ein Diffeomorphismus $\varphi: U \longrightarrow V$, so dass

$$\varphi(U \cap M) = V \cap (\mathbb{R}^k \times \{0\})$$
$$= \{ x \in V: \ x_{k+1} = \dots = x_n = 0 \} .$$

Mit anderen Worten: $U \cap M$ ist "bis auf einen Diffeomorphismus" gleich $\mathbb{R}^k \times \{0\}$ (siehe die Fig.).

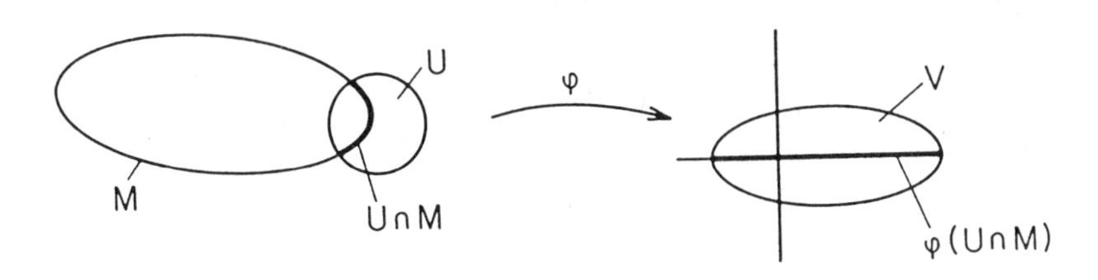

Viele Beispiele von (diffb.) Mannigfaltigkeiten werden durch den unten folgenden Satz 1 geliefert. Um ihn zu beweisen, benötigen wir den folgenden

<u>Hilfssatz:</u> Sei U eine offene Umgebung von $a \in \mathbb{R}^{n+p}$ und g eine C^r-Abbildung $(1 \leq r \leq \infty)$ von U nach $\mathbb{R}^n$ und sei $g(a) = 0$. Ferner sei Rang $(Dg(a)) = n$. Dann existiert ein C^r-Diffeomorphismus ψ von einer Umgebung von 0 in $\mathbb{R}^{n+p}$ auf eine Umgebung V von a, so dass für alle Punkte $x \in V$ folgendes gilt

$$(g \circ \psi)(x^1, \dots, x^{n+p}) = (x^1, \dots, x^n)$$

Mit anderen Worten gilt auf V:

$$g \circ \psi = \pi_1 \ , \quad \pi_1 = \text{Projektion von } \mathbb{R}^n \times \mathbb{R}^p \longrightarrow \mathbb{R}^n.$$

Beweis: Sei $g = (g_1,\dots,g_n)$. Wir nehmen an, dass etwa

$$\mathrm{Det}\ \left(\frac{\partial g_i}{\partial x_j}(a)\right)_{i,j=1,\dots,n} \neq 0 .$$

Ansonsten müsste man die x_j zuerst noch geeignet permutieren. Sei $G: U \longrightarrow \mathbb{R}^{n+p}$ definiert durch $G(x) = (g_1(x),\dots,g_n(x), x_{n+1},\dots,x_{n+p})$, dann ist $\mathrm{Det}\,(DG(a)) \neq 0$, $G(a) = 0$. Nach dem Satz über die Umkehrabbildung existiert deshalb ein Diffeomorphismus ψ von einer Umgebung V von 0 in $\mathbb{R}^{n+p}$ mit $G \circ \psi = \mathrm{Id}|V$. Dies bedeutet

$$G(\psi(x)) = (g_1(\psi(x)),\dots g_n(\psi(x)), \psi_{n+1}(x),\dots,\psi_{n+p}(x))$$

$$= (x_1,\dots, x_n, x_{n+1},\dots, x_{n+p}) .$$

Also gilt für $x \in V$: $g_i(\psi(x)) = x_i$, $i=1,\dots,n$. □

Satz 1: Sei $A \subset \mathbb{R}^n$ offen und $g: A \longrightarrow \mathbb{R}^p$ eine diffb. Abbildung mit der Eigenschaft, dass $Dg(x)$ den Rang p hat, wenn immer $g(x) = 0$. Dann ist $g^{-1}(0)$ eine $(n-p)$-dimensionale Mannigfaltigkeit in $\mathbb{R}^n$.

Beweis: Wir haben zu zeigen: Zu $a \in g^{-1}(0)$ existiert eine offene Menge $U \ni a$ und eine offene Menge $V \subset \mathbb{R}^n$, sowie ein Diffeomorphismus $\varphi: U \longrightarrow V$, so dass

$$\varphi(U \cap g^{-1}(0)) = V \cap (\mathbb{R}^{n-p} \times \{0\}).$$

Nach dem Hilfssatz existiert ein Diffeomorphismus $\psi: V \longrightarrow U$ von einer Umgebung V von 0 in $\mathbb{R}^n$ auf eine Umgebung U von a in $\mathbb{R}^n$, so dass das folgende Diagramm kommutativ ist

ERRATUM

Beim Paginieren der Einleitung ist uns ein bedauerlicher Irrtum unterlaufen. Die Seiten sind in der Reihenfolge XI, XV, XIV, XIII, XII zu lesen.

Lecture Notes in Physics, Vol. 289
N. Straumann: Klassische Mechanik
ISBN 3-540-18527-5

$$\begin{array}{ccc} a \in U \subset \mathbb{R}^n & \xrightarrow{g} & \mathbb{R}^p \\ \psi \uparrow & \nearrow \pi_1 & \\ 0 \in V \subset \mathbb{R}^n = \mathbb{R}^p \times \mathbb{R}^{n-p} & & \end{array} \qquad (g(a) = 0)\,.$$

Sei $\varphi = \psi^{-1}$, dann folgt daraus sofort

$$\varphi(U \cap g^{-1}(0)) = V \cap \operatorname{Ker} \pi_1 = V \cap (\{0\} \times \mathbb{R}^{n-p}). \qquad \square$$

Anwendung. Aus dem bewiesenen Satz folgt unmittelbar, dass z.B. die n-Sphäre S^n eine Mannigfaltigkeit in $\mathbb{R}^{n+1}$ ist, denn $S^n = g^{-1}(0)$ für $g: \mathbb{R}^{n+1} \longrightarrow \mathbb{R}$, definiert durch $g(x) = \|x\| - 1$. Andere Anwendungen folgen weiter unten.

Eine sehr wichtige alternative Charakterisierung einer Mannigfaltigkeit wird durch den folgenden Satz gegeben.

Satz 2: Eine Teilmenge $M \subset \mathbb{R}^n$ ist eine k-dim. Mannigfaltigkeit in $\mathbb{R}^n$ genau dann, wenn für jeden Punkt $x \in M$ die folgende "Koordinatenbedingung" erfüllt ist:

(K) Es existiert eine offene Umgebung U von x in $\mathbb{R}^n$ und eine offene Umgebung $W \subset \mathbb{R}^k$, sowie eine differenzierbare injektive Abbildung $f: W \longrightarrow \mathbb{R}^n$, so dass

(i) $f(W) = M \cap U$

(ii) Rang $(Df(y)) = k$ für alle $y \in W$.

Eine solche Funktion f nennt man eine Parametrisierung.

Beweis: Sei M eine k-dimensionale Mannigfaltigkeit in $\mathbb{R}^n$, dann wähle man einen Diffeomorphismus $\varphi: U \longrightarrow V$, welcher (M) erfüllt. Sei

$$W = \{ a \in \mathbb{R}^k : (a,0) \in \varphi(M) \}$$

und $f: W \longrightarrow \mathbb{R}^n$, definiert durch $f(a) = \varphi^{-1}(a,0)$. Dann ist natürlich $f(W) = M \cap U$ (benutze (M)) . Wir zeigen, dass der Rang von Df gleich k ist. Dazu sei
$\Phi : U \longrightarrow \mathbb{R}^k : \Phi(z) = (\varphi_1(z),\ldots,\varphi_k(z))$.
Dann gilt für alle $y \in W$: $\Phi(f(y)) = y$, also

$$D\Phi(f(y)) \cdot Df(y) = Id .$$

Damit erfüllt f die Bedingung (K) .
Erfüllt umgekehrt $f: W \longrightarrow \mathbb{R}^n$ die Bedingung (K) , dann ist nach einer eventuellen Permutation die Matrix
$(\partial f_i/\partial x_j)$, $i,j=1,\ldots k$, nichtsingulär. Wir definieren
$g: W \times \mathbb{R}^{n-k} \longrightarrow \mathbb{R}^n$ durch

$$g(a,b) = f(a) + (0,b) .$$

Es gilt

$$Dg = \left(\begin{array}{c|c} Df & 0 \\ \hline 0 & I \end{array} \right) .$$

Also $Det(Dg) \neq 0$. Nach dem inversen Funktionen-Theorem existiert eine offene Menge V_1 , welche $(x,0)$ enthält und eine offene Menge V_2 , welche $g(x,0) = f(x)$ enthält, so dass $g: V_1 \longrightarrow V_2$ ein differenzierbares Inverses $\varphi: V_2 \longrightarrow V_1$ hat. Dann ist (beachte (i) von (K))

$$\varphi(V_2 \cap M) = g^{-1}(V_2 \cap M) = g^{-1}(\{g(x,0):(x,0) \in V_1\})$$

$$= V_1 \cap (\mathbb{R}^k \times \{0\}) . \qquad \square$$

<u>Bemerkung</u>

Aus dem Beweis von Satz 2 entnimmt man die folgende wichtige Tatsache: Sind $f_1: W_1 \longrightarrow \mathbb{R}^n$

und $f_2: W_2 \longrightarrow \mathbb{R}^n$ zwei Parametrisierungen, dann ist $f_2^{-1} \circ f_1$ auf dem Definitionsbereich differenzierbar und $\mathrm{Det}\,(D(f_2^{-1} \circ f_1)) \neq 0$. In der Tat, sei φ die im Beweis von Satz 2 konstruierte differenzierbare Abbildung zu f_2, dann ist

$$f_2^{-1} \circ f_1 = (\pi_1 \circ \varphi) \circ f_1 ,$$

wo π_1 die Projektion auf die ersten k Komponenten ist. Die rechte Seite ist natürlich differenzierbar. Dasselbe gilt selbstverständlich für die inverse Abbildung $f_1^{-1} \circ f_2$ und damit ist $D(f_2^{-1} \circ f_1)$ nicht singulär.

<u>Def.</u> Eine Abbildung $\varphi: M \longrightarrow N$, $M \subset \mathbb{R}^n$, $N \subset \mathbb{R}^m$ diffb. Mannigf., ist <u>differenzierbar</u> in $x \in M$, falls für ein Koordinatensystem f (Parametrisierung) $\varphi \circ f : \mathbb{R}^k \longrightarrow \mathbb{R}^m$ ($k = \dim M$) differenzierbar ist. Ist speziell $N = \mathbb{R}$, so ist φ eine differenzierbare Funktion auf M.

Nach der obigen Bemerkung ist klar, dass diese Definition nicht vom Koordinatensystem abhängt. Ausserdem zeigt man gleich wie dort, dass für eine Parametrisierung g von N um $\varphi(x)$ die Funktion $g^{-1} \circ \varphi \circ f: \mathbb{R}^k \longrightarrow \mathbb{R}^\ell$ ($\ell = \dim N$) differenzierbar ist.

3. Tangentialraum, Tangentialabbildung

Sei M eine k-dim. Mannigfaltigkeit in $\mathbb{R}^n$ und sei $f: W \longrightarrow \mathbb{R}^n$ eine Parametrisierung von M um $x = f(a)$. Da der Rang von $Df(a)$ gleich k ist, ist die lineare Transformation $Df(a): \mathbb{R}^k \longrightarrow \mathbb{R}^n$ injektiv und $Df(a) \cdot \mathbb{R}^k$ ist damit ein k-dim. Unterraum von $\mathbb{R}^n$. Falls $g: V \longrightarrow \mathbb{R}^n$ eine andere Parametrisierung um $x = g(b)$ ist, dann gilt

$$Dg(b) \cdot \mathbb{R}^k = Df(a)\ D(f^{-1} o g)(b) \cdot \mathbb{R}^k = Df(a) \cdot \mathbb{R}^k .$$

Der k-dim. Unterraum $Df(a) \cdot \mathbb{R}^k$ hängt also nicht von der Parametrisierung ab. Diesen Unterraum bezeichnen wir mit $T_x(M)$ und nennen ihn den <u>Tangentialraum</u> von M im Punkte x. [Tangentialräume in verschiedenen Punkten soll man als verschieden ansehen].

Es ist leicht einzusehen, dass

$$T_x(M) = \{ \dot{\gamma}(o) : \gamma(s) = \text{Kurve in } M \text{ mit } \gamma(o) = x \}.$$

Seien $M \subset \mathbb{R}^n$, $N \subset \mathbb{R}^m$ zwei differenz. Mannigf. und $\varphi: M \longrightarrow N$ eine diffb. Abbildung. Für jedes $x \in M$ induziert φ eine lineare Abbildung zwischen den Tangentialräumen $T_x(M)$ und $T_{\varphi(x)}(N)$ in folgender Weise: Sei $\gamma(t)$ eine Kurve durch $x \in M$ mit $\gamma(o) = x$ und dem Tangentialvektor $v = \dot{\gamma}(o) \in T_x(M)$, dann ist $t \longmapsto (\varphi o \gamma)(t)$ eine Kurve in N durch $\varphi(x)$. Den zugehörigen Tangentialvektor bei $t = 0$ bezeichnen wir mit $v' = \frac{d}{dt}(\varphi o \gamma)\big|_{t=o}$. Die Abbildung $v \longmapsto v'$ bezeichnen wir mit $T_x(\varphi): T_x(M) \longrightarrow T_{\varphi(x)}(N)$. Führt man um x und $\varphi(x)$ Parametrisierungen f und g ein, so ist die Abbildung für die Repräsentanten ξ und ξ' von v und v' gegeben durch

$$\xi' = D(g^{-1} \circ \varphi \circ f) \cdot \xi .$$

Deshalb ist $T_x(\varphi)$ eine lineare Abbildung, die sogenannte Tangentialabbildung im Punkte x.

4. Vektorfelder auf Mannigfaltigkeiten

Ein Vektorfeld X ist eine Abbildung, welche jedem $x \in M$ (M diffb. Mannigf.) einen Vektor $X(x)$ in $T_x(M)$ zuordnet. Für eine Parametrisierung $f\colon W \longrightarrow \mathbb{R}^n$ gibt es zu X ein eindeutiges Vektorfeld ξ auf W, derart, dass $Df(a) \cdot \xi(a) = X(f(a))$ für jedes $a \in W$. Wir sagen X sei differenzierbar, falls ξ differenzierbar ist. Diese Definition hängt wieder nicht von der Parametrisierung ab. ξ nennen wir den Repräsentanten von X in der Parametrisierung f. Sei $\varphi\colon M \longrightarrow N$ ein Diffeomorphismus von zwei Mannigfaltigkeiten M und N (d.h. φ habe ein diffb. Inverses). Ferner sei X ein Vektorfeld auf M. Dann definieren wir ein Vektorfeld $\varphi_* X$ auf N durch

$$(\varphi_* X)(\varphi(x)) = T_x(\varphi) \cdot X(x) ,$$

Mit X ist auch $\varphi_* X$ differenzierbar.

5. Lineare Liesche Gruppen

Nun können wir den Begriff der linearen Lieschen Gruppe präzise definieren.

Def. Eine Teilmenge $G \subset GL(n,K)$, $K = \mathbb{R}, \mathbb{C}$, ist eine lineare Liesche Gruppe, wenn die beiden folgenden Bedingungen erfüllt sind:

(i) G ist eine (abstrakte) Untergruppe von $GL(n,K)$

(ii) G ist eine diffb. Mannigf. in $\mathbb{R}^{n^2}$ bzw. $\mathbb{R}^{2n^2}$.

Insbesondere ist natürlich $GL(n,K)$ eine lineare Liesche Gruppe.

Die Gruppenoperationen sind differenzierbar, womit gemeint ist, dass die Abbildungen

$$G \times G \longrightarrow G \quad , \qquad G \longrightarrow G$$
$$((x,y) \longmapsto x \cdot y) \qquad (x \longmapsto x^{-1})$$

differenzierbar sind. Dies sieht man so: Für Parametrisierungen f und g von G sind

$$\mu \circ (f \times g): \quad (x,y) \longmapsto f(x) \cdot g(y)$$

und

$$\nu \circ f: \quad x \longmapsto f(x)^{-1}$$

differenzierbar, weil die Gruppenoperationen in $GL(n,K)$ differenzierbar sind.

Beispiele:

1) Die spezielle lineare Gruppe: $SL(n,\mathbb{R}) = \{A \in GL(n,\mathbb{R}) : \det A = 1\}$

Sei $g(A) = \operatorname{Det}(A) - 1$. Dann ist $SL(n,\mathbb{R}) = g^{-1}(0)$. Nun ist

$$Dg(A) = \left(\frac{\partial \operatorname{Det} A}{\partial a_{ik}}\right) = (A_{ik}).$$

Hier ist $A = (a_{ik})$ und A_{ik} ist der Minor von a_{ik} . Also ist $Dg(A) \neq 0$ für $g(A) = 0$. Nach Satz 1 folgt deshalb, dass $SL(n,\mathbb{R})$ eine lineare Liesche Gruppe ist.

2) In ähnlicher Weise zeigt man, dass die orthogonalen Gruppen $O(n)$ und $SO(n)$ lineare Liesche Gruppen sind. Dies folgt auch aus folgendem Theorem, welches wir aber nicht beweisen:

Satz 3: (E. Cartan)
Jede abgeschlossene Untergruppe von $GL(n,K)$ ist eine lineare Liesche Gruppe.

Aus diesem Satz folgt, dass auch die unitären Gruppen $U(n)$ und $SU(n)$, sowie die symplektischen Gruppen $Sp(n)$ lineare Liesche Gruppen sind.

6. Die Liealgebra einer linearen Lieschen Gruppe

Es sei G eine lineare Liesche Gruppe und $\mathfrak{g}$ sei der Tangentialraum $T_e(G)$, e = Einselement von G . Es gilt der

Satz 4: Mit dem Multiplikationsgesetz

$$[X,Y] := X \cdot Y - Y \cdot X \ , \quad X, Y \in \mathfrak{g} \ ,$$

wobei der Punkt die Matrixmultiplikation bezeichnet, ist $\mathfrak{g}$ eine Liesche Algebra von linearen Transformationen.

<u>Beweis:</u> $\mathfrak{g}$ ist nach Definition ein Vektorraum. Das definierte Klammerprodukt ist offensichtlich bilinear, schief und erfüllt die Jacobi Identität. Es bleibt zu zeigen, dass mit $X,Y \in \mathfrak{g}$ auch $[X,Y]$ in $\mathfrak{g}$ enthalten ist. Nun sei

$$X = \frac{dA(\tau)}{d\tau}\bigg|_{\tau=0}, \quad A(\tau): \text{ Kurve in } G \text{ mit } A(0) = \mathbb{1},$$

$$Y = \frac{dB(\tau)}{d\tau}\bigg|_{\tau=0}, \quad B(\tau): \text{ " " " " } B(0) = \mathbb{1}.$$

Sei weiter

$$C(s) := A(\sqrt{s})\, B(\sqrt{s})\, A^{-1}(\sqrt{s})\, B^{-1}(\sqrt{s}).$$

Dies ist wieder eine Kurve in G mit $C(o) = \mathbb{1}$.

Jetzt bilden wir

$$\frac{d}{ds}C(s)\bigg|_{s=0} = \lim_{s \to 0} \frac{C(s)-\mathbb{1}}{s} = \lim_{s \to 0} \frac{1}{s}\left\{[A(\sqrt{s}),B(\sqrt{s})]A^{-1}(\sqrt{s})\,B^{-1}(\sqrt{s})\right\}$$

$$= \lim_{s \to 0} \left\{\left[\frac{A(\sqrt{s})-\mathbb{1}}{\sqrt{s}}, \frac{B(\sqrt{s})-\mathbb{1}}{\sqrt{s}}\right] A^{-1}(\sqrt{s})B^{-1}(\sqrt{s})\right\} = [X,Y]. \quad \square$$

Wir bestimmen jetzt die Lieschen Algebren einiger linearer Liescher Gruppen.

<u>1) $GL(n,\mathbb{R})$, $GL(n,\mathbb{C})$:</u>

Die zugehörigen Liealgebren bestehen aus allen reellen bzw. komplexen $n \times n$ Matrizen $gl(n,\mathbb{R})$, bzw. $gl(n,\mathbb{C})$. Tatsächlich ist für jedes $X \in gl(n,K)$ die Kurve $A(s) = \exp(sX)$ in $GL(n,K)$ mit $A(o) = \mathbb{1}$ und $dA(s)/ds\big|_{s=0} = X$.

2) Die spezielle lineare Gruppe $SL(n,K)$

Sei $A(s)$ eine Kurve in $SL(n,K)$ mit $X = \frac{d(A(s))}{ds}\Big|_{s=o}$ und $A(o) = \mathbb{1}$. Dann gilt [A_{ij} seien die Minoren zu A]

$$0 = \frac{d}{ds} \operatorname{Det} A(s)\Big|_{s=o} = \sum \frac{\partial}{\partial a_{ij}} (\operatorname{Det} A) \frac{d\, a_{ij}(o)}{ds}$$

$$= \sum A_{ij}(o)\, \dot{a}_{ij}(o) = \sum \delta_{ij}\, \dot{a}_{ij}(o) = \operatorname{Sp} X ,$$

Also ist notwendigerweise $\operatorname{Sp} X = 0$. Diese Bedingung ist aber auch hinreichend, denn $\exp(sX) \in GL(n,K)$ und $\operatorname{Det}(\exp(sX)) = \exp(s \cdot \operatorname{Sp} X) = 1$; also ist $\exp(sX) \in SL(n,K)$ mit X als Tangentialvektor bei $\mathbb{1}$. Die Liealgebra $s\ell(n,K)$ von $SL(n,K)$ ist demnach

$$s\ell\,(n,K) = \{ X \in gl(n,K) : \operatorname{Sp} X = 0 \}.$$

3) Die unitäre Gruppe $U(n)$

Sei $A(s)$ wieder eine einparametrige Kurve mit X als Tangentialvektor bei der Gruppeneins: $A(s)A(s)^* = \mathbb{1}$. Daraus folgt $X + X^* = 0$, also ist X notwendigerweise schiefhermitesch. Umgekehrt habe X diese Eigenschaft. Dann gilt

$$\exp(sX)(\exp sX)^* = \exp sX \exp sX^* = \exp sX \exp -sX = \mathbb{1} .$$

Die Liealgebra ist demnach

$$u(n) = \{ X \in gl(n,\mathbb{C}) : X + X^* = 0 \}.$$

4) Die spezielle unitäre Gruppe SU(n)

Die Liealgebra für diese Gruppe ist natürlich

$$su(n) = \{ X \in gl(n,\mathbb{C}) : X + X^* = 0 , \; Sp\, X = 0 \}.$$

Uebungsaufgabe: Bestimme die Liealgebren der orthogonalen und symplektischen Gruppen.

7. Die Exponential-Darstellung

Im folgenden sei G eine lineare Liesche Gruppe, f eine Parametrisierung von G um das Einselement mit $f(0) = \mathbb{1} \equiv e$, und $\mathfrak{g}$ sei die Liealgebra zu G.

Wir beginnen mit einer Vorbemerkung: Der Tangentialraum $T_{a_0}(G)$ bei $a_0 \in G$ ist $a_0 \cdot \mathfrak{g}$. Dies sieht man so: Eine Kurve $a(t)$ durch a_0 $(a(0) = a_0)$ geht durch Linksmultiplikation mit a_0^{-1} in eine Kurve $b(t) = a_0^{-1} a(t)$ durch e über mit $b(o) = e$. Der Tangentialraum $T_{a_0}(G)$ besteht aus der Menge der Vektoren

$$\frac{d}{dt} a(t)\Big|_{t=o} = \frac{d}{dt}(a_0 \cdot b(t)) = a_0 \frac{d}{dt} b(t)\Big|_{t=o} \in a_0 \cdot \mathfrak{g} .$$

Wir stellen nun die Frage: Wie konstruiert man G aus $\mathfrak{g}$? Die bisherigen Beispiele legen es nahe, dass dies durch die Exponentialabbildung geschehen könnte. Tatsächlich werden wir zeigen, dass jedenfalls lokal G und $\exp \mathfrak{g}$ "übereinstimmen".

Satz 5: Aus $X \in \mathfrak{g}$ folgt $\exp(tX) \in G$ für alle $t \in \mathbb{R}$.

Beweis: Die Kurve $A(t) := \exp(tX)$ ist durch die Differentialgleichung

$$\dot{A}(t) = A(t)\, X$$

mit der Anfangsbedingung $A(o) = \mathbb{1}$ charakterisiert. Falls gezeigt werden kann, dass die Gleichung für kleine t in G gelöst werden kann, dann impliziert die Eindeutigkeit der Lösung, dass für kleine t $\exp(tX)$ in G ist. Wegen des Gruppencharakters von G ist dann aber $\exp(tX) \in G$ für alle $t \in \mathbb{R}$.

Nun zeigen wir, dass für kleine t eine Lösung in G existiert. Da $AX \in T_A(G)$, $A \in G$, definiert die Zuordnung $A \longmapsto AX$ ein Vektorfeld auf G. Für dieses existiert eine Integralkurve $B(t) \in G$ durch $\mathbb{1}$: $\dot{B}(t) = B(t)\, X$ für genügend kleine t und $B(o) = \mathbb{1}$. Die Existenz (und Eindeutigkeit) dieser Integralkurve in der Nähe von $\mathbb{1}$ sieht man so: Man wähle eine Parametrisierung f in der Umgebung der Gruppeneins und schreibe die Differentialgleichung im Parameterraum. Dort erhalten wir eine Differentialgleichung der Art wie sie in § 2.1 studiert wurden. Wir wissen, dass diese für kleine t eine (eindeutige) Lösung hat. □

Die bewiesene Aussage (Satz 5) bedeutet $\exp \mathfrak{g} \subset G$. Nun ist Rang $(D \exp_o) = \dim \mathfrak{g} = \dim G$. Deshalb ist die Abbildung exp ein Diffeomorphismus von einer Umgebung V von Null in $\mathfrak{g}$ auf eine Umgebung U von $\mathbb{1}$ in G. Dieses Resultat wollen wir als Satz festhalten.

Satz 6: Die Exponentialabbildung exp bildet die Liealgebra $\mathfrak{g}$ einer linearen Lieschen Gruppe G in die Gruppe G ab. Lokal vermittelt exp einen Diffeomorphismus zwischen einer Umgebung V von 0 in $\mathfrak{g}$ und einer Umgebung U von $\mathbb{1}$ in G . exp ist also eine Parametrisierung *) von G um $\mathbb{1}$.

Die Parametrisierung exp ist analytisch. Durch Linkstranslation erhalten wir für jeden Punkt von G eine analytische Parametrisierung. Daraus folgt der

Satz 7: Jede lineare Liesche Gruppe ist eine analytische lineare Gruppe.

Eine einparametrige Untergruppe $A(s) : A(s_1)\, A(s_2) = A(s_1+s_2)$, ist von der Form $A(s) = \exp(sX)$, $X \in \mathfrak{g}$, denn dies ist die eindeutige Lösung der Funktionalgleichung für $A(s)$. Umgekehrt ist jedes $A(s)$ von dieser Form eine einparametrige Untergruppe. Lokal überdecken diese die Gruppe G . In den kanonischen Koordinaten 1. Art entspricht einer 1-parametrigen Untergruppe eine Gerade $s \longmapsto (sa_1, \ldots, sa_k)$.

---

*) Führen wir durch $X_1, \ldots, X_k$ eine Basis in $\mathfrak{g}$ ein, so ist die Abbildung $f : \mathbb{R}^k \longrightarrow G$, definiert durch $f(x_1, \ldots, x_k) = \exp\left(\sum_{i=1}^{k} x_i X_i\right)$ eine Parametrisierung um $\mathbb{1} \in G$. Die Koordinaten $(x_1, \ldots, x_k)$ nennt man kanonische Koordinaten 1. Art bezüglich der Basis $X_1, \ldots, X_k$.

8. Homomorphismen von Liegruppen und Liealgebren

Def.: Es seien G und G' zwei lineare Liesche Gruppen. Eine differenzierbare Abbildung $\varphi: G \longrightarrow G'$ ist ein Homomorphismus von G nach G' falls für alle $a,b \in G$:

$$\varphi(a\,b) = \varphi(a)\,\varphi(b).$$

Ist φ ein Diffeomorphismus und ein Homomorphismus, dann ist φ ein Isomorphismus.

Def.: Es seien $\mathfrak{g}$ und $\mathfrak{g}'$ zwei Liealgebren. Eine lineare Abbildung L von $\mathfrak{g}$ nach $\mathfrak{g}'$ ist ein Liealgebren Homomorphismus falls für beliebige Elemente $X,Y \in \mathfrak{g}$ gilt

$$L([X,Y]) = [L(X),L(Y)]\,.$$

Ist L bijektiv, dann ist L ein Liealgebren Isomorphismus.

Wir betrachten jetzt einen Homomorphismus $\varphi: G \longrightarrow G'$ zwischen zwei linearen Lieschen Gruppen G und G' mit Liealgebren $\mathfrak{g}$ und $\mathfrak{g}'$. φ induziert eine lineare Abbildung $T_e(\varphi): \mathfrak{g} \longrightarrow \mathfrak{g}'$. Wir zeigen, dass $T_e(\varphi)$ ein Liealgebren Homomorphismus ist. Nun gilt mit den Bezeichnungen in Abschnitt 6

$$T_e\varphi([X,Y]) = \frac{d}{ds}\Big|_{s=o} \varphi(C(s)) =$$

$$= \frac{d}{ds}\Big|_{s=o} \left\{ \varphi(A(\sqrt{s}))\ \varphi(B(\sqrt{s}))\ \varphi^{-1}(A(\sqrt{s}))\ \varphi^{-1}(B(\sqrt{s})) \right\}.$$

Ferner ist

$$\left.\frac{d}{ds}\right|_{s=0} \varphi(A(s)) = T_e\varphi(X) ,$$

$$\left.\frac{d}{ds}\right|_{s=0} \varphi(B(s)) = T_e\varphi(Y) .$$

Die Rechnung in Abschnitt 6 zeigt deshalb, dass

$$T_e\varphi([X,Y]) = [T_e\varphi(X), T_e\varphi(Y)] .$$

Wir formulieren das wichtige Ergebnis im folgenden

Satz 8: Sei $\varphi: G \longrightarrow G'$ ein Homomorphismus zwischen linearen Lieschen Gruppen G und G', dann induziert die Tangentialabbildung $T_e\varphi$ beim Einselement von G einen Homomorphismus $T_e\varphi: \mathfrak{g} \longrightarrow \mathfrak{g}'$ zwischen den zugehörigen Lieschen Algebren.

Lokal kann man in einem gewissen Sinne die Umkehrung zeigen. Wir wollen aber hier nicht näher darauf eingehen.

In der Quantenmechanik spielt auch der Begriff einer Darstellung eine Rolle.

Def.: Eine Darstellung einer Lieschen Gruppe G ist ein Homomorphismus $\varphi: G \longrightarrow GL(n,K)$, $K = \mathbb{R}, \mathbb{C}$. n ist die Dimension der Darstellung. Analog ist eine Darstellung einer Lieschen Algebra $\mathfrak{g}$ ein Homomorphismus $\rho: \mathfrak{g} \longrightarrow \mathfrak{gl}(n,K)$. n ist die Dimension der Darstellung.

Nach Satz 8 induziert jede Darstellung einer Liegruppe eine Darstellung der zugehörigen Liealgebra.

9. Liesche Transformationsgruppen

Dieser Abschnitt ist besonders wichtig für § 8.3.

Def. Es sei G eine lineare Liesche Gruppe und M eine Mannigfaltigkeit in $\mathbb{R}^n$. Die Gruppe G ist eine Liesche Transformationsgruppe von M, falls eine differenzierbare Abbildung $\tau : G \times M \longrightarrow M$ gegeben ist mit den Eigenschaften

(i) $\tau_{g_1} \circ \tau_{g_2} = \tau_{g_1 g_2}$, wo $\tau_g(x) := \tau(g,x)$

(ii) $\tau_e = \mathrm{Id}$.

Die Abbildung $\tau_g : M \longrightarrow M$ ist natürlich differenzierbar. Da ferner $\tau_g \circ \tau_{g-1} = \mathrm{Id}$ ist τ_g ein Diffeomorphismus von M.

Sei $\mathfrak{g}$ die Liealgebra zu G. Zu $X \in \mathfrak{g}$ betrachten wir die 1-parametrige Untergruppe $A(s) = \exp(sX)$. Dann ist $s \longmapsto \tau_{A(s)}$ eine 1-parametrige Gruppe von Transformationen von M. Das zugehörige Vektorfeld *) bezeichnen wir mit X^*. Durch die Zuordnung $X \longmapsto -X^*$ ist eine Abbildung $\rho : \mathfrak{g} \longrightarrow \mathfrak{X}(M)$ von $\mathfrak{g}$ in die Menge der Vektorfelder über M definiert.

In $\mathfrak{X}(M)$ definieren wir das Klammerprodukt zwischen zwei Vektorfeldern X und Y wie folgt: Sei $x \in M$ und f eine Parametrisierung von M um den Punkt x. ξ und η

*) Ist Φ_t eine 1-parametrige Transformationsgruppe (G ist in der obigen Def. die Gruppe $\mathbb{R}$). Das zugehörige Vektorfeld ist so definiert: $X(x) = \frac{d}{dt} \Phi_t(x)\big|_{t=0}$.

seien die Repräsentanten von X und Y. Das Klammerprodukt $[\xi, \eta]$ wurde bereits in §7.1 definiert. Dieses sei definitionsgemäss der Repräsentant *) von $[X,Y]$. Mit dem so erklärten Klammerprodukt wird $\mathfrak{X}(M)$ eine Liealgebra. Nun beweisen wir den

Satz 9: Mit den obigen Bezeichnungen ist $\rho : \mathfrak{g} \longrightarrow \mathfrak{X}(M)$ ein Liealgebren Homomorphismus.

Beweis: Wir wählen einen beliebigen Punkt $x \in M$ und betrachten die Abbildung $g \longmapsto \psi_x(g) := \tau_g(x)$ von G nach M. Nach Voraussetzung ist dies eine diffb. Abbildung. Der Vektor $X^*(x)$ ist der Tangentialvektor an die Kurve $s \longmapsto \psi_x(A(s))$ an der Stelle $s = 0$, d.h.

$$X^*(x) = T_e(\psi_x) \cdot X . \tag{1}$$

Daraus folgt

$$(X+Y)^*(x) = T_e(\psi_x) \cdot (X+Y) = X^*(x) + Y^*(x)$$

und ebenso $(\lambda X)^*(x) = \lambda X^*(x)$. Da der Punkt x beliebig ist, ist damit die Linearität von ρ bewiesen. Es bleibt zu zeigen, dass $-[X,Y]^* = [X^*,Y^*]$ ist. Um dies einzusehen, benutzen wir die folgende Formel, die wir weiter unten beweisen

$$[X^*,Y^*](x) = \lim_{s \to 0} \frac{1}{s} \left\{ Y^*(x) - (\tau_{A(s)*} Y^*)(x) \right\} . \tag{2}$$

Nun ist (siehe den Abschnitt 4)

$$(\tau_{A(s)*} Y^*)(x) = T_{A^{-1}(s) \cdot x} (\tau_{A(s)}) \cdot Y^* (A^{-1}(s) \cdot x) ,$$

---

*) Zeige, dass diese Def. unabhängig von der Parametris. ist.

wobei wir die Operation der Gruppe auf M durch einen Punkt angedeutet haben: $\tau_g(x) \equiv g\cdot x$.

Nach (1) ist dies

$$(\tau_{A(s)*}\overset{*}{Y})(x) = T_{A^{-1}(s)\cdot x}(\tau_{A(s)})\, T_e(\phi_{A^{-1}(s)\cdot x})\cdot Y$$

$$= T_e(\tau_{A(s)} \circ \phi_{A^{-1}(s)\cdot x})\cdot Y \quad . \tag{3}$$

Nun benutzen wir

$$(\tau_{A(s)} \circ \phi_{A^{-1}(s)\cdot x})\,(g) = \tau_{A(s)}(\tau_g(A^{-1}(s)\cdot x))$$

$$= \tau_{A(s)\cdot g}\,(A^{-1}(s)\cdot x) = \tau_{A(s)g\,A^{-1}(s)}(x)$$

$$= \phi_x\,(A(s)\,g\,A^{-1}(s)) = (\phi_x \circ \Phi_s)\,(g) \;, \tag{4}$$

wo Φ_s die Abbildung $g \longmapsto A(s)g\,A^{-1}(s)$ bezeichnet.

Nach der Kettenregel ist deshalb die rechte Seite von (3)

$$(\tau_{A(s)*}\overset{*}{Y})(x) = T_e(\phi_x \circ \Phi_s)\; Y = T_e(\phi_x)\; T_e(\Phi_s)\; Y \tag{5}$$

Mit (1) und (5) wird aus (2)

$$[\overset{*}{X},\overset{*}{Y}](x) = \lim_{s \to 0}\; \frac{1}{s}\, T_e(\phi_x)\left\{Y - T_e(\Phi_s)\cdot Y\right\} . \tag{6}$$

Nun benötigen wir $T_e(\Phi_s)\,Y$. Dies ist nach Definition der Tangentialabbildung

$$T_e(\Phi_s)\cdot Y = \frac{d}{d\tau}\,\Phi_s(B(\tau))\Big|_{\tau=0} \;,\; B(0) = 1 \;,\; \frac{dB(\tau)}{d\tau} = Y$$

und $B(\tau)$ eine Kurve in G . Dies bedeutet

$$T_e(\Phi_s)\cdot Y = \frac{d}{d\tau}\, A(s)\; B(\tau)\; A^{-1}(s)\Big|_{\tau=0} = A(s)\; Y\; A^{-1}(s), \tag{7}$$

Setzen wir dies in (6) ein, so kommt

$$[X^*,Y^*](x) = - T_e(\psi_x) \frac{d}{ds} A(s)\, YA^{-1}(s)\Big|_{s=o} = - T_e(\psi_x)([X,Y]).$$

Mit (1) beweist dies $[X^*,Y^*] = - [X,Y]^*$,

d.h. $\wp$ ist ein Liealgebren Homomorphismus.

Wir müssen noch die Richtigkeit von (2) zeigen. Dazu beweisen wir den

<u>Satz 10:</u> Es seien X und Y Vektorfelder auf einer Mannigfaltigkeit M im $\mathbb{R}^n$ und es sei Φ_t der Fluss zu X. Dann gilt

$$[X,Y](p) = \lim_{t \to o} \frac{1}{t}\left\{Y(p) - (\Phi_{t*}Y)(p)\right\}. \tag{8}$$

<u>Beweis:</u> Wir wählen eine Parametrisierung $f\colon V \subset \mathbb{R}^r \longrightarrow M$ ($r = \dim M$) einer Umgebung von $p \in M$ mit $p = f(a)$. Die Repräsentanten von X und Y in $\mathbb{R}^k$ seien ξ und η. $[X(f(x)) = Df(x) \cdot \xi(x)$, etc.$]$. φ_t sei der Fluss zu ξ . Natürlich gilt $\Phi_t\,(f(x)) = f(\varphi_t(x))$. Die linke Seite von (8) ist nach Def.

$$[X,Y](p) = Df(a) \cdot [\xi,\eta]\,(a).$$

Für die rechte Seite gilt

$$\lim_{t \to o} \frac{1}{t}\left\{Y(p) - (\Phi_{t*}Y)(p)\right\} = \lim_{t \to o} \frac{1}{t}\Big\{ Df(a). \eta(a) -$$

$$- Df(a) \cdot (\varphi_{t*}\eta)(a)\Big\} = Df(a) \lim_{t \to o}\left\{\eta(a) - (\varphi_{t*}\eta)(a)\right\}.$$

Es bleibt also zu zeigen, dass die Gleichung (8) im Parameterraum gilt:

$$[\xi,\eta](a) = \lim_{t \to o} \frac{1}{t}\left\{\eta(a) - (\varphi_{t*}\eta)(a)\right\}. \tag{9}$$

Nun ist nach Definition

$$(\varphi_{t*}\eta)(a) = D\varphi_t(\varphi_t^{-1}(a)) \cdot \eta(\varphi_t^{-1}(a)). \tag{10}$$

Die rechte Seite von (10) hat die Struktur $A_t\, v_t$ mit $A_o = \mathbb{1}$. Wir haben folgendes zu betrachten:

$$\lim_{t\to o} \frac{1}{t}(v_o - A_t v_t) = \lim_{t\to o} \left\{ \frac{1}{t}(v_o - v_t) - \frac{1}{t}(A_t - \mathbb{1})\, v_t \right\}$$

$$= - \frac{dv_t}{dt}\bigg|_{t=o} - \frac{dA_t}{dt}\bigg|_{t=o} \cdot v_o \ .$$

In unserem Falle ist $v_t = \eta(\varphi_t^{-1}(a)) = \eta(\varphi_{-t}(a))$.

Folglich ist nach der Kettenregel

$$- \frac{dv_t}{dt}\bigg|_{t=o} = \frac{d}{dt}\eta(\varphi_t(a))\bigg|_{t=o} = D\eta(a) \cdot \xi(a).$$

Ferner ist $A_t = D\varphi_t(\varphi_t^{-1}(a))$, $v_o = \eta(a)$.

Deshalb

$$\frac{dA_t}{dt}\bigg|_{t=o} = \frac{d}{dt} D\varphi_t(a)\bigg|_{t=o} + \frac{d}{dt} \underbrace{D\varphi_o(\varphi_{-t}(a))}_{\mathbb{1}}\bigg|_{t=o}$$

$$= D\left(\frac{\partial \varphi_t}{\partial t}\bigg|_{t=o}\right)(a) = D\xi(a) \ .$$

Insgesamt erhalten wir für die rechte Seite von (9)

$$D\eta(a) \cdot \xi(a) - D\xi(a) \cdot \eta(a) \ .$$

Die i^{te} Komponente davon ist $(\xi_j \eta_{i,j} - \eta_j \xi_{i,j})$, und dies ist in der Tat die i^{te} Komponente von $[\xi, \eta]$ (siehe (7.13)).

Satz 11: Es sei Φ_t der Fluss zu einem Vektorfeld X auf der Mannigfaltigkeit M in $\mathbb{R}^n$ und $\psi: M \to M$ sei ein Diffeomorphismus. Dann ist $\psi \circ \Phi_t \circ \psi^{-1}$ der Fluss zum Vektorfeld $\psi_* X$.

Beweis: Das Vektorfeld Y zur (lokalen) 1-parametrigen Transformationsgruppe $\psi \circ \Phi_t \circ \psi^{-1}$ ist gegeben durch (siehe die Abschnitte 3 und 4)

$$Y(\psi(x)) = \frac{d}{ds}\Big|_{s=0} (\psi \circ \Phi_s \circ \psi^{-1})(\psi(x)) = \frac{d}{ds}\Big|_{s=0} \psi \circ \Phi_s(x) =$$

$$= T_x\psi \, . \, X(x) = (\psi_* X)(\psi(x)) \, . \quad \square$$

Satz 12: Mit den Bezeichnungen von Satz 11 ist $\psi_* X = X$ genau dann, wenn $\psi \circ \Phi_t \circ \psi^{-1} = \Phi_t$ ist.

Beweis: Aus Satz 11 folgt, dass $\psi \circ \Phi_t \circ \psi^{-1} = \Phi_t$ die Aussage $\psi_* X = X$ impliziert. Gilt umgekehrt $\psi_* X = X$, so beweisen wir $\psi \circ \Phi_t = \Phi_t \circ \psi$. Dazu wenden wir beide Seiten dieser Gleichung auf einen festen Punkt x an und zeigen, dass beide Seiten dieselbe Differentialgleichung in t erfüllen. Da für $t = 0$ beide Seiten übereinstimmen, folgt dann die Behauptung. Nun erfüllt $\alpha_1(t) := \psi(\Phi_t(x))$ die Gleichung

$$\dot{\alpha}_1(t) = T_{\Phi_t(x)}\psi \; \frac{d}{dt}\Phi_t(x) \, ,$$

oder, wegen

$$\frac{d}{dt}\Phi_t(x) = \frac{d}{ds}\Big|_{s=0} \Phi_{t+s}(x) = \frac{d}{ds}\Big|_{s=0} \Phi_s(\Phi_t(x)) = X(\Phi_t(x)) \, ,$$

auch

$$\dot{\alpha}_1(t) = T_{\phi_t(x)}\psi \cdot X(\phi_t(x)) = (\psi_* X)(\psi(\phi_t(x))) = X(\psi(\phi_t(x))),$$

oder

$$\dot{\alpha}_1(t) = X(\alpha_1(t)) .$$

Anderseits gilt für $\alpha_2(t) := \phi_t(\psi(x))$

$$\dot{\alpha}_2(t) = X(\phi_t(\psi(x))) = X(\alpha_2(t)) . \quad \square$$

<u>Satz 13:</u> Es seien X und Y Vektorfelder auf einer Mannigfaltigkeit M in $\mathbb{R}^n$, welche lokale 1-parametrige Transformationsgruppen ϕ_t und ψ_t erzeugen. Dann ist $\phi_t \circ \psi_s = \psi_s \circ \phi_t$ für alle $t,s \in \mathbb{R}$ äquivalent zur Gleichung $[X,Y] = 0$.

<u>Beweis:</u> Wir zeigen nur eine Richtung dieses Satzes vollständig. Aus $\phi_t \circ \psi_s = \psi_s \circ \phi_t$ für alle s,t folgt nach Satz 12 $(\phi_t)_* Y = Y$ für alle $t \in \mathbb{R}$. Nach Satz 10 folgt daraus $[X,Y] = 0$. Umgekehrt kann man mit Hilfe von Satz 10 zeigen, dass aus $[X,Y] = 0$ für alle t die Gleichung $(\phi_t)_* Y = Y$ folgt (Uebung). Dies impliziert nach Satz 12 auch $\phi_t \circ \psi_s = \psi_s \circ \phi_t$ für alle s,t. $\square$

Die folgenden Bemerkungen werden beim <u>Kreisel</u> eine Rolle spielen.

Wir betrachten eine lineare Liesche Gruppe G mit Liealgebra $\mathfrak{g}$. Bezüglich der Linksmultiplikation $g \longrightarrow L_g$: $L_g(h) = g\,h$, $g,h \in G$, ist G eine Liesche Transformationsgruppe von G, da $L_{g_1 g_2} = L_{g_1} L_{g_2}$ und $L_e = \mathrm{Id}$. Mit R_g bezeichnen wir die Rechtsmultiplikation: $R_g(h) = hg$.

Nun sei $X \in \mathfrak{g}$ und $A(s) = \exp(sX)$ die zugehörige 1-parametrige Untergruppe von G. Ferner betrachten wir die 1-parametrige Gruppe $L_{A(s)}$ von Transformationen von G. Das zugehörige Vektorfeld bezeichnen wir wie auf Seite 369 mit X^*. X^* ist <u>rechtsinvariant:</u> $(R_g)_* X^* = X^*$, denn $R_g L_{A(s)} = L_{A(s)} R_g$ und die Behauptung folgt aus Satz 12. Ferner ist $X \longmapsto -X^*$ nach Satz 9 ein Liealgebren Homomorphismus; d.h. $X \longmapsto X^*$ ist ein Liealgebren <u>Anti</u>homomorphismus (d.h. $[X,Y]^* = -[X^*,Y^*]$).

Entsprechende Aussagen erhält man durch Vertauschen von links mit rechts. Man muss aber auf Vorzeichen aufpassen. Da

$$R_{g_1 g_2} = R_{g_2} R_{g_1}$$

(beachte die Reihenfolge rechts!) erhält man durch $\tau_g := R_{g^{-1}}$ eine Realisierung von G (in G !). Das Vektorfeld zu $\tau_{A(s)}$ sei $\tilde{X}$. Dieses ist <u>linksinvariant</u> und die Zuordnung $X \longmapsto \tilde{X}$ ist wieder ein Homomorphismus von Lieschen Algebren. Dies bedeutet: Ist $X^\#$ das Vektorfeld zur 1-parametrigen Transformationsgruppe $R_{A(s)}$, so ist (da $X^\# = -\tilde{X}$) $X^\#$ linksinvariant und $X \longmapsto X^\#$ ist ein Liealgebren Homomorphismus. Wir fassen das Resultat schematisch zusammen:

$$X \in \mathfrak{g} \longmapsto A(s) = \exp sX \;; \qquad (11)$$

$$\begin{array}{cc} L_{A(s)}, & R_{A(s)} \\ \downarrow & \downarrow \\ X^* & X^\# \end{array}, \quad X^* \text{ rechtsinvariant}, \; X^\# \text{ linksinvariant};$$

$X \longmapsto X^*$: Antihomom., $X \longmapsto X^\#$; Homom.

Da $L_g \circ R_h = R_h \circ L_g$ vertauschen nach Satz 13 die Vektorfelder X^* und $Y^\#$

$$[X^*, Y^\#] = 0 . \tag{12}$$

[In der hier verwendeten Richtung wurde der Satz 13 bewiesen].

Sei X_i eine Basis von $\mathfrak{g}$. Da $\mathfrak{g}$ eine Liealgebra ist, können wir schreiben

$$[X_i, X_j] = \sum_k c_{ij}^k X_k , \tag{13}$$

Nach dem Gesagten gilt

$$[X^*_i, X^*_j] = - \sum c_{ij}^k X_k^*$$

$$[X_i^\#, X_j^\#] = + \sum c_{ij}^k X_k$$

$$[X_i^*, X_j^\#] = 0 , \tag{14}$$

Aus diesen Vertauschungsrelationen werden sich in §11.5 die Poissonklammern für die körperfesten und die raumfesten Drehimpulse beim Kreisel ergeben. Beachte den Vorzeichenwechsel von der ersten zur zweiten Zeile.

*   *   *

ANHANG III. BERECHNUNG DER INTEGRALE (10.100).

Als Beispiel führen wir die Berechnung von

$$J = \oint \sqrt{2m(E + \frac{k}{r}) - \alpha_\vartheta^2/r^2}\, dr \tag{1}$$

für $E < 0$ vor. Mit den Abkürzungen

$$A = 2mE < 0 \quad , \quad B = mk \quad , \quad C = \alpha_\vartheta^2 \tag{2}$$

ist

$$J = \oint \sqrt{A + 2\frac{B}{r} - \frac{C}{r^2}}\, dr \; .$$

Der Radikand hat positiv reelle Nullstellen $r_1 < r_2$ und ist in $r_1 < r < r_2$ positiv ($A < 0$!). Das Integral erstreckt sich von r_1 nach r_2 und zurück. Auf dem ersten Wegstück ($r_1 \longrightarrow r_2$) ist $p_r = m\dot{r} > 0$, also das positive Zeichen der Wurzel zu nehmen. Beim Rückweg hat man hingegen das negative Vorzeichen zu wählen.

Der Integrand

$$f(r) := \sqrt{A + 2\frac{B}{r} - \frac{C}{r^2}} = \frac{1}{r}\sqrt{A(r-r_1)(r-r_2)} \tag{3}$$

hat in r_1 und r_2 Verzweigungspunkte 1. Ordnung. Schneiden wir die komplexe r-Ebene längs des Intervalls $[r_1, r_2]$ der reellen Achse auf, dann ist $f(r)$ eindeutig. Wir setzen die Wurzel auf dem unteren Ufer des Schnittes als positiv voraus. Um zum oberen Ufer zu gelangen, müssen wir einen Verzweigungspunkt umgehen und somit ist die Wurzel auf dem oberen Ufer negativ. J ist also das Integral von f längs des gesamten Randes des Schnittes in positiver Richtung und also auch gleich dem Wegintegral von f über γ der Figur:

$$J = \int_\gamma f(r)\, dr \; . \tag{4}$$

Der einfache Pol bei $r = 0$ muss dabei im Aeusseren von γ liegen.

In der Nähe von $r = 0$ und $r = \infty$ haben wir

$$f(r) = \frac{\sqrt{-C}}{r}\left(1 - \frac{B}{C} r + \ldots\right), \quad \sqrt{-C}: \text{ negativ imaginär}, \tag{5}$$

bzw.

$$f(r) = \sqrt{A}\left(1 + \frac{B}{A}\frac{1}{r} + \ldots\right), \quad \sqrt{A}: \text{ positiv imaginär}. \tag{6}$$

Nach dem Cauchyschen Satz ist das Wegintegral (4) gleich der Summe der Wegintegrale längs Γ um den Punkt ∞ und über den Weg ℓ, der um $r = 0$ herumführt, mit den in der Figur angegebenen Orientierungen. Folglich gilt mit (5), (6) und (2)

$$J = 2\pi i \left[\frac{B}{\sqrt{-A}} - \sqrt{-C}\right]$$

$$= 2\pi \left[\frac{mk}{\sqrt{-2mE}} - \alpha_\vartheta\right].$$

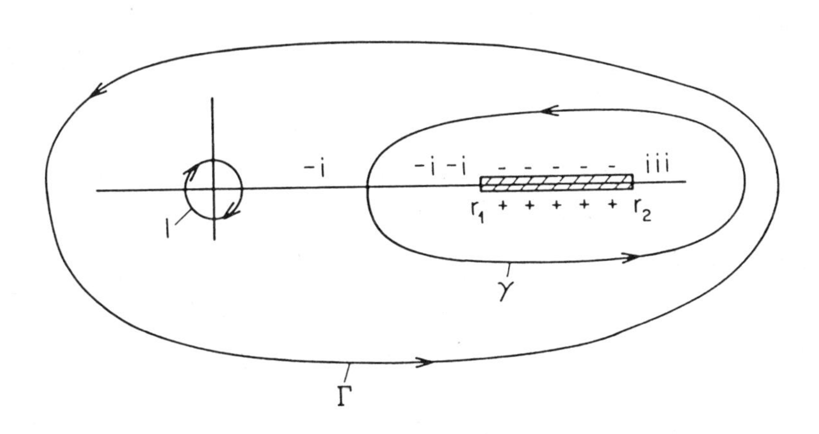

*   *   *

UEBUNGEN

1. Relativ zu einem starren Bezugssystem sei die physikalische Längenmessung erklärt. Beschreibe einen (oder mehrere) Test, welcher überprüfen soll, ob der Euklidische Raum ein gutes Modell für den physikalischen Raum ist.

2. Ein Zentralfeld-Potential $V(r)$ sei homogen vom Grade d,

$$V(\lambda r) = \lambda^d V(r) \quad \text{für alle } \lambda > 0 .$$

Zeige, dass mit einer Bahn γ auch die dilatierte Kurve $\lambda\gamma$ eine Bahn ist. Bestimme das Verhältnis der Durchlaufszeiten der beiden Bahnen. Leite daraus die Isochronzität des Pendels und das dritte Keplersche Gesetz her.

3. Betrachte ein geladenes Teilchen (Masse m, Ladung e) im homogenen Magnetfeld $\underline{B}$, auf welches zusätzlich ein homogenes Gravitationsfeld wirken möge. Der Vektor $\underline{g}$ der Schwerebeschleunigung stehe senkrecht auf $\underline{B}$.
Durch eine geeignete Transformation auf ein gleichförmig bewegtes Bezugssystem transformiere man das $\underline{g}$-Feld weg. Wie muss man die Relativgeschwindigkeit (Driftgeschwindigkeit) wählen ?

4a) Für eine ebene Bewegung $\underline{x}(t)$ leite man die folgenden Gleichungen ab

$$\dot{\underline{x}} = \dot{r}\,\underline{e}_r + r\dot{\varphi}\,\underline{e}_\varphi$$

$$\ddot{\underline{x}} = (\ddot{r} - r\dot{\varphi}^2)\,\underline{e}_r + \frac{1}{r}\frac{d}{dt}(r^2\dot{\varphi})\,\underline{e}_\varphi ,$$

wobei (r,φ) die Polarkoordinaten von $\underline{x}(t)$ sind und $\underline{e}_r$, $\underline{e}_\varphi$ die radialen und azimutalen Einheitsvektoren bezeichnen.

4b) Im Ring $\{r_0 \leq r \leq R\ ,\ 0 \leq \varphi < 2\pi\}$ sei das Kraftfeld $\underline{F} = a\,\frac{r}{R}\,\underline{e}_\varphi$ (a=const) gegeben. Suche Lösungen der zugehörigen Bewegungsgleichungen.

5. Betrachte die Bewegung eines geladenen Teilchens (Masse m, Ladung e) im Feld eines (hypothetischen) magnetischen Monopols mit dem Magnetfeld $\underline{B} = (g/r^2)\,\underline{e}_r$. Zeige zunächst, dass

$$\underline{x}^2(t) = v^2 t^2 + d^2\ ,\quad v = \text{const},\ d = \text{kleinster Abstand vom Monopol.}$$

Beweise sodann, dass der übliche Bahndrehimpuls $\underline{L} = m\,\underline{x} \wedge \dot{\underline{x}}$ nicht erhalten ist, wohl aber

$$\underline{J} = \underline{L} - eg\,\underline{e}_r\ .$$

Schliesse daraus, dass sich das Teilchen auf einem Kegel bewegt. Beschreibe diesen, insbesondere seinen Oeffnungswinkel.

6. Das folgende dynamische System stellt ein einfaches Räuber-Beute Modell (ohne "soziale Reibungsterme") dar:

$$\dot{x} = (\alpha - \beta y)\,x$$

$$\dot{y} = (\delta x - \gamma)\,y\ ,\qquad \alpha, \beta, \gamma, \delta > 0\ .$$

Skizziere das zugehörige Vektorfeld, sowie das Phasenportrait.

7a. Man betrachte das dynamische System:

$$\dot{r} = f(r)\ ,\quad \dot{\varphi} = -1\ ,\quad (0 \leq r < \infty\ ,\quad 0 \leq \varphi < 2\pi),$$

mit dem Vektorfeld $X(r,\varphi) = (f(r), -1)$.

Berechne das transformierte Vektorfeld $\psi_* X$ unter der Transformation

$$\psi : (r,\varphi) \longmapsto (x_1 = r\cos\varphi,\ x_2 = r\sin\varphi)\ .$$

7b. Nun sei speziell $f(r) = r(1-r^2)$. Skizziere das Phasen portrait von $\psi_* X$. Welche Gleichgewichtspunkte hat das transformierte Vektorfeld ? Welche Rolle spielt der Kreis $x_1^2 + x_2^2 = 1$?

8. Ausgehend von den Newtonschen Bewegungsgleichungen für ein System von Massenpunkten,

$$\ddot{\underline{x}}_i = - \sum_{j \neq i} \frac{Gm_j(\underline{x}_i - \underline{x}_j)}{|\underline{x}_i - \underline{x}_j|^3} ,$$

leite man folgende Beziehung ab:

$$\tfrac{1}{2} \ddot{I} = 2\,T + V .$$

Dabei ist T die kinetische Energie, V die potentielle Energie und I das Trägheitsmoment:

$$I = \sum m_i \, \underline{x}_i^2 .$$

9. Man beweise, dass die Gravitationskraft ausserhalb einer Kugel mit kontinuierlicher kugelsymmetrischer Massenverteilung gleich ist der Kraft eines im Kugelmittelpunkt gedachten Massenpunktes, dem als Masse die Gesamtmasse der Kugel zugeordnet wird (Satz von Newton).

10. Zeige, dass für ein Teilchen im Coulomb-Potential $V(r) = -\alpha/r$ der Lenzsche Vektor

$$\frac{\underline{p} \wedge \underline{L}}{\alpha m} - \frac{\underline{x}}{r}$$

erhalten ist.

11. Ein Doppelstern werde (der Einfachheit halber) in der Bahnebene beobachtet. Der Winkel zwischen der Beobachtungsrichtung und der Richtung zum Perizentrum sei $\pi/2-\omega$. Man zeige, dass die Komponente der Geschwindigkeit des Sterns 1 in der Beobachtungsrichtung als Funktion des Bahnazimuts φ (gemessen von der Richtung zum Perizentrum) folgendermassen variiert:

$$v_{beob} = v_1 \,[\varepsilon \cos \omega + \cos(\varphi+\omega)] \qquad (\varepsilon : \text{Exzentrizität}),$$

mit

$$v_1 = \frac{G^{\frac{1}{2}} m_2}{[(m_1+m_2)a(1-\varepsilon^2)]^{\frac{1}{2}}} .$$

Zeige, dass

$$f_1 := \frac{m_2^3}{(m_1+m_2)^2} = \frac{T}{2\pi G}(1-\varepsilon^2)^{3/2} v_1^3 ,$$

wo T die Umlaufsperiode ist, sowie

$$v_1 = \frac{2\pi}{T} \frac{a_1}{(1-\varepsilon^2)^{\frac{1}{2}}} \quad (a_1\text{: grosse Halbachse von Stern 1}).$$

Was kann man aus den Messungen von V_{beob} eines Sterns (mit dem Doppler-Effekt) grundsätzlich bestimmen ?

12. Betrachte einen Massenpunkt in einem zentralsymmetrischen Potential $V(r) = -\alpha/r+\delta V(r)$, wobei $\delta V(r)$ eine kleine Störung des Newtonschen Potentials ist (Abplattung der Sonne, allgemein relativistische Korrektur, etc.) Dies hat zur Folge, dass die Bahn bei beschränkter Bewegung nicht mehr geschlossen ist und sich das Perihel der Bahn bei jedem Umlauf um den kleinen Winkel $\delta\varphi$ verschiebt. Berechne $\delta\varphi$ für die Fälle

    a) $\delta V = \beta/r^2$,   b) $\delta V = \gamma/r^3$.

<u>Anleitung:</u> Zeige zunächst, dass allgemein

$$\delta\varphi = -2\frac{\partial}{\partial L}\int_{r_1}^{r_2}\sqrt{2m(E-V) - L^2/r^2}\,dr$$

ist ($r_{1,2}$: radiale Umkehrpunkte).

13. Betrachte ein geladenes Teilchen in einem axialsymmetrischen Magnetfeld. Leite mit Hilfe des Lagrangeschen Formalismus zwei erste Integrale her.

<u>Anleitung:</u> Benutze Zylinderkoordinaten.

In der Uebungsbesprechung wird eine Anwendung dieser Aufgabe auf den Strahlungsgürtel der Erde (Van-Allen-Gürtel) vorgeführt.

14. Welche allgemeine Form muss die Kraft $\underline{F}(\underline{x},\dot{\underline{x}},t)$ auf einen Massenpunkt haben, damit diese von der Form

$$F(\underline{x},\dot{\underline{x}},t) = \frac{d}{dt}\frac{\partial V}{\partial \dot{\underline{x}}} - \frac{\partial V}{\partial \underline{x}}$$

ist ?

15. Benutze die Antwort der letzten Aufgabe, um die Lagrangefunktion eines Teilchens in einem elektromagnetischen Feld systematisch zu finden.

16. Suche eine Lagrangefunktion für die eindimensionale Bewegung mit Reibung

$$\ddot{x} = F(x) - c\,\dot{x}\ .$$

<u>Anleitung:</u> Versuche einen nichtautonomen Ansatz der Form

$$L(x,\dot{x},t) = f(t)\,\mathcal{L}(x,\dot{x})\ .$$

17. Häufig hat die Lagrangefunktion die Form $L = \frac{1}{2}\sum_{i,k} g_{ik}(q)\dot{q}_i\dot{q}_k - V(q_1,\ldots,q_f)$, wobei $g_{ik}(q)$ für jedes q eine positiv definite quadratische Form ist. Man bringe die Eulerschen Gleichungen zu L in die folgende Form

$$\ddot{q}_k + \sum_{r,s}\Gamma^k_{rs}\,\dot{q}_r\,\dot{q}_s = Q_k\ .$$

Darin sind Γ^k_{rs} die sog. <u>Christoffel-Symbole</u>

$$\Gamma^k_{rs} = \sum_i g^{ki}\,\tfrac{1}{2}\left(\frac{\partial g_{ir}}{\partial q_s} + \frac{\partial g_{si}}{\partial q_r} - \frac{\partial g_{rs}}{\partial q_i}\right)\ ,$$

wobei (g^{ik}) die zu (g_{ik}) inverse Matrix bezeichnet. Ferner ist

$$Q_k := -\sum_i g^{ki}\,\frac{\partial V}{\partial q_i}\ .$$

18. In der Vorlesung wurde das sphärische Pendel mit den Lagrangeschen Gleichungen 2. Art behandelt. Leite alle wichtigen Ergebnisse mit den Lagrangeschen Gleichungen 1. Art ab.

19. Betrachte die reibungsfreie Bewegung eines Massenpunktes auf einem Rotationsellipsoid. Bestimme die Lagrangefunktion dieser geodätischen Bewegung in den Koordinaten (ϑ, φ), welche die Oberfläche des Ellipsoides gemäss

$$x = a \sin\vartheta \cos\varphi \,, \quad y = a \sin\vartheta \sin\varphi \,, \quad z = b \cos\vartheta$$

parametrisieren, wobei a und b die Hauptachsen des Ellipsoides sind. Zeige, dass die Integration der Bewegungsgleichungen auf Quadraturen zurückgeführt werden kann. Diskutiere die Bewegung analog wie das sphärische Pendel im Skript.

20. Bestimme die Hamiltonfunktion für ein geladenes Teilchen in einem elektromagnetischen Feld.

21. Beweise den folgenden

<u>Satz:</u> (i) Ist λ ein Eigenwert einer symplektischen linearen Transformation M der Multiplizität k, so ist $1/\lambda$ ebenfalls ein Eigenwert von M mit derselben Multiplizität.

(ii) Mit λ ist auch $\bar{\lambda}$ ein Eigenwert mit derselben Multiplizität.

(iii) Falls die Eigenwerte 1 und -1 von M vorkommen, so sind ihre Multiplizitäten gerade.

22. Bestimme die Gleichgewichtslagen des folgenden dynamischen Systems als Funktion des Bifurkationsparameters p und diskutiere deren Stabilität:

$$\dot{x} = p - \nu x - y^2$$

$$\dot{y} = -\nu y + x\,y \,,$$

23. Parametrische Resonanz (Skript, § 6.3):

Bestimme die Instabilitätszonen in der ω, ε - Ebene für die Gleichung

$$\ddot{x} = -f^2(t)\, x \,,$$

wobei

$$f(t) = \begin{cases} \omega + \varepsilon \,, & 0 < t < \tau \\ \omega - \varepsilon \,, & \tau < t < 2\tau \end{cases} \,, \quad \varepsilon \ll 1 \,,$$

$$f(t+2\tau) = f(t) \,.$$

24. Man betrachte ein Pendel, dessen Aufhängepunkt in der vertikalen Richtung oszilliert (vgl. Fig.). Während jeder

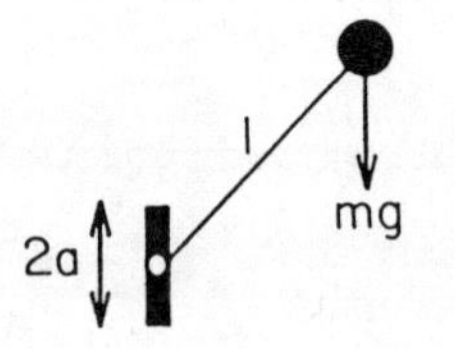

ℓ : Länge des Pendels

a : Amplitude des Aufhängepunktes

2τ : Periode der Oszillation des Aufhängepunktes

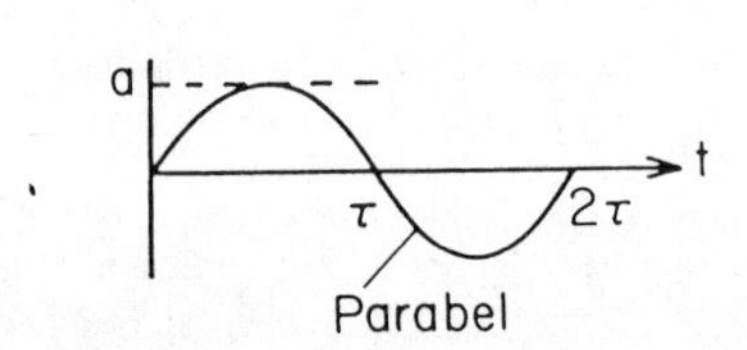

Periodenhälfte sei die Beschleunigung des Aufhängepunktes konstant und gleich $\pm\, c$, $c = 8a/\tau^2$. Zeige, dass die aufrechte Stellung des Pendels für genügend rasche Oszillationen des Aufhängepunktes stabil ist.

25. Bestimme ein vollständiges Integral der verkürzten Hamilton-Jacobischen Differentialgleichung für die Bewegung eines Teilchens im Potential

$$V = -\frac{A}{r} - Fz \,.$$

(Ueberlagerung eines Coulomb- und eines homogenen elektrischen Feldes.)

Anleitung: Wähle parabolische Koordinaten (ξ, η, φ), welche mit Zylinderkoordinaten (ρ, φ, z) wie folgt zusammenhängen:

$$z = \tfrac{1}{2}(\xi - \eta), \quad \rho = \sqrt{\xi \eta}.$$

26. Man zeige für ein abgeschlossenes 2-Teilchensystem, dass die folgenden sechs Integrale in Involution sind:

$$P_1, \; P_2, \; P_3, \; H_{rel}, \quad |\underline{L}_{rel}|^2, \; L^3_{rel}.$$

27. Man zeige, dass für das Kepler-Problem

$$H = \frac{\underline{p}^2}{2m} + \frac{\alpha}{|\underline{x}|},$$

die ersten Integrale

$\underline{L} = \underline{x} \wedge \underline{p}$, $\underline{A} = \underline{p} \wedge \underline{L} + m\alpha\, \underline{x}/|\underline{x}|$ (Lenzscher Vektor)

die folgenden Poissonklammern haben:

$$\{L_i, L_j\} = \varepsilon_{ijk} L_k, \quad \{L_i, A_j\} = \varepsilon_{ijk} A_k$$

$$\{A_i, A_j\} = -2m H \varepsilon_{ijk} L_k.$$

28. Zeige, dass sich die kanonischen Transformationen 3. Art wie folgt durch erzeugende Funktionen darstellen lassen:

$$q_k = -\frac{\partial F_3}{\partial p_k}, \quad P_k = -\frac{\partial F_3}{\partial Q_k}.$$

Hier ist F_3 eine Funktion der (Q_k, p_k), welche die Bedingung

$$\text{Det}\left(\frac{\partial^2 F_3}{\partial Q_k \partial p_j}\right) \neq 0$$

erfüllt.

29. Mit den Bezeichnungen von § 11.7 betrachte man den dort am Schluss angedeuteten Fall, dass E nur wenig grösser ist als $J_\psi^2/2C$. Zeige, dass dann näherungsweise gilt

$$E(J) \simeq \frac{1}{2C} J_\psi^2 + \frac{1}{A} J_\vartheta \cdot J_\psi + H_1 ,$$

wobei H_1 von der potentiellen Energie $Mg\cos\vartheta$ herrührt. Deute die Präzession des Kreisels als säkulare Störung durch die Schwere.

L I T E R A T U R

1. Analysis

Für die Zwecke dieser Vorlesung besonders geeignet (und erschwinglich) ist:

[1] T. Bröcker: Analysis in mehreren Variablen. Teubner Studienbücher (Mathematik), 1980.

Ferner empfehle ich:

[2] S. Lang: Real Analysis, Addison-Wesley 1969.

[3] R. Abraham, J.E. Marsden, T. Ratiu: Manifolds, Tensor Analysis, and Applications, Addison-Wesley 1983.

2. Differentialgleichungen

Ein sehr schönes und im geometrischen Geist verfasstes Buch ist:

[4] V.I. Arnold: Gewöhnliche Differentialgleichungen, Springer 1980

Dazu gibt es den Ergänzungsband:

[5] V.I. Arnold: Geometrical Methods in the Theory of Ordinary Differential Equations, Grundlehren der mathematischen Wissenschaften 250, Springer 1983.

Ferner empfehle ich:

[6] H. Amann, Gewöhnliche Differentialgleichungen, de Gruyter 1983.

[7] M.W. Hirsch, S. Smale: Differential Equations, Dynamical Systems, and Linear Algebra, Academic Press 1974.

3. Mechanik

[8] V.I. Arnold: Mathematical Methods of Classical Mechanics, Springer 1978.

Dieses Buch empfehle ich ganz besonders. Ebenfalls mehr vom Standpunkt des Mathematikers ist:

[9] G. Gallavotti: The Elements of Mechanics, Texts and Monographs in Physics, Springer 1983.

Mehr im traditionellen Sinne, vor allem für Physiker, sind:

[10] H. Goldstein: Classical Mechanics, Second Edition, Addision-Wesley 1980.

[11] A.L. Fetter, J.D. Walecka: Theoretical Mechanics of Particles and Continua, McGraw-Hill 1980.

4. Dynamische Systeme

Eine sehr gute Einführung in die qualitative geometrische Theorie gibt:

[12] J. Palis, W. de Melo: Geometric Theory of Dynamical Systems, Springer 1982.

Daneben empfehle ich u.a.:

[13] A.J. Lichtenberg, M. Lieberman: Regular and Stochastic Motion, Springer 1982.

[14] J. Guckenheimer, P.Holmes: Nonlinear Oscillations, Dynamical Systems, and Bifurcation of Vector Fields, Springer 1983.

5. Ergodentheorie

Hier empfehle ich vor allem:

[15] I.P. Cornfeld, S.V. Fomin, Ya.G.Sinai: Ergodic Theory, Grundlehren der mathematischen Wissenschaften 245, Springer 1982.

SACHWORTVERZEICHNIS